Lambacher Schweizer 7
Mathematik für Gymnasien

Bayern

Lösungen und Materialien

erarbeitet von
Christine Kestler, Holzkirchen
Karen Knapek, Lichtenau
Felizitas Novotný, München

Ernst Klett Verlag
Stuttgart • Leipzig

Bildquellenverzeichnis:

Klett-Archiv, Stuttgart: S. 9 (Christine Kestler)

9 783127 315639

1. Auflage 1 12 11 10 9 | 2016 2015 2014

Alle Drucke dieser Auflage können im Unterricht nebeneinander benutzt werden, sie sind untereinander unverändert. Die letzte Zahl bezeichnet das Jahr dieses Druckes.

Internetadresse: www.klett.de

Redaktion: Dr. U. Weiser
Zeichnungen: U. Bartl, Weil der Stadt; R. Hungreder, Leinfelden;
U. Schwarz, Schwäbisch Gmünd
Umschlaggestaltung: S. Glauner, Stuttgart
Satz: dtp-studio Andrea Eckhardt, Göppingen
Druck: Medienhaus Plump GmbH, Rheinbreitbach

ISBN 978-3-12-731563-9

Inhaltsverzeichnis

Bedeutung der Symbole 5
Vorwort 7

I Symmetrie

1 Achsensymmetrie 9
2 Konstruieren von Spiegelpunkten und Achsen 13
3 Mittelsenkrechte, Winkelhalbierende und Lote 17
4 Punktsymmetrie 23
5 Symmetrische Vierecke 29
Thema: 💻 Geometrie am Computer 33

II Winkelbetrachtungen

1 Scheitelwinkel und Nebenwinkel 34
2 Stufenwinkel und Wechselwinkel 35
3 Winkelsumme im Dreieck 37
4 Winkelsumme im Vieleck 41
Thema: Winkelsumme im Kugeldreieck 43

III Terme

1 Terme mit Variablen 44
2 Berechnen von Termwerten 45
3 Aufstellen und Interpretieren von Termen 47
4 Zuordnung: Variablenwert – Termwert 51
Thema: Rechnen mit dem Taschenrechner 55
Thema: Uhren 56

IV Termumformungen

1 Gleichwertige Terme 57
2 Umformungen in Produkten 60
3 Umformungen in Summen 61
4 Anwendungen des Distributivgesetzes 64
5 Multiplizieren von Summen 66
Thema: Binomische Formeln und das Pascalsche Dreieck 70

V Gleichungen

1 Gleichungen und Lösungen 71
2 Äquivalente Gleichungsumformungen 72
3 Systematisches Lösen linearer Gleichungen 75
4 Lineare Gleichungen in Anwendungssituationen 76
Thema: Verhältnisgleichungen 78
Thema: 💻 Gleichungen lösen mit einer Tabellenkalkulation 79

VI Daten, Diagramme und Prozentrechnung

1 Analysieren von Daten – Diagramme 80
2 Mittelwert 81
3 Die Grundgleichung der Prozentrechnung 83
Thema: Median und Box-Plot 84

VII Kongruenz und Dreiecke

1 Kongruente Figuren 85
2 Kongruenz von Dreiecken 86
3 Das gleichschenklige Dreieck 91
4 Satz und Kehrsatz 94
5 Das rechtwinklige Dreieck – der Satz des Thales 96
6 Dreieckskonstruktionen 101
Thema: Thales war ein Sonderfall 105
Thema: 💻 Experimentieren mit einem dynamischen Geometriesystem 106

VIII Besondere Linien im Dreieck und Konstruktionen

1 Mittelsenkrechten und Umkreis 107
2 Winkelhalbierende 109
3 Höhen 111
4 Seitenhalbierende 113
5 Besondere Dreieckskonstruktionen 115
6 Konstruktion von Vierecken 118
Thema: Wir „beweisen“: Jedes Dreieck ist gleichschenklig 121
Thema: 💻 Besondere Punkte und Linien mit dem DGS entdecken 121
Thema: Fermat-Punkt und Euler-Gerade 122

Vernetzende Aufgaben 123

Strategisch vorgehen 123

Verzeichnis der Kopiervorlagen 131
Kopiervorlagen 133

Bedeutung der Symbole im Lehrerband

Erläuterung	Symbol	Bedeutung
Im Schülerbuch wurden nur solche Aufgaben mit * versehen, bei denen vielleicht nicht auf den ersten Blick ersichtlich ist, dass die Aufgabe schwer oder zeitaufwändig in der Bearbeitung ist. Damit soll „unbedachten Hausaufgabenstellungen“ vorgebeugt werden. Aus pädagogischen Gründen sind weitere Kennzeichnungen im Schülerbuch unterblieben. Im Lehrerband sind nun schwierige und zeitaufwändige Aufgaben als solche gekennzeichnet.		schwierige Aufgabe
		zeitaufwändige Aufgabe
Die Aufgabe erfordert in besonderem Maße das Verbalisieren mathematischer Sachverhalte.		Verbalisieren
Zur Bearbeitung der Aufgabe sind Kenntnisse aus verschiedenen Teilbereichen der Mathematik nötig. Die Vernetzung mit arithmetischen Grundfertigkeiten wird jedoch nicht gekennzeichnet.		vernetzende Aufgabe
Aufgabenstellung oder Lösungsstrategien sind offen oder zur Öffnung gut geeignet. In diesem Fall sind im Lehrerband häufig Hinweise zur Öffnung gegeben.		offene / zu öffnende Aufgabe
Aufgaben, die ein besonderes Maß an Eigeninitiative erfordern, die „aus dem Klassenzimmer hinausführen“, die sich zu einem Projekt eignen, die umfangreichere Recherchen voraussetzen etc.		den üblichen Rahmen sprengend
		fächerübergreifende Aufgabe
		Partnerarbeit
		(Klein-) Gruppenarbeit
		zusätzliches Material / Werkzeug nötig
		Taschenrechner sinnvoll / erforderlich
		PC-Einsatz sinnvoll / erforderlich
		Internet-Einsatz sinnvoll / erforderlich
Kopiervorlagen im Buch oder weitere Informationsquellen, die dann im Text genannt werden.	→	Verweis auf andere Materialien
		Spiel
		Zaubertrick
		Historisches
Informationen, die hier angegeben sind, um Eigenrecherche zu ersparen; Hintergrundinformationen für die Lehrerin / den Lehrer	i	(Hintergrund-) Information

hier ausschneiden und – am besten foliert – als Lesezeichen verwenden →

Vorwort

Zum Lehrplan

Die Intentionen des neuen Lehrplanes lassen sich mit „Weniger Kalkül, mehr Mathematisierung" gut zusammenfassen.
Die Themenkreise sollen durch stetiges Wiederaufgreifen und Weitervertiefen der Inhalte spiralförmig behandelt werden. Vielfältige Vernetzungen und häufiges Zurückgreifen auf Grundlegendes sollen die Fertigkeiten der Schüler festigen.
Um die Souveränität der Schüler zu fördern, spielen offenere Aufgabenstellungen und Unterrichtsformen eine größere Rolle.

Konzeption des Lehrerbandes

Mit diesem Lehrerband geben wir Ihnen eine praktikable Hilfe für den Unterricht und den Umgang mit unserem Schülerbuch an die Hand. Sie erhalten hilfreiche Hinweise zur Verwendung der Aufgaben im Buch und gelegentlich Erläuterungen zu den Intentionen des Lehrplanes und deren Umsetzung im Schülerbuch.

Lösungen
Die Lösungen zu den Aufgaben sind möglichst knapp gehalten; wesentliche Lösungsschritte, die auch von den Schülern erwartet werden, sind festgehalten. Aus den Lösungen lässt sich, zusammen mit den Symbolen 🥏 und 🕒, der Bearbeitungsaufwand der Aufgaben schnell einschätzen. Bei Aufgaben, die aktuelle Recherchen erfordern, geben wir häufig geeignete Quellen an. Selbstverständlich bietet sich an vielen Stellen die Internetrecherche an; oft ist jedoch bei der Integrität der gefundenen Daten Vorsicht geboten, auch veralten Internetadressen erfahrungsgemäß sehr schnell.

Weitere Hinweise zu den Aufgaben
Alle weiteren Informationen und Hinweise zu den Aufgaben finden Sie direkt bei den Lösungen. Um eine schnelle Orientierung zu bieten und den Text knapp zu halten, werden hierfür Symbole verwendet, die in die Randspalte vor die jeweilige Aufgabennummer gesetzt sind.
Werden ergänzende Aufgabenstellungen vorgeschlagen, so befindet sich in der Spalte der Aufgabennummer ein +.

Bei offenen Aufgaben können z. B. besonders kreative (nicht rezeptartig abarbeitbare) Lösungsstrategien erforderlich sein, verschiedene Lösungen möglich sein oder die konkrete Fragestellung offen bleiben. Solche Aufgaben sind im Lehrerband mit ◫ gekennzeichnet. Das Öffnen von Aufgaben und das Variieren von Fragestellungen sollte Schülern und Lehrern als selbstverständlich vertraut werden, da hierbei auf kreative Weise und mit hoher Eigenmotivation besonders effektiv gelernt werden kann. Diesem Ziel widerspräche aber eine Ausformulierung aller solcher Öffnungsmöglichkeiten im Schülerbuch. Im Lehrerband sind nun (ebenso mit ◫ gekennzeichnete) weitere Anregungen gegeben, welche Aufgaben sich gut zum Öffnen eignen. Der eigenen Kreativität sollen hier aber ausdrücklich keine Grenzen gesetzt werden.

Darüber hinaus sind Aufgaben gekennzeichnet, die den korrekten Umgang mit der Fachsprache trainieren ⇔, vernetzende Aufgaben ❃, Aufgaben, die „den üblichen Rahmen sprengen" – also z. B. ein besonderes Maß an Eigeninitiative erfordern ⇤, fächerübergreifende Aufgaben ⎍ und Aufgaben, die sich gut für Partner- 👥 bzw. Gruppenarbeit 👥👤 eignen.
Werden zusätzliche Materialien oder Werkzeuge benötigt, so ist dies mit ✂ gekennzeichnet; ist der Einsatz eines Taschenrechners, des PC oder des Internets sinnvoll oder geboten, weisen 🖩, 💻 bzw. @ darauf hin. Dateien, die bei der Bearbeitung der DGS-Aufgaben hilfreich sind, sind downloadbar im Internetauftritt.
Die Dateien verraten in der Regel noch nicht die Lösungen, vielmehr kann der Schüler damit entdeckend arbeiten. Bei den Lösungen befindet sich an entsprechender Stelle ein Verweis auf diese Dateien.
Historische Informationen sind mit 📜, sonstige Informationen mit **i** gekennzeichnet.
Die Bedeutung aller Symbole finden Sie auf Seite 5 (Lesezeichen zum Ausschneiden) zusammengefasst.

Alternative Einstiege
Für einige Lerneinheiten werden alternative Einstiege angeboten. In der Spalte für die Aufgabennummern wird dann **A1, A2** ... notiert. Solche Alternativen nehmen Bezug z. B. zu Themenseiten oder Aufgaben im Schülerbuch oder auf Kopiervorlagen hier im Lehrerband. Häufig bieten diese Vorschläge einen offenen Zugang zu dem jeweiligen Problemkreis an.

Sonstige Informationen
Manchen Kapiteln oder Lerneinheiten sind Informationen zu den Inhalten, den Intentionen des Lehrplanes bzw. der Konzeption des Schülerbuches vorangestellt.

Zusatzmaterial
Im zweiten Teil des Lehrerbandes finden Sie umfangreiches Material als Kopiervorlagen zum direkten Einsatz im Unterricht.
Auf dieses Zusatzmaterial wird im Lösungsteil des Lehrerbandes am Ende der entsprechenden Lerneinheiten verwiesen. Gegebenenfalls findet sich auch ein zusätzlicher Verweis bei den alternativen Einstiegen oder bei den Aufgaben, soweit sie Bezug auf dieses Zusatzmaterial nehmen.

- **Arbeitsblätter** zum Ausfüllen ergänzen die Möglichkeiten des Schülerbuches. Auch finden Sie solche Aufgabenstellungen aus dem Schülerbuch als Kopiervorlage, die besonders aufwändig ins Heft zu übertragen wären.
- Bei einigen elementaren Techniken ist es für manche Schüler hilfreich, umfangreiches Trainingsmaterial zu bearbeiten. Um im Schülerbuch kein falsches Signal zu geben und gemäß den Intentionen des Lehrplanes dem bloßen Kalkül nicht zuviel Platz einzuräumen, haben wir dort auf große „Aufgabenplantagen" verzichtet. Die **Trainingsblätter** eignen sich nun besonders für diese Differenzierung nach unten.
- **Spiele**, **Rätsel** und **Zaubertricks** bieten ein reichhaltiges und motivierendes Aufgabenangebot, insbesondere für offenere Unterrichtssituationen. Hinweise zum Einsatz finden sich im Lösungsteil des Buches, Anleitungen für die Schüler sind auf den Kopiervorlagen mit abgedruckt.
- Kopiervorlagen mit **historischen** Informationen zu einigen Themen runden das Zusatzmaterial ab.

Die **Lösungen** zu den Zusatzmaterialien sind ebenfalls als Kopiervorlage beigefügt oder befinden sich im Lösungsteil an entsprechender Stelle.

Internetauftritt
Der Lehrerband wird durch den Internetauftritt zum Buch unter
www.klett-verlag.de/mathematik/lambacher-schweizer-extra/
ergänzt. Hier werden weitere Materialien, wie z. B. Tabellenkalkulationsdateien, Animationen für den PC-Einsatz, DGS-Dateien und weitere Kopiervorlagen angeboten. Verweise auf die Materialien im Internetauftritt finden Sie im Lehrerband an entsprechender Stelle.

Viel Erfolg und Freude beim Einsatz der Begleitmaterialien wünschen Autorenteam und Verlagsredaktion.

I Symmetrie

Alternative zum Einstieg in das Kapitel:
Lesetext „Symmetrie in Kunst und Architektur" im *Schülerbuch S. 34/35.*
Die Fotos zeigen, dass die Symmetrie ein wichtiges Gestaltungsmittel u. a. in der Architektur ist. In den Bildern können Symmetrieachsen gesucht und sowohl Achsen- als auch Punktsymmetrien entdeckt werden. Fachübergreifend bietet sich auch ein kleiner geographischer Exkurs an.
Vgl. auch Lehrplan Kunst: 7.3 Architektur und Design.

1 Achsensymmetrie

S. 8

1 Eine Symmetrieachse verläuft entlang des Ufers. Die Symmetrie ist jedoch nicht mathematisch exakt – nur Teilbereiche des Bildes sind symmetrisch zum Original (Steine der Ufermauer, Torturmhaube ...), andere werden im Bild z. B. durch die Ufermauer verdeckt (unteres Stockwerk der Häuserreihe).
Weitere symmetrische Objekte: Giebelhaus vor dem Domturm; Torturm von der Brücke, Turm des Doms, ...

2 a)

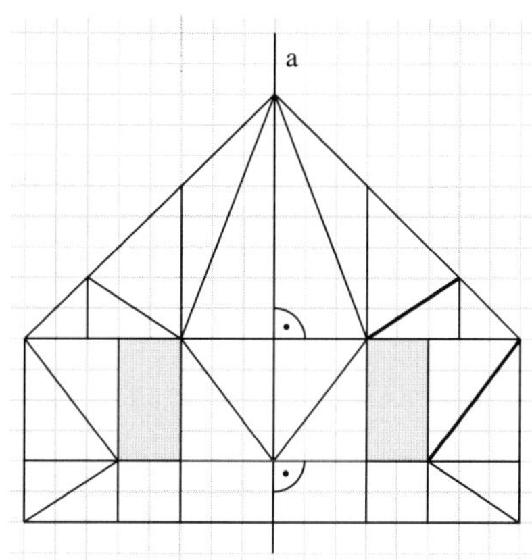

b) Die Verbindungsstrecken stehen senkrecht auf der Spiegelachse a und werden von dieser halbiert.

S. 10

3 a) Tulpe: 3 Achsen
Stiefmütterchen: 1 Achse
Kleeblatt: 3 Achsen
b) z. B.: Häuser, Tafel, Schrank, Blätter, Blumen, Menschen

4 Klecksbilder, Mandalas, ...
Bilder mit getrockneten Blättern, Muscheln, Körnern, ...

5 Beim Setzen der eigenen Achsen sind verschiedene Lösungen möglich

a) z. B.

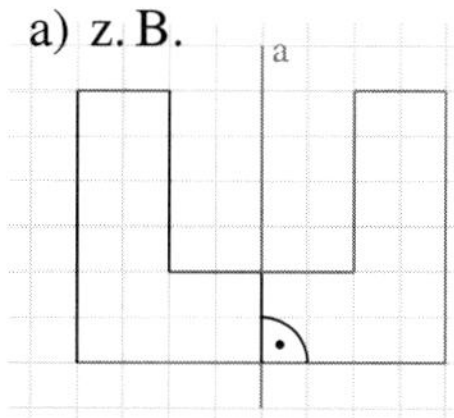

b) z. B.

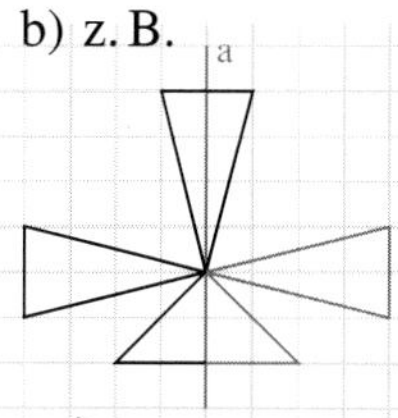

c)

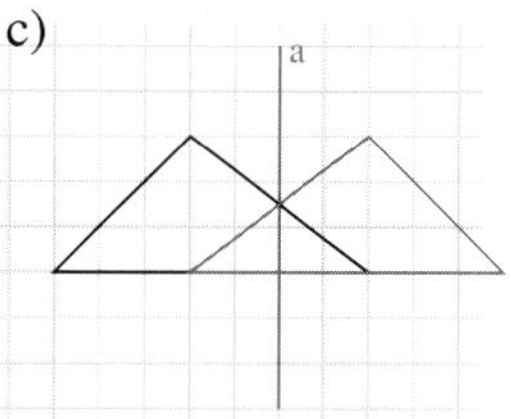

d)

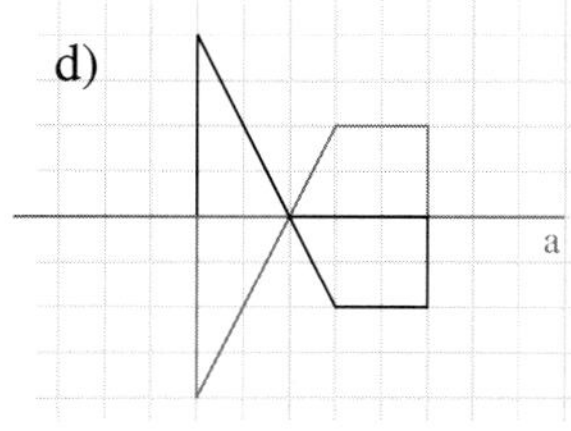

e)

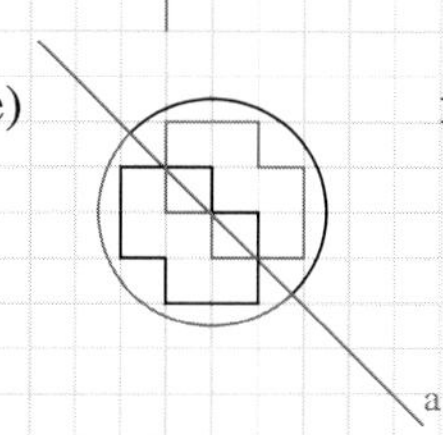

f) z. B.

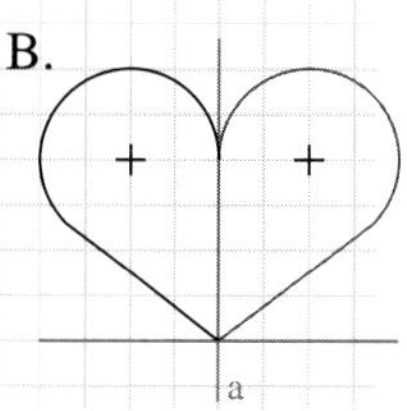

6

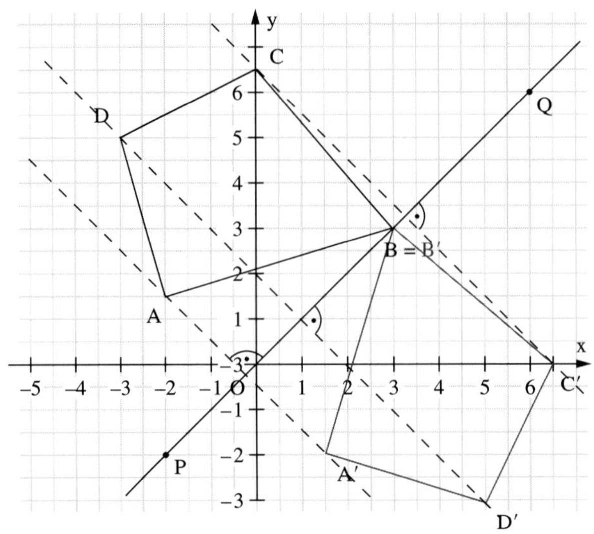

A′ (1,5|−2); B′ (3|3);
C′ (6,5|0); D′ (5|−3)
Spiegelachse ist die Winkelhalbierende des I. und III. Quadranten, d. h. die Koordinaten der entsprechenden Gitterpunkte sind nach dem Spiegeln nur vertauscht.

7 achsensymmetrisch: Pfeil: 1 Achse; Kreuz: 4 Achsen

8 individuelle Lösungen

9

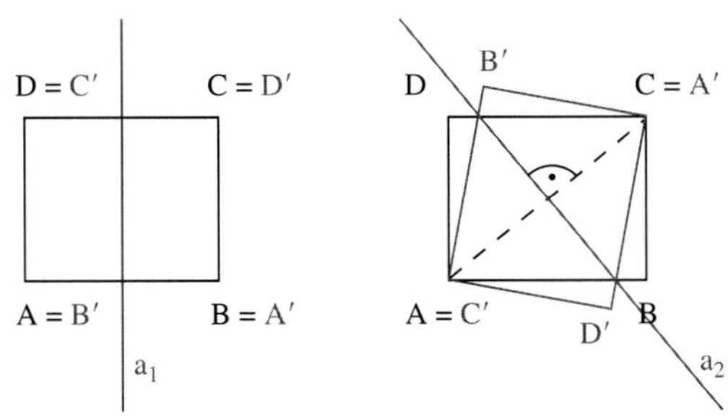

A auf B: Achse steht senkrecht auf [AB] und halbiert [AB].
A auf C: Achse stehtsenkrecht auf der Diagonalen [AC] und halbiert sie.

10 Achsensymmetrisches Trapez, Raute, Quadrat, Rechteck, Drachen

+ Zeichne verschiedene Vierecke, die nicht achsensymmetrisch sind.

11 Es sind verschiedene Lösungen möglich.

a) z. B.:

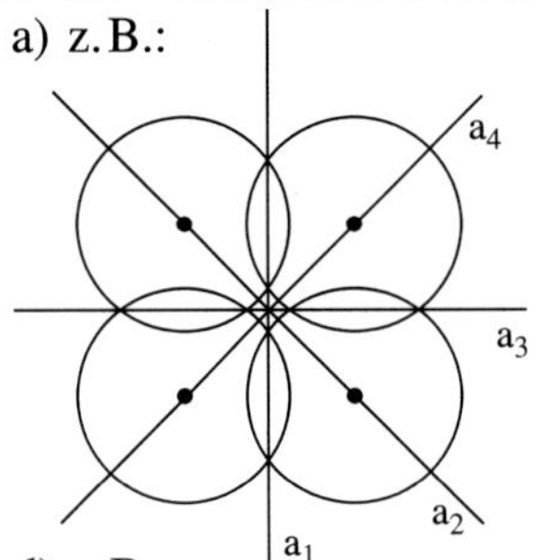

b) z. B.:

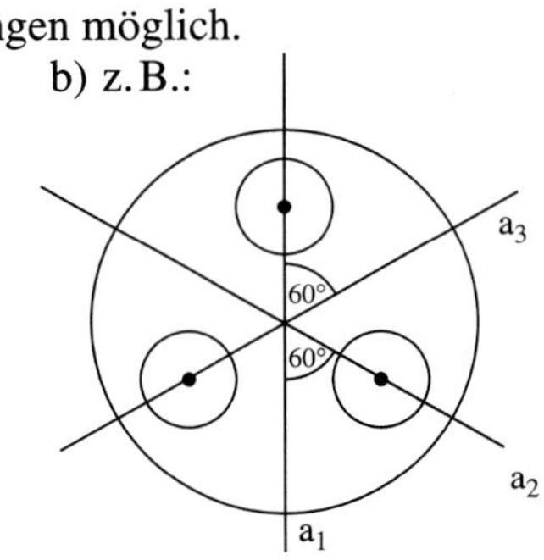

c) z. B.:

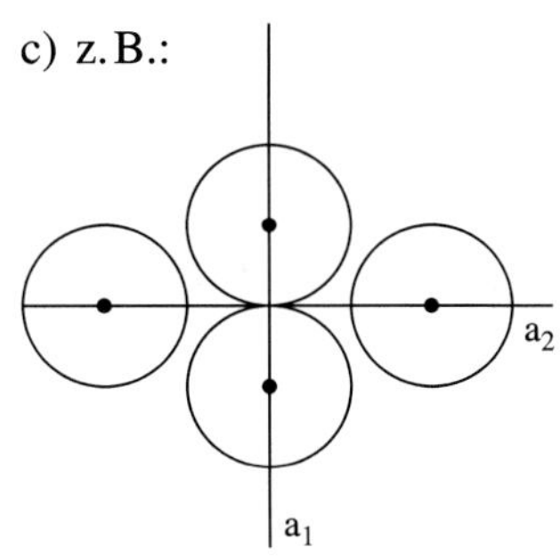

d) z. B.:

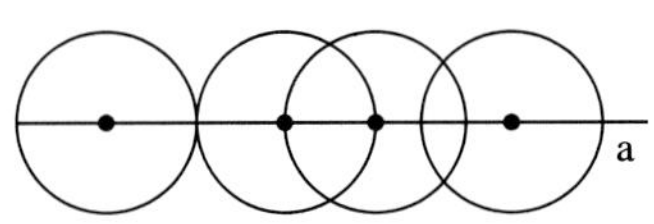

S. 11 **Randspalte:** Der vorausfahrende Fahrer kann im Rückspiegel die Aufschrift „Notarzt" **richtig** lesen.

12 a) Alle gleichschenkligen, nicht gleichseitigen Dreiecke haben 1 Achse, alle gleichseitigen Dreiecke haben 3 Achsen.

b) Nein. Besitzt ein Dreieck zwei Symmetrieachsen, so sind z. B. die Seiten a und b symmetrisch und eine dieser Seiten, z. B. b, symmetrisch zur 3. Seite c. Also sind die Seiten a und b und die Seiten b und c gleich lang. Somit auch die Seiten a und c. Die Winkelhalbierende von β ist dann die dritte Symmetrieachse.

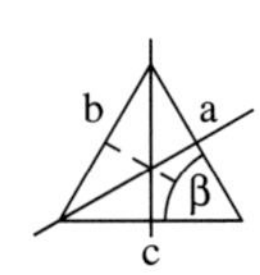

13

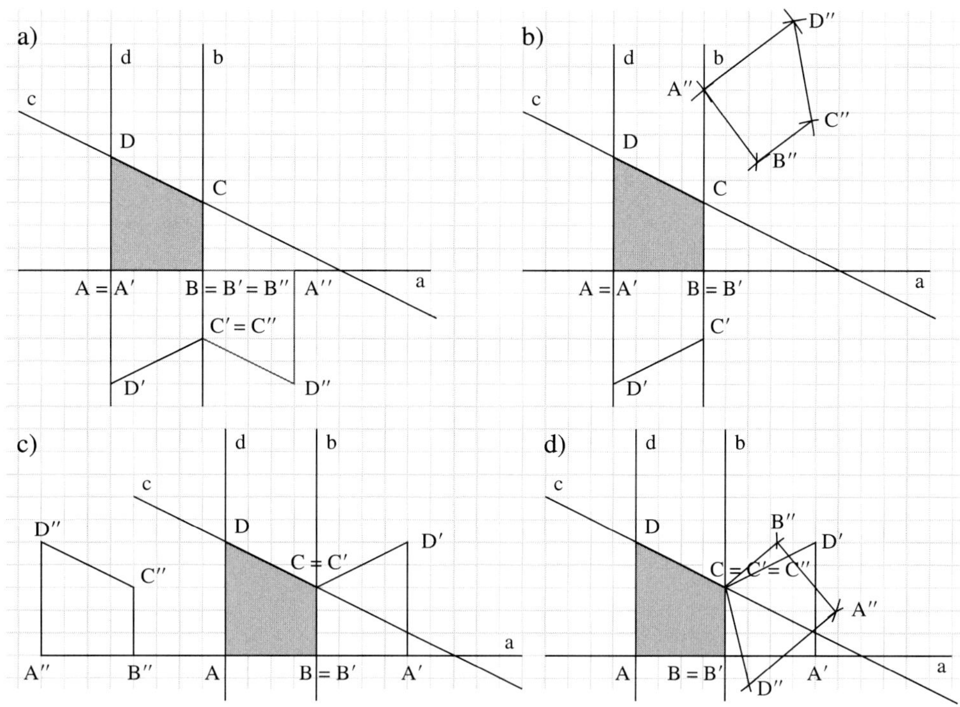

e) bei a) ist die Reihenfolge egal, es ergibt sich dasselbe Bild
bei b), c) und d) ergibt sich ein anderes Spiegelbild.

14

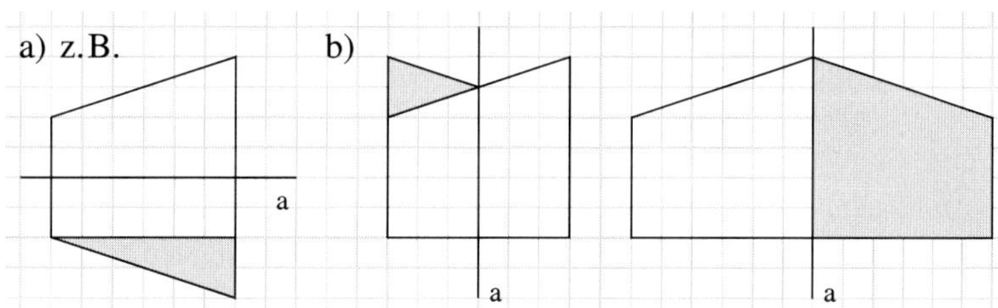

b) möglichst klein: Die Achse muss die Figur so halbieren, dass möglichst große Flächenstücke bereits zueinander symmetrisch sind.
möglichst groß: Die Achse muss mit einer Seite der Figur zusammenfallen, der Flächeninhalt verdoppelt sich so. Je weiter die Achse am Rand der Figur liegt, umso größer wird der Flächeninhalt, da „mehr Fläche außerhalb die Figur gespiegelt wird".

15

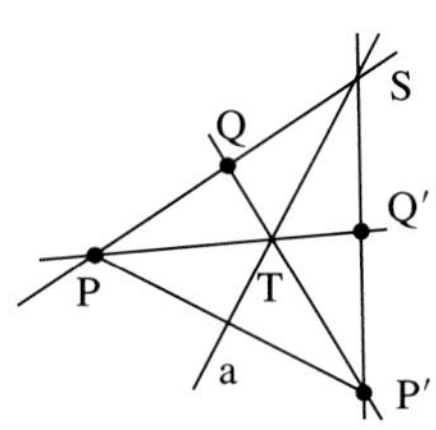

Zeichne eine Gerade PQ, die die Achse a in S schneidet.
Q′ muss auf der Geraden SP′ liegen, da sich die symmetrischen Geraden PQ und P′Q′ auf der Achse schneiden.
Zeichne die Gerade P′Q, die die Achse a in T schneidet.
Q′ muss auf der Geraden PT liegen, da sich die symmetrischen Geraden PQ′ und P′Q auf der Achse schneiden.
Q′ ist der Schnittpunkt von PQ′ und SP′.

16 a) individuelle Lösung

b) (1) Man kann aus einem beliebigen Dreieck immer durch Verschieben eines Eckpunktes ein achsensymmetrisches Dreieck erzeugen. Der neue Eckpunkt kann z. B. auf die Symmetrieachse der anderen beiden Punkte verschoben werden.

(2) Aus einem beliebigen Viereck kann man durch Verschieben eines Punktes ein achsensymmetrisches Trapez erzeugen. Man konstruiert die Mittelsenkrechte zur Verbindungsstrecke zweier Eckpunkte. Den vierten Punkt verschiebt man so, dass er der Spiegelpunkt des dritten Punktes ist.

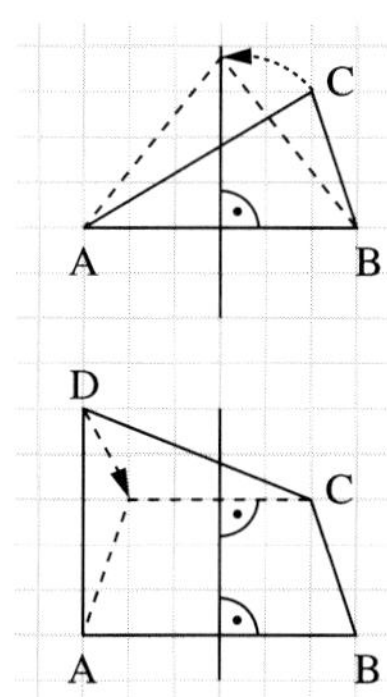

\+ Lässt sich aus einem beliebigen Fünfeck durch Verschieben eines Punktes ein achsensymmetrisches Fünfeck erzeugen?
(Antwort: Nein)

17 a) 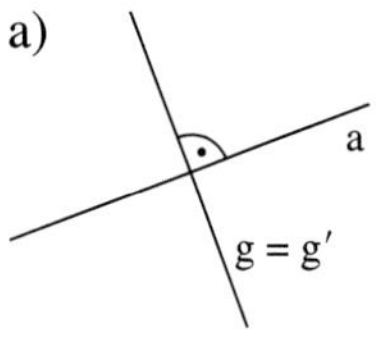

b) 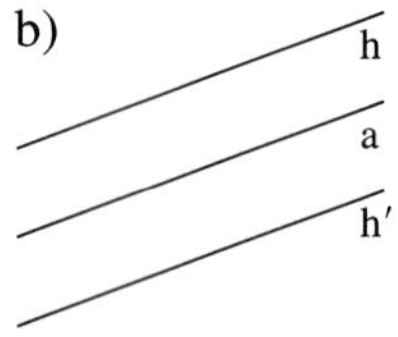

a) Das Spiegelbild g′ fällt mit g zusammen.
b) h und h′ haben von a den gleichen Abstand und sind parallel.

18 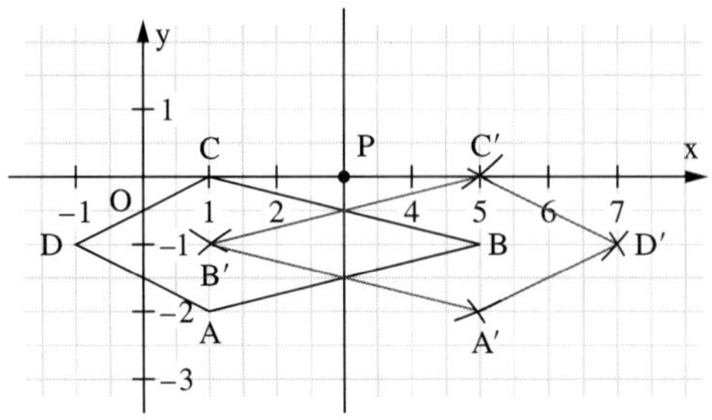

A′ (5|−2); B′ (1|−1); C′ (5|0); D′ (7|−1)

b) 1 cm

c) $A_{ABCD} = \left(\frac{1}{2} \cdot 6\,\text{cm} \cdot 1\,\text{cm}\right) \cdot 2 = 6\,\text{cm}^2$
$= 600\,\text{mm}^2 = 0{,}06\,\text{dm}^2$

d) $A_{Gesamt} = 2 \cdot 6\,\text{cm}^2 - \frac{1}{2} \cdot \left(4\,\text{cm} \cdot 0{,}5\,\text{cm}\right) \cdot 2$
$= 10\,\text{cm}^2$

$6\,\text{cm}^2 \triangleq 100\,\%$

$1\,\text{cm}^2 \triangleq \frac{100}{6}\,\%$

$4\,\text{cm}^2 \triangleq \frac{100 \cdot 4}{6}\,\% = 66\frac{2}{3}\,\% = 66{,}\overline{6}\,\%$

19 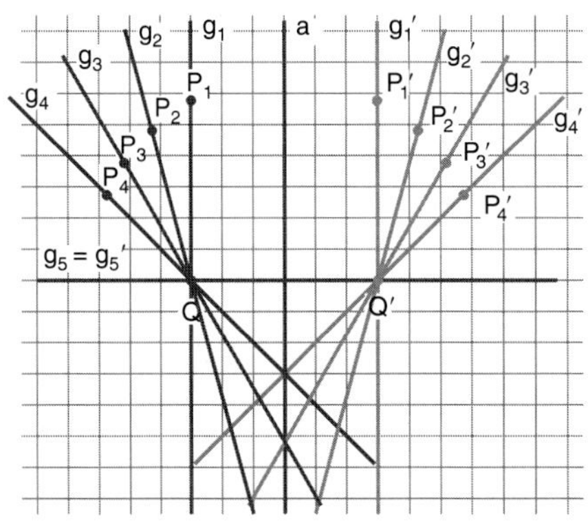

Beobachtungen:
- Schnittpunkt wandert auf der Achse
- Ist g ∥ a, dann gibt es keinen Schnittpunkt mit der Achse.
- Ist g ⊥ a, dann fällt g mit g′ zusammen.

20 a) 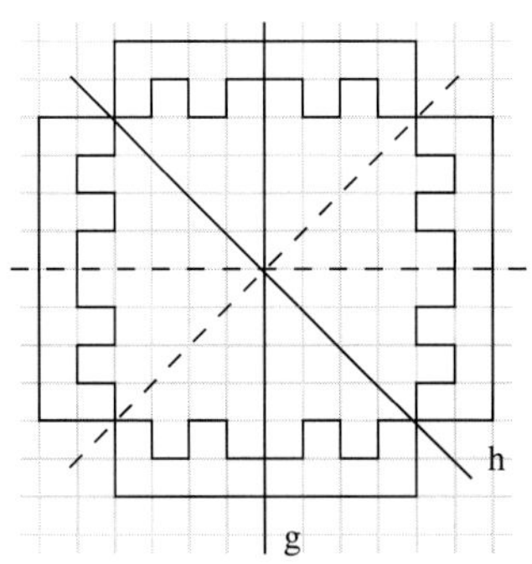

b) Sie hat 4 Symmetrieachsen.

21 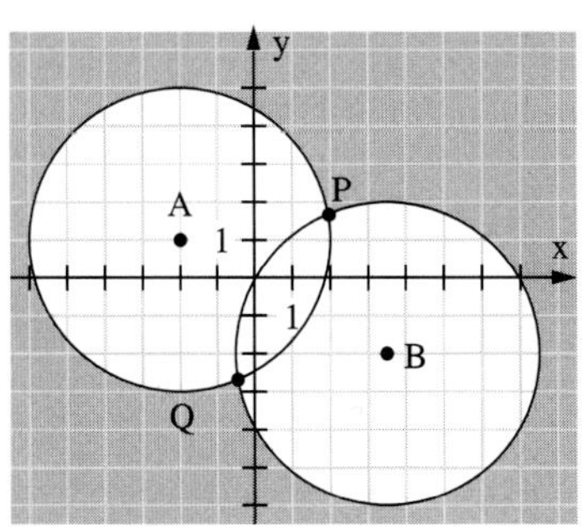

Die Punkte P und Q sind von A und B genau 4 cm entfernt.
Alle Punkte, die außerhalb des Kreises k (A; 4 cm) und zugleich außerhalb des Kreises k (B; 4 cm) liegen, sind von A und B mehr als 4 cm entfernt (gefärbter Bereich).

Spiel: Spiegelquadrate; Kopiervorlage S. 133
Spiel für 2 Spieler (Spieldauer: 15 – 20 Minuten)

Spielidee: Es werden Figuren an mehreren Achsen gespiegelt, um möglichst viele Felder zu belegen.

2 Konstruieren von Spiegelpunkten und Achsen

A Alternative zum Einstieg:
CD-ROM: Geonext, Dynamische Arbeitsblätter Mathematik Klasse 7/8 P. Baptist (Hrsg.), Friedrich Verlag, www.friedrich-verlag.de
Lernumgebung: Achsenspiegelung; besonders geeignet: Blatt 5

S. 12

1 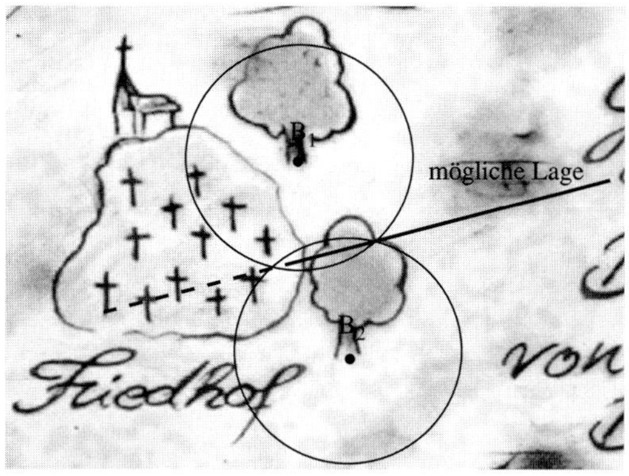

Man bindet an jeden Baum ein Seil fest und zieht einen Kreis mit gleichem Radius. Die beiden Schnittpunkte markiert man bzw. verbindet sie mit einem Seil. Auf dieser Geraden östlich des Friedhofs muss der Schatz liegen. Da man von der Entfernung weiß, dass die erste Ziffer eine 1 ist, gräbt man bei den Bereichen der Geraden, die zwischen 10 m und 20 m bzw. zwischen 100 m und 200 m ... von den Bäumen entfernt sind.

S. 14

2 a) mögliche Lösung:
A (0|0); B (1|1)
b) mögliche Lösung:
A (0|2); B (1|0)

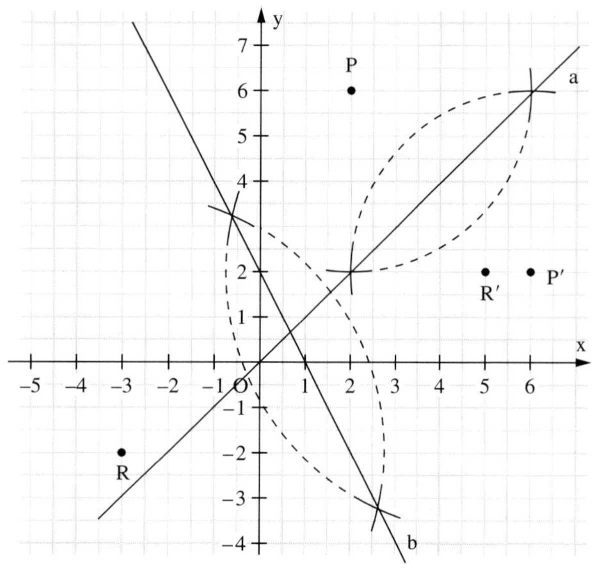

3 verschiedene Lösungen möglich, z. B.

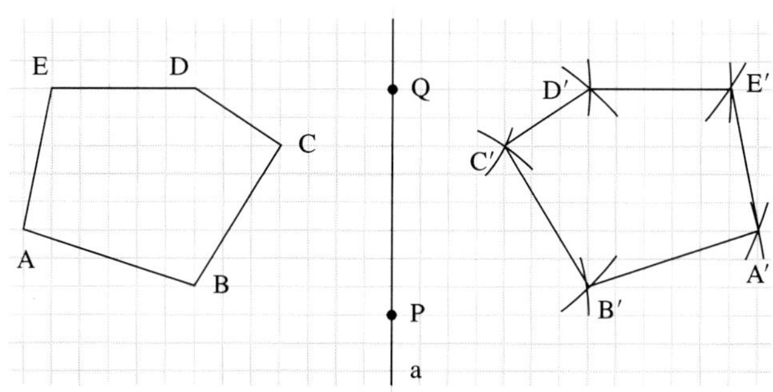

4 Vgl. Lehrplan Kunst: 7.3. Architektur und Design/Lebensräume und
7.4. Von der Romanik zum Barock

Straßenkreide

5 a)

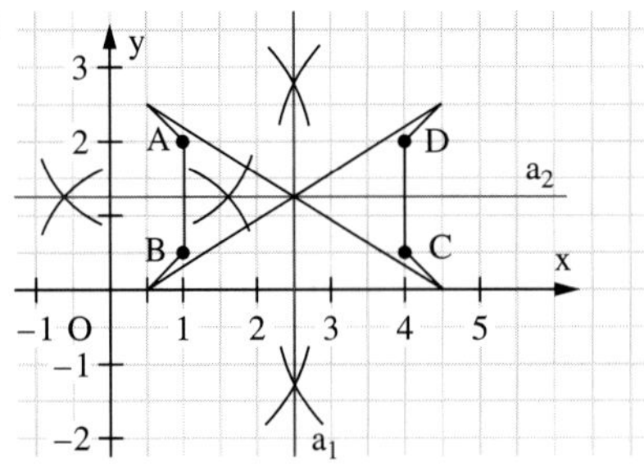

b) P (2,5 | 1,25)

6 a)

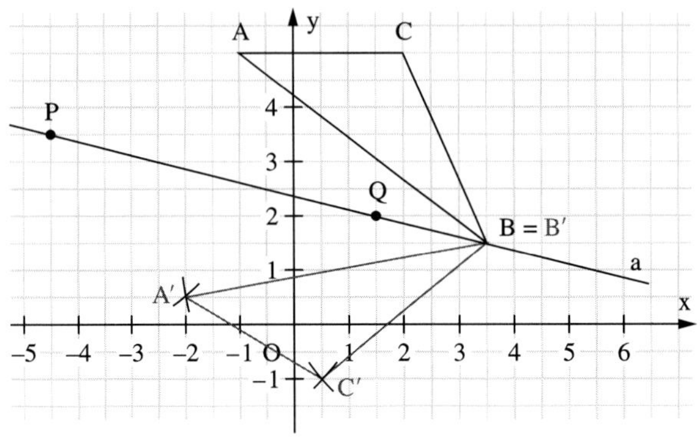

b), c)

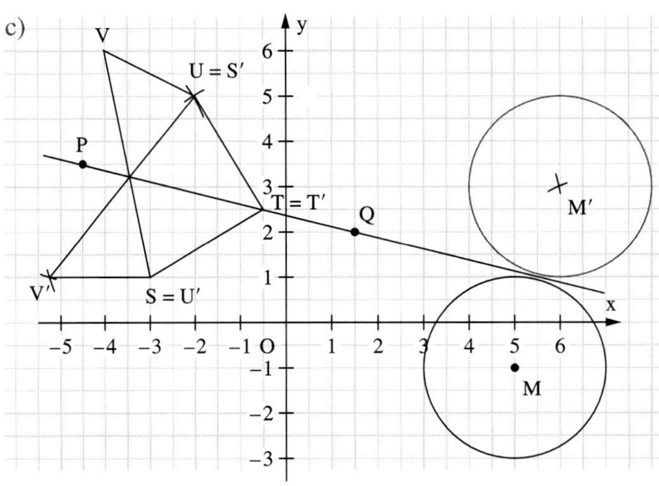

7

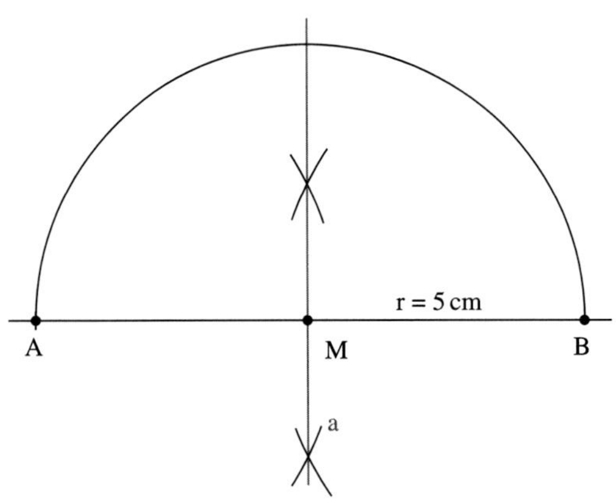

8 z. B.

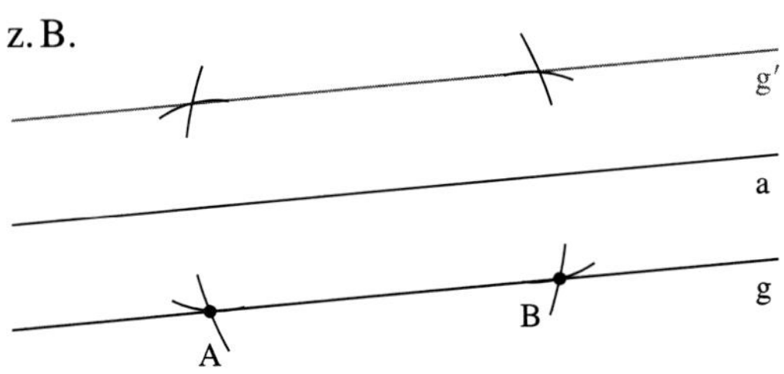

Es werden die symmetrischen Punkte zu zwei beliebigen Punkten A, B $\in$ g konstruiert.

S. 15

9 a)

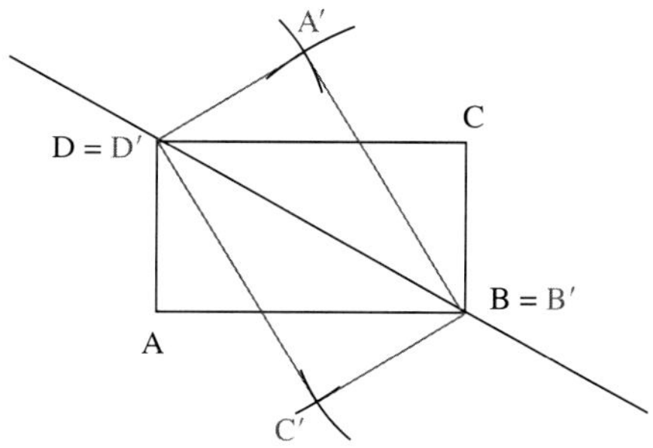

b) Es muss ein Quadrat sein.

10

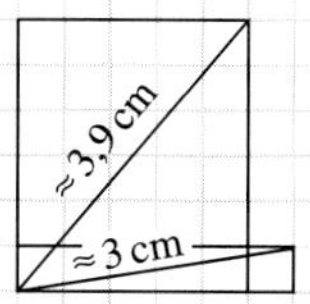

Die Begründung erfolgt mit einer Zeichnung durch Nachmessen der Diagonalen.
Günstig ist die Wahl eines Extrembeispiels.

11 a)

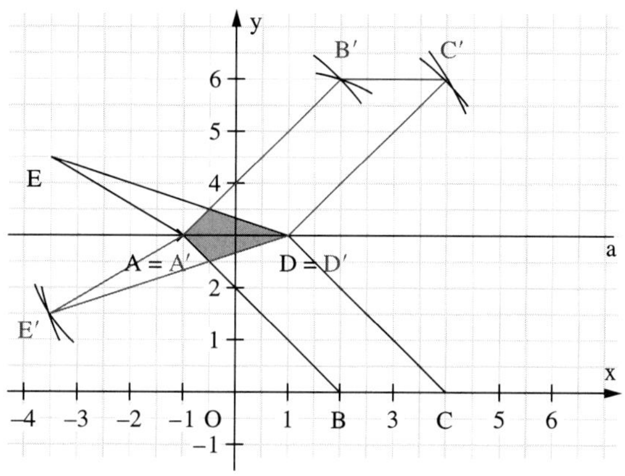

b) $B'\ (2|6)$ $C'\ (4|6)$ $E'\ (-3{,}5|1{,}5)$
c) Parallelogramm
d) $A_{A'B'C'D'} = 2\,cm \cdot 3\,cm = 6\,cm^2$
$A_{A'D'E'} = \frac{1}{2} \cdot 2\,cm \cdot 1{,}5\,cm = 1{,}5\,cm^2$
$A_{Gesamt} = 6\,cm^2 + 1{,}5\,cm^2$
$= 7{,}5\,cm^2 = 750\,mm^2$
e) $A_{Drache} = \left(\frac{1}{2} \cdot 2\,cm \cdot 0{,}5\,cm\right) \cdot 2$
$= 1\,cm^2$
$A_{Gesamt} = 7{,}5\,cm^2 + 7{,}5\,cm^2 - 1\,cm^2$
$= 14\,cm^2$
Anteil: $A_{Drache} : A_{Gesamt} = \frac{1}{14}$

12 a) z. B. gleichschenkliges Dreieck, achsensymmetrisches Trapez, Drache
b) z. B. Raute, Rechteck
c) z. B. gleichseitiges Dreieck
d) z. B. Quadrat

13

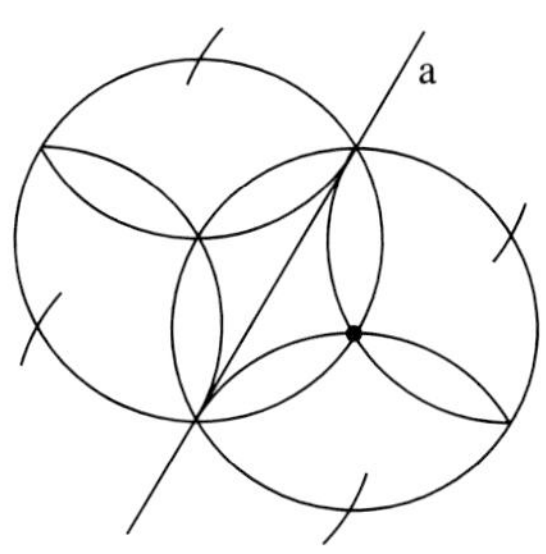

Die Mittelpunkte der Rosettenbögen erhält man durch Abtragen des Kreisradius auf der Kreislinie.

Einer dieser Schnittpunkte ist der Mittelpunkt der zweiten Rosette.

14

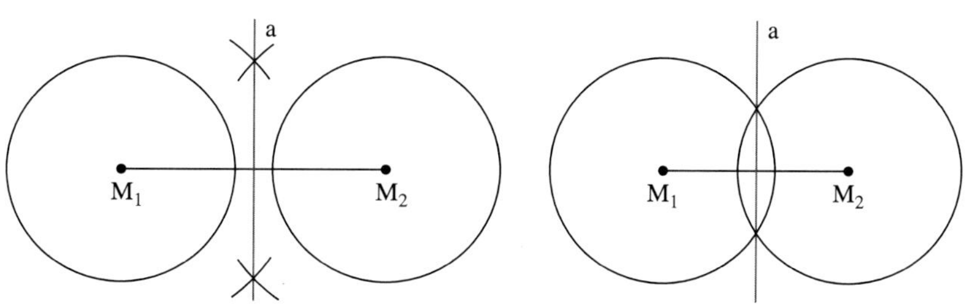

Die Kreise schneiden sich –
Die Achse geht durch die Schnittpunkte.

15

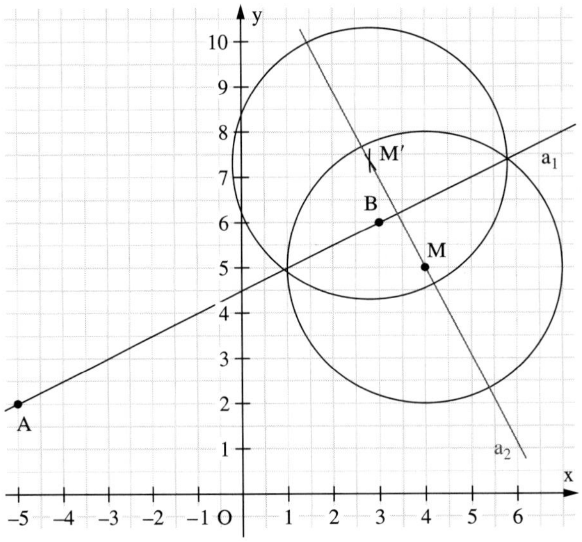

Es gibt 2 Symmetrieachsen.

16

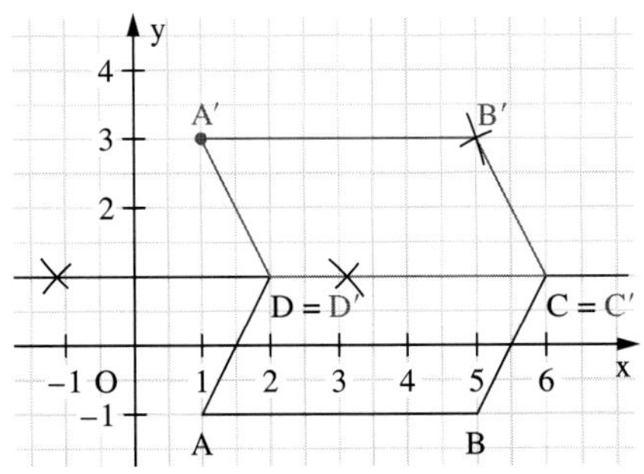

B′(5|3); C′(6|1); D′(2|1)

17 a), b)

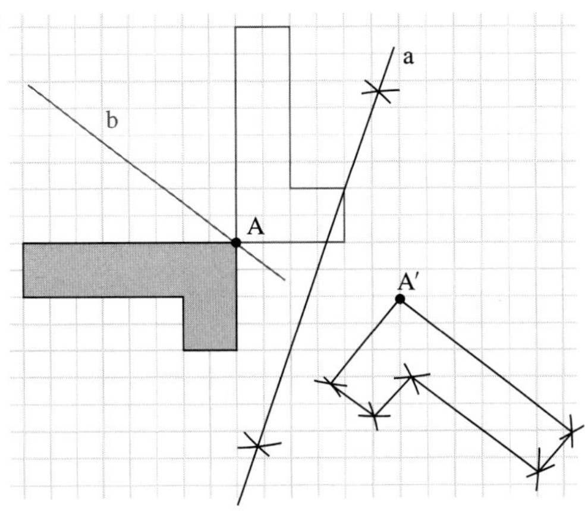

c) individuelle Lösung

18 a), b)

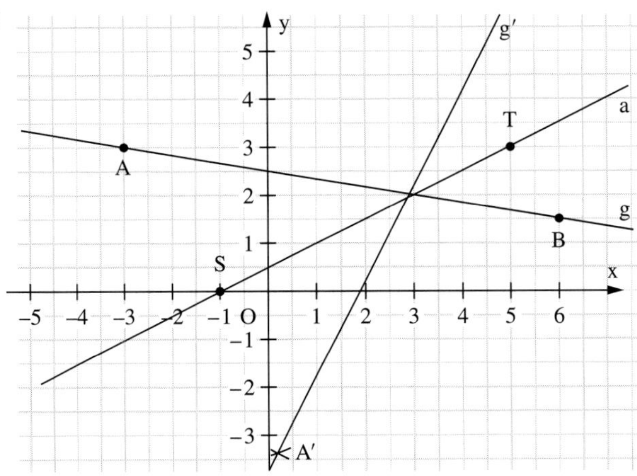

c) (3|2) stimmt mit seinem Spiegelpunkt überein.

19 $12^2 - 12 \cdot (-3) + 4 \cdot [(-34) + 34] = 144 + 36 + 4 \cdot 0 = 180$

→ TB Trainingsblatt: Konstruieren von Spiegelpunkten und Achse; Kopiervorlage S. 134 f.

3 Mittelsenkrechte, Winkelhalbierende und Lote

S. 16 **1** a) α, β sind gleich groß, x und y gleich lang b) 90°

2 a) z. B. jeweils die Mitte der Torlinie und der 1. Linie vor dem Tor markieren und durch diese Markierungen eine 11 m lange Schnur spannen.

b) 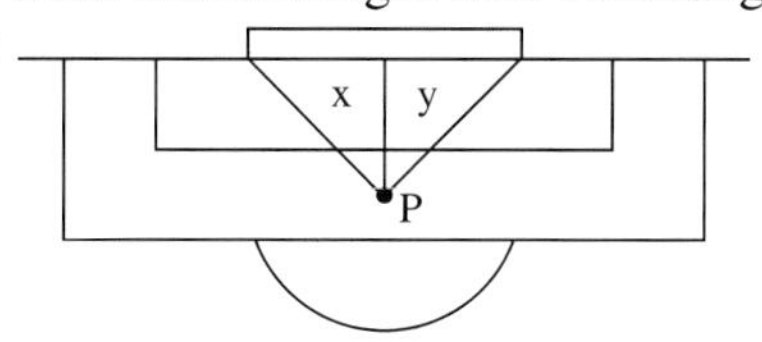

In der Figur sind x und y gleich lang; die 11 m sind also genau von der Mitte der Torlinie aus zu messen.

S. 18 **3** 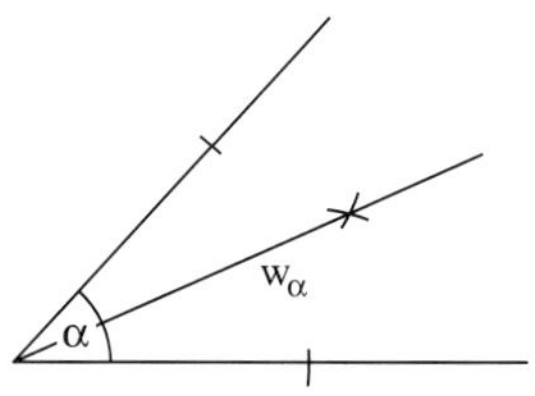

β, γ, δ, ε analog

4 a) h b) l c) h d) k

5 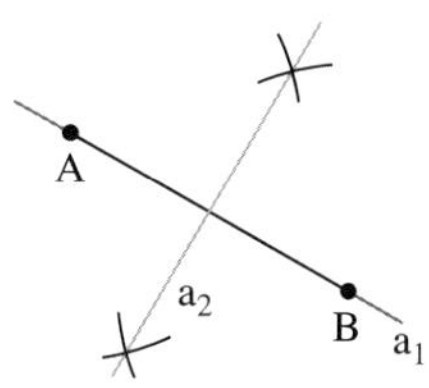

6 a), b), c) 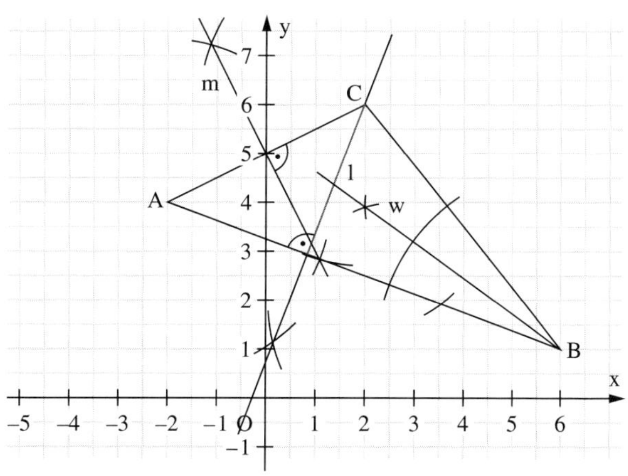

S. 19 **7** a) 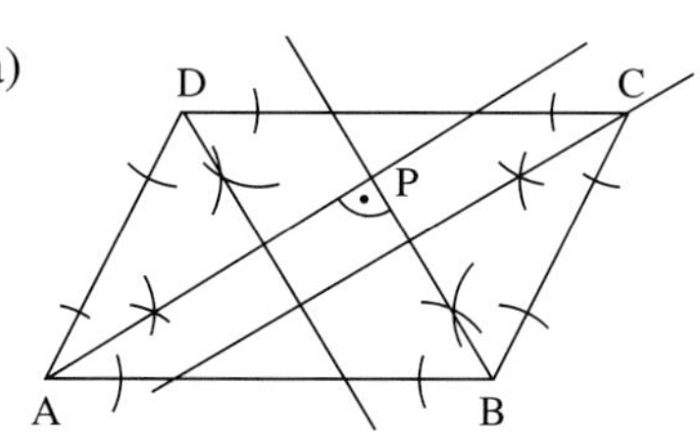

Beobachtung: Es entsteht ein Rechteck.
Begründung erst möglich nach Kaptitel II (Winkelsumme im Dreieck):
Am Eckpunkt P entsteht ein Winkel der Größe
$180° - \frac{\alpha}{2} - \frac{\beta}{2} = 180° - \frac{\alpha + \beta}{2} = 180° - \frac{180°}{2} = 90°$.
Entsprechend sind auch die anderen Winkel dieses „Winkelhalbierendenvierecks" rechte Winkel.

b) Quadrat, Raute; hier sind die Diagonalen Symmetrieachsen und damit zugleich Winkelhalbierende.

→ DGS-Datei downloadbar im Internetauftritt

8 a)

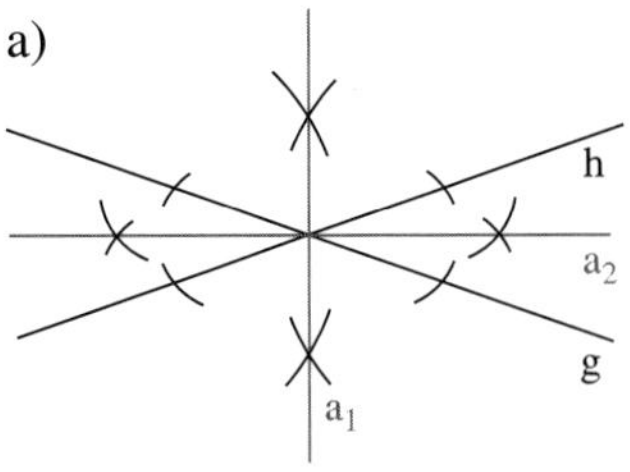

b)

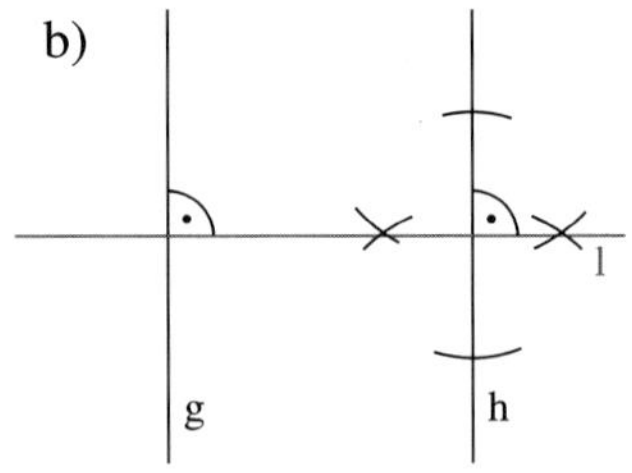

Es muss nur das Lot bzgl. einer Geraden konstruiert werden. Das Lot ist dann in jedem Fall auch Lot zur parallelen Geraden.

9 Fehler im *Schülerbuch* 1. Auflage:
Die Punkte Z_1, Z_2 und Z_3 sind irrtümlich bereits eingetragen; die Aufgabe lässt sich dennoch sinnvoll bearbeiten.

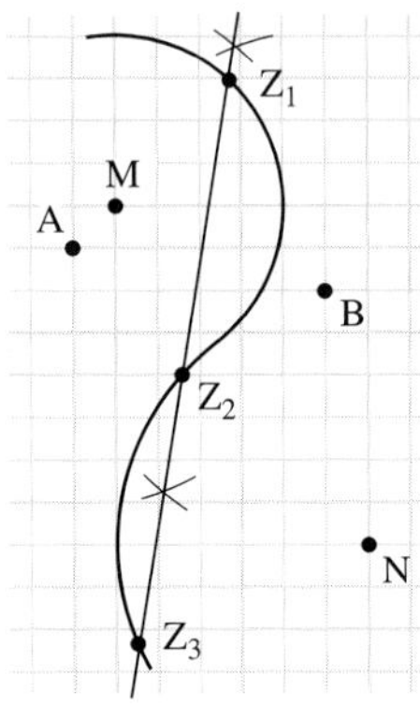

Die Punkte müssen von A und B gleich weit entfernt sein, also auf der Symmetrieachse zu A und B liegen.
Dort, wo diese die „Straße" schneidet, liegen die möglichen Abzweigungen Z_1, Z_2 und Z_3.

10 a), b)

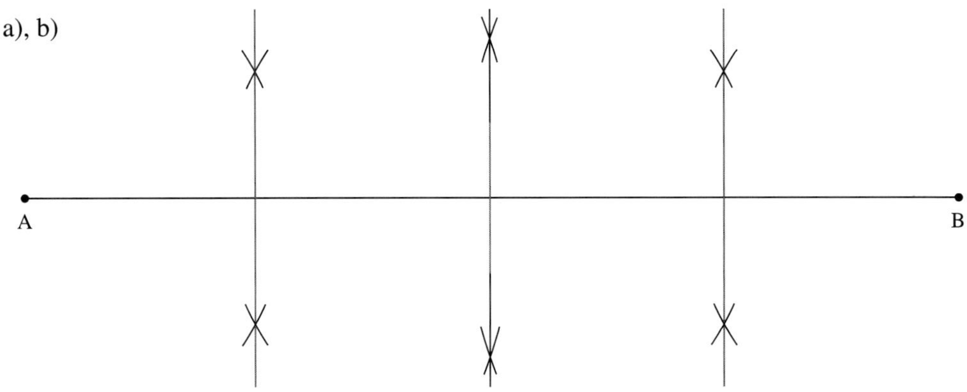

11 Sie markieren drei beliebige Punkte A, B und C auf der Kreislinie und konstruieren die Mittelsenkrechten der Strecken [AB] und [BC]. Der Schnitt der beiden Mittelsenkrechten ist der Mittelpunkt.

12

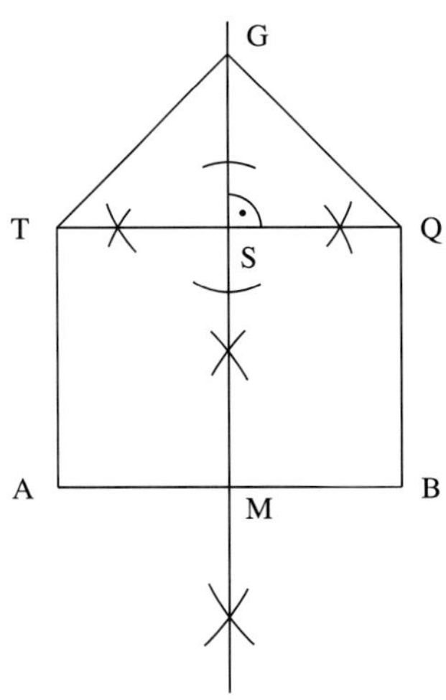

Ein geeigneter Maßstab wäre 1 : 100 (hier wurde aus Platzgründen der Maßstab 1 : 250 gewählt).
[AB] = 8 cm zeichnen und Mittelsenkrechte dazu konstruieren. G ist vom Schnittpunkt M der Mittelsenkrechten mit [AB] 10 cm entfernt. S ist von der Spitze G 4 cm entfernt.
Im Punkt S eine Lotgerade errichten. Die Punkte T und Q liegen auf dieser Lotgeraden und sind von S 4 cm entfernt.

13 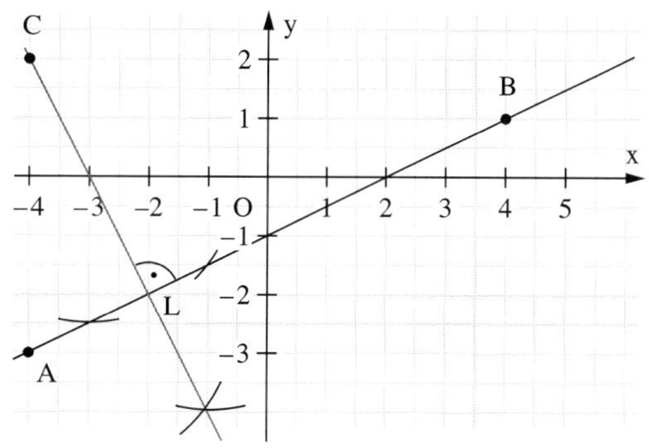

Lotfußpunkt L (–2|–2)

14 Beim Errichten eines Lotes wird eigentlich ein 180°-Winkel (gestreckter Winkel) halbiert.

15 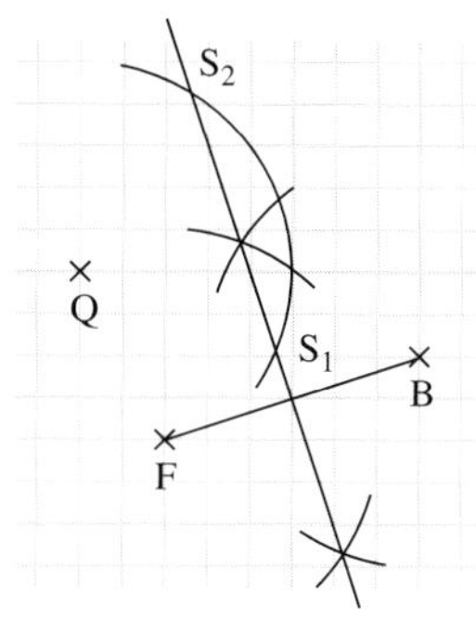

Maßstab 1 : 1000 bedeutet, dass im Heft der Schatz 2,5 cm von der Quelle entfernt ist.
S_1 und S_2 markieren die gesuchten Punkte.

16 a), b), c), d)

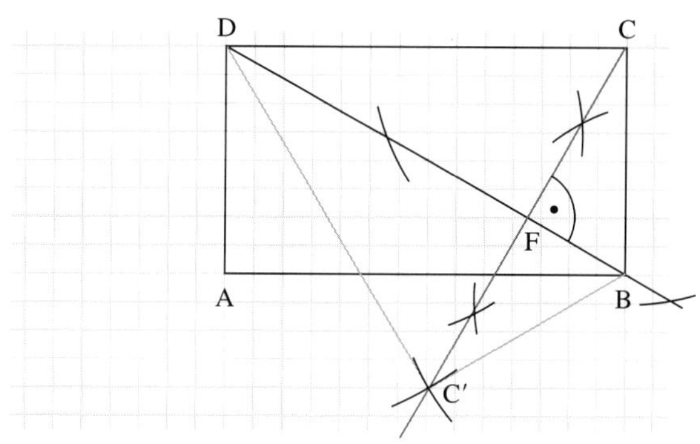

c) $\overline{CF} \approx 3{,}5\,\text{cm}$; A_{BCD}: (1) $\overline{BD} \approx 8{,}1\,\text{cm}$; $A_{BCD} \approx \frac{1}{2} \cdot 8{,}1\,\text{cm} \cdot 3{,}5\,\text{cm} = 14{,}175\,\text{cm}^2$

(2) $A_{BCD} = \frac{1}{2} \cdot A_{ABCD} = \frac{1}{2} \cdot 7\,\text{cm} \cdot 4\,\text{cm} = 14\,\text{cm}^2$

Weg (2) liefert einen exakten Wert, da die Seitenlängen des Rechtecks gegeben sind.
Bei Weg (1) gibt es Zeichen- bzw. Meßungenauigkeiten.

d) $A_{C'BCD} = 2 \cdot A_{BCD} = 28\,\text{cm}^2$

S. 20

17 a) geeigneter Maßstab:
1 cm für 10 Ellen

b) ca. 22 Ellen ($\overline{BF_2}$)

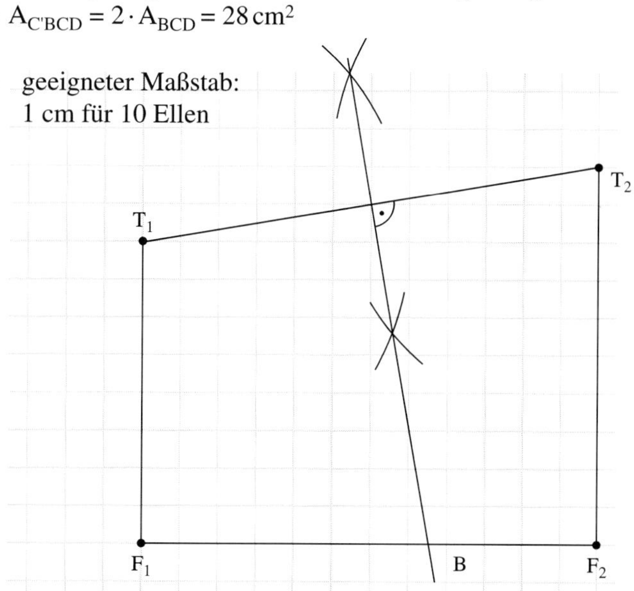

18 Im Maßstab 1 : 5000 misst man eine Höhe von 6 cm, d. h. die wirklich Höhe wäre 300 m; Lexikonwert: 300 m

19 a)

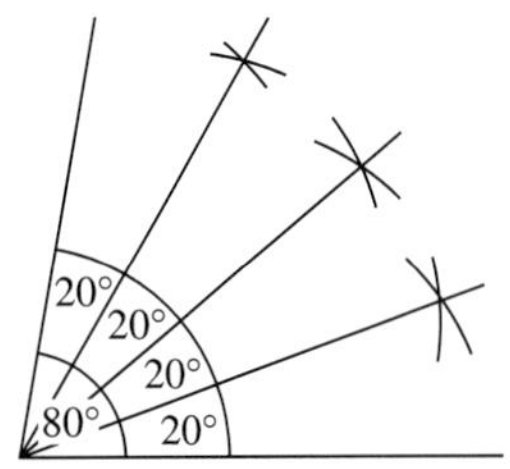

b) Lot auf Gerade in einem Punkt errichten und die Winkelhalbierende eines 90°-Winkels konstruieren.

20 P liegt im grünen Bereich: $\overline{PA} > \overline{PC}$ und $\overline{PB} > \overline{PC}$.
Wenn $P \in m_2$ gilt $\overline{PA} = \overline{PC}$ bzw. wenn $P \in m_1$ gilt $\overline{PB} = \overline{PC}$.
Liegt P im grünen Bereich, ist er immer näher an C als an A bzw. an C als an B.
P liegt im gelben Bereich: $\overline{PA} < \overline{PC}$ und $\overline{PB} < \overline{PC}$. Begründung: analog grüner Bereich.

21 a)

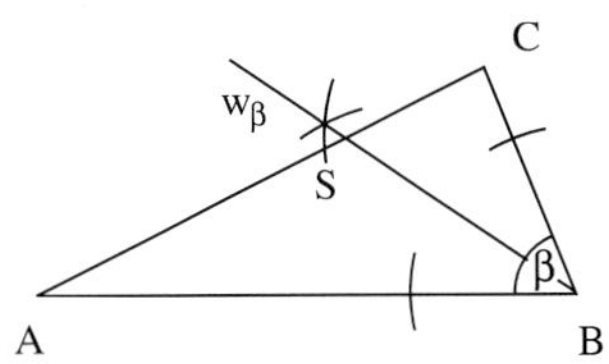

$\overline{CS} < \overline{AS}$

falsch;
die Winkelhalbierende halbiert die gegenüberliegende Seite nur im Spezialfall des gleichseitigen Dreiecks.

b)

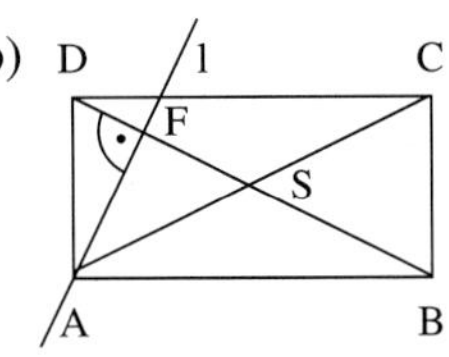

$F \neq S$

falsch;
nur beim Spezialfall des Quadrates richtig, da sich hier die Diagonalen senkrecht schneiden.

22 a)

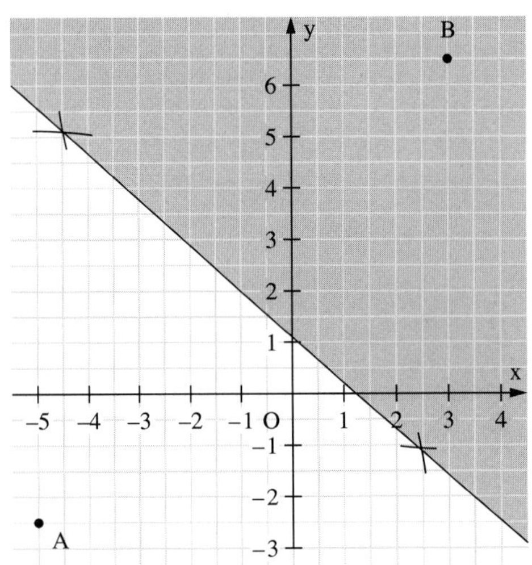

b) Nein, es gibt keine solchen Punkte, da k (Q; 2 cm) die Mittelsenkrechte von [PQ] nicht schneidet.

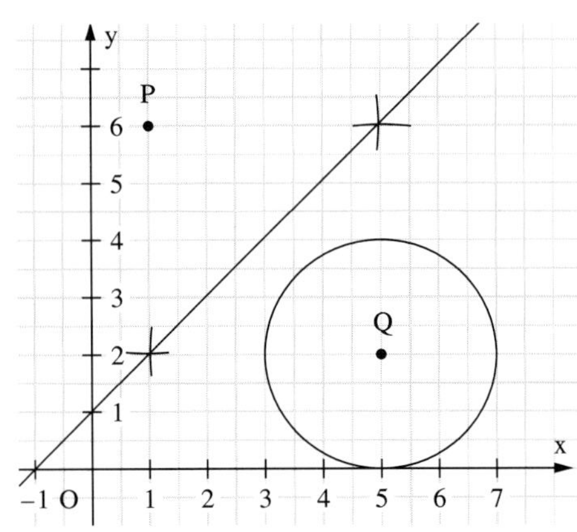

23 Maßstab 1 : 1000
Der Abstand beträgt etwa 45 m.

i Hier wird vom Schüler verlangt, dass er sich mit der Konstruktion dieses gleichschenkligen Dreiecks auseinandersetzt und eine Lösungsidee entwickelt.

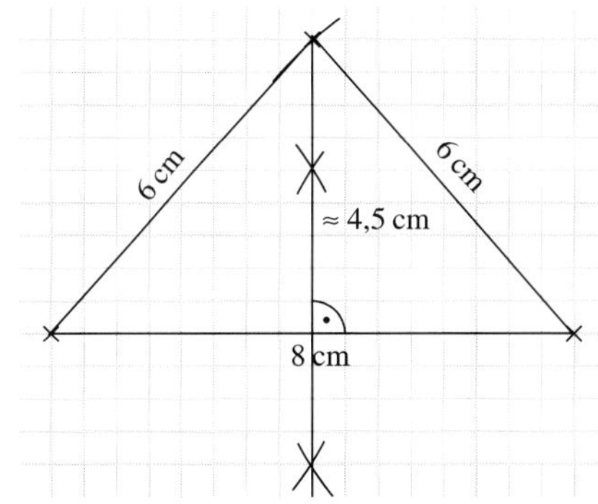

24 a)

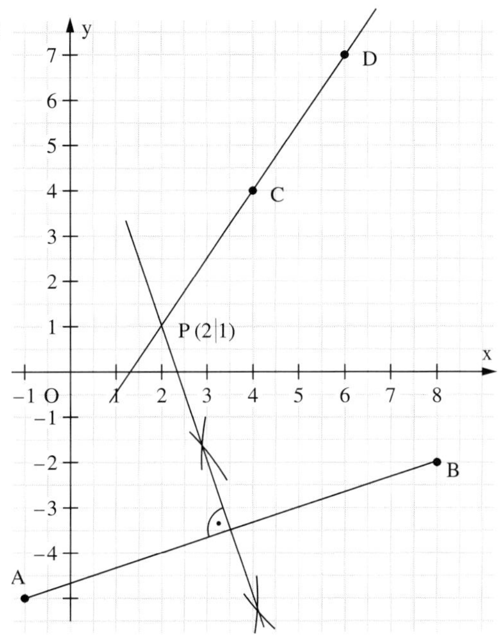

Man konstruiert die Mittelsenkrechte zu [AB].

b)

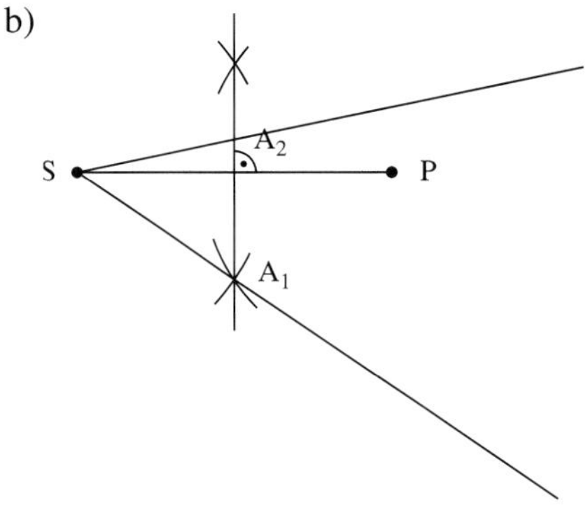

Man konstruiert die Mittelsenkrechte zu [SP].

S. 21

25 a)

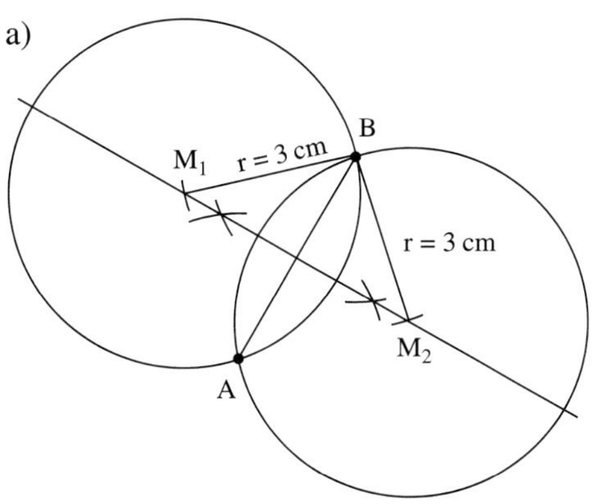

Die Mittelpunkte müssen auf der Mittelsenkrechten zu [AB] liegen und von A und B 3 cm entfernt sein.

b)

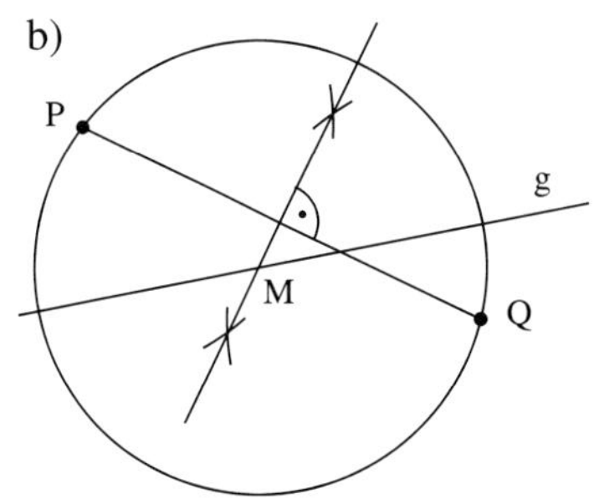

M muss gleich weit von P und Q entfernt sein, also liegt M auf der Mittelsenkrechten von [PQ]. Dort, wo diese g schneidet, ist M.

26 a) Beim Abstand $\overline{AB} = 5\,cm$ schneiden sich die Kreise (Symmetrieachse a_2 verläuft durch die Schnittpunkte). Beim Abstand $\overline{AB} = 6\,cm$ berühren sich die Kreise (Konstruktion analog Fall $\overline{AB} = 7\,cm$).

b) Keinen, einen oder zwei siehe *Schülerbuch S. 21 im Kasten zu Aufgabe 26*

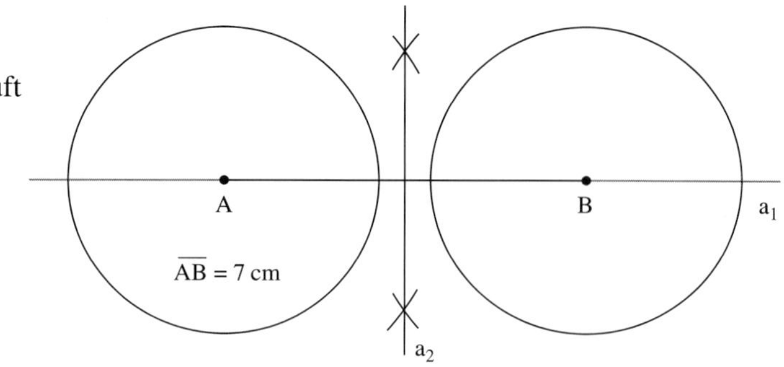

27

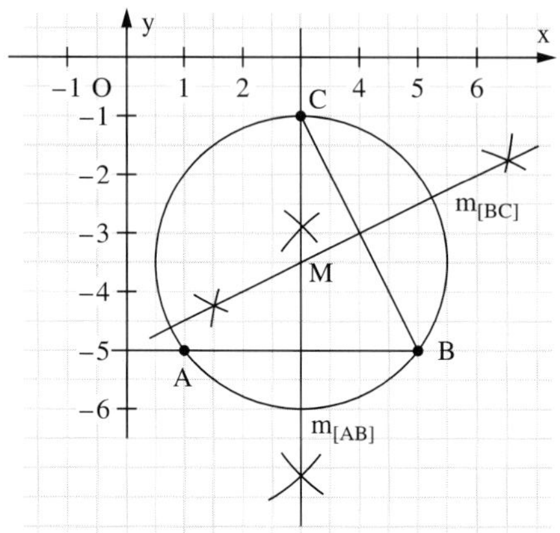

Der Mittelpunkt muss von A, B und C gleich weit entfernt sein, d. h. er muss auf der Mittelsenkrechten $m_{[AB]}$ und $m_{[BC]}$ liegen. Der Schnittpunkt dieser beiden ist der gesuchte Mittelpunkt.

28 a)

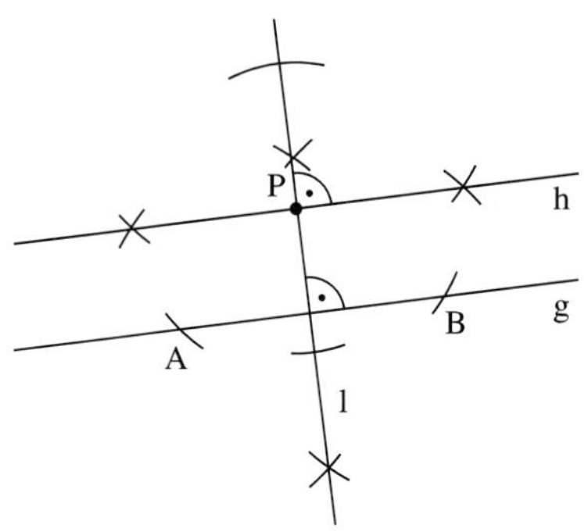

b) Eine Parallelenkonstruktion

c) Schlage um P einen Kreis mit r so groß, dass der Kreis g in A und B schneidet. Zeichne um A, B gleich große Kreise, die sich schneiden. Verbinde die Schnittpunkte zum Lot l mit $P \in l$.
Schlage Kreis um P, Schnittpunkt mit l liefert S, T. Zeichne gleich große Kreise um S, T. Verbinde Schnittpunkte zur Geraden h. Es ist $P \in h$; $h \perp l$; $h \parallel g$.

29

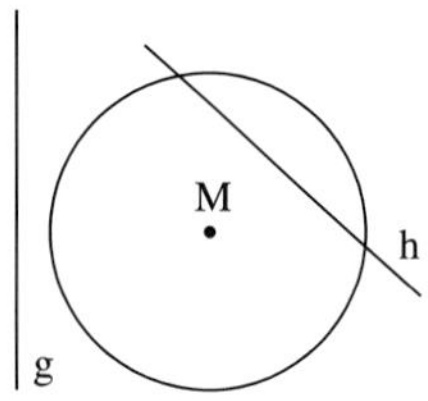

30

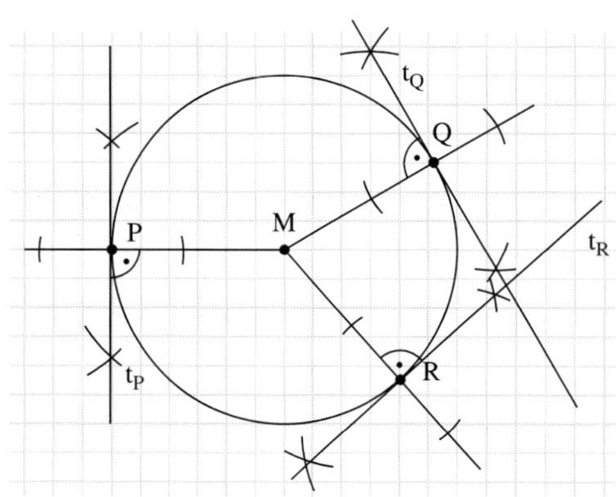

31 a) A = 470 mm²; U = 168 mm
b) A = 507,5 mm²
Die fehlenden Längenangaben zur Berechnung des Umfangs sind einer maßstabsgetreuen Zeichnung zu entnehmen.
U ≈ 99 mm

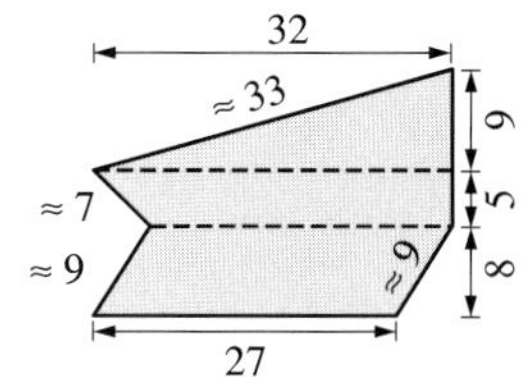

→ TB Trainingsblatt: Konstruieren von Mittelsenkrechten, Winkelhalbierenden und Loten; Kopiervorlage S. 136 f.

4 Punktsymmetrie

S. 22

1 Die oberste und unterste Figur kommen nach einer Halbdrehung mit sich zur Deckung.

2

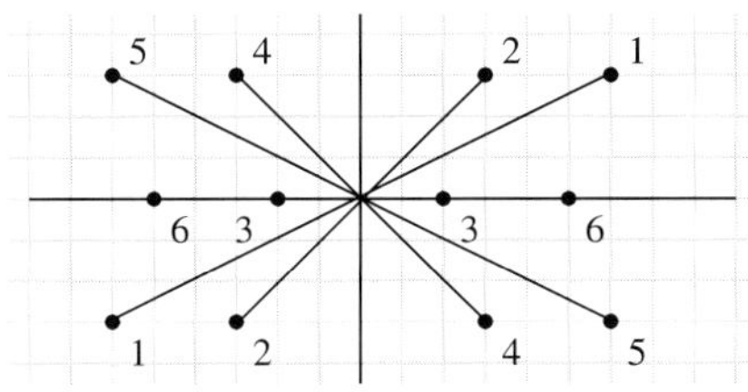

Die Verbindungsstrecken schneiden sich in einem Punkt. Dieser Punkt halbiert die Verbindungsstrecken.

S. 24

3 a) Windrad: punktsymmetrisch; Kreuzung: (von oben betrachtet) punkt- (und achsen-)symmetrisch; Pflastersteine: einzelner Stein achsensymmetrisch; gesamtes Muster punktsymmetrisch.
b) Fotoapparat nötig; Zeit für die Entwicklung der Bilder einplanen. (Hier ist an punkt- **und** achsensymmetrische Objekte gedacht.)

4

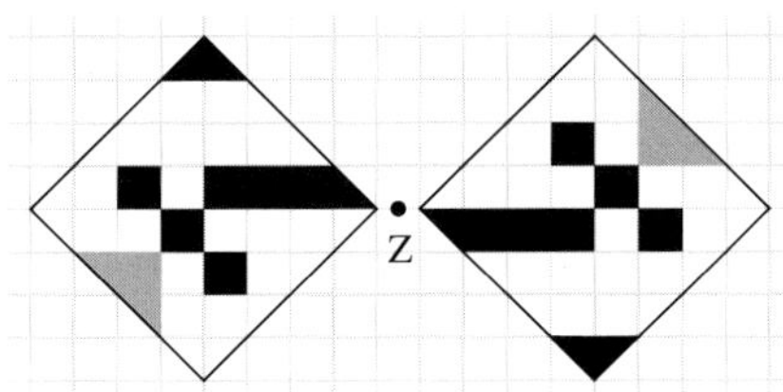

\+ Erfinde selbst Figuren, die du bzgl. eines Zentrums Z spiegelst.

5 a)

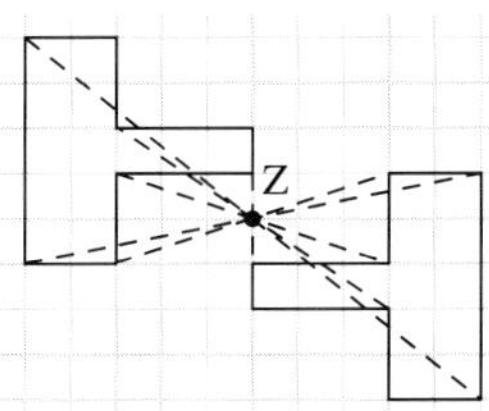

b)

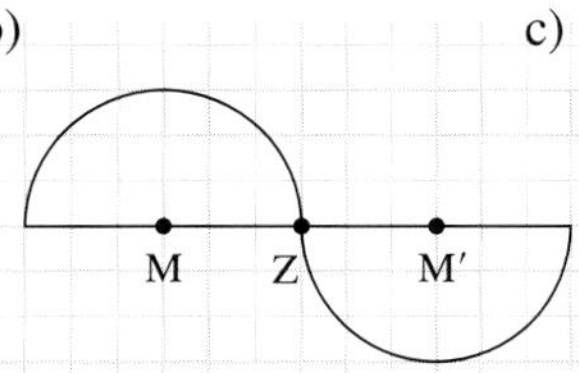

c)

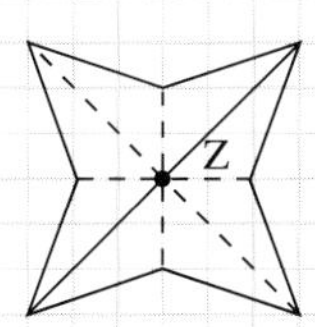

6

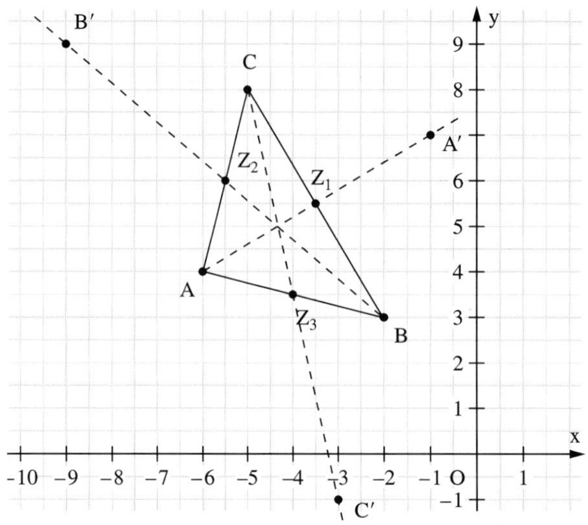

(1) Z_1 (−3,5 | 5,5)
Punktsymmetrische Figur ABA′C
mit A′ (− 1 | 7)

(2) Z_2 (−5,5 | 6)
Punktsymmetrische Figur ABCB'
mit B′ (− 9 | 9)

(3) Z_3 (−4 | 3,5)
Punktsymmetrische Figur AC′BC
mit C′ (− 3 | −1)

Es gibt also drei Möglichkeiten.

7 a) Punktsymmetrisch: H I N O S X Z
b) Punkt- und achsensymmetrisch: H I O X
c) 0, 8, 88, 96, 689, 808, 906, 9696, ...
d) Die mittlere Ziffer muss punktsymmetrisch sein (d. h. es muss dort eine 0 oder 8 stehen).

8 a), b), d), g), i) punkt- und nicht achsensymmetrisch
c) achsen- und nicht punktsymmetrisch
f) punkt- und achsensymmetrisch
e), h) weder punkt- noch achsensymmetrisch

9

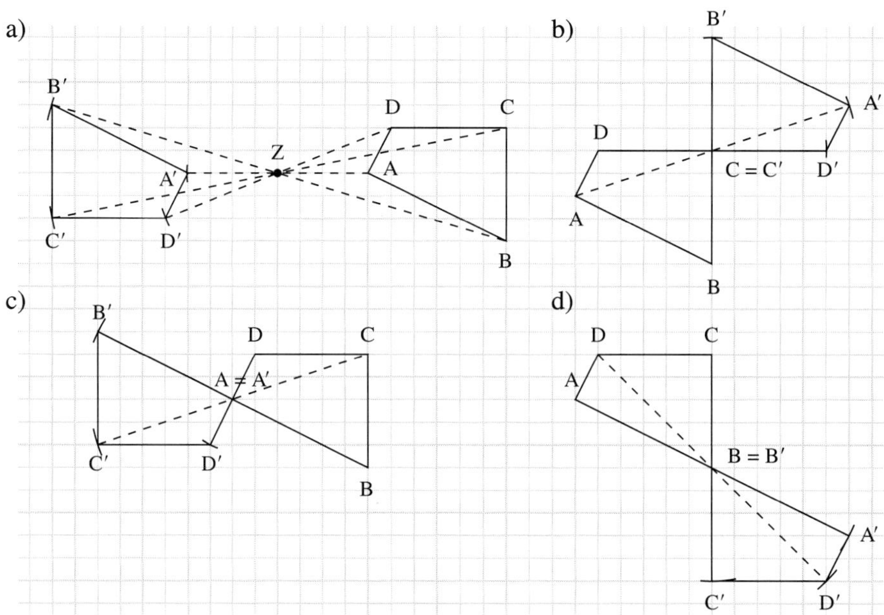

S. 25 **10**

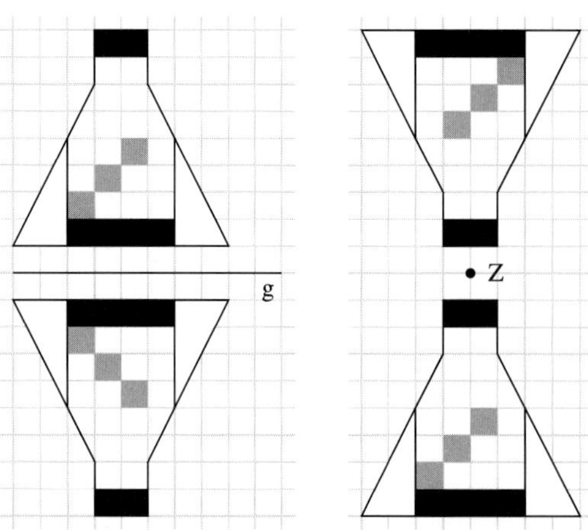

11 **Hinweis:** Entscheidend für die folgenden Symmetriebetrachtungen ist nicht die Notenschrift, sondern sind die Intervallfolge (kleine Sekunde nach unten, kleine Terz nach oben, kleine Sekunde nach unten) und Rhythmus (Viertel, Viertel, Viertel mit Punkt, Achtel) des Motivs.

Krebs und Umkehrung sind achsensymmetrisch (senkrechte bzw. waagrechte Symmetrieachse) zum ursprünglichen Motiv. Die Krebsumkehrung ist punktsymmetrisch zum Motiv; ebenso sind Krebs und Umkehrung punktsymmetrisch zueinander.

Ist das Motiv selbst punktsymmetrisch (dies ist hier bei Vernachlässigung des Rhythmus der Fall) so stimmen Motiv und Krebsumkehrung bzw. Krebs und Umkehrung sogar überein.

Randspalte:

12 Z(−2 | 0,5)

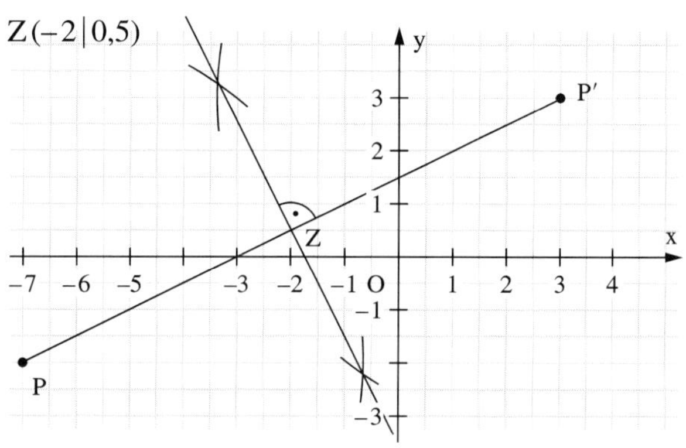

13

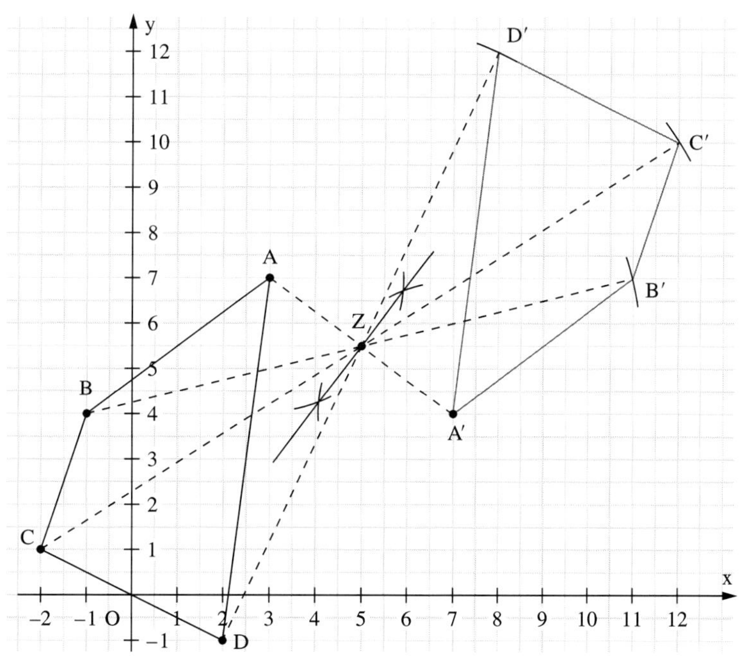

Z (5 | 5,5) B′ (11 | 7)
C′ (12 | 10); D′ (8 | 12)

14 a), b) (1) (2)

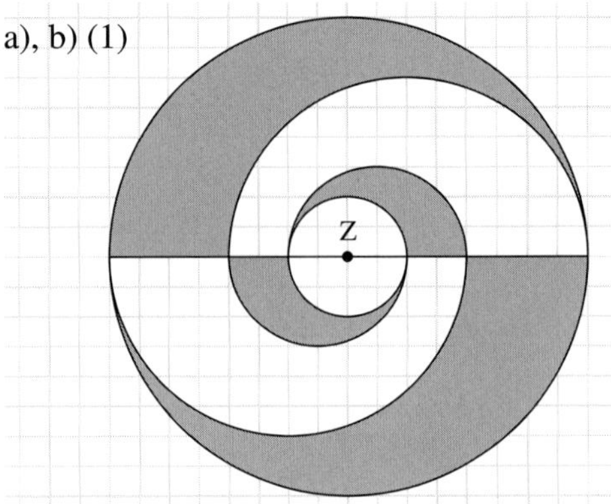

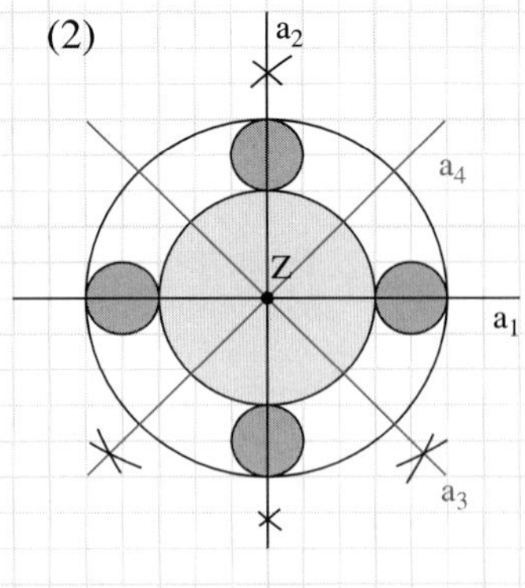

b) nicht achsensymmetrisch achsensymmetrisch mit 4 Achsen

15 a) b) c) d)

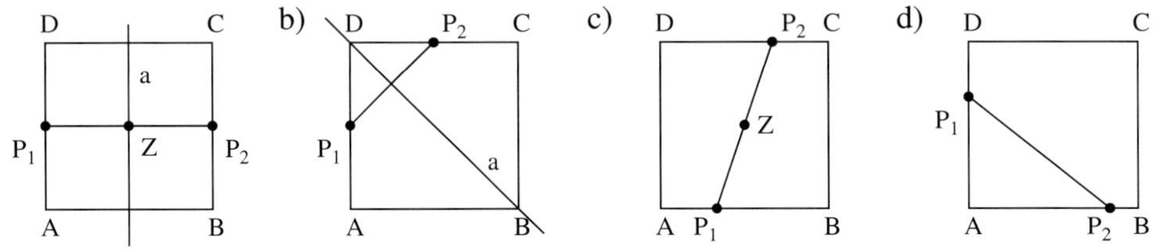

16 a) b)

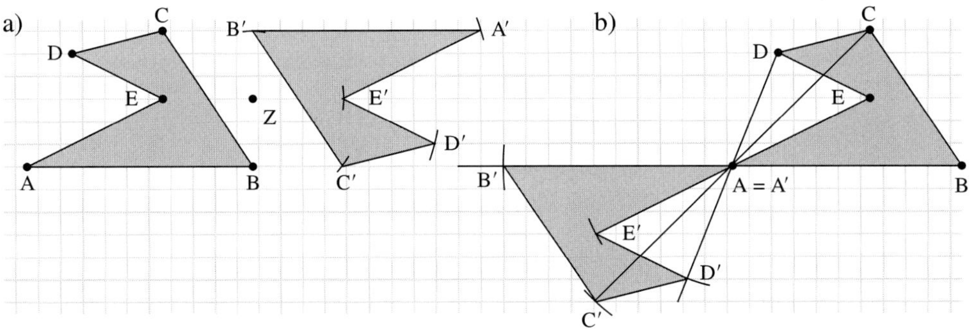

17 a) (1) achsensymmetrisch; (2) punktsymmetrisch und achsensymmetrisch (4 Achsen)
b) individuelle Lösung

18 a) A′ (4|1) B′ (−3|−8)

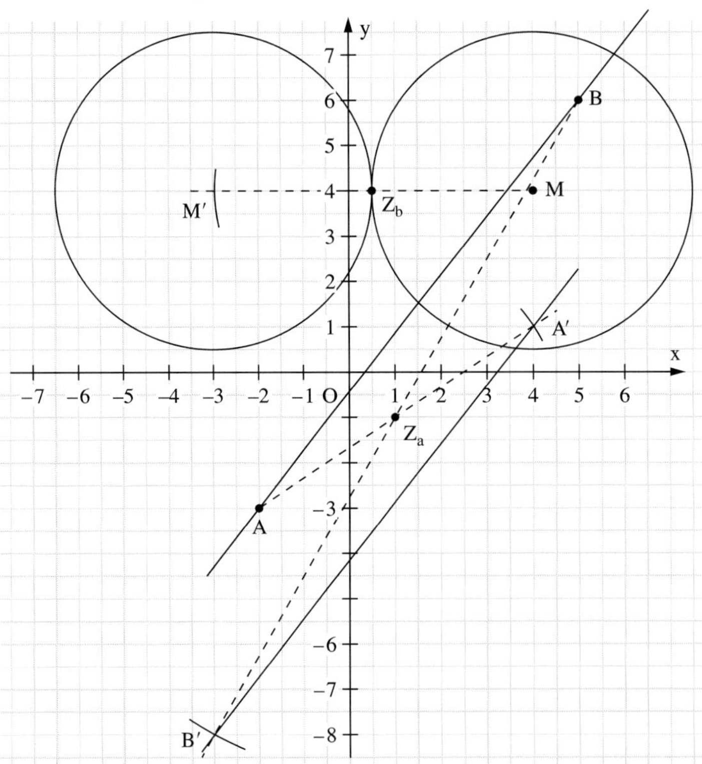

b) M′ (−3|4)

S. 26

19 a) b) c) d)

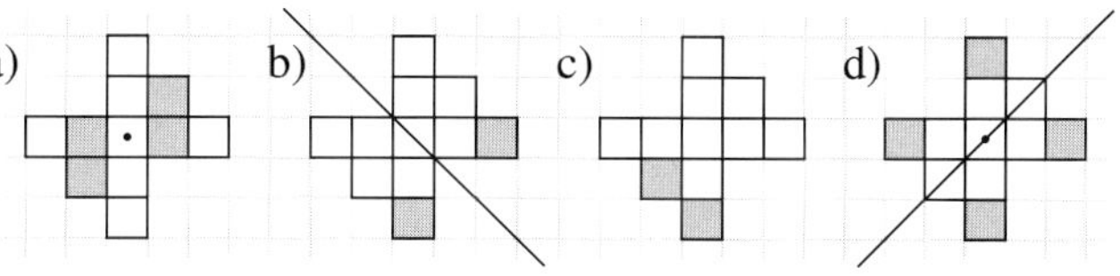

jeweils mehrere Lösungen möglich

20 a)

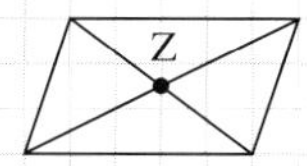

Parallelogramm

b) z. B.

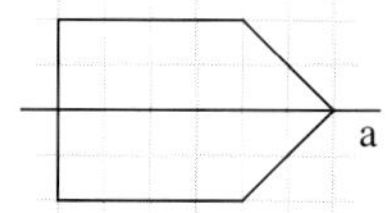

Es gibt zwar achsensymmetrische, aber keine punktsymmetrischen Fünfecke. Da bei einem punktsymmetrischen Vieleck jeder Eckpunkt am Zentrum gespiegelt wird, gibt es zu jedem Eckpunkt einen entsprechenden Spiegelpunkt. Also kann ein punktsymmetrisches Vieleck nur eine gerade Eckenzahl besitzen.

21 a) z. B.

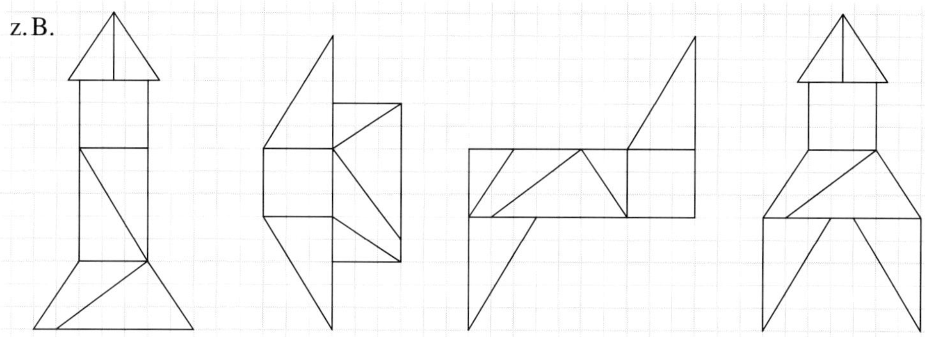

b) individuelle Lösungen mit dem Tangram; Kopiervorlage: Lösungen & Materialien 5, S. 205

22 a)

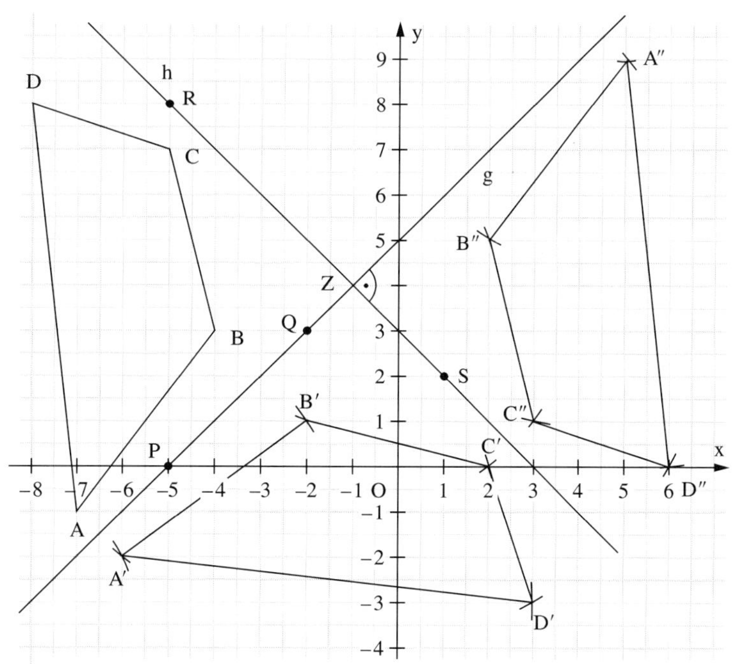

A′ (−6 | −2)
B′ (−2 | 1)
C′ (2 | 0)
D′ (3 | −3)

A″ (5 | 9)
B″ (2 | 5)
C″ (3 | 1)
D″ (6 | 0)

b) Z (−1 | 4)
c) 90°
d) Die beiden Achsen müssen aufeinander senkrecht stehen.

23

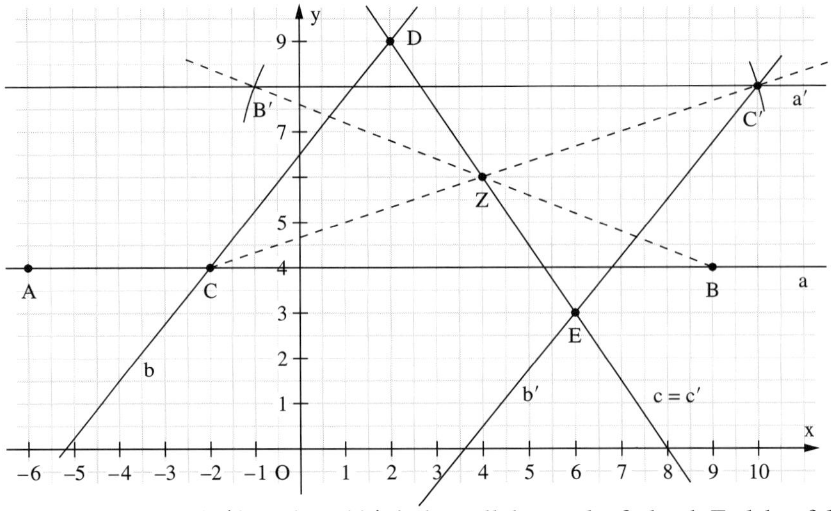

Die Geraden a und a′ bzw. b und b′ sind parallel; c verläuft durch Z, daher fallen c und c′ zusammen – es ist nichts zu konstruieren.

24 mögliche Begründung:
Das Dreieck DEF kann nicht Spiegelbild des Dreiecks ABC sein, da sich die Verbindungsstrecken der entsprechenden Eckpunkte nicht in einem Punkt schneiden.
Das Dreieck GHI kann kein Spiegelbild des Dreiecks ABC sein, da [CG] die Strecke [BI] nicht halbiert und somit kein Zentrum gefunden werden kann.

25

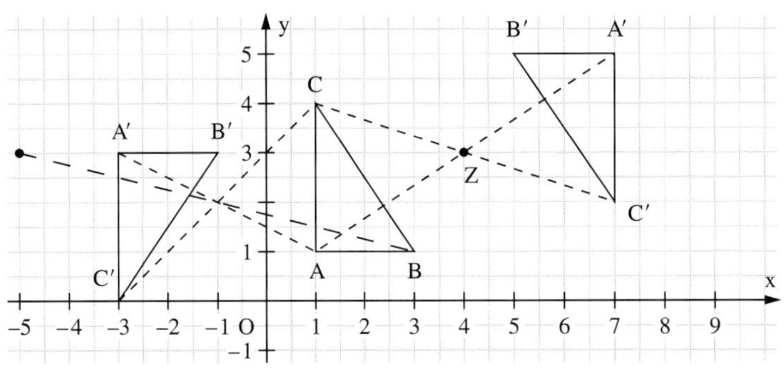

a) Z (4 | 3)
b) nicht möglich (Spiegelpunkt von B müsste B′ (−5 | 3) sein)

26 $\frac{2}{3}\cdot\frac{2}{3} - 0{,}4\cdot\frac{3}{4} = \frac{4}{9} - \frac{3}{10} = \frac{40-27}{90} = \frac{13}{90}$

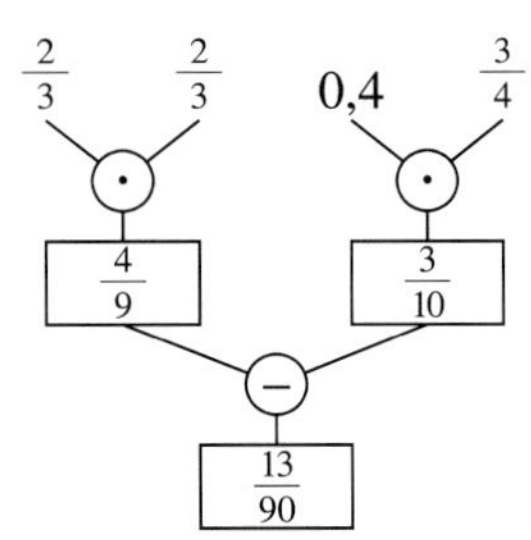

27

a) $2^6\cdot 5$	b) $2^4\cdot 3^2\cdot 5$	c) $2^2\cdot 3\cdot 5$	d) 97	e) $2^5\cdot 3\cdot 5^2$
f) $2^2\cdot 3^2\cdot 5$	g) 2^8	h) $2^6\cdot 3^2$	i) $2^9\cdot 5^2$	k) $2^5\cdot 5^6$

→ AB — Arbeitsblatt: Symmetrien mit der Schere – Karten basteln; Kopiervorlage S. 138
Material: Buntes Papier

→ Spiel: Symmetrie-Quartett; Kopiervorlage S. 139
Spiel für 2 – 3 Spieler; Spiel nach den üblichen Quartettregeln

AB — Variante: Die Kopiervorlage kann auch als Arbeitsblatt benutzt werden, in dem die Symmetrieeigenschaften der abgebildeten Figuren bestimmt werden.

→ Leere Kopiervorlage zum Selbstzeichnen symmetrischer Figuren downloadbar im Internetauftritt.

5 Symmetrische Vierecke

A **Alternative zum Einstieg:**
Die Schüler sollen an die Tafel verschiedene symmetrische Vierecke zeichnen. Der Lehrer erarbeitet dann mit den Schülern eine Art der Systematisierung und überprüft die Vierecke auf Vollständigkeit.

S. 27 **1** a) Beide sind achsensymmetrisch: (1) Drache (2) Trapez
b) Punkt- und achsensymmetrisch mit vier gleich langen Seiten. Die Diagonalen schneiden sich rechtwinkelig: Raute.

2 Gegenüberliegende Seiten sind parallel und gleich lang, gegenüberliegende Winkel sind gleich groß, die Diagonalen halbieren sich, ist punktsymmetrisch (Parallelogramm).

S. 29 **3** z. B.: Quadrat: Tafelflügel, Bodenfliese; Rechteck: Fenster, DIN-A4-Papier; Raute: bayrische Flagge, Lakritzebonbon; Achsensymmetrisches Trapez: Zirkus-Trapez, Querschnitt eines Schokoladen-Kuvertüre-Barrens; Drachen: Flugdrachen; Parallelogramm: Storchenschnabel (Zeichengerät), Fläche zwischen Sprossen eines Treppengeländers

4 a) Es muss vier gleich lange Seiten haben (auch: Diagonalen zueinander senkrecht): Quadrat
b) Es muss vier gleich lange Seiten haben: Raute

5 a) Quadrat, Rechteck, Raute, Parallelogramm b) Quadrat, Rechteck
c) Quadrat, Raute, Drache d) Quadrat, Rechteck, achsensymmetrisches Trapez

6 a), b)

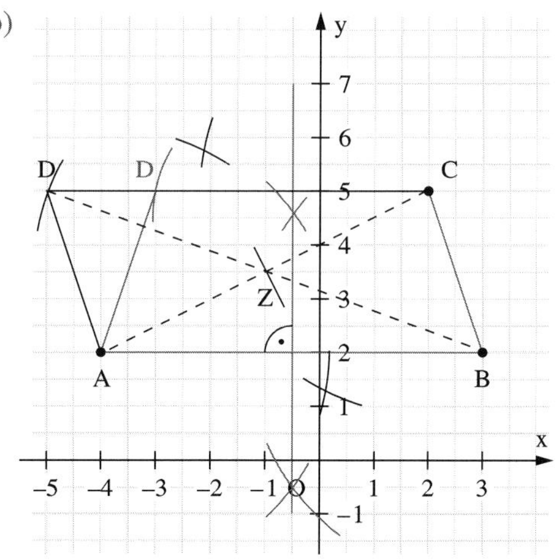

c)

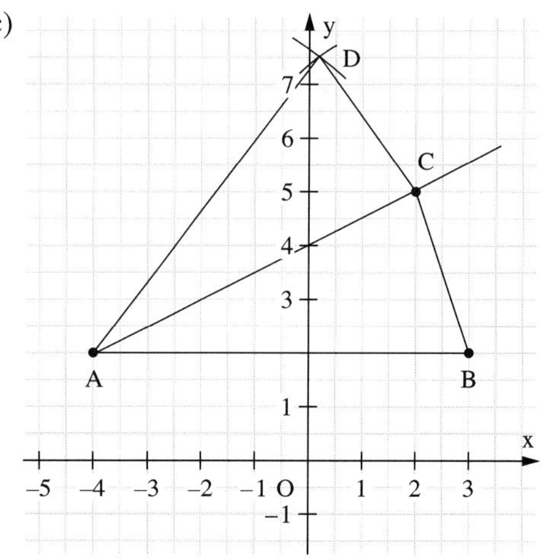

i Bei b) würde es auch genügen, die Strecke $\overline{AD}$ aus a) in A anzutragen und den 2. Schnittpunkt mit DC zu bestimmen.

7

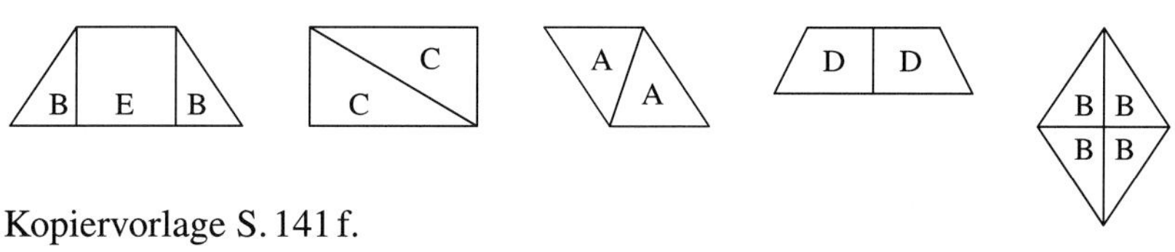

→ Kopiervorlage S. 141 f.

8 (1) Alle Seiten sind gleich lang.
(2) Beide Diagonalen sind Symmetrieachsen.
(3) Sie sind punktsymmetrisch.
(4) Gegenüberliegende Seiten sind parallel.
(5) Gegenüberliegende Winkel sind gleich groß.

S. 30 **9** a) Raute b) gibt es nicht c) Rechteck oder achsensymmetrisches Trapez

10 a) (1) Quadrat (2) Rechteck (3) Drache (4) achsensymmetrisches Trapez

b) Aus (1) wird ein Rechteck; d. h. die Seitenlängen ändern sich, die gegenüberliegenden Seiten bleiben parallel, 90°-Winkel bleiben erhalten.

Aus (2) werden weitere Rechtecke bzw. ein Quadrat, wenn die Stäbe zueinander senkrecht stehen; d. h. analog (1).

Aus (3) werden unregelmäßige Vierecke; d. h. Seitenlänge und Innenwinkel ändern sich.

Aus (4) werden andere achsensymmetrische Trapeze, d. h. die Innenwinkel und Seitenlängen ändern sich, zwei parallele Gegenseiten bleiben.

c) Man kann mit (3) und (4) keine Raute erzeugen, man bräuchte zwei Stäbe, die in ihren Mitten zusammengeschraubt sind. Mit Figur (1) oder (2) kann man eine ganz spezielle Raute, nämlich ein Quadrat erzeugen.

DGS-Datei downloadbar im Internetauftritt

11 a) Drachenviereck b) Rechteck c) achsensymmetrisches Trapez

12 a)

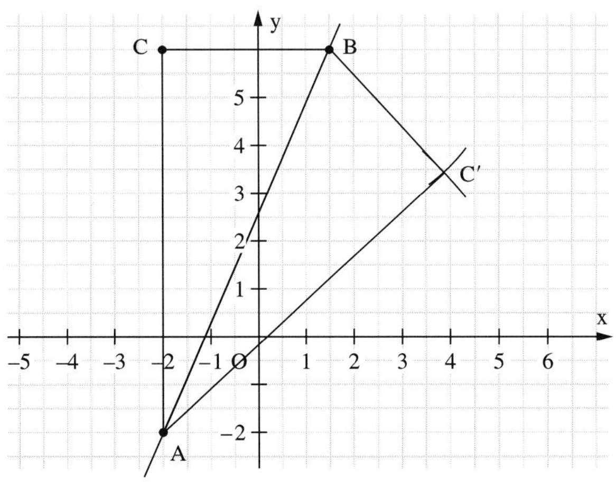

b) $A_{ABC} = \frac{1}{2} \cdot \overline{AC} \cdot \overline{BC}$

$= \frac{1}{2} \cdot 8\,cm \cdot 3{,}5\,cm = 14\,cm^2$

$A_{AC'BC} = 2 \cdot 14\,cm^2 = 28\,cm^2$

13 a) Raute; die Verbindungslinien der Seiten sind gleich lang, da die Mittelsenkrechten des Rechtecks Symmetrieachsen sind.

b) Es muss gleich lange Seiten haben, also ein Quadrat sein.

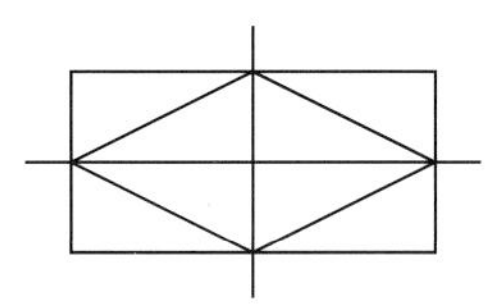

14 mögliche Begründungen:

a) Richtig, weil mindestens eine Diagonale Symmetrieachse ist.

b) Falsch, weil ein Drachen nicht notwendigerweise vier gleich lange Seiten hat.

c) Falsch, weil die sich gegenüberliegenden Seiten nicht unbedingt gleich lang sind oder die vier Winkel nicht alle 90° sein müssen.

d) Richtig, weil eine Mittelsenkrechte von zwei gegenüberliegenden Seiten zugleich Symmetrieachse ist.

e) Falsch, wenn eine Raute vier 90°-Winkel hat, ist sie ein Quadrat und damit auch ein Rechteck.

15 a), b)

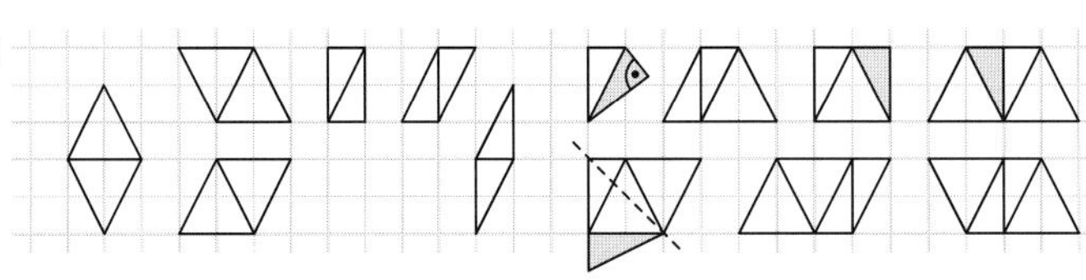

Karton und Schere werden benötigt.

Alle symmetrischen Vierecke lassen sich legen. Nur durch Umdrehen eines nicht achsensymmetrischen Dreiecks kann man neue Vierecke erzeugen (in der Grafik sind die umgedrehten Dreiecke eingefärbt). Es empfiehlt sich, gleich lange Seiten gleichfarbig zu markieren.

c)

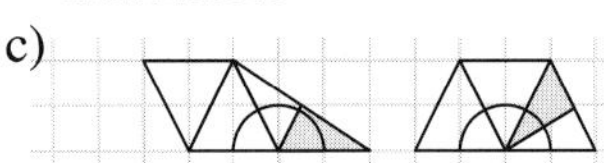

Aus allen Dreiecken lassen sich zwei unsymmetrische Vierecke (allgemeine Trapeze) legen.

16 a), e) b) c) f) h)

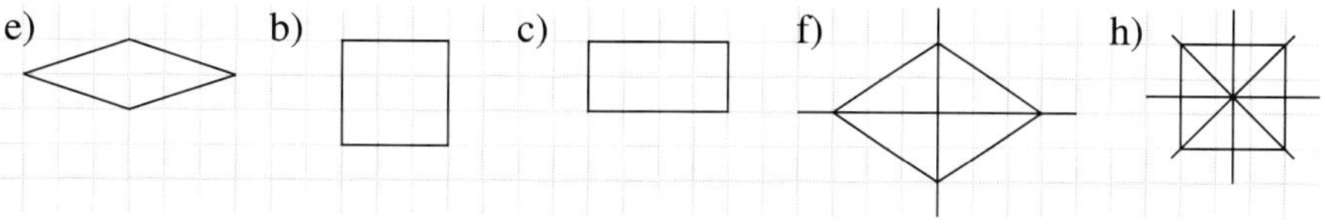

d) nicht möglich g) nicht möglich

\+ Finde selbst solche Aufgaben und stelle sie deinem Nachbarn.

17 a)

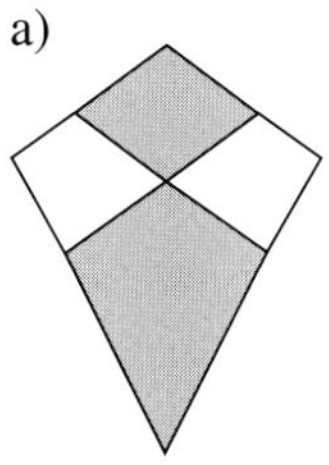

b) Ein achsensymmetrisches Trapez kann zerlegt werden in:

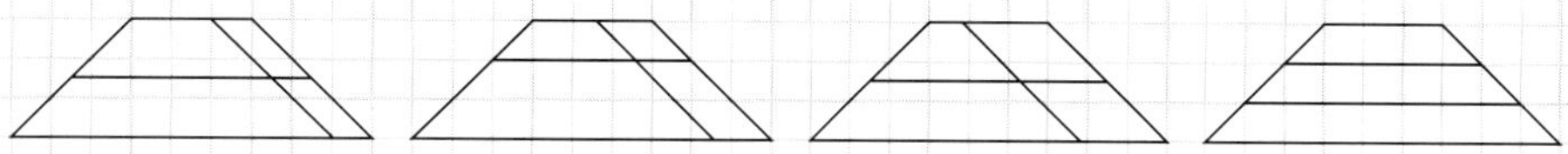

2 achsensymm.Trapeze, 2 Parallelogramme | 2 achsensymm.Trapeze, 1 Raute, 1 Parall. | 2 achsensymm. Trapeze, 2 Rauten | 3 achsensymm. Trapeze

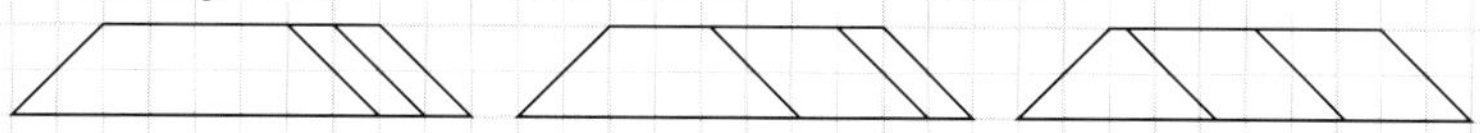

1 achsensymm. Trapez, 2 Parallelogramme | 1 achsensymm. Trapez, 1 Raute, 1 Parall. | 1 achsensymm. Trapez, 2 Rauten

Ein Quadrat kann zerlegt werden in:

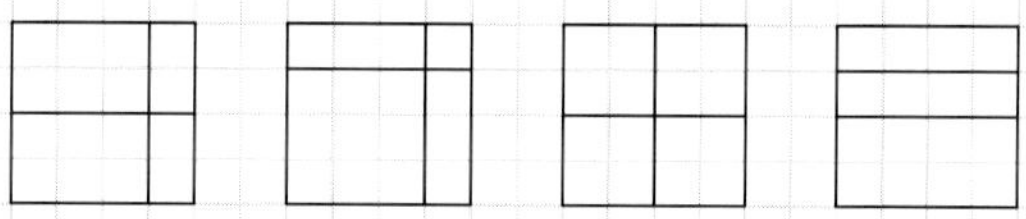

4 Rechtecke | 2 Rechtecke, 2 Quadrate | 4 Quadrate | 3 Rechtecke

Ein Rechteck kann zerlegt werden in:

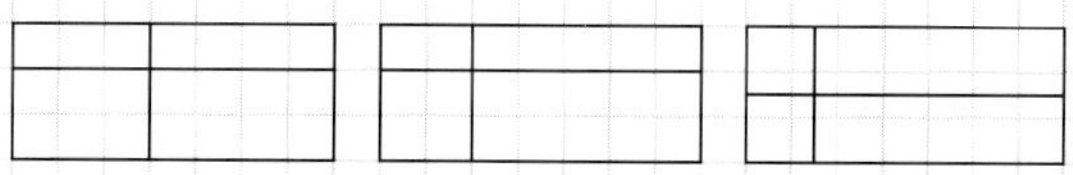

4 Rechtecke | 3 Rechtecke, 1 Quadrat | 2 Rechtecke, 2 Quadrate

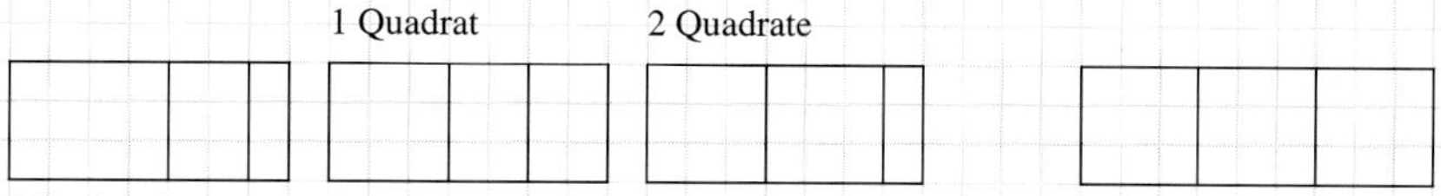

4 Rechtecke | 2 Rechtecke, 1 Quadrat | 1 Rechteck, 2 Quadrate | 3 Quadrate

Eine Raute kann zerlegt werden in:

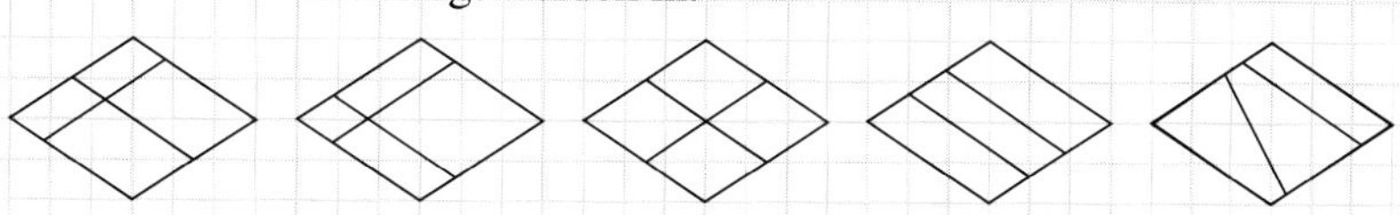

4 Parall. | 2 Rauten, 2 Parall. | 4 Rauten | 3 Parall. | 2 achsensymm. Trapeze, 1 Parall.

Ein Parallelogramm kann zerlegt werden in:

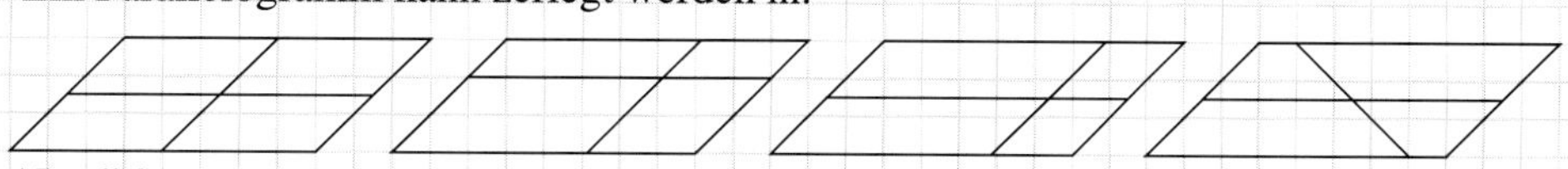

4 Parallelogramme | 3 Parallelogramme, 1 Raute | 2 Parallelogramme, 2 Rauten | 4 achsensymm. Trapeze

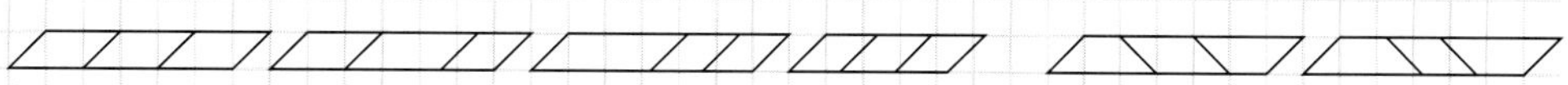

3 Parall. | 3 Parall., 1 Raute | 1 Parall., 2 Rauten | 3 Rauten | 2 achsensymm. Tr., 1 Parall. | 2 achsensymm. Tr., 1 Raute

S. 31

18 a) richtig: Genau eine Symmetrieachse haben achsensymmetrisches Trapez und Drachen. Da 2 Seiten parallel sein sollen, muss es ein achsensymmetrisches Trapez sein.
b) falsch: Auch die Raute hat zwei Symmetrieachsen.
c) richtig: Gleich lange Seiten haben Raute und Quadrat, aber nur eine Raute hat verschieden lange Diagonalen.
d) richtig: Der Drache ist achsensymmetrisch.
e) richtig: Da ein Drache achsensymmetrisch ist, sind gegenüberliegende Winkel gleich groß.

19 Umfang ≈ 251 cm + Schnurzugabe für Knoten

20

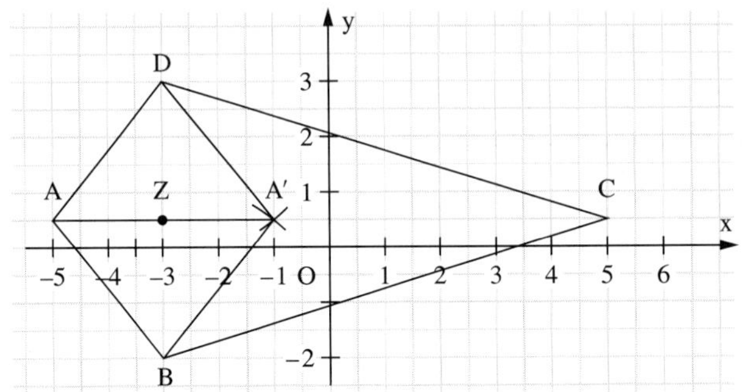

b) $A_{ABCD} = \left(\frac{1}{2} \cdot \overline{AC} \cdot h_{[AC]}\right) \cdot 2 = 10\,cm \cdot 2{,}5\,cm = 25\,cm^2 = 2500\,mm^2 = 0{,}25\,dm^2$
c) $A_{ABA'D} = \frac{1}{2} \cdot 4\,cm \cdot 2{,}5\,cm \cdot 2 = 10\,cm^2$
Bruchteil: $\frac{10}{25} = \frac{2}{5}$
d) Der Flächeninhalt des Drachenvierecks ist um 150 % größer als der der Raute.

21 individuelle Lösungen

22 a) 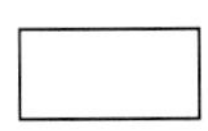 Rechteck
b) 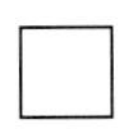 Quadrat
c) 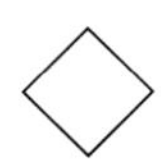 Quadrat
d) 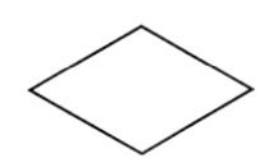 Raute

23 a) Durch die Symmetrieachse wird das Trapez in zwei zueinander (symmetrisch gleiche) Teile zerlegt. Es hat also zwei zueinander symmetrische Winkelpaare, die gleich groß sind.

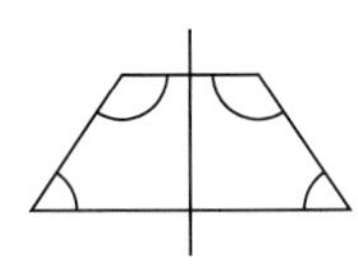

b) Wegen der Achsensymmetrie hat es zueinander symmetrische Seiten, die gleich lang sein müssen.
c) Wegen der Achsensymmetrie sind die Diagonalen zueinander symmetrisch und gleich lang.

24

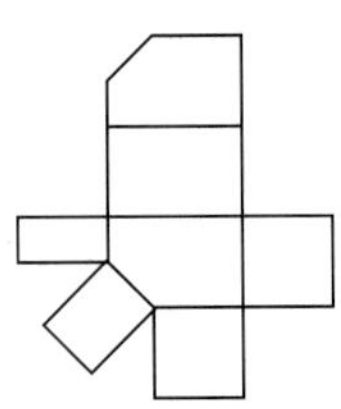

Die Teilflächen berechnen und addieren.
Die Grund- und Deckfläche dazu in Dreiecke und Rechtecke zerlegen.

z.B. 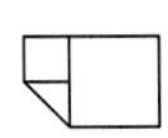 Zerlegung der Grundfläche

25

	-1	
$-\frac{7}{6}$	$\frac{1}{6}$	
$-1{,}5 = -\frac{9}{6}$	$\frac{2}{6}$	$-\frac{1}{6}$

26

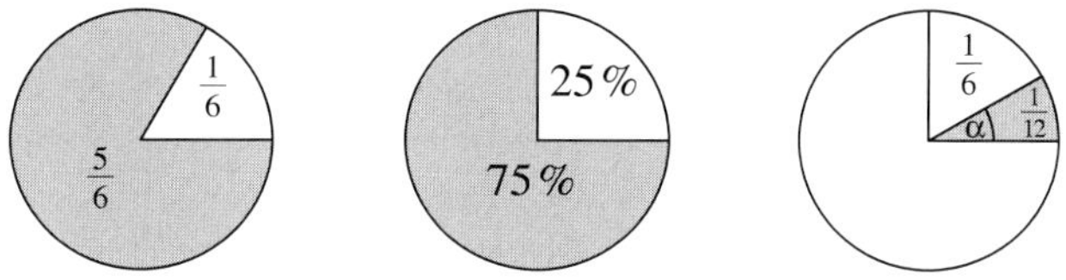

$\frac{5}{6} - \frac{3}{4} = \frac{10}{12} - \frac{9}{12} = \frac{1}{12}$; $\alpha = 360° : 12 = 30°$

→ AB Arbeitsblatt: Symmetrische Vierecke; Kopiervorlage S. 142 f.

→ Spiel: Brunch im Haus der Vierecke; Kopiervorlage S. 144
Spiel zu den Eigenschaften symmetrischer Vierecke für 2 – 4 Personen
(Spieldauer: 20 – 30 Minuten)

Thema: Geometrie am Computer

→ DGS-Dateien downloadbar im Internetauftritt

S. 32

1 a) Punkt, Gerade, Halbgerade, Strecke, Parallele, Senkrechte, Kreis, Winkel, Dreiecke, Vierecke z. B. Quadrat, Rechteck, Parallelogramm, Raute, Trapez
b), c) individuelle Lösung möglich

i **Beispiel:** Um den Winkel 35° zu zeichnen, ist es nötig, „Gitterpunkt einrasten" wieder auszuschalten, nachdem man die Punkte gesetzt hat.

S. 33

2 $\overline{AC} + \overline{DB} = \overline{AB}$ ergibt 1 Berührpunkt
$\overline{AC} + \overline{DB} < \overline{AB}$ ergibt keinen gemeinsamen Punkt
$\overline{AC} + \overline{DB} > \overline{AB}$ ergibt 2 Schnittpunkte

3 $\overline{AB} = \overline{BC} = 5\,cm$ und $\overline{AD} = \overline{CD}$, also handelt es sich um ein Drachenviereck.

4

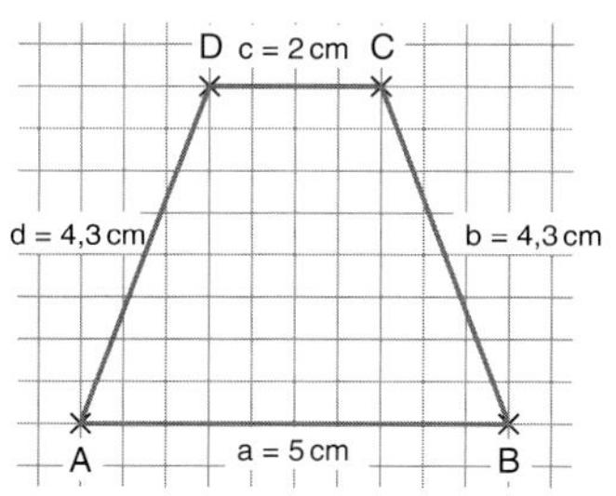

$A_{ABCD} = \frac{1}{2}(a + c) \cdot h_a$
Gegeben: $A = 14\,cm^2$; $h_a = 4\,cm$; $a = 5\,cm$
ergibt für $c = 2\,cm$
Lösung: achsensymmetrisches Trapez

5

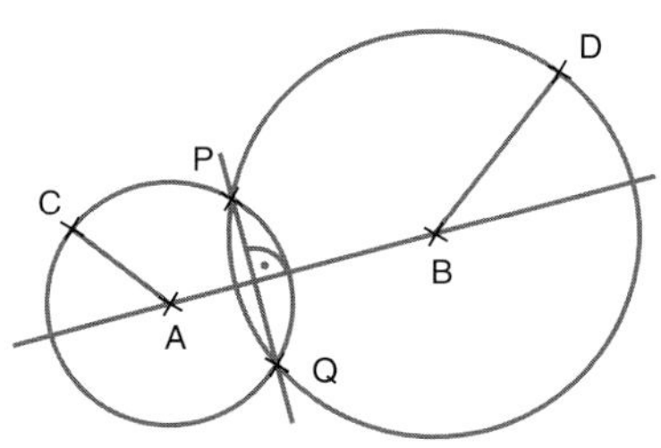

immer $PQ \perp AB$.

II Winkelbetrachtungen

1 Scheitelwinkel und Nebenwinkel

S. 38

1 a) Unabhängig davon, wie man die Stifte bewegt, es gilt immer $\alpha = \gamma$, das heißt die zwei Winkel verändern sich im gleichen Maß.
b) Wie a), es gilt $\beta = \delta$.
c) Die Summe $\alpha + \beta$ beschreibt stets den gestreckten Winkel 180° am grünem Bleistift. Der gelbe Bleistift und seine Lage kann vernachlässigt werden.

S. 39

2 a)

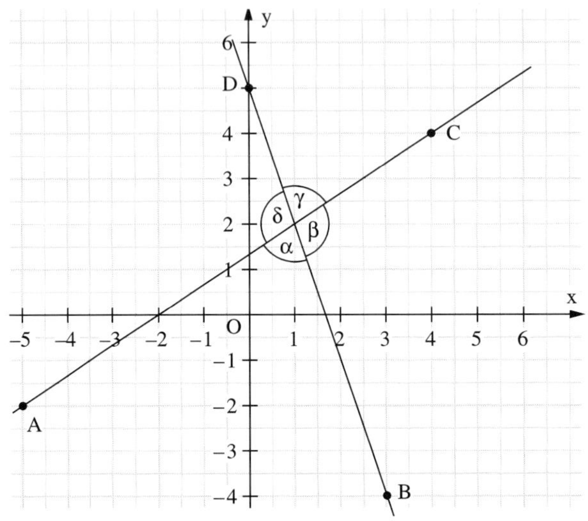

a) S(1|2)
b) Scheitelwinkel:
$\alpha = \gamma = 75°$;
$\beta = \delta = 105°$
Nebenwinkel:
$\alpha = 75°$ und $\beta = 105°$;
$\beta = 105°$ und $\gamma = 75°$;
$\gamma = 75°$ und $\delta = 105°$;
$\delta = 105°$ und $\alpha = 75°$

3

a) $\beta = \gamma = 84°$	$\alpha = \varepsilon = 24{,}5°$	$\delta = \eta = 71{,}5°$
b) $\alpha = \varepsilon = 13{,}8°$	$\beta = \gamma = 99{,}9°$	$\delta = \eta = 66{,}3°$
c) $\alpha = \varepsilon = 74°$	$\delta = \eta = 102{,}8°$	$\beta = \gamma = 3{,}2°$

4 a) $\alpha_1 = \alpha_4 = 18{,}2°$; $\alpha_3 = \alpha_7 = 47{,}9°$; $\alpha_2 = \alpha_6 = 53°$; $\alpha_5 = 180° - (53° + 47{,}9° + 18{,}2°) = 60{,}9°$
b) individuelle Lösung

5 a) Der eine Winkel ist 102,5°, sein Nebenwinkel 77,5°
b) Der eine Winkel ist 100°, sein Nebenwinkel 80°
c) Der eine Winkel ist 135°, sein Nebenwinkel 45°

\+ Erfinde ähnliche Aufgaben und lass sie von deinem Nachbarn lösen.

6 Der Nebenwinkel muss zwischen 131° und 132° liegen.

7 γ und $\frac{\beta}{2}$ sind Nebenwinkel und ergänzen sich zu 180°. Daher ist $\frac{\beta}{2}$ 72° und damit $\beta = 144°$. Da $\frac{\beta}{2}$ und α Nebenwinkel sind, gilt $\alpha = 180° - \beta = 180° - 144° = 36°$.

8

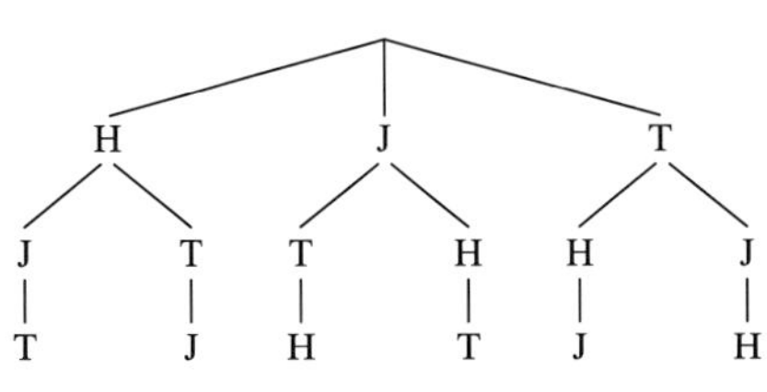

T Thomas
J Jan
H Heiko

$3 \cdot 2 = 6$ Möglichkeiten

→AB

Arbeitsblatt/Spiel: Geometrisches Kreuzworträtsel; Kopiervorlage S. 145
Lösungswort: LOESUNGSWORT

2 Stufenwinkel und Wechselwinkel

S. 40

1

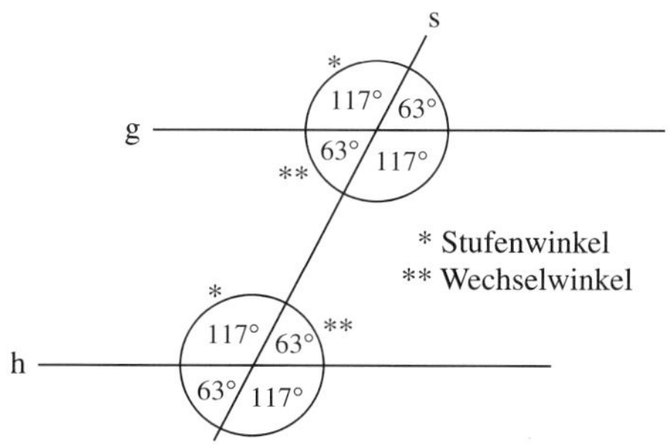

An den Schnittpunkten von g mit s bzw. h mit s sollten auf jeden Fall die Neben- und Scheitelwinkel auffallen (LE 1).
Man sieht aber auch, dass es Paare gleich großer Winkel auch an den beiden Kreuzungspunkten gibt (bzw. Winkelpaare, die sich zu 180° ergänzen). Dies gilt an Doppelkreuzungen mit parallelen Geraden immer, man kommt daher zur Definition von Stufenwinkeln und Wechselwinkeln (vgl. Zeichnung).

S. 41

2

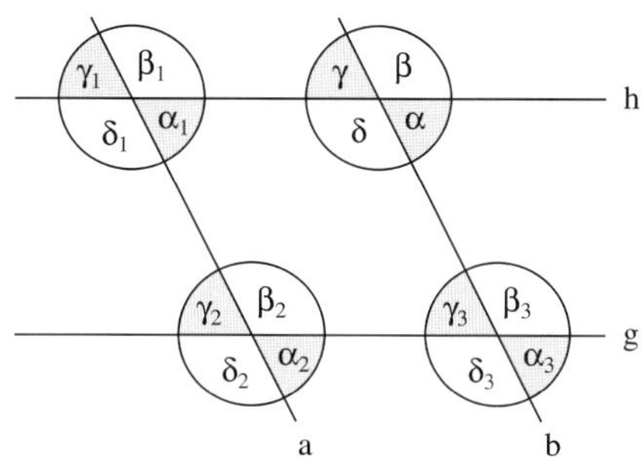

3 a) $\beta = \delta = \eta = \nu = 73°$; $\alpha = \gamma = \varepsilon = \lambda = 107°$
b) $\beta = \delta = \eta = \nu = 110{,}5°$; $\alpha = \gamma = \varepsilon = \lambda = 69{,}5°$
c) $\beta = \delta = \eta = \nu = 12{,}8°$; $\alpha = \gamma = \varepsilon = \lambda = 167{,}2°$

4 In der Zeichnung kann man $\sphericalangle$ EAB als etwa 61°, $\sphericalangle$ EFC als etwa 58° messen. Die beiden Wechselwinkel sind also nicht gleich groß, daher sind die Geraden AB und CD nicht parallel.

5 Stufenwinkel: $\delta = \omega$; $\beta = \varepsilon$; $\nu = \eta$
Wechselwinkel: $\lambda = \alpha$; $\omega = \beta$; $\delta = \varepsilon$
$\nu = \eta = 155°$; $\lambda = \alpha = 25°$; $\omega = \beta = \delta = \varepsilon = 138°$ ($\gamma = 42°$)

S. 42

6 a) $\delta = \alpha = \lambda = \eta$; $\varepsilon = \mu = \gamma = \beta$
b) $\eta = 157{,}8°$

7 $\sphericalangle$ CAD ist Nebenwinkel zu α, daher ist $\sphericalangle$ CAD = 67,7°. Da auch $\gamma = 67{,}7°$, sind $\sphericalangle$ CAD und γ Wechselwinkel und die beiden Strecken [AD] und [BC] daher parallel.

8 Thomas hat Recht. Man kann den Winkel ν durch Verlängerung der Gerade g in zwei Teile teilen. Der Teil unterhalb der Gerade ist Stufenwinkel zum Nebenwinkel des 125°-Winkels und daher 180° – 125° = 55°.
Der Teil oberhalb der Gerade ist Stufenwinkel zu dem 30°-Winkel. 55° + 30° = 85°

9 Die Geraden sind immer dann parallel, wenn gilt, dass
$\alpha + \beta = 180°$ oder $\alpha + \delta = 180°$ oder $\gamma + \beta = 180°$ oder $\gamma + \delta = 180°$

a) parallel	b) nicht parallel	c) parallel
d) nicht parallel	e) parallel	f) nicht parallel

10 Man kann nur sagen, dass k und l parallel sind, da hier α Stufenwinkel ist.

11 a), b) Die beiden weiteren Geraden können ebenfalls parallel sein, sich außerhalb oder zwischen den gegebenen Parallelen schneiden.

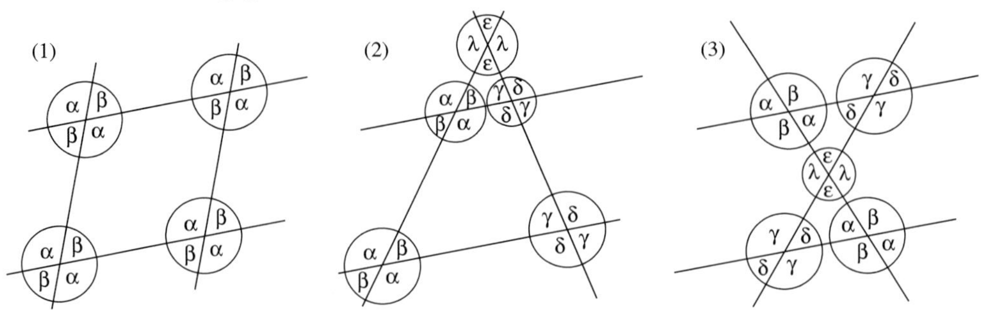

c) achsen- und punktsymmetrisch

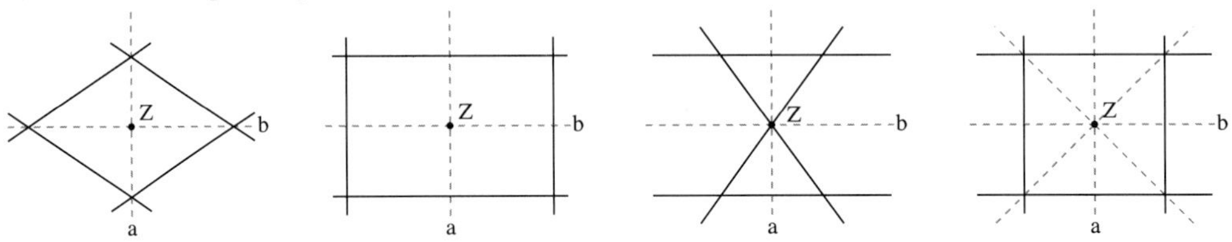

achsen-, nicht punktsymmetrisch

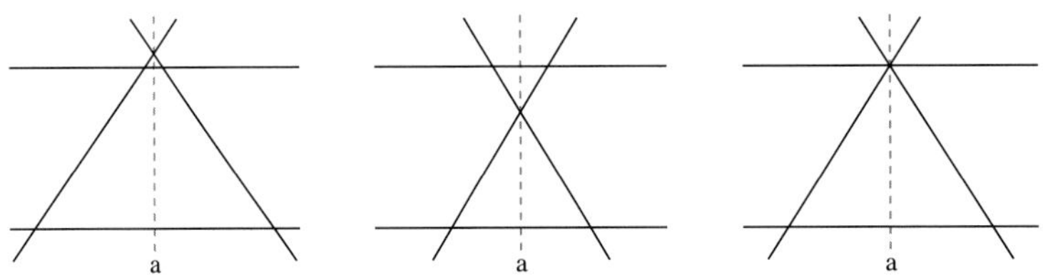

punkt-, nicht achsensymmetrisch

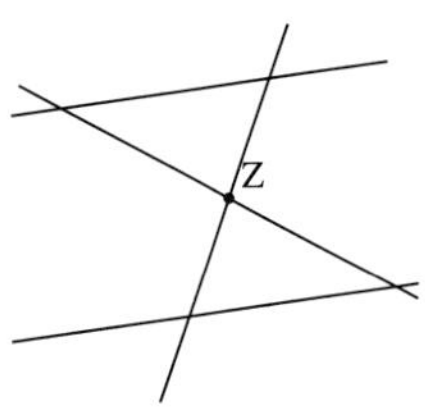

12

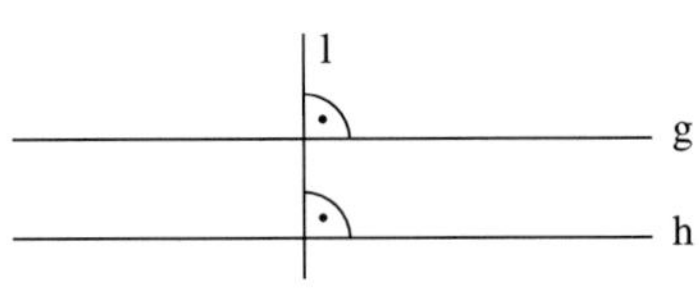

13 a) Maßstab 2 : 1

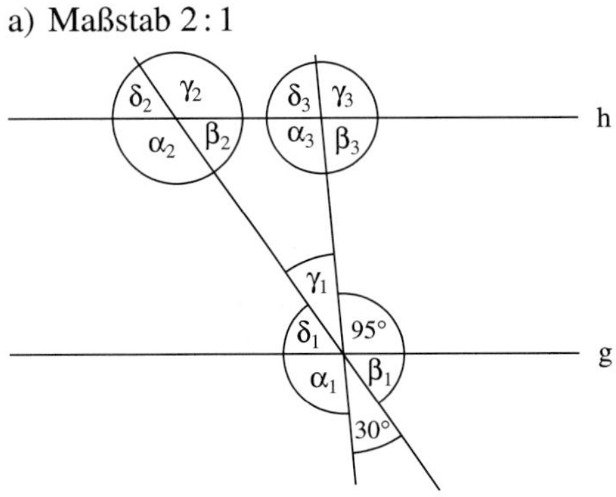

c) $\alpha_1 = \alpha_3 = \gamma_3 = 95°$
$\beta_1 = \beta_2 = \delta_1 = \delta_2 = 180° - 95° - 30° = 55°$
$\gamma_1 = 30°$
$\alpha_2 = \gamma_2 = 180° - \beta_2 = 180° - 55° = 125°$
$\beta_3 = \delta_3 = 180° - \alpha_3 = 180° - 95° = 85°$

b) Stufenwinkel: α_1 und α_3; $\alpha_1 + 30°$ und α_2
β_1 und β_2; $\beta_1 + 30°$ und β_3
$\gamma_1 + 95°$ und γ_2; $95°$ und γ_3
δ_1 und δ_2; $\delta_1 + \gamma_1$ und δ_3

Wechselwinkel: α_1 und γ_3; $\alpha_1 + 30°$ und γ_2
β_1 und δ_2; $\beta_1 + 30°$ und δ_3
$\gamma_1 + 95°$ und α_2; $95°$ und α_3
δ_1 und β_2; $\delta_1 + \gamma_1$ und β_3

Betrachtet man die Figur so, dass die Gerade h die beiden nicht benannten Geraden schneidet, so ergeben sich noch:

Stufenwinkel: α_2 und α_3; β_2 und β_3
γ_2 und γ_3; δ_2 und δ_3

Wechselwinkel: α_2 und γ_3; β_2 und δ_3
γ_2 und α_3; δ_2 und β_3

14 Der Winkel bei A wird um α größer. Skizze:

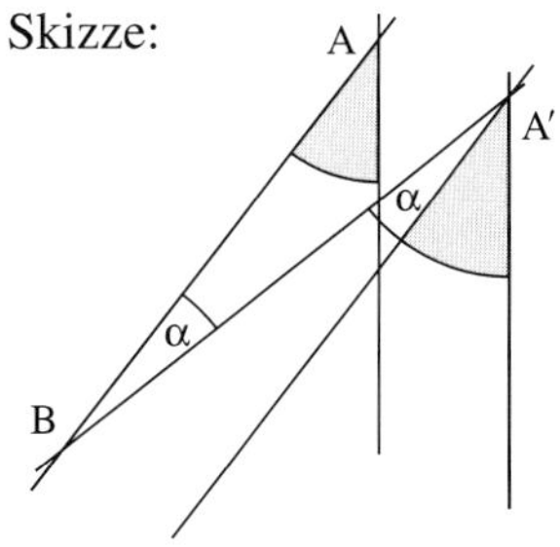

15 Man kann entweder den Prozentsatz oder den Grundwert verdoppeln.

3 Winkelsumme im Dreieck

A **Alternative zum Einstieg:**
Dreieck mit DGS zeichnen lassen und Winkelsumme berechnen lassen. Dann das Dreieck variieren und Winkelsumme jeweils betrachten.

S. 43

1 Die Winkel ergeben zusammengelegt immer einen gestreckten Winkel (180°). (Man sieht daran bereits, dass die Winkelsumme im Dreieck immer 180° beträgt.)

2 DGS-Datei downloadbar im Internetauftritt.
a) Es verändern sich die Winkel α und γ, α wird kleiner und γ wird größer. Die Abnahme von α ist gleich der Zunahme von γ.
b) (BC ist hier auch beweglich.) Man unterscheidet zwei Fälle.
Im Fall 1 werden AC und BC immer kürzer und klappen daher im Extremfall zusammen. Die Winkel α und β werden dabei immer kleiner und nähern sich 0°, γ wird dagegen immer größer und nähert sich 180°. Dabei gilt immer, dass $\alpha + \beta + \gamma = 180°$ und daher für den Extremfall ($\gamma = 180°$) $0° + 0° + 180° = 180°$ (das ist allerdings dann kein Dreieck mehr).
Im Fall 2 werden AC und BC immer länger, AB wird dabei im Verhältnis immer kürzer, so dass AC und BC im Extremfall (fast) parallel sind. Die Winkel α und β werden immer größer und nähern sich 90°, γ wird dagegen immer kleiner und nähert sich 0°. Die Winkelsumme von 180° bleibt immer erhalten, im Extremfall ($\gamma = 0°$) gilt $0° + 90° + 90° = 180°$ (auch das ist kein Dreieck mehr).

S. 44

3 a) $\gamma = 86{,}8°$; spitzwinklig b) $\alpha = 12°$; stumpfwinklig c) $\beta = 90°$; rechtwinklig

4 Der fehlende Winkel ist 40° (57°; 23°; 7°) groß.

5 a) $\beta = \gamma = 58{,}5°$ b) $\beta = \gamma = 57°$; $\alpha = 66°$ c) $\beta = \gamma = 27{,}5°$; $\alpha = 125°$

6 Hinweis: Die Winkel dürfen natürlich nicht vergrößert werden.
Vermutlich wird die Winkelsumme nicht genau 180° ergeben. Hier spielen Mess- und Zeichenungenauigkeiten eine Rolle (Dicke des Strichs, Ablesen am Geodreieck). Daher sollte man vorher gut überlegen, wie man die Winkel am genauesten auf den Schulhof überträgt. Möglichkeiten wären das „Lehrergeodreieck", eine möglichst große auf Papier angefertigte Winkelschablone oder auch das kleine Musterdreieck, wenn man die Seiten auf dem Schulhof mit einer dünnen Schnur (spannen!) verlängert.

7 a)

b) Die Dreiecke müssen alle die selben Innenwinkel haben, die Seitenlängen können aber (alle im gleichen Verhältnis) verlängert oder verkürzt sein. Eventuell sind die Dreiecke auch gespiegelt.

c) Ja, aus der linken Figur lassen sich zwei Dreiecke bilden:
1. Dreieck: $66° + 24° + 90° = 180°$; 2. Dreieck: $60° + 36° + 84° = 180°$
Aus der rechten Figur kann man dagegen keine Dreiecke bilden. Zwar ergeben sich auch Winkelsummen von 180° ($75° + 105° = 180°$ und $40° + 40° + 55° + 45° = 180°$), aus zwei bzw. vier Winkel lässt sich aber natürlich kein Dreieck konstruieren.

d) individuelle Lösung

e) Nein. Jedes der Dreiecke hat eine Winkelsumme von 180°, daher ergibt sich für drei Dreiecke eine Gesamtsumme von 540°. Ein Vollkreis hat aber nur 360°.

S. 45

8 a) $\alpha = 60° + \frac{1}{5} \cdot 60° = 72°$
$\beta = 180° - (60° + 72°) = 48°$

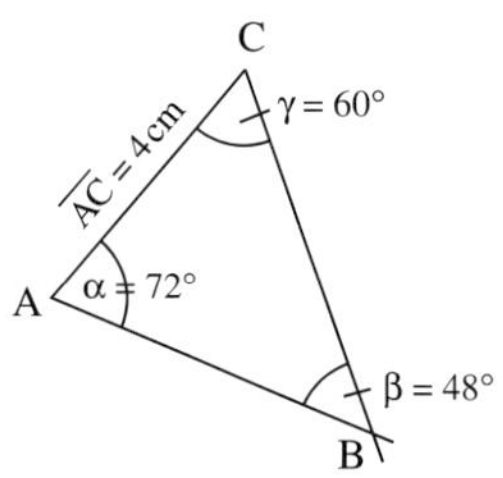

b)

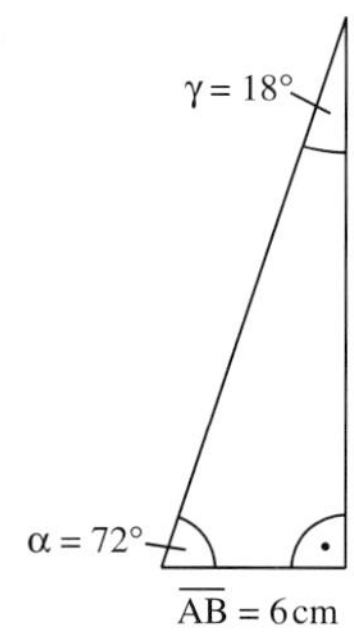

9 (1) $\alpha = 65°$; $\beta = 40°$ (Nebenwinkel zu 140°); $\gamma = 75°$ (Winkelsumme)
(2) $\beta = 43°$; $\gamma = 95°$ (beide über Nebenwinkel); $\alpha = 42°$ (Winkelsumme)
(3) $\alpha = 23°$; β und γ sind gleich groß, da ihre Nebenwinkel gleich groß sind.
$\beta = \gamma = (180 - 23°) : 2 = 78{,}5°$

\+ Gib selbst zwei Winkel am Dreieck vor und berechne die (den) fehlenden Innenwinkel.

10

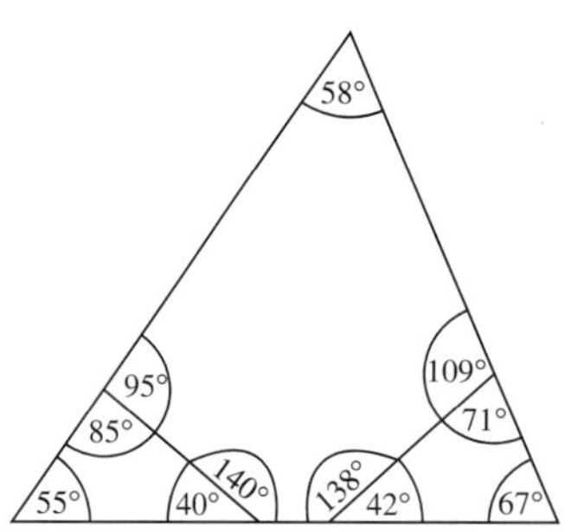

Der Winkel an der abgerissenen Ecke beträgt 58°.
Man ergänzt die beiden abgeschnittenen Ecken (diese sind selbst kleine Dreiecke, vgl. Skizze) und berechnet zunächst die Winkel in den kleinen, abgeschnittenen Dreiecken (über die Nebenwinkeleigenschaft und die Winkelsumme im Dreieck). Damit lässt sich der abgerissene Winkel berechnen.

11 Der jeweilige Wert in der Tabelle gibt den dritten Winkel γ des Dreiecks an.

β \ α	30	60	90	120	150
20	130 (st)	100 (st)	70 (r)	40 (st)	10 (st)
40	110 (st)	80 (sp)	50 (r)	20 (st)	—
60	90 (r)	60 (sp)	30 (r)	—	—
80	70 (sp)	40 (sp)	10 (r)	—	—
100	50 (st)	20 (st)	—	—	—
120	30 (st)	—	—	—	—
140	10 (st)	—	—	—	—

rechtwinklig (r): 5, spitzwinklig (sp): 4, stumpfwinklig (st): 10

12

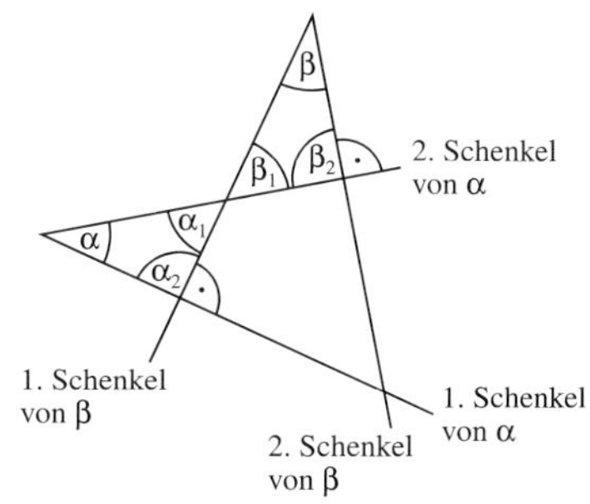

$\alpha_1 = \beta_1$, die beiden Winkel sind Scheitelwinkel
$\alpha_2 = \beta_2 = 90°$, beide Winkel haben als Nebenwinkel einen rechten Winkel.
Wenn in zwei Dreiecken zweimal zwei Winkel gleich groß sind, muss auch das dritte Winkelpaar der beiden Dreiecke wegen der Winkelsumme im Dreieck gleich groß sein.
also $\alpha = \beta$

13 individuelle Lösungen
Es können δ, γ oder β (jedoch schwieriger) vorgegeben werden, α nicht.
$0° < \delta, \beta < 90°$; $0° < \gamma < 180°$

14 a) Falls zwei Winkel 90° groß wären, würde ihre Summe bereits 180° betragen. Der dritte Winkel wäre daher 0° groß, es ergäbe sich kein Dreieck.
b) Mindestens zwei spitze Winkel bedeutet höchstens einen rechten oder stumpfen Winkel. Dass zwei rechte Winkel in einem Dreieck nicht möglich sind, wurde in a) gezeigt. Da ein stumpfer Winkel größer ist als ein rechter Winkel folgt sofort, dass zwei stumpfe Winkel oder ein rechter Winkel und ein stumpfer Winkel in einem Dreieck nicht möglich sind, da die Summe der zwei Winkel dann bereits größer als 180° wäre. Ein Dreieck muss also immer mindestens zwei spitze Winkel haben.
c) $180° : 3 = 60°$. Wären alle drei Winkel kleiner als 60°, wäre die Summe kleiner als 180°, es würde sich kein Dreieck ergeben.

15 a)

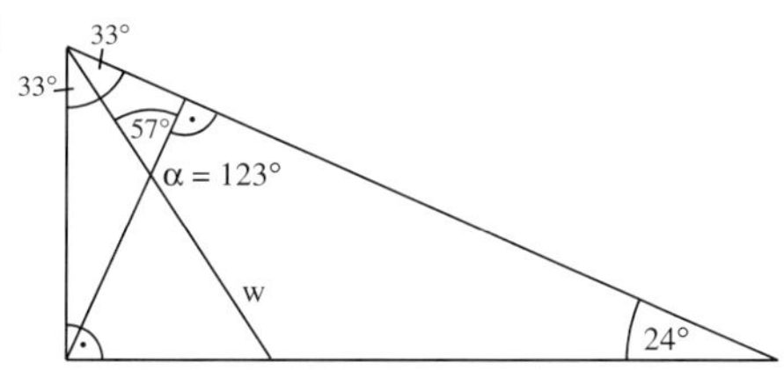

b)

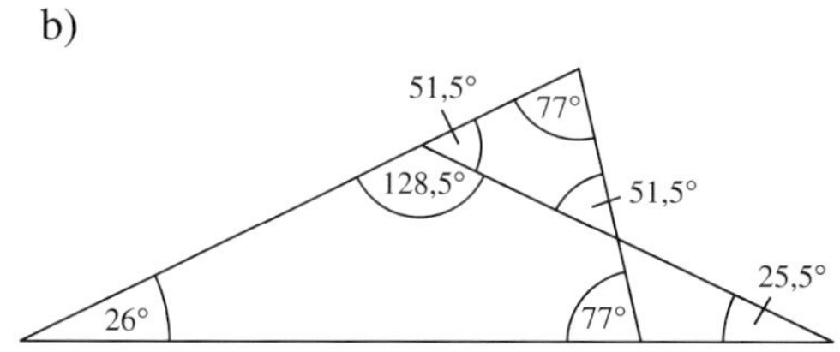

a) $\alpha = 123°$
b) $\gamma = (180° - 26°) : 2 = 77°$; $\delta = (180° - \gamma) : 2 = 51{,}5°$; über den Nebenwinkel δ' von δ und die Winkelsumme im Dreieck: $\alpha = 180° - (26° + \delta') = 25{,}5°$
c) individuelle Lösung

16 a) Wenn w_1 und w_3 parallel sind, muss gelten, dass $\varepsilon = \beta$ (Stufenwinkel an g) und $\varepsilon = \delta$ (Wechselwinkel an w_2).
Über die Stufen- bzw. Nebenwinkeleigenschaften (an den parallelen Geraden g und h) erhält man:
$\beta = (180° - 70°) : 2 = 55°$; $\delta = (180° - \beta) : 2 = 62{,}5°$; $\varepsilon = (180° - \delta) : 2 = 58{,}75°$
Die oben genannten Bedingungen sind nicht erfüllt, w_1 und w_3 sind daher nicht parallel.
b) Damit AB parallel zu w_2 verläuft, muss $\beta = \delta$ gelten (Wechselwinkel).
Für die Schüler führt der Weg zur Lösung am besten über geschicktes Probieren:
Man rechnet beispielsweise weitere Werte für die Winkel aus: (1) $\alpha = 90°$, $\beta = 45°$, $\delta = 67{,}5°$ oder (2) $\alpha = 40°$, $\beta = 70°$, $\delta = 55°$
Man sieht, dass δ in (1) kleiner ist als α, in (2) größer als α. Der Wert für α muss also in der Mitte liegen. Durch weiteres derartiges Probieren kommt man auf $\alpha = 60°$ (und damit $\delta = \beta = 60°$).

Zweite (anspruchsvollere) Lösungsmöglichkeit:

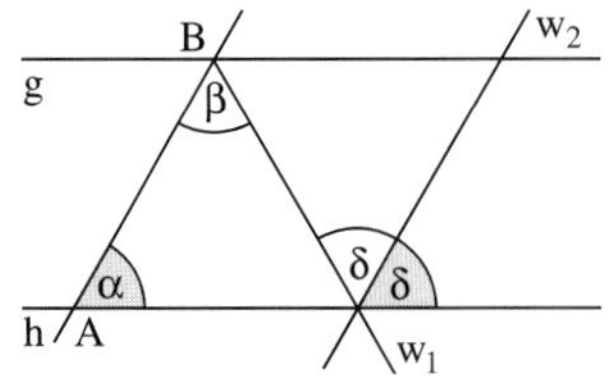

Wenn AB und w_2 parallel sind, müssen α und der markierte Winkel δ Stufenwinkel (α = δ) und β und der zweite Winkel δ Wechselwinkel (β = δ) sein.
Daher gilt (1): $\alpha = \beta = \delta$

An B gilt außerdem:

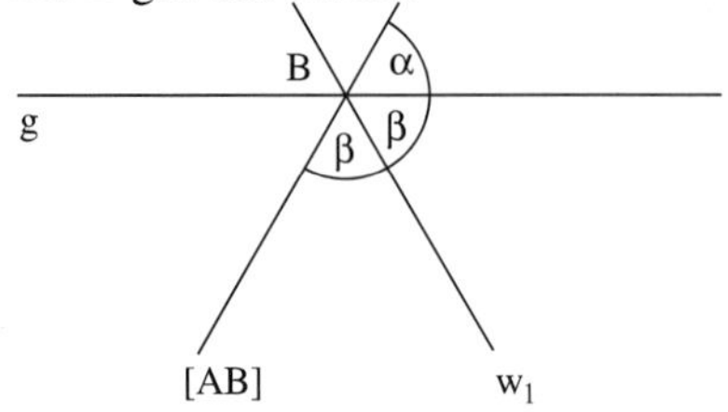

(α über die Stufenwinkeleigenschaft an den Parallelen g und h)

also (2): $2\beta + \alpha = 180°$
Aus den beiden Bedingungen (1) und (2) sieht man, dass a = 60° sein muss, wenn AB und w_2 parallel sein sollen.

S. 46

17 a), b)

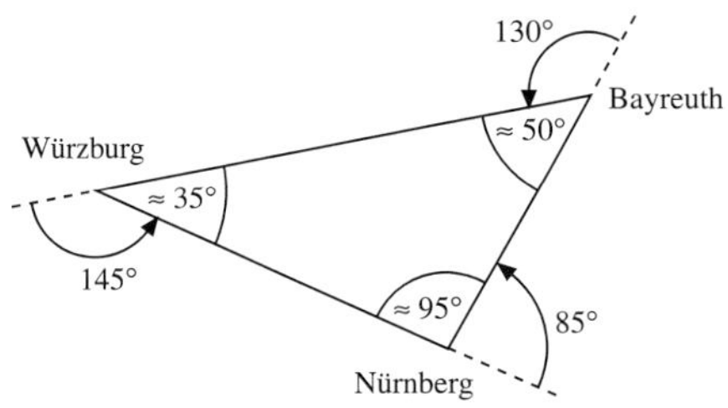

c) Der Winkel der Richtungsänderung und der Innenwinkel ergeben an jeder Ecke 180°, es sind Nebenwinkel.
d) Das Flugzeug macht während des Fluges eine volle Drehung wieder in die Ausgangsrichtung, d. h. die Richtungsänderung ist 360°.

i Bemerkung: Anhand dieser Aufgabe kann der Außenwinkelsatz hergeleitet werden, der nicht mehr im Lehrplan vorgeschrieben ist.

18 Bezeichnung der Außenwinkel mit α', β', γ'.
a) $\gamma = 35°$; Außenwinkel: $\alpha' = 102°$; $\beta' = 113°$; $\gamma' = 145°$
b) 102° + 113° + 145° = 360°. Dies gilt immer, vgl. dazu auch Aufgabe 17 d).
c) Ein Innenwinkel und sein zugehöriger Außenwinkel sind Nebenwinkel und ergänzen sich zu 180°. Der gleiche Innenwinkel ergibt aber auch zusammen mit den zwei anderen Innenwinkeln des Dreiecks die Winkelsumme im Dreieck 180°. Daraus folgt, dass der Außenwinkel gleich der Summe der beiden nicht anliegenden Innenwinkel ist.

i Bemerkung: Bei dieser Aufgabe wird der Außenwinkelsatz hergeleitet, der nicht mehr im Lehrplan vorgeschrieben ist.

19 g ist nicht parallel zu AB.
Der halbe Außenwinkel γ' müsste gleich groß sein wie α (Stufenwinkel) und gleich groß sein wie β (Wechselwinkel), wenn g parallel zu AB wäre. Das ist hier nicht gegeben, da α = 56° und β = 55° (aber α = β gelten müsste). Man kann dies aber auch über γ' zeigen: $\gamma' = 55{,}5°$, also ungleich α bzw. β.

20 a), b) $\delta_2 = \alpha + \beta = 114°$ (über die Nebenwinkeleigenschaft zu ε_2 und die Winkelsumme im Dreieck, vgl. auch Aufgabe 18c))
Über ε_1 kann man das gleiche Vorgehen auch für δ_1 anwenden: $\delta_1 = \frac{\alpha}{2} + \frac{\beta}{2} = 57°$
Im Vergleich sieht man: $\delta_2 = 2 \cdot \delta_1$ (da $\alpha + \beta$ immer das Doppelte von $\frac{\alpha}{2} + \frac{\beta}{2}$ ist)
c) $\varepsilon_1 = 180° - \delta_1 = 123°$; $\varepsilon_2 = 180° - \delta_2 = 66°$
d) Aus b) sieht man, dass $\delta_2 > \delta_1$ gilt. Subtrahiert man von 180° (siehe c)) den größeren Wert δ_2, so ist das Ergebnis stets kleiner als bei der Subtraktion des kleineren Wertes δ_1. $\varepsilon_1 > \varepsilon_2$
e) Ja, gibt es. Immer dann, wenn $\alpha + \beta = 120°$ gilt, denn dann gilt $\varepsilon_1 = 180° - 60° = 120°$ und $\varepsilon_2 = 180° - 120° = 60°$.
Die Aufgabe kann auch mit einem DGS bearbeitet werden.
→ DGS-Datei downloadbar im Internetauftritt

21 a) $\beta_2 = 52°$ (ergänzt sich mit dem Winkel CDE = 38° und dem rechten Winkel zu 180°)
Daraus lässt sich α_2 über die Winkelsumme im Dreieck ADE als 38° bestimmen.
β_1 und α_1 muss man über Probieren bestimmen; zum einen weiß man aus dem Dreieck ABD, dass $\beta_1 + \alpha_1 = 90°$, zum anderen weiß man, dass α_1 und α_2 zusammen so groß sind wie β_1. $\beta_1 = 64°$; $\alpha_1 = 26°$
(Anmerkung: Natürlich kann man die beiden Winkel auch über Gleichungen berechnen, dies müssen die Schüler aber noch nicht können.)
b) Wenn $\gamma = 45°$ ist, dann sind α_2 und β_2 gleich groß. (Da im Dreieck ADE gilt, dass $\alpha_2 + \beta_2 = 90°$, müssen beide 45° groß sein, daraus kann man γ bestimmen.)
Wenn $\gamma < 45°$ gilt, ist $\alpha_2 > \beta_2$.
c) Doppelt so groß: $\gamma = 30°$; halb so groß: $\gamma = 60°$

i Bemerkung: Diese Aufgabe kann auch später nochmals bearbeitet werden, wenn algebraische Verfahren bekannt sind.
b) und c) können auch mit einem DGS bearbeitet werden.

22 a) $V = 8{,}3055\,cm^3$ b) $V = 3{,}768\,cm^3$

→ TB Trainingsblatt: Winkelberechnungen am Dreieck und an Geradenkreuzungen; Kopiervorlage S. 146 f.

4 Winkelsumme im Vieleck

S. 47

1 DGS-Datei downloadbar im Internetauftritt
Nein, man kann die Ecken nicht so verändern, dass alle Innenwinkel kleiner oder größer werden. (Die Summe bleibt immer gleich: 360°)
Bewegt man zwei gegenüberliegende Ecken auseinander, so werden ihre zugehörigen Innenwinkel kleiner, die Innenwinkel an den unbewegten Ecken werden größer.
Bewegt man zwei gegenüberliegende Ecken aufeinander zu, so werden die zugehörigen Innenwinkel größer, die Innenwinkel an den unbewegten Ecken werden kleiner.

2 a) individuelle Lösung
Man sieht, dass man das 8-Eck in sechs Dreiecke, das 9-Eck in sieben Dreiecke zerlegen kann.
b) Das 7-Eck kann man in fünf Dreiecke zerlegen, die Innenwinkelsumme setzt sich daher aus der Innenwinkelsumme der Dreieck zusammen und ist $5 \cdot 180° = 900°$
8-Eck: $6 \cdot 180° = 1080°$
9-Eck: $7 \cdot 180° = 1260°$

S. 48

Randspalte: Paul hat das 5-Eck falsch in Dreiecke zerlegt, nur die Eckpunkte des Fünfecks dürfen auch Eckpunkt eines „Hilfsdreiecks“ sein.

3 a) $\delta = 135°$ b) $\beta = 148{,}8°$ c) $\alpha = \gamma = 84°$ d) $\beta = \gamma = \delta = 100°$

4 Bei exakter Messung sollte sich eine Innenwinkelsumme von 900° ergeben.

5 $900° : 180° = 5$, also 7-Eck $3600° : 180° = 20$, also 22-Eck

6 $\beta = \alpha$; $\gamma = 2\alpha$; $\delta = 4\alpha$ d. h. $\alpha + \beta + \gamma + \delta = 8\alpha = 360°$ $(360° : 8 = 45°)$
also $\alpha = \beta = 45°$; $\gamma = 90°$; $\delta = 180°$

7 Die Figur ist ein 10-Eck. Die Innenwinkel betragen daher 144°, $\alpha = 36°$.

8 a) In einem Drachenviereck sind zwei Winkel gleich groß, die anderen können unterschiedlich groß sein. Daher muss man zwei Winkel angeben, dies dürfen natürlich nicht die beiden gleich großen sein.
b) Bei einer Raute sind zweimal zwei Winkel gleich groß (die gegenüberliegenden), daher reicht ein Winkel, um die anderen drei zu berechnen.
c) Im gleichschenkligen Trapez sind ebenfalls zweimal zwei Winkel gleich groß (die zwei Winkel, die zusammen an einer der parallelen Strecken liegen), daher reicht auch hier ein Winkel, um die anderen zu bestimmen.

9

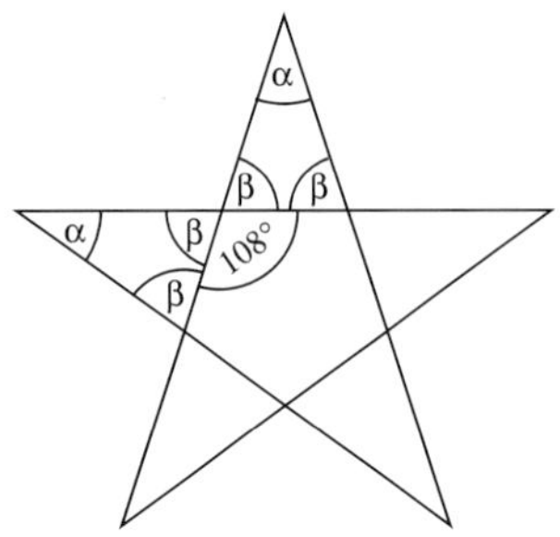

Die Winkel im regelmäßigen „Innenfünfeck“ kann man berechnen als $(3 \cdot 180°) : 5 = 108°$
Über die Nebenwinkeleigenschaft kann man daher β als 72° bestimmen.
Damit erhält man für die Winkel der Sternspitzen:
$\alpha = 180° - (2 \cdot 72°) = 36°$

10 a) Es gibt hier mehrere Möglichkeiten, z. B.
(1) Man berechnet den Innenwinkel ($(6 \cdot 180°) : 8 = 135°$) und zeichnet immer abwechselnd eine Seite (die Länge muss immer gleich sein!) und trägt daran den Winkel an, insgesamt acht Mal.
(2) Man zeichnet einen beliebigen Kreis und teilt diesen in acht gleiche Sektoren. Die Eckpunkte des 8-Ecks sind die Schnittpunkte des Kreises mit den Sektorenlinien.
b) Man braucht in jedem Fall einen Kreis, auf dem alle Ecken des 8-Ecks liegen. Dann halbiert man jeden der acht Sektoren indem man den Winkel halbiert oder den Mittelpunkt mit der Mitte jeder Seite verbindet. (Falls bei a) nicht Möglichkeit (2) gewählt wurde, müssen zunächst die Diagonalen eingezeichnet werden). Die Schnittpunkte der Winkelhalbierenden mit dem ursprünglichen Kreis ergeben acht weitere Eckpunkte, man erhält ein 16-Eck.
c) $(14 \cdot 180°) : 16 = 157{,}5°$

11 a) $\varepsilon = 150°$
b) $\varepsilon = \alpha + \beta + \gamma$ (über die Winkelsumme im Viereck)
c) Für $\varepsilon = 180°$ wird das Viereck zum Dreieck, es bestätigt sich die Winkelsumme im Dreieck: $\alpha + \beta + \gamma = 180°$

12 a) Durch Probieren erhält man: Die Innenwinkel im regelmäßigen 8-Eck sind 135°.
b) Nein, gibt es nicht. Die Innenwinkel werden mit wachsender Eckenzahl größer. Beim Viereck sind die Innenwinkel 90° groß, beim Fünfeck 108°. Ein Vieleck mit 100° Innenwinkel müsste daher zwischen vier und fünf Ecken haben, dies ist aber nicht möglich.

13 $\beta = 85°$ erhält man über die Winkelsumme im (großen) Dreieck.
Wegen der Winkelsumme im Viereck sind δ_1 und δ_2 zusammen gleich 200°
($\delta_1 + \delta_2 = 360° - (75° + 85°)$).
δ_1 ist um 50 % größer als δ_2, d. h. $\delta_1 = 1{,}5 \cdot \delta_2$. Zusammen sind die beiden Winkel also $2{,}5 \cdot \delta_2$.
$\delta_2 = 200° : 2{,}5 = 80°$, $\delta_1 = 120°$

14

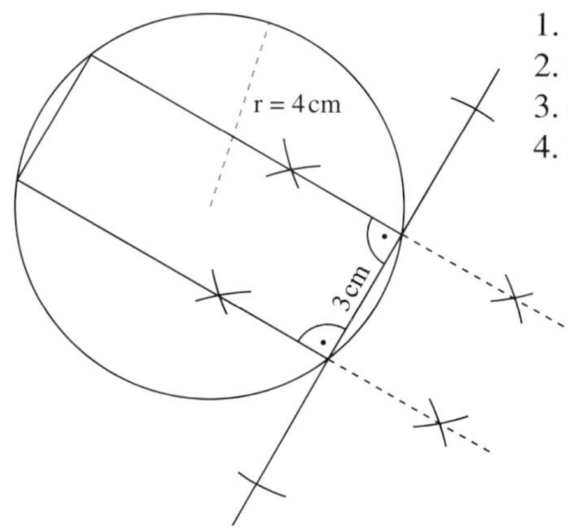

1. Kreis mit r = 4 cm
2. Sehne der Länge 3 cm antragen
3. auf dieser Gerade in den Endpunkten Lote errichten
4. letzte Seite ergänzen

→ TB Trainingsblatt: Winkelsumme im Dreieck und Viereck; Kopiervorlage S. 148 f.

→ Spiel: Geotett; Kopiervorlagen S. 150 ff.
Spiel für 2–4 Personen. (Spieldauer: 20–30 Minuten)

Spielidee: Es müssen (analog einem Quartett) Triplette mit Winkeln gleicher Größe gesammelt werden.

→ Blanko-Kopiervorlage downloadbar im Internet

Thema: Winkelsumme im Kugeldreieck

S. 49

1 a) Als westlichsten Punkt A könnte man 80° westliche Länge, als östlichsten Punkt B 50° westliche Länge nehmen, da die Werte glatt sind. Als Städte könnte man zum Beispiel Quito (etwa 78° westl. Länge) und Macapa (etwa 51,5° westl. Länge) nehmen, für die Rechnung werden hier aber die glatten Werte verwendet.
b) Der Winkel bei N beträgt den Unterschied (Differenz) zwischen den Längengraden von A und B, d. h. 80° – 50° = 30°
Die Winkel bei A bzw. B betragen beide 90°, da alle Längenkreise auf dem Äquator senkrecht stehen. Die Winkelsumme ist damit 90° + 90° + 30° = 210°

2 a) Es entsteht ein gewölbtes Kugeldreieck.
b) Durch den Schnitt erhält man zwei Kugelteile mit jeweils einer ebenen Fläche („Kugelkappe“). Der Schnitt hat die Form eines Kreises. Auf der ebenen Fläche befinden sich auch die Punkte A, B und C, man kann das Dreieck ABC daher jetzt sowohl als Kugeldreieck als auch in der Ebene liegend betrachten. Im ebenen Dreieck ist die Winkelsumme natürlich 180°.

III Terme

1 Terme mit Variablen

A **Alternative zum Einstieg**
Der Lehrer schreibt einen Block verschiedener Aufgaben an die Tafel, die nach demselben „Schema" entstanden sind (z. B. Summe der Quadrate zweier natürlichen Zahlen) und fragt nach der gemeinsamen Struktur dieser Aufgaben („Erkennst du das Schema?").
So wird deutlich, dass man als Stellvertreter für die Zahlen Variablen nehmen kann, um Rechenanweisungen in der Termsprache der Mathematik zu beschreiben.

S. 52

1 a) 98,7 m
b) 151,5 m; 230,7 m; 283,5 m
c) Länge der Lok + Länge eines Wagens · Anzahl der Wagen
19,5 m + 26,4 m · x

+ Was geschieht, wenn die Wagenlänge variiert wird?
(2 verschiedene Längen ⟶ 2 verschiedene Variablen)

2 a) Man addiert 20 zu dem Quadrat einer gesuchten Zahl.
b)

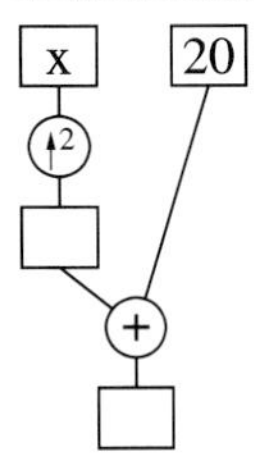

S. 53

3

a) $T(x) = 5x + 7$	$T(3) = 22$	$T(-2{,}5) = -5{,}5$
b) $T(x) = (x - (-12)) : (-3{,}5)$	$T(3) = -4{,}29$	$T(-2{,}5) = -2{,}71$
c) $T(x) = (x + 2)^3$	$T(3) = 125$	$T(-2{,}5) = -0{,}125$
d) $T(x) = x \cdot x \cdot x \cdot x = x^4$	$T(3) = 81$	$T(-2{,}5) = 39{,}0625$

4 a) $K = 8a + 4h$ b) $A = 2a^2 + 4ah$ c) $V = a^2h$

5 a) $x + 1$ b) $4x$ c) $x - 2$ d) x^2

6 Individuelle Lösung
Bsp.: $x \cdot 2 - 4$; $2x - 4$
Multipliziere eine Zahl mit zwei und subtrahiere vier von dem Ergebnis.
Subtrahiere vom Doppelten einer Zahl vier.

7

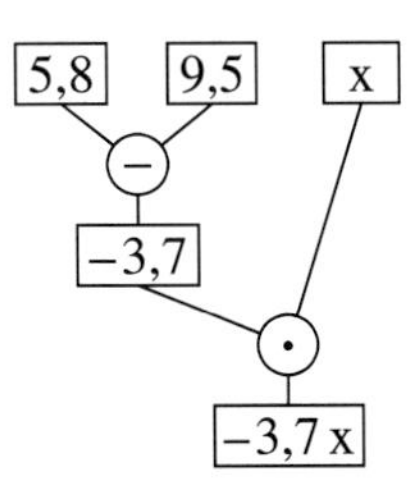

Subtrahiere 9,5 von 5,8 und multipliziere das Ergebnis mit einer Zahl.

8 5,06
Für $\frac{2}{3}$ statt 0,6 wird der Termwert kleiner: 5,055555 (gerundet 5,06).

2 Berechnen von Termwerten

Allgemeine Bemerkung zu den Aufgaben:
Die Schüler sollen sich bewusst werden, welche Operationen der Reihe nach bei der Termwertberechnung durchzuführen und welche Regeln dabei zu beachten sind. Hierbei wird bei den Aufgaben Wert auf die Verbalisierung gelegt.

S. 54

1 $2x + 7$: Nur berechenbar, wenn x durch eine Zahl ersetzt wird.
$4 - 5 \cdot 8 = -36$
$47 - 120 : 2 = -13$
$2a + b - a + 7$: Nur berechenbar, wenn a und b durch Zahlen ersetzt werden.

2 Zunächst sucht man das Loch (z. B. in einem Wasserbad), markiert es und säubert und trocknet den Reifen danach. Anschließend kann man die Stelle um das Loch mit dem beiliegenden Metallstück aufrauen, die Gummilösung auftragen, antrocknen lassen und das Loch mit dem Flicken verschließen. Nachdem die Gummilösung vollständig getrocknet ist, kann man den Reifen wieder einbauen und aufpumpen.
Es genügt also nicht, zu sagen, was mit den einzelnen Dingen gemacht werden muss, die richtige Reihenfolge der Teilschritte ist für das Gelingen entscheidend. Gleiches gilt für die Berechnung von Termwerten: Klammern zuerst; Hoch vor Punkt und Punkt vor Strich.

S. 56

3 $T(-2) = 10$ $T\left(\frac{2}{3}\right) = -2{,}44$
Man berechnet zuerst das Quadrat, berechnet dann die beiden Produkte und als letztes die Differenz aus den beiden Produkten.

4 $T(0{,}8;\ 1{,}2) = 2{,}08$ $T\left(\frac{2}{5};\ \frac{2}{5}\right) = 0{,}32$
Man berechnet zuerst die beiden Quadrate und addiert diese anschließend.

5

x	−4	−0,8	0,4	2
A(x)	12	0,48	0,12	3
B(x)	9	0,36	0,09	2,25

6 Bei dieser Aufgabe ist auch der Einsatz eines Rechners (Taschenrechner oder Tabellenkalkulationsprogramm) sinnvoll.

x	−5,5	−4	0,5	2	3
A(x)	−34	−28	−10	−4	0
B(x)	4,75	4	1,75	1	0,5
C(x)	−102	−84	−30	−12	0
D(x)	−421,875	−216	−3,375	0	1
E(x)	0,636	0,6875	−1	0,125	0,25
F(x)	−5,5	−4	0,5	2	3

7 $T_1(x)$: $T_2(x)$: $T_3(x)$: $T_4(x)$: $T_5(x)$:

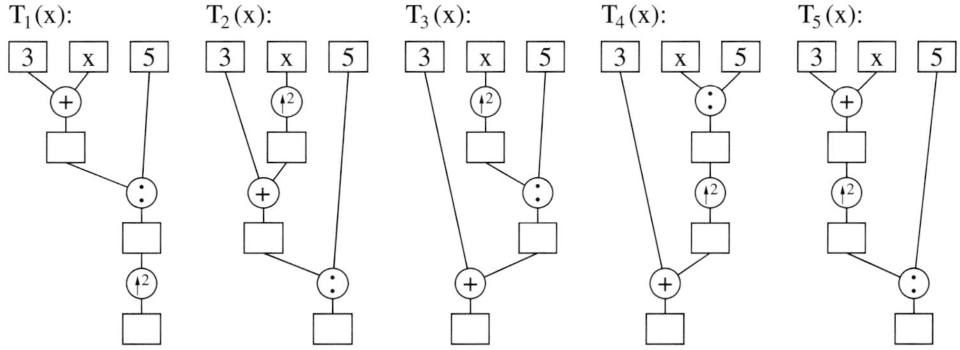

i

Beim Rechenbaum soll sichtbar werden, welche Rechenoperationen parallel ausgeführt werden können.
Bei dieser Aufgabe kommt es auch auf eine übersichtliche Präsentation der Ergebnisse an.

x	−3	0	2	5
$T_1(x)$	0	0,36	1	2,56
$T_2(x)$	2,4	0,6	1,4	5,6
$T_3(x)$	4,8	3	3,8	8
$T_4(x)$	3,36	3	3,16	4
$T_5(x)$	0	1,8	5	12,8

8 $T_1(x; y) = 4xy - \frac{8}{2} + 2^4$ $T_1\left(\frac{3}{8}; -2\right) = 9$
$T_2(x; y) = (x - y)^2 + 6 + 3{,}5 \cdot 4$ $T_2\left(\frac{3}{8}; -2\right) = 25{,}64$

9 $T_1(-2{,}5) = 11{,}25;$ $T_1(-1) = 3;$ $T_1(0) = 0;$ $T_1\left(\frac{1}{2}\right) = -0{,}75$
$T_2(-2{,}5) = 11{,}25;$ $T_2(-1) = 3;$ $T_2(0) = 0;$ $T_2\left(\frac{1}{2}\right) = -0{,}75$
Obwohl die Terme unterschiedlich aussehen, liefern sie die gleichen Termwerte für dieselbe Einsetzung.

10 a) $T_1(3; 4) = -7;$ $T_1(-0{,}8; 2) = -3{,}36;$ $T_2(3; 4) = -7;$ $T_2(-0{,}8; 2) = -3{,}36$
b) Die Termwerte für T_1 und T_2 sind bei allen eingesetzten Werten gleich groß.

11 a) individuelle Lösung
b) Die Summe ist immer gleich (= 3 a). Das Quadrat ist ein „magisches Quadrat".

12 a)

x	−4,5	−3	1	0,5	3
$T_1(x)$	−7,5	−6	−2	−2,5	0
$T_2(x)$	−7,5	−6	−2	−2,5	0

b) Die Termwerte von $T_1(x)$ und $T_2(x)$ sind für die gleiche Variable immer gleich.
$x = -4$ darf in $T_1(x)$ nicht eingesetzt werden, da sonst im Nenner 0 steht.
Hier ist ggf. auch ein Rechnereinsatz sinnvoll.

13 $T_2(k)$ passt zu der Tabelle. Dies wird vor allem bei k = 2 deutlich. Man sieht also, dass ein Beispiel genügt, um die anderen Terme sicher auszuschließen.

14 „Für verschiedene Variablen dürfen verschiedene, aber auch die gleichen Zahlen/Größen eingesetzt werden."
Ein Würfel unterscheidet sich vom Quader nur dadurch, dass alle Kanten des Würfels gleich lang sind. Ein Würfel ist daher ein spezieller Quader. Das Würfelvolumen also ist V = abc, wobei a = b = c. (Man setzt also für verschiedene Variablen die gleichen Zahlen ein.)

S. 57

15 Kopiervorlage S. 153
Waagrecht: 1) −4 3) 11,2 5) 9,1 (Hinweis: muss im Kreuz auf 9,10 ergänzt werden.) 6) 4624 7) 45
Senkrecht: 1) −1,64 2) 4,125 3) 194 4) 204

16 a)

t in sek	10	20	50	100	150
v (t) in km/h	255,5	544	1637,5	4400	8662,5
v (t) in km/sek	0,071	0,151	0,455	1,222	2,406

b) Zwischen 20 und 50 Sekunden wird die Schallgeschwindigkeit überschritten, bei 100 (150) Sekunden erreicht die Rakete bereits 4-(8-)fache Schallgeschwindigkeit.

17 a) Kerstin hat richtig gerechnet; Ramona hat $15 + 10^2 = 115$ gerechnet;
Andreas hat 85^2 berechnet, siehe b)
b) Ramona: $T(a) = 3a + (2a)^2$; Andreas: $T(a) = [(3a + 2)a]^2$
c) individuelle Lösung

18 2,6 m; 10,4 m; 23,4 m; 41,6 m

19 a) -2 b) $(4x - 24 + 2x):(12 - 3x)$

20 a) individuelle Lösung; z. B. $T(x) = x + 1$, da sowohl Variable als auch Termwert um eins zunehmen.
b) individuelle Lösung; z. B. $T(x) = 1 - x$, die Variable nimmt um eins zu, der Termwert dagegen um eins ab.
c) individuelle Lösung

21 a)

x	0	2	4	6	8
T(x)	-5	-2	$-0{,}2$	$0{,}4$	$\frac{11}{17} \approx 0{,}647$

Der Zähler ist immer kleiner als der Nenner, daher ist der Termwert stets < 1.
Bei wachsenden x-Werten spielt die Subtraktion von 20 im Zähler und die Addition von vier im Nenner eine immer geringere Rolle. Für steigende x-Werte wächst der Termwert also und unterscheidet sich immer weniger von eins.
b) Die Vermutung lässt sich mit Beispielen bestätigen (dies ist aber kein sicherer Beweis!): z. B. $T(1000) = 0{,}999976$

22 Term 1, 2 und 4 haben den gleichen Wert (-64), Term 3 nicht (64).

Randspalte: Bei Aufgabe 17, 19 und 20 ist der Einsatz eines Rechners nicht sinnvoll.

→TB

Trainingsblatt: Termberechnung; Kopiervorlage S. 154
Lösungswort: WÜSTENSPRINGMAUS

Spiel: Termwettbewerbe; Kopiervorlage S. 155
Spiel für 2–4 Spieler (Spieldauer: pro Spiel 15–20 Minuten)

Material: Würfel

Spielidee: Gewürfelte Variablenwerte werden so in geeignete Terme eingesetzt, dass Summe groß wird.

Spielvariante für die ganze Klasse (Dauer 20–30 Minuten)

Material: Kopiervorlage auf Folie kopiert; ideal wäre ein großer Schaumstoffwürfel

Spielregel:
Die Klasse wird in 3–4 Gruppen aufgeteilt. Ein Spieler der 1. Gruppe würfelt, wählt einen Term aus, berechnet den Wert, der in die Folie eingetragen wird. Dann wird der Würfel an einen Schüler der nächsten Gruppe weitergegeben, so dass jeder Schüler einmal an der Reihe ist.

Spiel: Im T(h)ermalbad; Kopiervorlage S. 156
Spiel für 2–4 Spieler (Spieldauer: nach Vereinbarung)

Material: Würfel, pro Person 1 Spielstein

Spielidee: Gerundete Termwerte geben an, wie auf dem Spielfeld zu gehen ist.

3 Aufstellen und Interpretieren von Termen

In dieser Lerneinheit geht es um die Übersetzung erkannter Gesetzmäßigkeiten von der Umgangssprache in die Symbolsprache der Mathematik. Umgekehrt sollen die Schüler lernen, die in der Symbolsprache der Mathematik formulierte Gesetzmäßigkeit in die Umgangssprache zu übersetzen.

S. 58

1 a) 7; 9; 19; 199
b) Die Anzahl der Quadrate ist immer um eins kleiner als das Doppelte von n.
Man könnte also einen Term aufstellen: $T(n) = 2n - 1$

S. 59

2 Pakete von links nach rechts betrachtet:
1) Man braucht Schnur der Länge $4a + 4b + 4c$ 2) $12a + 10b + 2c$ 3) $6a + 6b + 4c$

3 a) Multipliziere die Differenz aus 2a und 9 mit 12.
b) Multipliziere die Summe aus einer unbekannten Zahl und 5 mit der Differenz aus einer anderen unbekannten Zahl und 4.
c) Quadriere die Differenz aus einer unbekannten Zahl und 3.
d) Potenziere eine unbekannte Zahl mit 3 und subtrahiere davon das Quadrat der unbekannten Zahl.

4 a) $(a \cdot b)^2$ b) $a^2 \cdot b^2$

S. 60

5 a)

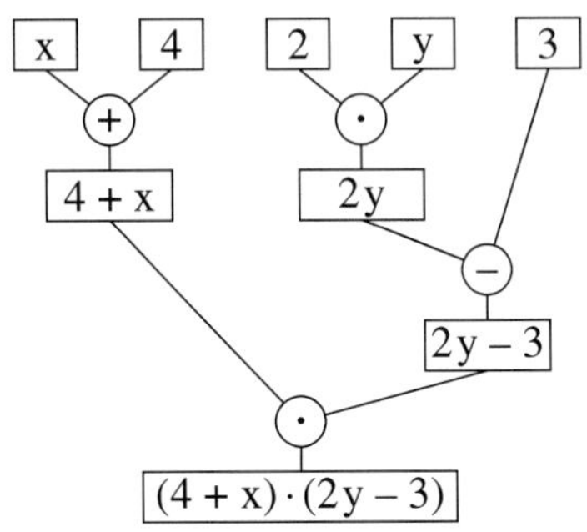

Alle Rechenoperationen, die im Rechenbaum auf einer Höhe stehen, können parallel ausgeführt werden.

b) $(4 + x) \cdot (2 \cdot y - 3)$
Multipliziere die Summe aus der Zahl 4 und einer unbekannten Zahl mit der Differenz aus dem Produkt aus der Zahl 2 und einer anderen unbekannten Zahl und der Zahl 3.

6 a)

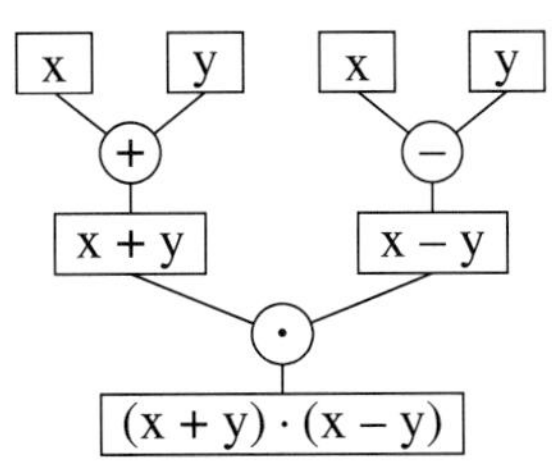

b)

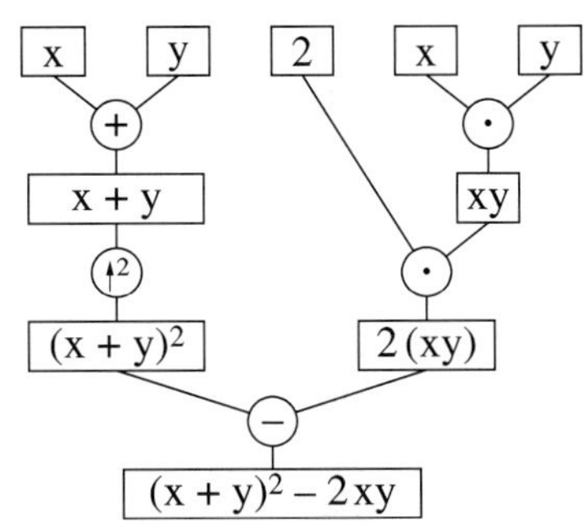

7 a)

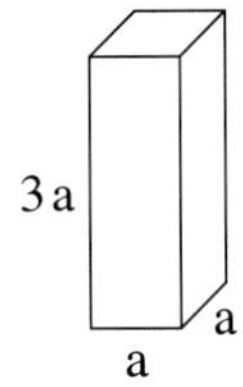

b) $T(a) = 8a + 4 \cdot 3a$; $T(7{,}2\,cm) = 144\,cm$
c) $O(a) = 2a^2 + 4 \cdot 3a \cdot a$
d) $O(7{,}2\,cm) = 725{,}76\,cm^2$; $O(12{,}5\,cm) = 2187{,}5\,cm$

8 a) Die Terme geben ungerade Zahlen an.
b) Das Produkt zweier ungerader Zahlen ist wieder eine ungerade Zahl.
c) Das Produkt zweier ungerader negativer Zahlen ergibt eine positive ungerade Zahl. Die Aussage aus b) gilt also auch für ganze Zahlen.

9 a) Pyramide: $2a + 2b + 4c$; Prisma: $28a$
b) c muss länger sein als die halbe Diagonale des Rechtecks mit a und b als Seiten (entspricht der Grundfläche der Pyramide).
c) $O(a) = 6 \cdot (2a)^2 - 2a^2 = 22a^2$

10 Bei einem Turm aus n Würfeln gibt es $n - 1$ Klebestellen, an jeder Klebestelle sind zwei Würfelflächen beteiligt.

11 $n \cdot (n-1)$ gibt die Gesamtzahl der Spiele aus Hin- und Rückrunde an.
Man veranschaulicht die Situation am besten durch die gegenseitigen Verbindungslinien von n Punkten. Von jedem der n Punkte gibt es $n-1$ Verbindungslinien zu den übrigen Punkten. Im Produkt $n \cdot (n-1)$ wird jede Strecke doppelt gezählt. Sie wird dabei in beide Richtungen durchlaufen. Dies entspricht dem Hin- und dem Rückspiel zwischen je zwei Spielern.

12

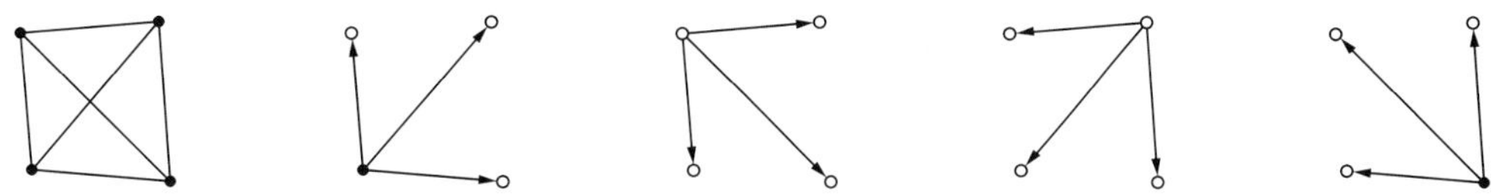

Bei 4 Städten gilt: Von jeder Stadt werden 3 andere Städte angeflogen.
Beim Produkt $4 \cdot 3$ werden jedoch alle Verbindungen doppelt gezählt (Hin- und Rückflug).
Es gibt also $(4 \cdot 3) : 2$ Verbindungen.
Bei n Städten gilt: Von jeder Stadt werden $n-1$ andere Städte angeflogen.
Der Term $\frac{n \cdot (n-1)}{2}$ gibt die Zahl der Flugverbindungen zwischen n Städten an.

i Man hat hier ein Beispiel dafür, dass ein Term ganz unterschiedlich interpretiert werden kann, je nach dem, welche Bedeutung die Variable n hat. Vgl. Aufgabe 16.

13 x sei die Zahl der verbrauchten Kilowattstunden.
Preis ohne Mehrwertsteuer: $6{,}32\,€ + x \cdot 0{,}1008\,€$
Endpreis mit Mehrwertsteuer: $(6{,}32\,€ + x \cdot 0{,}1008\,€) \cdot 1{,}16$

S. 61

14 a) In dem äußeren Würfel aus $4^3 = 64$ kleinen Würfeln ist ein kleinerer Würfel aus $2^3 = 8$ Würfeln versteckt.
b) Besteht der äußere Würfel aus n^3 kleinen Würfeln, so können sich in ihm $(n-2)^3$ kleine Würfel verstecken.
Zu dem Tipp auf der Randspalte: Aus Skizzen kann man erkennen, dass ein Quadrat aus n^2 kleinen Quadraten $(n-2)^2$ innere Quadrate enthält.

15 individuelle Lösungen

16 $\frac{n \cdot (n-1)}{2}$
Die Aufgabe entspricht der Aufgabe 12. Jede Verbindungslinie zwischen zwei Punkten wird nur einmal durchlaufen, zwei Gäste stoßen nur einmal miteinander an.

i Vgl. auch Aufgabe 11.

17 a) $38 \cdot 62$; $35 \cdot 65$; $32 \cdot 68$
b) Der erste Faktor wird bei jedem Schritt um drei verkleinert, der zweite Faktor wird bei jedem Schritt um drei vergrößert.
c) Das n-te Glied der Folge wird durch den Term $(50 - 3(n-1)) \cdot (50 + 3(n-1))$ gegeben.
d) -5069
e) Ab dem 18. Glied wird das Produkt negativ.

18 a) Umlauf im Uhrzeigersinn:
$A(x) = x^2 : 10 - 0{,}5$ $B(x) = (x : 10 - 0{,}5)^2$ $C(x) = (x - 0{,}5)^2 : 10$

x	1	2	3	4	5	6
A(x)	**–0,4**	–0,1	0,4	1,1	2	**3,1**
B(x)	0,16	0,09	0,04	0,01	0	0,01
C(x)	0,025	0,225	0,625	1,225	2,025	3,025

Umlauf gegen den Uhrzeigersinn:
$A(x) = [(x - 0{,}5) : 10]^2$ $B(x) = (x^2 - 0{,}5) : 10$ $C(x) = (x : 10)^2 - 0{,}5$

x	1	2	3	4	5	6
A(x)	0,0025	0,0225	0,0625	0,1225	0,2025	0,3025
B(x)	0,05	0,35	0,85	1,55	2,45	**3,55**
C(x)	**–0,49**	–0,46	-0,41	–0,34	-0,25	–0,14

Das größte Ergebnis erhält man also, wenn man bei B startet und gegen den Uhrzeigersinn läuft, das kleinste Ergebnis, wenn man bei C startet und gegen den Uhrzeigersinn läuft.
b) individuelle Lösung

19 linke Figur: $(a + b) \cdot a - 2 \cdot \frac{1}{2} \cdot a^2 = ab$
rechte Figur: $(a + b)^2 - 2 \cdot \frac{1}{2} \cdot a^2 = b^2 + 2ab$

S. 62

20 Für jede Gruppe wird mindestens eine Schachtel Streichhölzer benötigt.
a) Minimaler Bedarf bei 3×4-Rechteck: $4 \cdot 4 + 3 \cdot 5 = 31$ Zündhölzer
Maximaler Bedarf, wenn die Quadrate nur in einer Ecke zusammenstoßen: $12 \cdot 4 = 48$
b) $T(m; n) = (m + 1) \cdot n + m \cdot (n + 1)$
c)

m	1	2	3	4	6
n	36	18	12	9	6
T (m; n)	109	92	87	85	84

Vermutung: Je weniger sich die Seitenlängen des Rechtecks unterscheiden, um so weniger Zündhölzer braucht man zum Legen der Quadrate. Bei n = m braucht man die kleinste Anzahl Zündhölzer.
d) individuelle Lösungen

→ **21** Kopiervorlage S. 153
a) Die magische Zahl (3 a) ist abhängig von der eingesetzten Zahl a.
b)

a + 4	a – 5	a + 1
a – 3	a	a + 3
a – 1	a + 5	a – 4

c) Alle möglichen Summenterme sind gleichwertig mit $T(a) = 3a$
i (Vorbereitende Aufgabe zu äquivalenten Termen)

22 $A(a) = a \cdot (10 - a)$

23 Bewegt sich der Punkt auf der Parallelen zu [AC] durch B, so ändert sich die Höhe h_b nicht. Die Grundlinie b = [AC] wird dabei ebenfalls nicht verändert. Es gilt also stets $A = b \cdot h_b$.

24 $T(n) = 1 + (n - 1) \cdot 2 = 2n - 1$

25

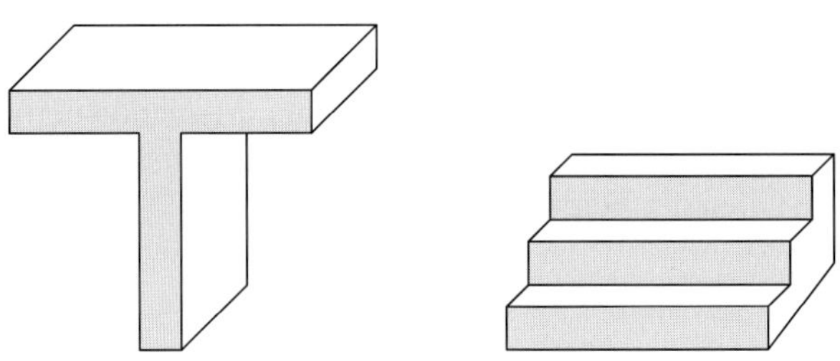

26 Ja, dies ist möglich, zum Beispiel mit:
$\frac{5}{9} = \frac{10}{18} < \frac{11}{18} < \frac{12}{18} < \frac{13}{18} < \frac{14}{18} < 1$

→TB Trainingsblatt: Aufstellen und Interpretieren von Termen; Kopiervorlage S. 157 f.

→AB Arbeitsblatt: Terme aufstellen – Winnies Welt; Kopiervorlage S. 159 f.

4 Zuordnung: Variablenwert – Termwert

Der Begriff Zuordnung soll den Funktionsbegriff (in Jahrgangstufe 8) vorbereiten. In dieser Lerneinheit sollen die Schüler verinnerlichen, dass durch einen Term einer Variablen in eindeutiger Weise ein Termwert zugeordnet wird.

A Alternative zum Einstieg: *Schülerbuch S. 64/2*

S. 63 **1** a)

x	160°	150°	140°	130°	120°	110°
y	20°	30°	40°	50°	60°	70°

b) $y = 180° - x$

c)

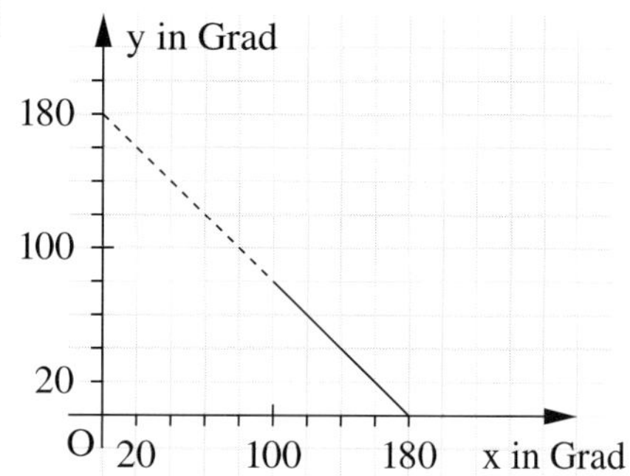

S. 64 **2** a) $y = 500\ cm^3 + x \cdot 15\ cm^3$ (x stellt die Zeit in Minuten dar)

b)

x in min	10	20	45	180
y in cm^3	650	800	1175	3200

3 Es gilt: $\frac{T(x)}{x} = \frac{3}{2}$, also $T(x) = 1{,}5\,x$.

x	2	6	8	10	4,2	5
T(x)	3	9	12	15	6,3	7,5

4

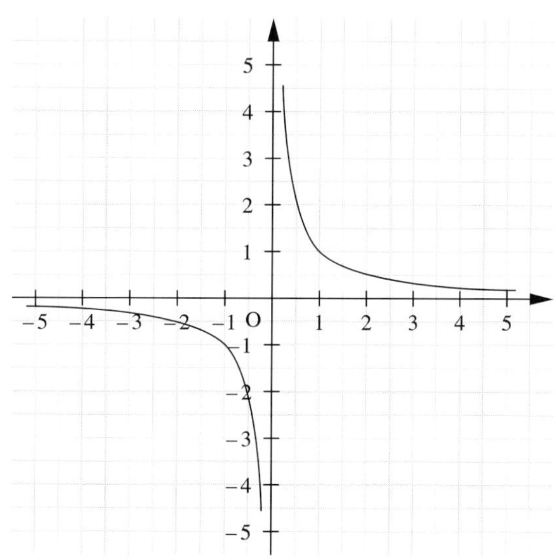

Es sollte auffallen, dass eine Punktsymmetrie zum Ursprung vorliegt.
Für betragsmäßig große Variablenwerte strebt der Termwert gegen 0.
T(0) existiert nicht, in der Umgebung von Null werden die Termwerte betragsmäßig sehr groß.

5 a)

T_C	–20	–10	0	10	20	30	40	50	60	70	80	90	100
T_F	–4	14	32	50	68	86	104	122	140	158	176	194	212

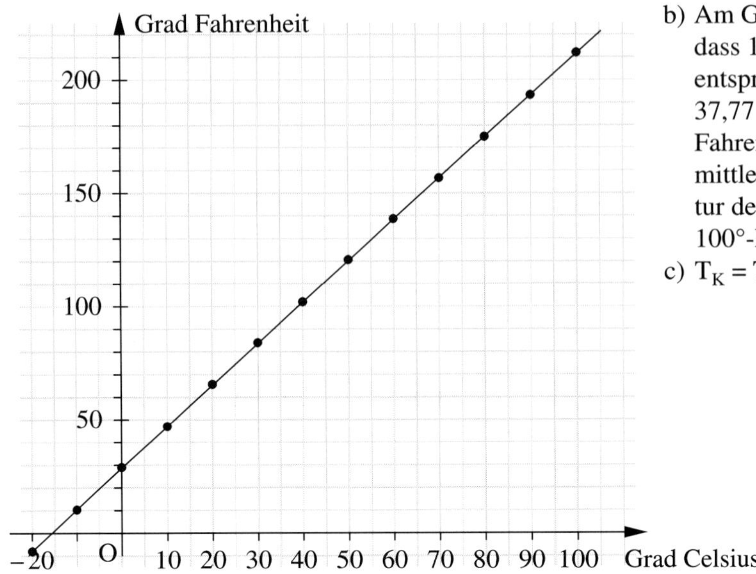

b) Am Graph sieht man, dass 100 °F etwa 38 °C entsprechen (genau 37,77 °C). Fahrenheit nahm die mittlere Körpertemperatur des Menschen als 100°-Marke.

c) $T_K = T_C + 273{,}15$

S. 65 **6** a) b = U/5

b)

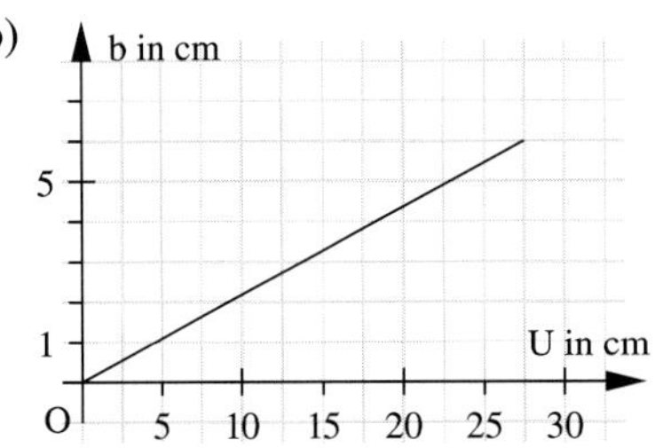

c) Die Basis verdoppelt sich ebenfalls.

d) α: Winkel an der Spitze des Dreiecks;
β: symmetrische Winkel $\beta = \frac{180° - \alpha}{2}$

e)

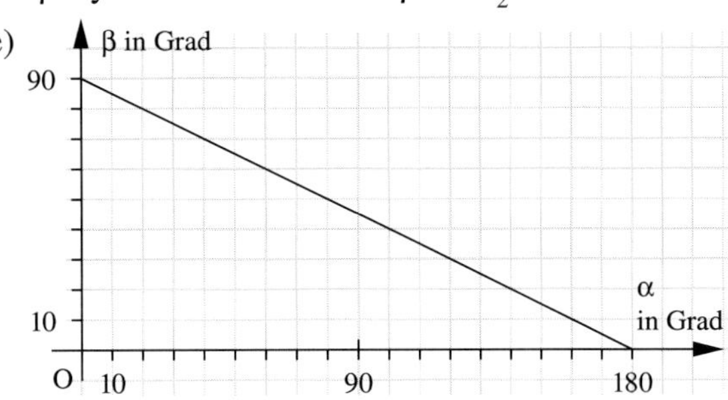

7 a) x sei die Zahl der gefahrenen Kilometer.
Transporter: P(x) = 65 € + 0,36 € · x
Kleinlaster: P(x) = 75 € + 0,39 € · x
LKW: P(x) = 99 € + 0,54 € · x

b)

x in km	25	50	100	150	200
P(x) in €	84,75	94,5	114	133,5	153

Der Gesamtpreis wächst also nicht im gleichen Verhältnis wie die Zahl der gefahrenen Kilometer.

c) Für 135 € kann man mindestens 150 km fahren (vgl. Tabelle), genau sind es 153,8 km.

8 a) x sei die Zahl der gefahrenen Kilometer
Transporter: P(x) = 73 € + (x – 100) · 0,18 €
Kleinlaster: P(x) = 87 € + (x – 100) · 0,22 €
LKW: P(x) = 125 € + (x – 100) · 0,30 €

b)

x in km	150	200	250	300
Transporter	82 €	91 €	100 €	109 €
Kleinlaster	98 €	109 €	120 €	131 €
LKW	140 €	155 €	170 €	185 €

c) Durch gezieltes Probieren erhält man:
Transporter: P(500) = 145€ x ≈ 500 (genauer Wert: 527,8 km)
Kleinlaster: P(400) = 153€ x ≈ 400 (genauer Wert: 386,4 km)
LKW: P(200) = 155€ x ≈ 200 (genauer Wert: 183,3 km)

d) Kleinlaster: P(260) = 122,20€
LKW: P(130) = 134€
Bei Benutzung des Lasters zahlen sie zwar ca. 10€ mehr, sparen dafür aber Zeit. Wenn ihre Zeit knapp ist, werden sie wohl trotz des etwas höheren Preises den LKW nehmen.

9 a) T(x) kann nie null werden. Kein Wert für x liefert T(x) = 0; null selbst darf man für x nicht einsetzen, die Division durch null ist nicht definiert.

b) x = 1 um 50 % vergrößert liefert x = 1,5; also $T(1{,}5) = \frac{2}{3}$; T(1,5) = 66 % von T(1)
x = 1 um 50 % verkleinert liefert x = 0,5; also T(0,5) = 2 ; T(0,5) = 200 % von T(1)

10 a)

a	10	100	1000	10 000
T(a)	1,99	1,9999	1,999 999	1,999 999 99

Die Termwerte gehen also für sehr große Werte von a gegen den Wert 2.

b) Kleine Werte von a bedeutet: $a \to -\infty$
Da T(a) = T(–a), nähern sich die Termwerte ebenfalls immer mehr dem Wert 2.
Wählt man dagegen a dem Betrage nach klein, so ergibt sich:

a	±0,1	±0,01	±0,001	±0,0001
T(a)	–98	–9998	–999 998	–99 999 998

Die Termwerte werden betragsmäßig sehr groß, der Graph nähert sich an die y-Achse an.

S. 66

11 a) $A(s) = \frac{1}{8}s^2$

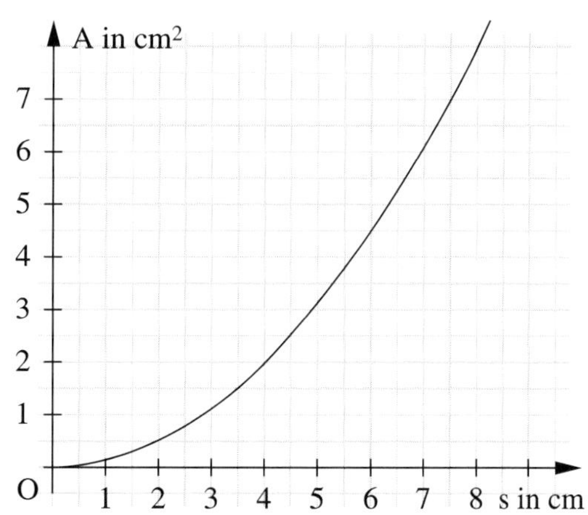

b) (Dieser Sachverhalt sollte zunächst an konkreten Werten für s untersucht werden. Erst wenn er sich für beliebig gewählte Werte für s immer wieder bestätigt, kann man versuchen, ihn allgemein mit Variablen zu formulieren.)
s um 60 % vergrößert ergibt 1,6 s;
$A(1{,}6\,s) = \frac{1}{8} \cdot (1{,}6\,s)^2 = \frac{1}{8} \cdot 2{,}56\,s^2$
Wenn s um 60 % vergrößert wird, wächst die Fläche also um 156 %.
s um 60 % verkleinert ergibt 0,4 s; $A(0{,}4\,s) = \frac{1}{8} \cdot (0{,}4\,s)^2 = \frac{1}{8} \cdot 0{,}16\,s^2$
Wenn s um 60 % verkleinert wird, verkleinert sich die Fläche um 84 %.

12 a) Zahl der gelben Kreuzstiche: $Z_g(n) = (n-2)^2$
Zahl der roten Kreuzstiche: $Z_r(n) = n^2 - (n-2)^2 = 4n - 4$

b)

n	3	4	5	6	7	8	10
$Z_g(n)$	1	4	9	16	25	36	64
$Z_r(n)$	8	12	16	20	24	28	36

c) Die Zahl der roten Kreuzstiche wächst bei jedem Schritt um vier (wobei ihr Startwert höher ist als der der gelben Kreuzstiche), während die Zahl der gelben Kreuzstiche mit dem Quadrat (und damit für größer werdende Grundzahlen immer schneller) wächst.

13 a)

x	$T_1(x)$	$T_2(x)$
0	0	0
0,1	0,01	0,001
0,2	0,04	0,008
0,3	0,09	0,027
0,4	0,16	0,064
0,5	0,25	0,125
0,6	0,36	0,216
0,7	0,49	0,343
0,8	0,64	0,512
0,9	0,81	0,729
1	1	1

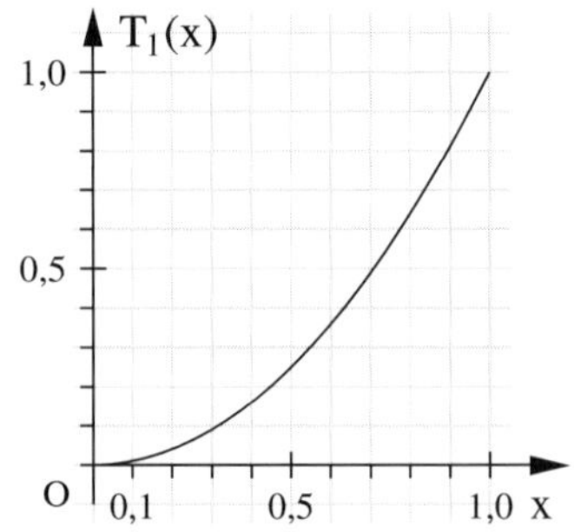

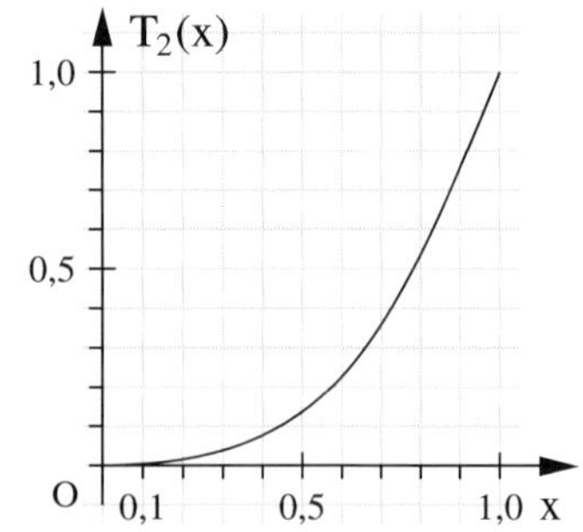

Man sieht, dass bei $T_1(x)$ die jeweiligen y-Werte größer sind als bei $T_2(x)$. $T_2(x) = x \cdot T_1(x)$

also $T_2(x) < T_1(x)$ für $x < 1$

b)

x	$T_1(x)$	$T_2(x)$
1	1	1
2	4	8
5	25	125
10	100	1000
100	10000	1000000
1000	1000000	1000000000

Für $x > 1$ tritt also genau der entgegengesetzte Fall zu a) ein, die y-Werte von $T_1(x)$ sind kleiner als die von $T_2(x)$.

$T_2(x) = x \cdot T_1(x)$

also $T_2(x) > T_1(x)$ für $x > 1$

14 Stecknadeln und Bindfaden werden benötigt. Als Unterlage verwendet man am besten eine dicke Pappe, auf die ein Karopapier geklebt wurde.

a) 54 m : 300 = 0,18 m = 18 cm

1. Seite in cm	1	2	3	4	5	4,5
2. Seite in cm	8	7	6	5	4	4,5
A in cm²	8	14	18	20	20	20,25

b) 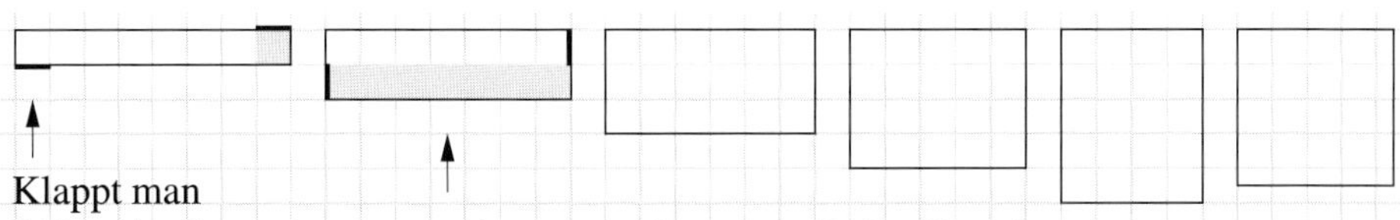

Klappt man
1 Kästchenkante um, so gewinnt man eine ganze Reihe Kästchen hinzu, verliert aber nur 1 Kästchen.
Allgemein lohnt es sich, Zaunteile der langen Seite wegzunehmen und damit die kurze Seite zu verbreitern,

c) Für die Wiese: $A(x) = x \cdot (27 - x)$
Aus einer Tabelle wie unter a) erkennt man, dass der maximale Inhalt $A(13{,}5) = 182{,}25\,m^2$ ist. Dies wird auch bereits in a) deutlich, den größten Flächeninhalt bei gleichem Umfang hat immer ein Quadrat (hier mit Seitenlänge 13,5 m).

15 a) Beachte: Jede Windung besteht aus 4 Strecken.

b) Hinweis: Eine Windung bedeutet eine Drehung der Blickrichtung (man stelle sich vor, man laufe auf der gezeichneten Linie) um 360°.

Zahl der Windungen	1	2	3	4	5
Länge der Spirale (in Kästchen)	6	14	22	30	38

c) $L(n) = 4 \cdot (2n - 1) + 2 = 8n - 2$
(Auch andere Ansätze sind denkbar, sie müssen aber äquivalent zu $8n - 2$ sein.)

d) Nein, eine Windung mit der doppelten Nummer hat nicht die doppelte Länge.
Beispiel: $T(10) = 78$ $T(20) = 158$

16 a)

x	0	1	2	3	1,2
A(x)	−2	0	2	4	0,4
B(x)	2	0,5	−1	−2,5	0,2

b)

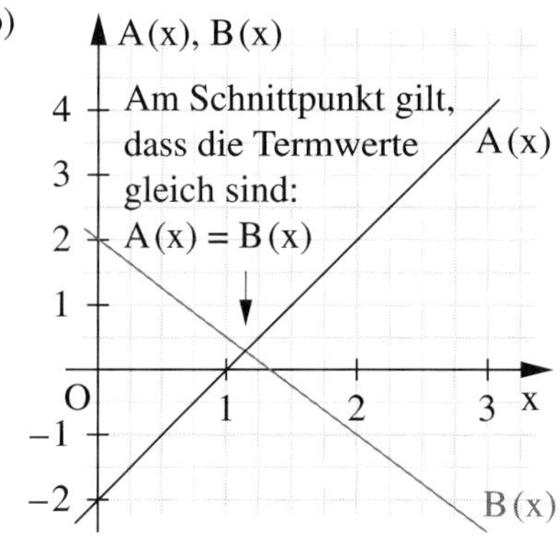

17 Höhe der Oberkante des Turmes von Max nach dem Auflegen der n-ten Münze:
$M(n) = n \cdot 1{,}93\,\text{mm}$
Höhe der Oberkante des Turmes von Jan nach dem Auflegen der n-ten Münze:
$J(n) = 6{,}5\,\text{mm} + n \cdot 1{,}67\,\text{mm}$
Die Lösung erhält man durch systematisches Probieren:

n	10	20	24	25
M(n) in mm	19,3	38,6	46,32	48,25
J(n) in mm	23,2	39,9	46,58	48,25

Beim 25. Spielzug sind die Türme gleich hoch.

18 a) $40 \cdot 40 = 1600$ b) $100 \cdot 78 + 53 \cdot 100 = 13\,100$ c) $34 \cdot (23 + 23 + 32) = 34 \cdot 78 = 2652$
d) $12 \cdot (11 - 17 + 9 - 13) = 12 \cdot (-10) = -120$ e) $-13 - \frac{7}{3} = -15\frac{1}{3}$

→TB Trainingsblatt: Terme auswerten und Graphen zeichnen; Kopiervorlage S. 161 f.

→AB Taschenrechnerquiz; Kopiervorlage S. 163; Lösung auf S. 56

Thema: Rechnen mit dem Taschenrechner

S. 68

1 a) 70,974 b) 54,768 c) 1519 d) $1\frac{7}{18}$ e) $\frac{81}{88}$ f) 425,5969

2 a) $\frac{3171}{10\,000}$ b) $\frac{9}{4}$ c) $\frac{2}{3}$ d) $\frac{25}{64}$ e) $\frac{-243}{1024}$
f) $\frac{7}{15} \approx 0{,}466\,666$ (Bruch wird nicht vom Taschenrechner geliefert)

3 a) 64,90 b) 182,13 c) 65,37 d) 0,59

4 a) 0,5 b) 13,01 c) 4,94 d) 0,03 e) 25,81 f) 0,40

5 a) $2{,}1 \cdot 10^{14}$ b) $2{,}4 \cdot 10^{14}$ c) $0{,}000\,6231 = 6{,}231 \cdot 10^{-4}$ d) $0{,}000\,025 = 2{,}5 \cdot 10^{-5}$

6 a) $2{,}989\,913 \cdot 10^{10}$ (genaues Ergebnis)
b) $1{,}297 \cdot 10^{14}$ (Hier hat das korrekte Ergebnis mehr Stellen als der Taschenrechner anzeigen kann, meist sind dies zehn Stellen. Daher schneidet er nach dieser Anzahl ab, ein Taschenrechner rundet nicht!)
c) $1{,}218 \cdot 10^{10}$ d) $1{,}074 \cdot 10^{9}$ (Kein korrektes Ergebnis, vgl. b))

7 Vermutlich ist das Ergebnis zu a) richtig, zu b) jedoch falsch. Taschenrechner können nur 8 oder 10 Ziffern nebeneinander anzeigen. Manche Taschenrechner rechnen intern mit noch mehr Stellen als sie anzeigen können. Werden es zuviele Stellen, werden die Stellenwerte ganz rechts einfach abgeschnitten. Bei $10^{12} + 1$ vernachlässigen die meisten Taschenrechner den Wert 1; wird dann 10^{12} abgezogen, kommt fälschlicherweise 0 heraus.

S. 69 → **Taschenrechnerquiz:** Kopiervorlage S. 163

1 B	I	27 O	L	O	G	I	E	■	2 B	35 I	32 O	39 S
I	■	3 H	O	E	L	L	E	■	O	S	L	O
4 G	E	I	S	S	E	L	■	34 S	■	■	E	S
G	■	O	■	5 E	I	■	6 H	O	S	E	■	S
E	25 B	■	29 G	■	7 S	S	■	8 L	E	I	37 S	E
S	E	28 G	E	31 L	■	9 I	33 B	I	S	■	E	■
10 E	H	E	L	O	S	■	E	■	11 S	I	E	40 G
E	L	O	■	12 S	E	E	I	G	E	L	■	O
■	13 E	L	30 B	E	■	14 I	G	E	L	■	38 G	G
24 H	■	O	L	■	15 E	S	E	L	■	36 B	I	O
16 E	26 I	G	E	L	B	■	■	■	17 Z	I	E	L
18 B	L	E	I	■	19 B	O	E	E	■	B	B	■
E	S	■	20 B	O	E	L	L	■	21 L	E	E	■
22 L	E	S	E	■	■	23 E	I	Z	E	L	L	E

Thema: Uhren

S. 70

1 a) Sonnenuhr: Bei der Sonnenuhr ist der Sonnenstand entscheidend für die Anzeige. Der befestigte Stab wirft einen Schatten auf die Uhrscheibe, je nach Sonnenstand. Mit Hilfe des Schattens kann man auf der Uhrscheibe direkt die Zeit ablesen.
Alle anderen Uhren basieren auf dem selben Prinzip, über die Zu- bzw. Abnahme einer Substanz die Zeit (über eine Skala am Gefäß) zu messen. Der Abstand der Stundenskalen variiert bei den einzelnen Uhren, je nachdem, wie schnell die Zu- bzw. Abnahme erfolgt.

b) Man muss ein Mittelmaß finden: Die messbare Zeitdauer der Stundenkerze wird umso größer, je dicker die Kerze ist. Dagegen misst eine sehr dicke Stundenkerze ungenauer als eine dünne, da die Skaleneinteilung nicht mehr so exakt vorgenommen werden kann.

2 a) In 40 min verbrennen 3,6 ml = 3,6 cm³ Öl.
Die Höhenveränderung in 40 min beträgt also $\frac{3{,}6\,\text{cm}^3}{3\,\text{cm}\cdot 3\,\text{cm}} = 0{,}4\,\text{cm}$.

Zeit in min	0	15	30	40	45	…
Höhe in cm	6	5,85	5,7	5,6	5,55	…

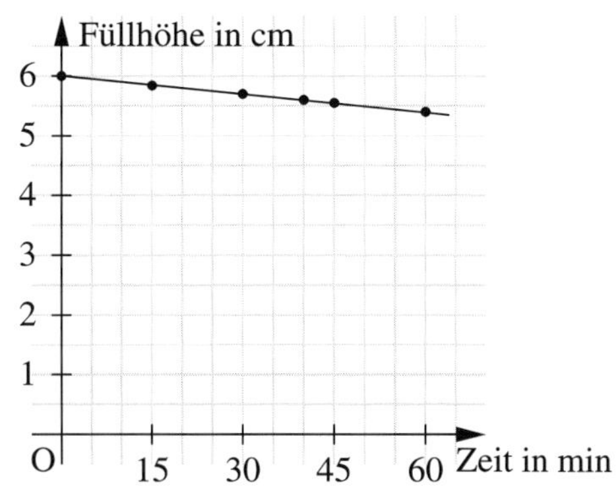

b) Nach zehn Stunden ist das Öl verbraucht.

c) Der Ölspiegel müsste dann in 40 min um 1,6 cm sinken. Man nimmt an, dass wie bei a) 3,6 cm³ Öl in 40 min verbrennen.
Die Kantenlänge x kann man dann berechnen aus: $\frac{3{,}6\,\text{cm}^3}{(x\,\text{cm})^2} = 1{,}6\,\text{cm}$.
Die Kantenlänge x ist 1,5 cm. Dies kann man sich auch ohne Rechnung über die Werte aus a) überlegen.

3

Zeit in min	0	15	30	45	60
Abbrand in cm	0	1,5	3	4,5	6

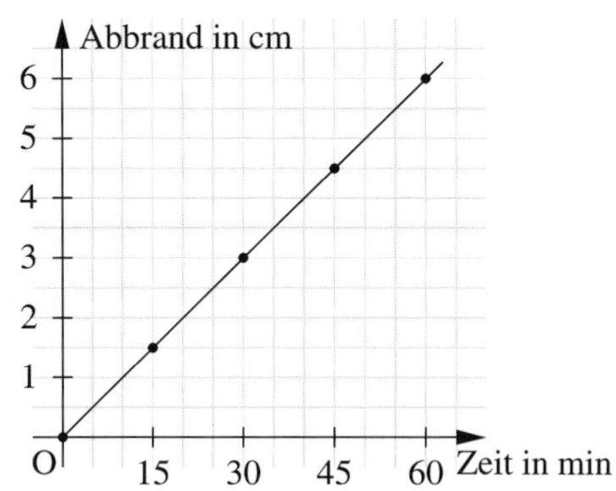

Projekt: Wir bauen Uhren

S. 71

Vor diesem Projekt ist es sinnvoll, das vorausgehende Thema: Uhren behandelt zu haben.

IV Termumformungen

Bei Termumformungen soll laut Lehrplan mehr Wert auf ein grundlegendes Verständnis gelegt und auf komplexere Terme verzichtet werden. In allen Lerneinheiten des Kapitels gibt es zur Differenzierung nach oben jedoch auch anspruchsvollere Terme.
In Lerneinheit 1 ist mit der Erweiterung der für Zahlen bereits bekannten Rechengesetze auf Variablenterme und der Idee der äquivalenten Termumformung bereits das Wesentliche gesagt. In den folgenden Lerneinheiten werden dann typische Probleme betrachtet, z. B. in Lerneinheit 3 das Auflösen von Klammern, in Lerneinheit 4 und 5 das Distributivgesetz bzw.das Ausklammern und Ausmultiplizieren.
Weil die Binomische Formel laut Lehrplan erst in Klasse 9 im Zusammenhang mit quadratischen Gleichungen thematisiert wird, kann sich hier eine propädeutische Betrachtung mit dem fakultativen Thema: Binomische Formeln und das Pascalsche Dreieck anschließen.

1 Gleichwertige Terme

S. 74

1 Sebastian: $4\,(p-1)$ ist richtig.
Sebastian subtrahiert auf jeder Seite einen Pfahl $(p-1)$, so dass die Ecken nur einfach gezählt werden, und multipliziert die Anzahl auf einer Seite mit 4 für vier Seiten.
Katharina: $4p-4$ ist richtig.
Die Eckpfähle werden bei 4p doppelt gezählt, sie müssen daher wieder abgezogen werden.
Veronika: $4\,(p-2)+4$ ist richtig.
Veronika lässt auf jeder Seite zunächst die beiden Eckpfähle weg $(p-2)$ und addiert am Ende alle 4 Eckpfähle.
Jan-Pascal: $(p+p-1)\cdot 2$ ist falsch.
Er teilt den Zaun in vier Stücke, zwei lange (p) und zwei kürzere $(p-1)$ und fasst zunächst ein langes (p) und ein kurzes $(p-1)$ zusammen. Dabei überlappen sich die Stücke aber, er hat zwei Pfähle zuviel berechnet.

S. 76

2 Beide haben Recht, die Terme lassen sich mit dem Distributivgesetz ineinander umformen.

3 individuelle Lösung; Bsp. $T(z) = 2\cdot(2z+3)$, $T(z) = 4z - 2\cdot(-3)$

4

a) $6b$	b) 0	c) f	d) $30g + 15$
e) $4u + 2$	f) $3\frac{1}{2} + 1\frac{1}{2}z$	g) $1{,}7p - 0{,}7q + 1$	h) $4 - \frac{2}{6}x \left(= 4 - \frac{1}{3}x\right)$
i) $0{,}09r - 1{,}2s$	k) $-0{,}7x$	l) $-6{,}175t - s$	m) $-2x^2$
n) $-\frac{13}{18}s - 0{,}05$	o) $2{,}1v + 2\frac{5}{7}$	p) $\frac{29}{30}t - \frac{5}{6}$	q) $\frac{6}{7}u + 0{,}05$

S. 77

5 Kopiervorlage S. 153
a)

	−2	0	2	10	umgeformter Term
$7x - 1 - 3x$	−9	−1	7	39	$4x - 1$
$-x + 6x - 1$	−11	−1	9	49	$5x - 1$
$1 + 4x - 2$	−9	−1	7	39	$4x - 1$
$4x + 1$	−7	1	9	41	$4x + 1$

b) Term 1 und Term 3 sind zueinander äquivalent, was durch Umformung nachgewiesen wurde. Alle anderen Terme sind zueinander nicht äquivalent, wie die unterschiedlichen Termwerte zeigen.

6

	umgeformter Term	−1	0	$\frac{1}{2}$	10
a)	4n	−4	0	2	40
b)	3n − 6	−9	−6	−4,5	24
c)	5n + 5	0	5	7,5	55
d)	−5n	5	0	−2,5	−50
e)	1,25n	−1,25	0	$0{,}625 = \frac{5}{8}$	12,5
f)	$\frac{2}{9}n + 3\frac{8}{15}$	$3\frac{14}{45}$	$3\frac{8}{15}$	$3\frac{29}{45}$	$5\frac{34}{45}$
g)	$-n + n^2 + 10$	12	10	9,75	100
h)	−10	−10	−10	−10	−10

7 a) Horst nimmt zunächst die zwei unteren Drahtabschnitte der Länge x, addiert zweimal den inneren Abschnitt der Länge 2x und addiert anschließend den mittleren Abschnitt der Länge x dazu. Er wiederholt das Ganze für den oberen Teil und addiert abschließend noch zweimal den Seitenabschnitt der Länge 5x.
Helmut fängt (z. B.) unten links in der Ecke an und rechnet beginnend mit dem Drahtabschnitt der Länge x gegen den Uhrzeigersinn alle Teile einzeln zusammen.
Hanna fasst zunächst alle gleich langen Stücke zusammen, zuerst die kurzen (x), das sind jeweils drei unten und drei oben, dann die vier mittleren Stücke (2x) und die zwei langen Seitenteile (5x). Anschließend addiert sie die entstandenen Terme.

b) Die Terme beschreiben alle den Umfang der gleichen Figur, für jeden Wert von x muss der Termwert gleich sein, daher müssen die Terme äquivalent sein.

c) Es ist sinnvoll, einen der Terme zum Berechnen umzuformen in 24x:
Horst: 20 cm = 5x; x = 4 cm; also muss der Draht 24 · 4 cm = 96 cm lang sein.
Helmut: Der Draht muss 72 cm lang sein. (x = 3 cm)
Hanna: Der Draht muss 48 cm lang sein. (x = 2 cm)

d) Sein Materialanteil ist $\frac{96\,\text{cm}}{96\,\text{cm} + 72\,\text{cm} + 48\,\text{cm}} = \frac{24 \cdot 4\,\text{cm}}{24 \cdot (4\,\text{cm} + 3\,\text{cm} + 2\,\text{cm})} = \frac{4\,\text{cm}}{9\,\text{cm}} = \frac{4}{9} = 44{,}4\,\%$.
Dies entspricht dann auch seinem Kostenanteil.

8 Die Erläuterung der einzelnen Umformschritte sollte analog *S. 75 Beispiel 1* erfolgen.
a) äquivalent b) äquivalent c) äquivalent
d) nicht äquivalent e) äquivalent f) nicht äquivalent
g) nicht äquivalent h) äquivalent i) äquivalent

9 Die angegebenen Operationen stellen nur eine mögliche Lösung dar, es sind noch weitere denkbar.
a) $T_1(x) = 7x + 2$ und $T_2(x) = 8x + 2$; also z. B. bei $T_1(x)$: $+x$
b) $T_1(f) = 6f$ und $T_2(f) = 3f$; also z. B. bei $T_2(f)$: $+3f$
c) $T_1(r) = -6r + 5$ und $T_2(r) = 6r$; also z. B. bei $T_1(r)$: -5 und $\cdot(-1)$
d) $T_1(k) = 7k - 7$ und $T_2(k) = 7{,}5k - 7$; also z. B. bei $T_2(k)$: $-0{,}5k$
e) $T_1(u) = -6{,}5u - 15$ und $T_2(u) = -3u - 10$; also z. B. bei $T_1(u)$: $+5$ und $+\frac{7}{2} \cdot u$

10 individuelle Lösung (orientieren an Aufgabe 8 und 9)

11

1	$4 \cdot (3 - x) \cdot 25\%$	L	$2x + 3 - 3x$
2	$-1 - 5x + 5 + 7x$	I	$2 \cdot (2 + x)$
3	$2 + x \cdot 3 + 3x - 2$	B	$75\% \cdot x \cdot 8$
4	$\frac{5}{2} \cdot x + 7{,}3 + 0{,}5x - 2{,}3$	E	$x + x + x + 2 : \frac{2}{5}$
5	$0{,}8 + 2{,}1 + x \cdot 2 - 1{,}9$	L	$3x + 1 - x$
6	$-2^2 + 3x^2 + 0{,}4 \cdot x \cdot 5$	L	$2 \cdot (x - 2) + 3x^2$
7	$0{,}5 \cdot (6 - 4x) + \frac{1}{3} \cdot x \cdot 6$	E	$1\frac{1}{2}x + 9 : 3 - x - 0{,}5x$
8	$3x^2 - x \cdot 30\% + 0{,}7x$	N	$\frac{1}{5}x + 3x^2 + 0{,}2x$

Lösungswort: LIBELLEN

S. 78

12 Man sollte den gegebenen Term zunächst umformen: $T(k) = -5k - 1$

a) durch Probieren (gezieltes Hinsehen) erhält man zum Beispiel:
$T(-3) = 14$ (zwischen 10 und 15)
$T\left(\frac{1}{4}\right) = -2\frac{1}{4}$ (zwischen -3 und -2)

b)

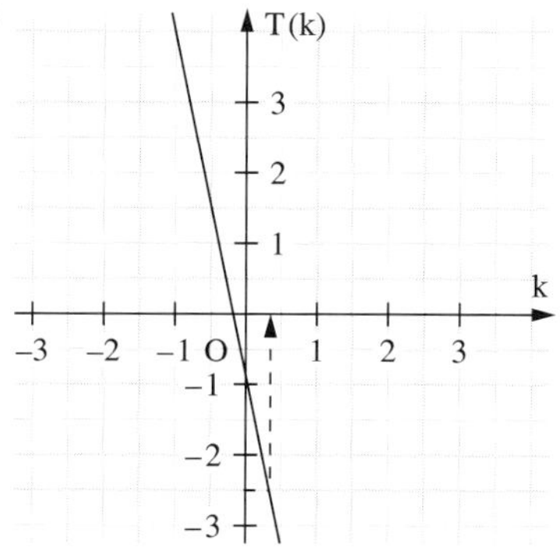

Man wählt (auf der T(k)-Achse) einen Termwert zwischen -2 und -3 und zeichnet parallel zur k-Achse eine Linie, bis man auf den Graphen trifft. Von diesem Punkt zeichnet man parallel zur T(k)-Achse bis zur k-Achse eine weitere Linie und liest den so erreichten Wert für k ab.

13 a) Für A: $8a + 4 \cdot \frac{1}{2}a + 4b = 10a + 4b$
Für C: $4 \cdot 1{,}5a + 8a + 4b = 14a + 4b$
Also benötigt er für C mehr Draht.

b) Für B: $8 \cdot 1{,}3a + 4a = 14{,}4a = 14a + 0{,}4a$
Ja, es kann sein, dass er für beide Modelle gleich viel Draht benötigt. Dies ist der Fall, wenn $0{,}4a = 4b$, bzw. $a = 10b$ gilt.

14 a) Zuerst schreibt man $3n$ für $3 \cdot n$ und $0{,}5n$ für $n \cdot 0{,}5$, dann fasst man die ersten beiden Summanden zusammen: $3{,}5n + 5$

b) Man schreibt $32n$ für $n \cdot 32$ und fasst gleichartige Terme zusammen: $-20n$

c) Man schreibt $2 \cdot 2 \cdot n \cdot 2{,}5$ als $2 \cdot 2 \cdot 2{,}5 \cdot n$, dann als $10n$ und fasst zusammen: $-9{,}67n$

d) Zuerst fasst man die Terme in der Klammer zu $-n$ zusammen, löst dann die Klammer auf und fasst zusammen zu $7n$.

e) Man schreibt $n \cdot (-3)$ zu $-3n$ um, zieht $-34n$ nach vorne und fasst gleichartige Terme zusammen: $-37n + 9$

f) Man zieht $\frac{1}{3}$ vor die Klammer, multipliziert mit 6 und multipliziert dann die Klammer mit dem Ergebnis 2. Das ergibt $2n - 6$.

g) Man rechnet die Klammer aus (2), schreibt $-n \cdot 2$ als $-2n$ und $5 \cdot n$ als $5n$ und fasst zusammen. Ergebnis: 0

h) Man berechnet zuerst die Klammer ($2n$) und multipliziert dann (-5), 2 und $2n$ zu dem Ergebnis $-20n$.

15 (Vorbemerkung: Teilbar heißt ‚ohne Rest teilbar'.)
$T(z) = [3z + (z + 4)] : 4 = [4z + 4] : 4 = z + 1$
Da die eingesetzte Zahl z eine ganze Zahl ist, ist auch $z + 1$ eine ganze Zahl, die Behauptung damit begründet.

16 1) $T(z) = [z + (z + 1) + (z + 2) + (z + 3)] : 4 = [4z + 6] : 4 = z + 1{,}5$; also keine ganze Zahl
2) $T(z) = [z + (z + 1) + (z + 2) + (z + 3)] : 2 = [4z + 6] : 2 = 2z + 3$; also ganze Zahl
Das heißt, Maikes Behauptung stimmt nur für die Division durch zwei, nicht aber für die Division durch vier.

17 individuelle Spielverläufe
→ Kopiervorlage für die Plättchen S. 141

18 $\varepsilon = 55°$ (w_1 halbiert 130° (Stufen-/Nebenwinkel); w_2 halbiert 120° (Nebenwinkel))

→TB Trainingsblatt: Äquivalente Terme; Kopiervorlage S. 164 f.

2 Umformungen in Produkten

S. 79 **1** Wichtig ist, gleiche Terme auf beiden Seiten zu erkennen und die Gleichung zu vereinfachen.
a) $\square = \frac{1}{2} \cdot 1{,}42 = 0{,}71$ b) $\square = 4 \cdot 5{,}75 = 23$

2 Das Paket mit den Maßen $\frac{4}{5}a$, $\frac{4}{5}b$ und $\frac{4}{5}c$ hat etwa den halben Rauminhalt ($V = 0{,}512\,abc$) wie das große Paket ($V = abc$). (Das andere Paket hat $V = 0{,}42\,abc$)

S. 80 **3** a) $180x^2y^2$ b) $6pqr$ c) u^{10} d) z^3 e) $8bx^3$ f) $\frac{1}{10}u + 3$
g) $49{,}5d^2$ h) $-13{,}5$ i) $\frac{2}{3}x^5y^6$ k) $24z^9$ l) -34 m) $3p^5$
n) $-420u^2v$ o) $-f^4$ p) $-k^3x^2$ q) $r^2 - \frac{2}{3}r - 1$ r) $4b^2$ s) $0{,}25a^3b^3$

4 Kopiervorlage für die Plättchen S. 141
Individuelle Lösung; Beispiele:

Kasten 1:	Kasten 2:
$2x$ oder $(2x^2):x$ oder $(2x^3):x^2$	$8x - 6x$ oder $x \cdot (8-6)$ oder $-x \cdot (6-8)$
$2 \cdot (x + x^2)$	$2x + 2x \cdot x$
$3 \cdot 2x^3$	$6x \cdot x \cdot x$
$x^3 : x^2 + 3x$	$6x - 2x$ oder $(6-2) \cdot x$ oder $-x \cdot (2-6)$
$(3x^3):x - 2x^2$	x oder $2x - x$ oder $8x - 6x - x$

5 individuelle Lösung; z. B.: $3r \cdot 5r^2 + 6r + 9r^3$; $2 \cdot 12 \cdot r \cdot r^2 + 2r + 7r - 3r$

6 (1) Die Figur kann als Parallelogramm mit $g = \frac{1}{2}b$ und $h = \frac{1}{3}a$ betrachtet werden.
$A = \frac{1}{2}b \cdot \frac{1}{3}a = \frac{1}{6}ab$
(2) In dem grünen Dreieck ist $g = \frac{1}{3}a$ und $h = \frac{1}{4}b$.
$A_1 = \frac{1}{2} \cdot \frac{1}{3}a \cdot \frac{1}{4}b = \frac{1}{24}ab$
In dem gelben Dreieck ist $g = a$ und $h = \frac{3}{4}b$.
$A_2 = \frac{1}{2} \cdot a \cdot \frac{3}{4}b = \frac{3}{8}ab$
Insgesamt: $A_1 + A_2 = \left(\frac{1}{24} + \frac{9}{24}\right)ab = \frac{5}{12}ab$

7 a) Gleichheitszeichen korrekt
b) nicht korrekt, richtig wäre $2 \cdot (ab) \cdot x^2 = 2ab \cdot x^2$; Die Klammer wurde falsch ausmultipliziert, analog zum Distributivgesetz. Aber: $2 \cdot (ab) \neq 2a \cdot 2b$
c) nicht korrekt; Bei der Division der Klammer durch 3 wurde der gleiche Fehler gemacht wie bei b)
d) Gleichheitszeichen korrekt
e) beide Gleichheitszeichen nicht korrekt;
(1) Punkt vor Strich wurde missachtet: $(7 + 3) \cdot 2 = 20$ statt $7 + 3 \cdot 2 = 13$
(2) Fehler beim Ausmultiplizieren der Klammer: beide Summanden müssen mit b multipliziert werden (Distributivgesetz)
f) nicht korrekt; Fehler beim Ausmultiplizieren (Anwendung des Distributivgesetzes): nur der 1. Summand wurde mit 2, nur der 2. Summand mit 3 multipliziert.

8 Herr Herbst sollte nicht damit einverstanden sein. Die neue Fläche ergibt sich aus $A = 90\,\% \cdot l \cdot 110\,\% \cdot b = 0{,}99 \cdot l \cdot b$ und ist damit kleiner als die ursprüngliche Fläche $A = l \cdot b$.

S. 81 **9**

	umgeformter Term	−2	0,5	10
a)	$10u^4$	160	0,625	10^5
b)	$-0{,}8u^3 - 0{,}07$	6,33	−0,17	−800,07
c)	$1{,}5u + 0{,}2$	−2,8	0,95	15,2

10 a) $0{,}2y^8$ b) $2v^3z^3$ c) $a - 16$ d) $-2e^4f^2$ e) $0{,}1m^4n^8$ f) $\frac{1}{6} \cdot v^3w^3$
g) $36u^4v^3$ h) $1\frac{3}{4}a + 3b - 3$ i) $2c^3$ k) $-r^2v^2$ l) $5x^3y^2z$ m) $4r^2$
n) $-8{,}76t + 6{,}275$ o) $141{,}75r^3v^3$

11 $T_1(a;b) = 10a^2b$ und $T_2(a;b) = -10ab^2$
a) Es gibt beliebig viele Zahlenpaare, Bedingung ist $a = -b$ oder $a = 0$ oder $b = 0$.
b) Die Terme sind nicht äquivalent, obwohl die Termwerte für unendlich viele Zahlenpaare übereinstimmen; z. B. ist $T_1(1;1) = 10$ und $T_2(1;1) = -10$.

12 Die angegebenen Lösungen sind nur Beispiele, andere Lösungen sind möglich.
a) $T_1(x;y;z) = 64x^2yz^3$ und $T_2(x;y;z) = 96x^2yz^2$; also z. B. T_1 mit $\frac{3}{2z}$ multiplizieren
b) $T_1(k) = \frac{1}{3}k^2 + k + 1$ und $T_2(k) = k + 1$; also z. B. bei T_2 Addition von $\frac{1}{3}k^2$
c) $T_1(a;b;c;d) = 24ab^2cd^2$ und $T_2(a;b;c) = 24abc^2 \cdot 16$; also z. B. T_1 mit 16c multiplizieren und T_2 mit bd multiplizieren
d) individuelle Lösung

13 $[(0{,}99a)^3 - a^3] : a^3 = -0{,}03$; das Volumen wird also um 3 % kleiner.

14 individuelle Lösung; Bsp.: $T_1(x) = x^2 - x$; $T_2(x) = 2x$

15 a) Der Flächeninhalt nimmt um 200 % zu (er verdreifacht sich).
b) Das Volumen nimmt um $\frac{1}{3}$ ab.

16 a) Darüber kann nichts gesagt werden, da kein Zusammenhang zwischen b und c bekannt ist.
b) Beide Quader haben das gleiche Volumen, wenn $b = \frac{1}{4}c$ gilt.

17 Im Beutel befinden sich noch $\frac{2}{3}x$ Nüsse, da Marlene $\frac{1}{3}$ für sich behält. Von den $\frac{2}{3}x$ bekommt Michael $\frac{3}{8}$. Richtige Terme sind daher $\frac{2}{3} \cdot \frac{3}{8}x$ und $\frac{1}{4}x$.

18 a) 30,4 % b) um 29,3 % gesenkt c) 12,8 %

3 Umformungen in Summen

S. 82

1 a) $V_1 = abc$; $V_2 = 4abc$; $V_3 = 18abc$ b) $V_{ges} = abc + 4abc + 18abc = 23abc$

2 Tim hat falsch gerechnet. Man kann nur Größen mit der gleichen Einheit addieren.

3 Die erste Umformung in der zweiten Zeile an der Tafel ist falsch. Dies kann man durch Einsetzen von Beispielwerten für die Variablen zeigen: $\underbrace{3 - (0 - 1)}_{3 + 1 = 4} + 0 \neq 3 - 0 - 1 + 0 = \underbrace{3 - 1}_{2}$

S. 83

4 a) 0 b) $-4\frac{1}{2}ck$ c) 10,5 cd d) 25 e) $2x^2 + 4x$
f) kein Zusammenfassen möglich g) 245 h) $-0{,}8pz$ i) 25 hy
k) vgl. f) l) 0 m) vgl. f) n) $-5ab$ o) $\frac{53}{70}ab$
p) $-1{,}57nm$ q) $1\frac{35}{36}ef - 1{,}56$ r) $-13v^7w + 2v^2w - 4vw^2$ s) $-\frac{1}{30}cd + 1\frac{13}{15}d$

5 Term 1 und 7 sind äquivalent, außerdem Term 3, 5 und 8.

S. 84

6 Kopiervorlage S. 153

+	$\frac{2}{3}rs + r^2s$	$\frac{1}{4}rs + \frac{1}{2}rs^2$	$\frac{1}{5}rs + \frac{2}{3}r^2s^2$
$\frac{1}{3}rs + r^2s^2$	4	$\frac{5}{6}$	$5\frac{3}{5}$
$\frac{1}{6}rs^2 + \frac{1}{2}r^2s$	1	$-2\frac{1}{6}$	$2\frac{3}{5}$
$\frac{2}{3}r^2s + \frac{1}{4}r^2s^2$	3	$-\frac{1}{6}$	$4\frac{3}{5}$
$\frac{1}{8}rs^2 + \frac{4}{9}r^2s^2$	$1\frac{17}{18}$	$-1\frac{2}{9}$	$3\frac{49}{90}$

7 a) $9a - 6ab$ b) $2fg^2$ c) $-11yz^2 - yz$ d) $-11v^2w - 4vw^2$
e) $-18s^4t + 5s^3t^2$ f) $-4xy^2 + 4x + y$ g) $2ceg + 2ce^2g$ h) $-1{,}6cd + 3$
i) $-3b^3r - 3b^2r$ k) $1{,}5x^2y^2 - 7xy^2 + 1{,}75$

8 a) Florian: **D** y x y y x x x x x y y y x **A** x y y y y y **B** y x x x x **C** x x x y y x **D** $= 16x + 14y$
Thomas: **D** y x x x x y **C** x y x x x x x **B** y x x y y y y y y x **A** y y y y x x x x x x
D $= 20x + 14y$; Florians Fahrtroute ist also die kürzere.
b) Einbahnrichtung von A nach Süden umkehren nach Norden.

9 a) $12e + 1{,}5$ b) $5a - 15b$ c) $0{,}7 + h^2g$ d) $z + \frac{4}{5}v^2 - 4zv^2 - z^2v + 2\frac{5}{8}$
e) $13d - 5dx - 3{,}25d^2x^2$ f) $3ef^2 + 3e^2f$ g) $1\frac{1}{2}p^2q + \frac{7}{12}p^4q$

10 a) $O_1 = 2\cdot a\cdot b + 2\cdot b\cdot c + 2\cdot a\cdot c - 2\cdot\frac{1}{2}a\cdot\frac{1}{2}c = 2ab + 2bc + 1\frac{1}{2}ac$
$O_2 = 2\cdot a\cdot b + 2\cdot a\cdot c + 2\cdot b\cdot c - 2\cdot\frac{2}{3}b\cdot\frac{1}{2}c = 2ab + 2ac + 1\frac{1}{3}bc$
$O_3 = 2\cdot a\cdot b + 2\cdot a\cdot c + 2\cdot b\cdot c + 2b\cdot\frac{1}{2}c + 2b\cdot\frac{1}{3}a - \frac{1}{2}c\cdot\frac{1}{3}a\cdot 2 = 2\frac{2}{3}ab + 1\frac{2}{3}ac + 3bc$
b) Sicher entscheiden kann man es nicht, es hängt vom Wert der Variablen ab, ob die beiden Terme gleich groß sind bzw. welcher der beiden größer ist.
z. B. gilt für a = 10 cm, b = 1 cm und c = 6 cm: $O_2 = 148\,cm^2 > O_3 = 144\frac{2}{3}cm^2$
und für a = 3 cm, b = 1 cm und c = 6 cm: $O_2 = 50\,cm^2 < O_3 = 56\,cm^2$
c) $V_1 = \frac{3}{4}abc$; $V_2 = \frac{2}{3}abc$; $V_3 = \frac{5}{6}abc$; Körper 3 hat also das größte Volumen.

11 a) $p - 3q^2 + 0{,}49$ b) $b + b^2$ c) $8x^2 + 8y^2 - 8x^2y^2$ d) $9v^2 - 6u^2$
e) $0{,}5x^2 - 0{,}8x$ f) $0{,}25k^2u^2 - 4{,}5ku^2$

12 a) $(-2v^2)\cdot\frac{1}{4}k - 3v\cdot kv\cdot\left(\left(-3\frac{1}{2}\right) + 4\frac{1}{3}\right) = -3kv^2$
b) $2x\cdot(5{,}4\,xy^2 - \frac{1}{4}xy^2) + 7x^2y^2 : x = 10{,}3x^2y^2 + 7xy^2$

S. 85 **13** a) Die erste Umformung ist falsch. Beim Quadrieren von 3 bleibt das Minuszeichen stehen, das Quadrat bezieht sich nur auf 3. Beim Auflösen der Klammer müssen beide Vorzeichen geändert werden, d. h. $-6d$ wird zu $+6d$. Richtig: $-9d - 2r + 6d = -3d - 2r$
b) Beide Umformungen sind falsch. Bei der ersten wurde die Klammer falsch ausmultipliziert (nach der Art des Distributivgesetzes), bei der zweiten wurde nicht korrekt zusammengefasst ($5r + r = 6r$!). Richtig: $10rh - 10h + r$
c) richtige Umformungen
d) Erste Umformung ist falsch, statt $6a + b$ wurde $6a - b$ gerechnet. Richtig: $6a + b - 6ab$
e) Erste Umformung ist falsch. Punkt vor Strich wurde missachtet. Richtig: $5 - 7n$

14 a)

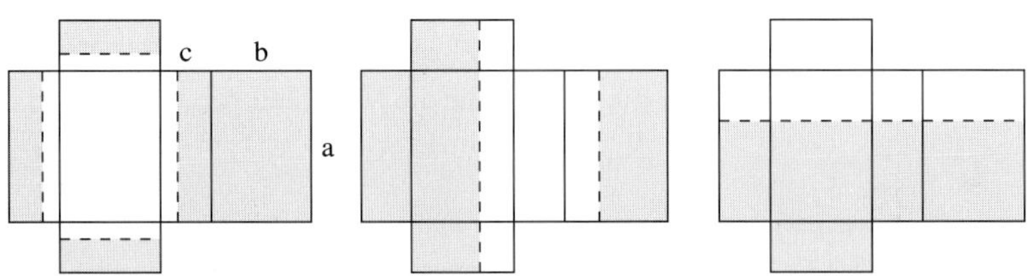

b) (1) $A_1 = ab + 2\cdot a\cdot\frac{2}{3}c + 2\cdot b\cdot\frac{2}{3}c = ab + \frac{4}{3}ac + \frac{4}{3}bc$
(2) $A_2 = ac + 2\cdot a\cdot\frac{2}{3}b + 2\cdot c\cdot\frac{2}{3}b = ac + \frac{4}{3}ab + \frac{4}{3}bc$
(3) $A_3 = bc + 2\cdot\frac{2}{3}a\cdot c + 2\cdot\frac{2}{3}a\cdot b = bc + \frac{4}{3}ac + \frac{4}{3}ab$
c) Die gesamte Fläche ist $A_{ges} = 2ab + 2ac + 2bc$.
Die Anteile $\frac{A}{A_{ges}}$: (1) $\frac{23}{39} = 59{,}0\,\%$ (2) $\frac{8}{13} = 61{,}5\,\%$ (3) $\frac{49}{78} = 62{,}8\,\%$
d) individuelle Lösung; Holzklötze und Wasserbehälter werden benötigt.
In allen drei Fällen müsste der Schüler zum gleichen Ergebnis kommen, denn der Klotz taucht in allen drei Fällen gerade so tief ein, dass das Gewicht der von ihm verdrängten Flüssigkeitsmenge seinem Gewicht gleicht. Es ergibt sich also jeweils das gleiche Eintauchvolumen und damit der gleiche Anteil.
Für eine Holzart mit der mittleren Dichte ρ_h ergibt sich für den Quader mit den Kantenlängen a, b und c als Eintauchvolumen $V_{unter} = \frac{\rho_h}{\rho_W}\cdot abc$ (wobei $\rho_W \approx 1\,g\cdot cm^{-3}$ die Dichte des Wassers ist). Damit erhält man den entsprechenden Anteil durch Quotientenbildung:
$$\frac{V_{unter}}{V_{Klotz}} = \frac{\frac{\rho_h}{\rho_W}\cdot abc}{abc} = \frac{\rho_h}{\rho_W}.$$

Dichten gängiger Holzarten

Holzart	Dichte [in $g \cdot cm^{-3}$]	Anteil
Buche	0,7	0,7
Eiche	0,9	0,9
Tanne	0,5	0,5

Natürlich hängt die Dichte eines Holzstückes vom jeweiligen Feuchtigkeitszustand des Klotzes ab. So gibt es für jede Holzart ein mehr oder weniger großes Dichteintervall. Mehr dazu erfährt man zum Beispiel unter http://www.holz-voegel.de/Holzer/holzer.html

15 a) $2b - (5b - 12a) = 2b - 5b + 12a$
b) $a + b^2 - (3a + 5b^2) = a + b^2 - 3a - 5b^2$
c) $-(4c + 2d) - 3f = -4c - 2d - 3f$
d) $7x - (4 + 3x) - 1{,}5 = 7x - 4 - 3x - 1{,}5$
e) $2f - (g + f - 3g) = 2f - g - f + 3g$

Anmerkung: Bei allen Teilaufgaben kann man die Klammer auch rechts setzen, z. B. bei a) $2b - 5b - 12a = 2b - (5b + 12a)$

16 a) $-z^2 + 4z$ b) $-4a + 7a^2 - 3b$ c) $7{,}2x + 13{,}5y$ d) $10 - \frac{2}{3}n - \frac{1}{30}k$
e) $1{,}5u - 3{,}7$ f) $-3g^2v^2 - 2\frac{1}{4}gv - 7$

17 a) Die Schachtel ist ein Quader. Das Kartonstück ist kein wirkliches Netz des Quaders, da sich beim Zusammenfalten Flächen überlappen.
b) Das abgebildete „Netz" berücksichtigt die notwendigen Laschen fürs Kleben bzw. Einstecken von Boden und Deckel. Die Anordnung der einzelnen Flächen erleichtert das verlustarme Ausschneiden aus einem rechteckigen Karton. Die „Netze" können fast nahtlos nebeneinander gelegt werden.
c) $A(h; s) = 4hs + 4s^2 + s \cdot 16\,mm + h \cdot 4\,mm = 4hs + 4s^2 + s \cdot 1{,}6\,cm + h \cdot 0{,}4\,cm$

s [in cm]	h [in cm]	A [in cm^2]	V [in cm^3]
3	20	288,8	180
4	11,25	254,9	180
6	5	275,6	180

Bei Quader 2 ergibt sich also der kleinste Oberflächeninhalt.

d) Werte siehe Tabelle c)
Man erhält jeweils $V = 180\,cm^3$. Also scheint (bezogen auf den Materialverbrauch) die mittlere Schachtel am günstigsten. Jedoch wird dies wohl nicht das einzige Argument für die Wahl der Abmessungen sein. Schließlich kommt es in erster Linie darauf an, welche Form das zu verpackende Medikament hat.
\+ Ausblick: Hier könnte man noch weitere Abmessungen s und h suchen lassen, für die sich auch das Volumen von $V = 180\,cm^3$ ergibt und jeweils dazu die Fläche berechnen lassen (mit Excel zum Beispiel). Dann könnte man diskutieren, dass A bei sehr großen und sehr kleinen Höhen ansteigt und bei einer mittleren Höhe einen Minimalwert annimmt.
Genauer: Der Minimalwert für A ergibt sich bei $s = 4{,}4814\,cm$ (exakt) und $h = 8{,}9628.....\,cm$
Des Weiteren könnte man in einer Diskussion noch darauf eingehen, dass grundsätzlich unter allen Quadern (evtl. eingeschränkt auf diejenigen mit quadratischer Grundfläche, entsprechend dem Verpackungsbeispiel), die alle das gleiche fest vorgegebene Volumen V_0 besitzen, gerade der Würfel den geringsten Oberflächeninhalt aufweist (auch hier könnte man mit einer Excel-Datei ein wenig probieren). Dies ist im Fall der Verpackung nicht so, da man hier ja noch zusätzlich die Laschen berücksichtigen muss.
e) $a = 4s + 4\,mm$; $b = 2s + h + 2 \cdot 8\,mm$
f)

a [in cm]	b [in cm]	A_{Karton} [in cm^2]	$A_{Schachtel}$ [in cm^2]	Abfall [in %]
12,4	27,6	342,24	288,8	15,6
16,4	20,85	341,94	254,9	25,5
24,4	18,6	453,84	275,6	39,3

18 (1) $\alpha = 66°$; $\beta = 66°$; $\gamma = 48°$ (2) $\alpha = 55°$; $\beta = 55°$; $\gamma = 70°$
(3) $\alpha = 72°$; $\beta = 72°$; $\gamma = 36°$ (4) $\alpha = 36°$; $\beta = 36°$; $\gamma = 108°$

→TB Trainingsblatt: Malen nach Zahlen: Umformen von Termen in Summen und Produkten; Kopiervorlage S. 166 f.

→ Zaubertrick: Die rätselhaften Streichholzstapel; Kopiervorlage S. 168

Lösung:

1.

	linker Stapel	mittlerer Stapel	rechter Stapel
nach der 1. Anweisung	$z-3$	$z+6$	$z-3$
nach der 2. Anweisung	$z-3$	$z+6-(z-3)=9$	$z-3+z-3=2z-6$

2. Im mittleren Stapel sind unabhängig von der Anfangssituation immer 9 Hölzer.
3. Nimm vom mittleren Stapel 2 Hölzer und lege sie auf den linken Stapel.

4 Anwendungen des Distributivgesetzes

S. 86

1 a) Man rechnet $100 \cdot 7 + 2 \cdot 7 = 714$
b) $100 \cdot 3 - 2 \cdot 3 = 294$
Man versucht, eine der beiden Zahlen (die größere) so zu zerlegen, dass „runde“ Werte entstehen, die die Berechnung einfacher machen.

2 $T_1(x; y) = x \cdot 1{,}5 + x \cdot y$ $\quad T_2(x; y) = x \cdot (1{,}5x + y)$
Beide Terme beschreiben denselben Flächeninhalt, müssen also äquivalent sein (d. h. für jede Belegung der Variablen x und y übereinstimmen).

S. 87

3 a) $10a - 5b$ b) $9s^2 - 9t^2$ c) $0{,}25c^3 - 0{,}8bc$ d) $-2sf^2 - 6fs^2$
e) $-5k + \frac{20}{3}k^2 - 10u$ f) $0{,}75a^3 + 0{,}75a^2$ g) $2a + 2a^2 - \frac{1}{2}ab$ h) $-12xy + 3yz$
i) $-\frac{1}{5}u^4 + \frac{2}{5}uv^2$ k) $5 + \frac{3}{2}k$ l) $-18a^3 - 27a^2$ m) $-pr + qr$

4 Linke Figur: $4ab + 4b^2$; rechte Figur: $4 \cdot b \cdot (a + b)$
Die Terme sind äquivalent, da sie den gleichen Flächeninhalt beschreiben. Mit Hilfe des Distributivgesetzes kann man die Terme ineinander umformen.

S. 88

Randspalte: Der Term im Fragezeichen hat den Wert 0.

5 a) $12x^2 - 10x - xy$ b) $3\frac{1}{3}u - 4v + 6$ c) $-\frac{1}{8}c^2x^2 + 4\frac{3}{4}cx - 2c$
d) $-8ak - 75zk$ e) $-1{,}5p^2 + 3p - 1$ f) $1{,}5x^2y^2 - 7xy^2$
g) $6k - 18sk + 0{,}75s^2$

6 Es sind auch andere Lösungen möglich.
a) $6 \cdot (a + b)$ b) $9 \cdot (2r^2 - s^2)$ c) $d \cdot (25 - 16g)$ d) $4t^2 \cdot (2t - 3)$
e) $4v \cdot (3v - 8u)$ f) $b \cdot (y - 1)$ g) $a^2b \cdot \left(\frac{1}{2}a^2 - \frac{5}{2}a - b^2\right)$ h) $24c^2 \cdot (c^2 - 1)$
i) $12a^2b^2 \cdot (4b - 3a)$ k) $4u \cdot (1 - v + 2u^2)$

7 Bis auf Teilaufgabe c) kann die Tatsache hilfreich sein, dass ein Produkt immer dann null wird, wenn einer der beiden Faktoren null ist.
a) $2d = 0$, also $d_1 = 0$ oder $d + 2 = 0$, also $d_2 = -2$
b) $-10d - 5d^2 = -5d \cdot (2 + d)$; $-5d = 0$, also $d_1 = 0$ oder $2 + d = 0$, also $d_2 = -2$
c) Man sucht Zahlen, die quadriert 16 ergeben: -4 und 4
d) $-4d^3 + 8d^2 = d^2(-4d + 8)$; $d^2 = 0$, also $d_1 = 0$ oder $-4d + 8 = 0$, also $d_2 = 2$
e) $(11d - 6) \cdot d + 8 - 8d^2 - 2^3 = d(3d - 6)$; $d_1 = 0$ oder $3d - 6 = 0$, also $d_2 = 2$
f) individuelle Lösung

8

a) Umformen in	$3{,}5a^2 - 10b + c$;	$T(-1; 0{,}4; 2) = 1{,}5$
b) Umformen in	$(c - 2) \cdot 2a^2b - 10a^2b$ ($c = 2$ nutzen);	$T(-1; 0{,}4; 2) = -4$
c) Umformen in	$2a^2b^2c^2$;	$T(-1; 0{,}4; 2) = 1{,}28$
d) Umformen in	$10 \cdot (c - b)$;	$T(-1; 0{,}4; 2) = 16$
e) Umformen in	$-2ac \cdot (a + 1) \cdot b^2 + 10b + 0{,}5ac$ ($a = -1$ nutzen);	$T(-1; 0{,}4; 2) = 3$
f) Umformen ergibt null.		$T(a; b; c) = 0$.

9 a) nicht korrekt. Die Klammer wurde falsch ausmultipliziert, der Minuend nur mit dem Faktor vor der Klammer, der Subtrahend nur mit dem Faktor nach der Klammer.
b) nicht korrekt. Die Klammer wurde falsch nach dem Vorgehen des Distributivgesetzes ausmultipliziert. (vgl. Hinweis links neben der Aufgabe im *Schülerbuch*)
c) nicht korrekt. Es wurde ein Vorzeichenfehler beim Ausmultiplizieren gemacht: Richtig wäre $+6\,b$ statt $-6\,b$.
d) korrekt.
e) nicht korrekt. „Punkt vor Strich" missachtet.

10 a) Die Mutter betrachtet den Grundriss in zwei Hälften geteilt, für beide berechnet sie zunächst die Fläche ($b \cdot 6\,m$) und zieht davon die Fläche wieder ab, die nicht zum Haus gehört (mit Kreuzen markiert: $3\,m \cdot 4\,m$).
Die Tochter zerlegt den U-förmigen Grundriss in drei Teile, von denen zwei kongruent sind. Diese zwei (markiert durch Kreuze) berechnet sie zu $2m \cdot 3m$, das Reststück zu $12\,m \cdot (b - 3\,m)$.
b)
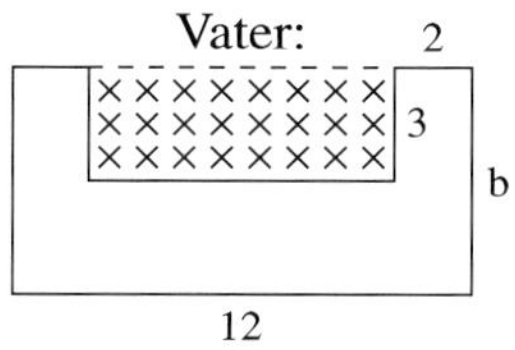

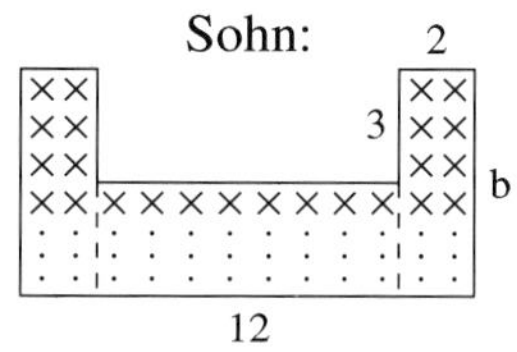

c) Vater: $12\,m \cdot b - 24\,m^2$
Mutter: Ausmultiplizieren ergibt $12\,m \cdot b - 24\,m^2$
Tochter: $12\,m^2 + 12\,m \cdot b - 36m^2 = 12\,m \cdot b - 24m^2$
Sohn: $8\,m \cdot b - 24\,m^2 + 4\,m \cdot b = 12\,m \cdot b - 24\,m^2$
} Die Terme sind also äquivalent.
d) $A(7\,m) = 60\,m^2$; $A(8\,m) = 72\,m^2$; $A(10\,m) = 96\,m^2$
e) $84\,m^2 = 12\,m \cdot b - 24\,m^2$, also $b = 9\,m$. Das Haus muss 9 m breit sein.

S. 89

11 a) nicht äquivalent: $T_1(x; y) = 30\,x^2y$ b) äquivalent
c) nicht äquivalent: $T_1(d) = 6\,d - 9\,d^3 + 3\,d^2$; $T_2(d) = 9\,d - 9\,d^3$ d) äquivalent
e) äquivalent

12 Für jede Spielgruppe à 4 Schüler wird ein roter und ein blauer Würfel benötigt.
Felder mit äquivalenten Termen:
(1|1) – (3|5) – (5|1); (1|2) – (3|6) – (6|1); (1|3) – (4|3) – (5|5); (1|5) – (3|4) – (4|6);
(1|6) – (5|4) – (3|3); (2|1) – (6|2) – (5|6); (2|2) – (5|2) – (6|4); (2|3) – (4|5) – (6|3);
(2|4) – (4|2) – (6|5); (2|6) – (3|1) – (4|4)

13 a) $6\,a - 18\,b + 6$ b) $3\,v + 5\,w - 5\,u$ c) $197{,}3\,xy^3$
d) $-u - 2$ e) $\frac{1}{2}k^2 + 1{,}5\,u^2k^2$ f) cf

14 a) Mit Zahlenbeispielen kann man eine Behauptung nur widerlegen. Um sie dagegen sicher zu begründen, muss man zeigen, dass die Aussage für jedes Zahlenbeispiel gilt, dass es also keine Ausnahmen gibt.
b) $[z + (z + 1) + (z + 2)] : 3 = [3\,z + 3] : 3 = z + 1$
$(z + 1)$ ist immer eine ganze Zahl, da die eingesetzte Zahl z eine ganze Zahl ist.
Damit ist die Behauptung allgemein begründet.

15
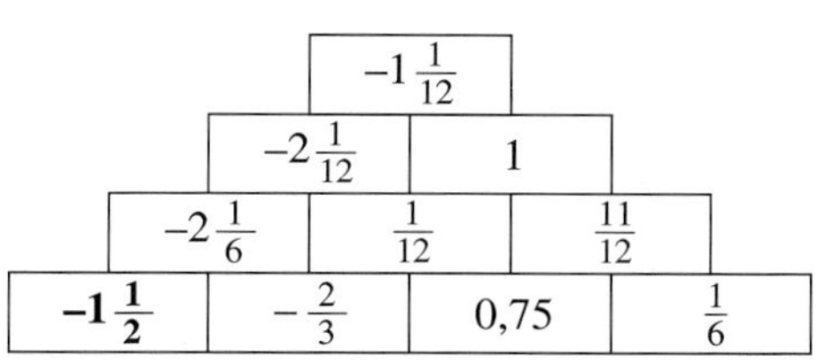

$a = -1\frac{1}{2}$

16 a) Überschlag 80; Ergebnis 80,319 b) 250; 250,91
c) 11; 10,65 d) 0; $-1\frac{2}{15}$ e) 3; 3,0125

→TB Trainingsblatt: Das Haus der Schlangen-Termumformungen; Kopiervorlage S. 169

Lösung: Die Bewohner des Schlangenhauses heißen KOBRA, PYTHON, VIPER, BOA.

→AB Arbeitsblatt: Termprodukte produzieren (Verwandeln in Produkte; Kopiervorlage S. 170 f.
→ Lösung downloadbar im Internetauftritt

Diese Kopiervorlage kann auch in ein Spiel umfunktioniert werden:
Die Klasse wird in mehrere Mannschaften eingeteilt, jede Bank erhält einen Satz Kärtchen, die ausgeschnitten werden. Die Seite mit den Termen wird auf Folie kopiert und auf dem Overhead-Projektor gezeigt.
Zu Beginn des Spiels sind alle Terme abgedeckt. Nacheinander wird ein Term nach dem anderen aufgedeckt. Ist der erste Term zu sehen, müssen die Schüler die passenden Kärtchen finden. Wer dem Lehrer zuerst die richtigen Kärtchen zeigt, erzielt für seine Mannschaft einen Punkt.

→ Zaubertrick; Blitzrechnung; Kopiervorlage S. 172 f.

→ Term-Domino; Kopiervorlage S. 174
Das Spiel kann allein oder zu zweit gespielt werden.
(Spieldauer: 20–25 Minuten)

→ Äquivalenzquartett; Kopiervorlage S. 175
Das Spiel kann allein oder zu zweit gespielt werden.
(Spieldauer: 15–20 Minuten)

5 Multiplizieren von Summen

S. 90

1 a) $a \cdot c + a \cdot d + b \cdot c + b \cdot d$ b) $a \cdot c - a \cdot d + b \cdot c - b \cdot d$

2 Der Schatzmeister hat falsch überlegt. Er hat nur das „Eckfeld" berechnet mit $10\,m \cdot 15\,m = 150\,m^2$ und hat nicht daran gedacht, dass das Feld auch an den Seiten größer wird: Es fehlt daher Rasensamen für $15\,m \cdot 60\,m + 10\,m \cdot 90\,m = 1800\,m^2$.

S. 91

3 a) $x^2 + 5x + 6$ b) $y^2 + 3y - 10$ c) $-bc + 2{,}5b - 3c + 7{,}5$
d) $-4fs - 23s$ e) $8k^2 + 6k$ f) $\frac{2}{3}s - \frac{1}{3}$
g) $-3ac + 4ad + 3bc - 4bd$ h) $a - 1$ i) $-0{,}6a^2 - a^3 - \frac{1}{8}a - \frac{3}{40}$
k) $5n - \frac{3}{2}cn + \frac{3}{2}c$ l) $-15y^2 - 2yz + z^2$ m) $c^2 - 5c + 6$

4 Es gibt (bis auf unwesentliche Vertauschungen) vier verschiedene Möglichkeiten, die Karten anzuordnen:
1) $(a - 2b) + (2a - b) \cdot (a + b) = 2a^2 + ab + a - 2b - b^2$
2) $(a + b) + (a - 2b) \cdot (2a - b) = 2a^2 - 5ab + a + b + 2b^2$
3) $(2a - b) + (a - 2b) \cdot (a + b) = a^2 - ab + 2a - b - 2b^2$
4) $+(2a - b) \cdot (a - 2b)(a + b) = 2a^3 - 3a^2b - 3ab^2 + 2b^3$
Die Terme sind nicht äquivalent.

5 Rechnerisch: Ausmultiplizieren
$(a + b)^2 - (a - b)^2 = a^2 + 2ab + b^2 - a^2 + 2ab - b^2 = 4ab$ (korrekt)
Zeichnerisch: vgl. Zeichnung links im *Schülerbuch*
$(a + b)^2$ gibt den Flächeninhalt des gesamten Quadrats (mit der Seitelänge (a+b)) an. Davon wird der Inhalt des inneren Quadrats abgezogen, dessen Seitenlänge ist $(a - b)$. Dieser berechnete Flächeninhalt entspricht dem der vier weißen Rechtecke, eines davon hat den Flächeninhalt ab, also haben vier Rechtecke 4 ab als Flächeninhalt. Dies zeigt, dass die aufgestellte Gleichung wahr ist.

6 a) $A_I = a \cdot (2a + 2b)$; $A_{II} = (a + b) \cdot (2a + b)$; $A_{III} = 2a \cdot (2b + a)$

b) $A_I = 2a^2 + 2ab$; $A_{II} = 2a^2 + 3ab + b^2$; $A_{III} = 2a^2 + 4ab$

Den größten Flächeninhalt besitzt Figur III. A_{II} und A_{III} sind sicher größer als A_I.
Man vergleicht A_{II} und A_{III}:
Es ist $3ab + b^2$ mit $4ab$, also b^2 mit ab zu vergleichen. Da $a > 2b$, ist ab größer als b^2.
Also gilt $A_{II} < A_{III}$.

c) 5 Möglichkeiten:

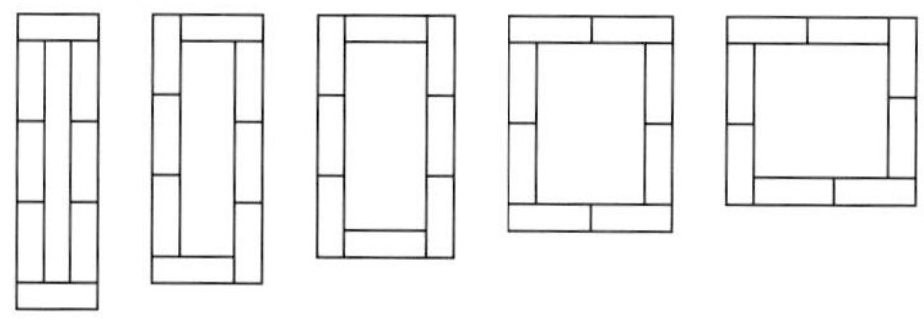

S. 92

7 $(2k - 4r)^2 + 16kr = 4k^2 + 16r^2$
$(2k - 4r) \cdot (2k + 4r) = 4k^2 - 16r^2$
Also sind die Terme nicht äquivalent.
Man kann dies auch durch Einsetzen von Zahlenbeispielen zeigen, z. B. $k = 2$, $r = 1$ (Rechenvorteil!)

8 a) $-3u + 3$ b) -2 c) $7vz^2$ d) $22ap + 2\frac{5}{9}$ e) $-\frac{5}{48} + 1{,}625\,n^2r^2$
f) $b^2 + 2b - 6$ g) $-0{,}6x^3y + 6{,}82x^2y^2 + 2{,}3xy^3$ h) $-1{,}7c^2k - 0{,}72ck$

9 a) Yvonne teilt den Weg in zwei kurze (Länge b, Breite x) und zwei lange (Länge $a + 2x$, Breite x) Stücke und addiert diese.
Patrizia berechnet die Fläche des gesamten Rechtecks und zieht davon die Fläche des Beetes ab.
Martin teilt den Weg wie Yvonne in vier Stücke und addiert diese. Jedes Flächenstück enthält eine Ecke und die Fläche an einer Seite des Beetes. Zwei Stücke sind dadurch jeweils gleich groß (Länge $a + x$, Breite x, bzw. Länge $b + x$ und Breite x).

b) Die Terme beschreiben alle den Flächeninhalt des Weges unter Verwendung der gleichen Variablen. Sie sind also äquivalent.

c) Peter hat vergessen, die Ecken des Weges mit einzuberechnen.

d) Karl hat nicht Recht. Seine Überlegung gilt nur für die Wegstücke, die direkt an eine Seite des Beetes angrenzen. An den Ecken dagegen vervierfacht sich die Fläche, wenn man die Breite verdoppelt.

e)

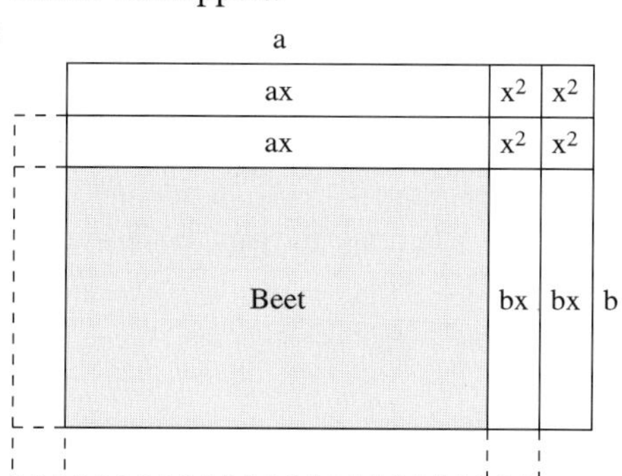

An der Skizze sieht man, dass Anne Recht hat. Wenn man den Weg in Teile zerlegt und diese verschiebt, kann man wieder einen Weg rund um das Beet mit der Breite x bauen.

Randspalte Zum Knobeln: $81 = (8 + 1)(1 + 8)$; $40 = (4 + 1)(0 + 8)$

10 Es liegt ein „multiplikatives“ Quadrat vor, da das Produkt in jeder Zeile, Spalte und Diagonale gleich ist: $2a^2b^2 - 2a^2b^2c - a^2b^2d + a^2b^2cd$

11 a) $500\,€ \cdot 5\,\% + 1600\,€ \cdot 3\,\% = 73\,€$
Er kann mindestens mit 73 Euro rechnen.

b) x sei der Warenwert, T(x) der Finderlohn
Für $x \leq 500\,€$: $T(x) = x \cdot 5\,\%$
Für $x > 500\,€$: $T(x) = 500\,€ \cdot 5\,\% + (x - 500\,€) \cdot 3\,\% = 10\,€ + 3\,\% \cdot x$

c)

Gegenstandswert	100	300	500	1000	1500	2000	2500	3000
Finderlohn	5	15	25	40	55	70	85	100

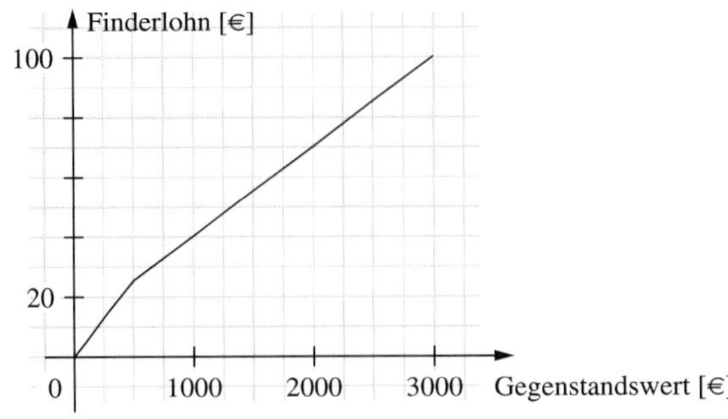

d) Der Wert des Rings ist 2000 Euro.

e) Der gesetzliche Finderlohn wäre 25 € + 7500 € · 3 % = 250 €. Frau Flüssig wäre also bereit, 1000 € Finderlohn zu bezahlen. Dies sind 12,5 % des Ringwertes.

S.93

12 a) $(a+b+c)^2 = a^2 + ab + ac + ab + b^2 + bc + ac + bc + c^2 = a^2 + b^2 + c^2 + 2ab + 2ac + 2bc$

b) $(a+b+c+d)^2 =$
$= a^2 + b^2 + c^2 + d^2$
$+ 2ab + 2ac + 2ad$
$+ 2bc + 2bd$
$+ 2cd$

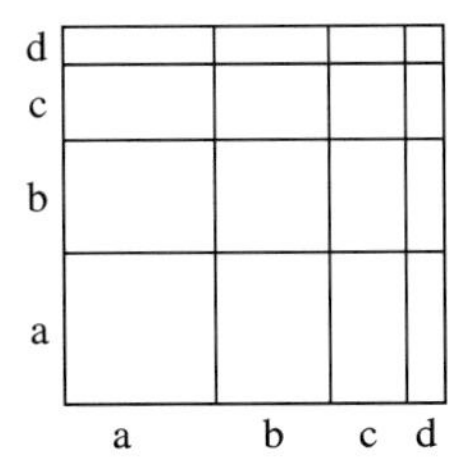

13 a) korrekt

b) Nicht korrekt. Es dürfen nicht beide Klammern mit 2 multipliziert werden, sondern nur eine. Richtig: $8xy - 12x + 56y - 72$

c) Nicht korrekt. Beim Ausmultiplizieren der Klammer wurde der gemischte Term $-2xh$ vergessen. Bei der zweiten Umformung wurden die Terme mit der Variable h^2 nicht richtig zusammengefasst, bei x^2 ist der Koeffizient 4 nicht korrekt. Richtig: $x^2 - 2hx + 1\frac{1}{4}h^2$

d) Nicht korrekt. $3a + a = 4a$, nicht $3a^2$. Richtig: $4a - ab - 2a^2$

e) Nicht korrekt. Ausmultiplizieren der Klammer ergibt $\frac{1}{2}ab$, nicht $2ab$. Richtig: $-1\frac{1}{2}ab$

f) Nicht korrekt. Es dürfen nur Terme mit der gleichen Variable addiert werden oder Missachtung Punkt vor Strich. Richtig: $3\frac{7}{30}a + 7{,}1$

g) korrekt

h) Nicht korrekt. Beide Terme in der Klammer müssen mit (–2) multipliziert werden (Distributivgesetz). Richtig: $4p - 6q^2$

i) Nicht korrekt. Erste Umformung: $-2^4 = -16$, nicht 8. Zweite Umformung: Distributivgesetz: beide Terme in der Klammer müssen mit 8 multipliziert werden.
Richtig: $-16p^2 + 16$

k) korrekt

l) individuelle Lösung

14 1) $-2 + (4r)^2 = -2 + 16r^2$; 2) $-(2 + 4r^2) = -2 - 4r^2$ 3) $-(2+4r)^2 = -4 - 16r - 16r^2$
4) $(-2+4r)^2 = 4 - 16r + 16$ 5) $-(2+4)r^2 = -6r^2$ 6) $(-2+4)r^2 = 2r^2$

15 a) Der Tausch ist nicht günstig! $A_{alt} = a \cdot b$; $A_{neu} = (a-b)\cdot(b+2) = a \cdot b - 4$

b) Das Beet wird kleiner. Ein Quadrat hat immer eine größere Fläche als ein Rechteck mit gleichem Umfang.

16 individuelle Lösungen
festes Papier, Geodreieck, Schere; ggf. auch Erstellung der Dominosteine mit dem PC.
Beim Beschriften der Steine ist darauf zu achten, dass die Terme so orientiert werden (wie im *Schülerbuch* gezeigt), dass dadurch die gewünschte Anordnung der Dominosteine zu einer Gesamtfigur bestimmt wird.

17 a) $(2x^2 - 5z^2x)\cdot[(2x^2 + 5z^2x):2] = 2x^4 - 12{,}5x^2z^4$
b) $k^2s - \left(0{,}5ks + \left(-\frac{3}{4}s^2\right)\right)\cdot(0{,}25s - 2k) = 2k^2s - 1{,}625ks^2 + 0{,}1875s^3$
c) $(7a - (3b - (-3a)))\cdot\left(\left(-\frac{1}{4}b\right) + \frac{1}{2}a\right) = 2a^2 - \frac{5}{2}ab + \frac{3}{4}b^2$

18 a) nicht äquivalent (Ausmultiplizieren der Klammer ergibt: $4u^2 - 2uv + 0{,}25v^2$)
b) äquivalent
c) nicht äquivalent (linke Seite ergibt: $4y^2 - y - 6$; rechte Seite ergibt: $3y - 6$)

S. 94

19 a) Zahlenbeispiel: $7\cdot 10 + 2 = 72$ und $8\cdot 9 = 72$
allgemeiner Term: $z\cdot(z+3) + 2 = z^2 + 3z + 2$
$(z+1)\cdot(z+2) = z^2 + 2z + z + 2 = z^2 + 3z + 2$
Die Aussage gilt also immer, da z eine beliebige ganze Zahl sein kann.
b) Zahlenbeispiel: $7\cdot 13 + 8 = 99$ und $9\cdot 11 = 99$
allgemeiner Term: $(2z+1)\cdot(2z+1+6) + 8 = 4z^2 + 14z + 2z + 7 + 8 = 4z^2 + 16z + 15$
$(2z+1+2)\cdot(2z+1+4) = 4z^2 + 10z + 6z + 15 = 4z^2 + 16z + 15$
Die Aussage gilt also immer.
c) individuelle Lösung, z. B. gilt die Aussage bei b) genauso für vier aufeinander folgende gerade Zahlen.

20 a) Zahlenbeispiel: $7^2 - 6^2 = 13$ und $7 + 6 = 13$
allgemeiner Term: $(n+1)^2 - n^2 = 2n + 1$
$(n+1) + n = 2n + 1$
Die Aussage gilt also immer.
b) Zahlenbeispiel: $6^2 + 7^2 = 85$ und $2\cdot 6\cdot 7 + 1 = 85$
allgemeiner Term: $x^2 + (x+1)^2 = x^2 + x^2 + 2x + 1 = 2x^2 + 2x + 1$
$2\cdot x\cdot(x+1) + 1 = 2x^2 + 2x + 1$

21 a) $8b + 14ab$ b) $2t^2$ c) $-8p^2q - 19pq$
d) $2p^6$ e) $45x^2y^2 - 4x^2yz - 4x^2z^2$ f) $\frac{2}{3}rs^2 + \frac{43}{18}s^3r$
g) $83a - 57{,}2k^2 + 11{,}44k^4 - 17{,}6ak^2$ h) $\frac{4}{5}p^2z^2 + \frac{2}{5}z^4 + \frac{16}{5}p^3z - \frac{8}{5}pz^3 - \frac{16}{5}p^4$
i) $-0{,}5fg^2 + 0{,}4f^2g^2$ k) $32hq - 8h^2 - 8q^2$ l) $-2\frac{3}{4}x^3y^3 + \frac{1}{4}x^2y^3 + 2y^3x^4$

22 **Tipp:** Man sollte sich das Zahlenbeispiel genau ansehen.
$11 = 8 + 3$; $5 = 8 - 3$ führt zum Ansatz $x = a + b$; $y = a - b$
$x^2 + y^2 = (a+b)^2 + (a-b)^2 = a^2 + 2ab + b^2 + a^2 - 2ab + b^2 = 2a^2 + 2b^2$

23 **Hinweis:** Es ist bei dieser Aufgabe nicht vorgesehen, dass man zwischen zwei direkt hintereinander stehenden Variablen oder Zahlen (ohne „Malpunktverbindung") Klammern setzen kann.
a) $4x - (2y + 5x) = -x - 2y$
b) $2\cdot(a+b)\left(\frac{1}{2}a - b\right) = a^2 - 2ab + ab - 2b^2$
c) $-(2n + p)\cdot(n + 2p) = -2n^2 - 5np - 2p^2$
d) $(x - y)^2 = x^2 - 2xy + y^2$
e) $\frac{1}{5}x - 7 + 3x = \frac{1}{5}x - (5 - 3x) - 2$
f) $(0{,}5rs)^2 + 2s^2r = 0{,}25r^2s^2 + 2rs^2$
g) $2x\cdot(x + y) = (x^2 + xy)\cdot 2$

24 **Hinweis:** Dem allgemeinen Nachweis sollte immer ein Probieren mit Zahlen vorausgehen.
a) $(2z)^2:4 = 4z^2:4 = z^2$ Also ist z^2 immer eine ganze Zahl, das heißt die Aussage stimmt.
b) gerade Zahlen: $(2n)\cdot(2n+2) + 1 = 4n^2 + 4n + 1 = (2n+1)^2$
ungerade Zahlen: $(2n+1)\cdot(2n+3) + 1 = 4n^2 + 8n + 4 = (2n+2)^2$
c) $[(2z+1)^2 - 1]:8 = (4z^2 + 4z):8 = \frac{1}{2}(z^2 + z)$
Man muss also noch zeigen, dass $z^2 + z$ gerade ist, dann ist auch die Hälfte eine ganze Zahl und damit die Division durch acht ohne Rest möglich.
Fall 1) z ist gerade: $z^2 + z$ ist auch gerade
Fall 2) z ist ungerade: Dann ist z^2 aber auch ungerade, die Summe ergibt eine gerade Zahl.

25 $n\cdot(n+1)\cdot(n+2)\cdot(n+3) + 1 = n^4 + 6n^3 + 11n^2 + 6n + 1 = (n^2 + 3n + 1)^2$
Also ist die entstehende Zahl immer eine Quadratzahl.

26 a) Der Körper ist ein Prisma.

b)

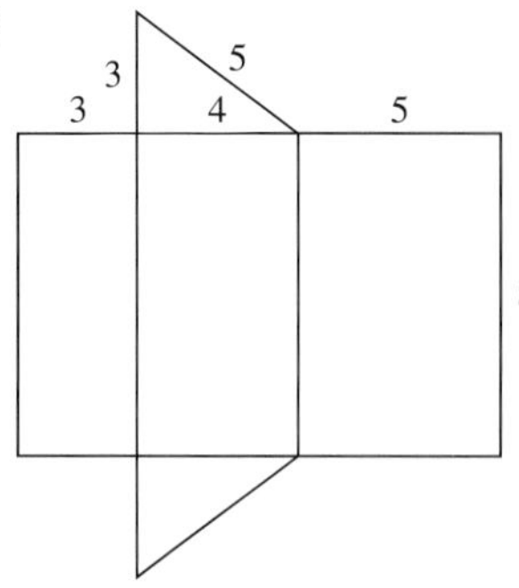

c)

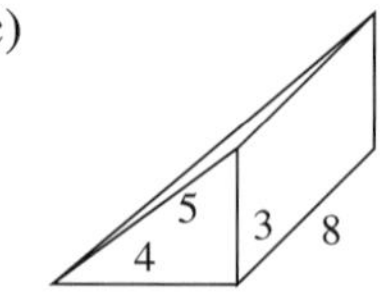

Oberfläche $A = \left(8 \cdot 3 + 8 \cdot 4 + 8 \cdot 5 + 2 \cdot \frac{1}{2} \cdot 3 \cdot 4\right) cm^2 = 108\,cm^2$

d) $V = G \cdot H = \frac{1}{2} \cdot g \cdot h \cdot H = \frac{1}{2} \cdot 4\,cm \cdot 3\,cm \cdot 8\,cm = 48\,cm^3$

→TB Trainingsblatt: Multiplizieren von Summen, Distributivgesetz; Kopiervorlage S. 176 f.

→ Spiel: Das verschollene Produkt oder Die Stecknadel im Heuhaufen; Kopiervorlage S. 178
Spiel für zwei Personen
(Spieldauer: 20–30 Minuten)

Spielidee:
Auf zufällig gezogenen Karten stehen Summen oder Differenzen. Diese Terme müssen multipliziert und das Ergebnis in einer Tabelle gesucht werden.

→ Termquartett, downloadbar im Internetauftritt

Thema: Binomische Formeln

Die binomischen Formeln stehen nicht im Lehrplan. Diese Thematik ist erst im Zusammenhang mit quadratischen Gleichungen/Funktionen in Klasse 9 vorgesehen.
Im Anschluss an LE 5 Multiplizieren von Summen bietet sich dieser spielerische Zugang in Verbindung mit dem Pascalschen Dreieck jedoch an.

S. 95

1 a) $x^2 + 2xy + y^2$ b) $g^2 - 2gf + f^2$ c) $a^2 - x^2$ d) $4 - z^2$
e) $0{,}36 - 6t + 25t^2$ f) $25x^2 + 70xz + 49z^2$ g) $1 + 0{,}2r + 0{,}01r^2$ h) $16 - 9u^2$

2 a) Der Würfel besteht aus acht Quadern: a^3; b^3; $3 \cdot a^2b$; $3 \cdot ab^2$
b) Die Berechnung bestätigt die Formel.
c) $(u + v)^3 = u^3 + 3u^2v + 3uv^2 + v^3$; $(x + 2)^3 = x^3 + 6x^2 + 12x + 8$
$(x - 2)^3 = x^3 - 6x^2 + 12x - 8$; $(r + 2s)^3 = r^3 + 6r^2s + 12rs^2 + 8s^3$

3 a) Die berechneten Koeffizienten stimmen mit denen in der 4. bzw. 5. Zeile des Pascalschen Dreiecks überein.
b) Die Addition von zwei Zahlen in einer Reihe des Pascalschen Dreiecks führt zu der Zahl, die in der nächsten Reihe direkt unter den beiden Zahlen steht.

1	6	15	20	15	6	1					6. Zeile
1	7	21	35	35	21	7	1				7. Zeile
1	8	28	56	70	56	28	8	1			8. Zeile
1	9	36	84	126	126	84	36	9	1		9. Zeile
1	10	45	120	210	252	210	120	45	10	1	10. Zeile

c) $(a + b)^7 = a^7 + 7a^6b + 21a^5b^2 + 35a^4b^3 + 35a^3b^4 + 21a^2b^5 + 7ab^6 + b^7$
$(a + b)^8 = a^8 + 8a^7b + 28a^6b^2 + 56a^5b^3 + 70a^4b^4 + 56a^3b^5 + 28a^2b^6 + 8ab^7 + b^8$
$(a + b)^9 = a^9 + 9a^8b + 36a^7b^2 + 84a^6b^3 + 126a^5b^4 + 126a^4b^5 + 84a^3b^6 + 36a^2b^7 + 9ab^8 + b^9$

V Gleichungen

In diesem Kapitel wird besonderer Wert darauf gelegt, dass es **sehr unterschiedliche Typen von Gleichungen** gibt, dass jedoch mit dem systematischen Probieren und der Darstellung im Koordinatensystem stets einsetzbare Lösungsstrategien zur Verfügung stehen. Das systematische Lösen von **linearen Gleichungen** zeigt dann ein Lösungsverfahren im wichtigen Spezialfall.

1 Gleichungen und Lösungen

S. 98

1 Lösung beginnt bei der Wurzel des Baums:
$\square_1 : 0{,}5 = 124$; also $\square_1 = 62$
$\square_2 + 17 = 62$; also $\square_2 = 45$
$3 \cdot x = 5$; also $x = 15$

2 a) Gleichung ist wahr (Gleichheitszeichen korrekt)
b) Gleichheitszeichen falsch
c) Gleichung ist nur wahr für $x = 9$, für andere Werte ist sie falsch.
d) Das Gleichheitszeichen ist mathematisch nicht korrekt (unterschiedliche Größen). Ein Entspricht-Zeichen ($\triangleq$) könnte hier sinnvoll sein (man bekommt für drei Euro sechs Äpfel, ein Apfel kostet/entspricht also 50 ct.).
e) Das Gleichheitszeichen ist für manche Einsetzungen korrekt (Bsp.: $x = 1$, $y = 2$), für andere dagegen nicht (Bsp.: $x = 3$; $y = 1$).

3 Einsetzen verschiedener x-Werte ergibt, dass -1 die unbekannte Zahl im Zahlenrätsel ist.
$T_1(-1) = 8 = T_2(-1)$

S. 100

4 a) $x = 14$ b) $x = 4$ c) $x = -4$ d) $x = 6$ e) $x = 800$ f) $x = -5$
g) $x = 3$ h) $x = -1$ i) individuelle Lösung

5 a) $8 \cdot x = 96$; $x = 12$ b) $\frac{1}{3} \cdot x = 18$; $x = 54$ c) $x - 88 = -32$; $x = 56$
d) $45 = x + 111$; $x = -66$

6 a) 5 cm b) 9 cm c) 11 cm

7 Lösungen beispielhaft; andere Formulierungen sind möglich
a) Wenn man von der gesuchten Zahl die Zahl 56 subtrahiert, erhält man 166.
b) Die Summe des 3-fachen der gesuchten Zahl und der Zahl 5 ist so groß wie die Zahl 92.
c) Wenn man die gesuchte Zahl durch 11 dividiert, erhält man die Zahl -33.
d) Das 2-fache der gesuchten Zahl ist so groß wie ein Viertel der Differenz aus dem 3-fachen der gesuchten Zahl und der Zahl 3.

→ **8** Kopiervorlage S. 153
waagrecht:
1) 14 3) 99 5) 1020 7) 48 8) −13 9) −34
11) 29 12) 1122 15) 736 16) 81 17) −99
senkrecht:
1) 110 2) 40 3) 90 4) −83 6) 232 7) 4122
9) −931 10) 41 11) 278 13) 189 14) 24

9 viele Zahlenpaare möglich (Bsp.: $j = 2$; $m = 1$)
In Worten: In der Klasse sind doppelt so viele Jungen wie Mädchen. (Eine mögliche Lösung ist daher z. B.: $j = 22$; $m = 11$; also 22 Jungen und 11 Mädchen)

10 individuelle Lösungen
a) z. B.: $x = 10$; $y = 6$ b) z. B.: $x = -2$; $y = 3$

11 a) 2 b) $\frac{1}{4}$ c) 3 d) 4

12 a) I: zwischen 2 und 3; II: zwischen -3 und -2
b) I: ungefähr 2,92; II: ungefähr $-2{,}06$

13 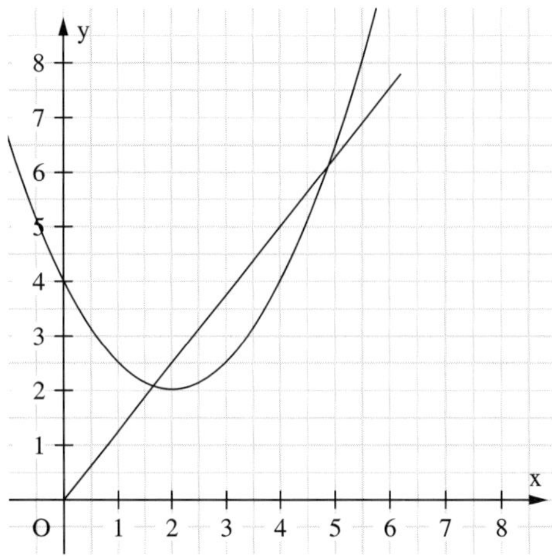

Die zwei Lösungen sind etwa 1,6 und 4,9.

14 a) keine Lösung b) jede Zahl löst die Gleichung (allgemein gültig)
c) keine Lösung

15 a)

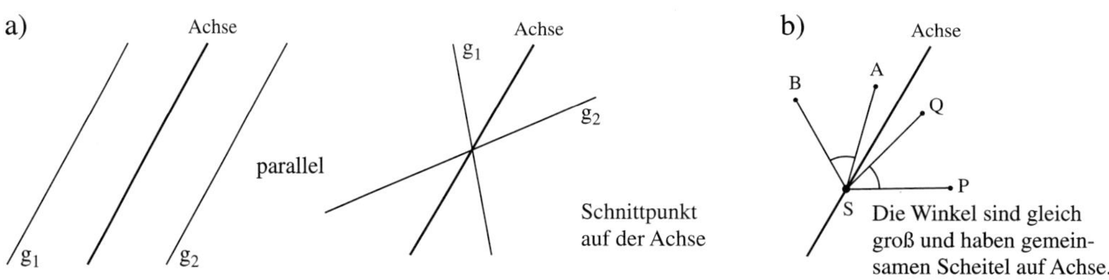

2 Äquivalente Gleichungsumformungen

S. 101 **1** Man nimmt auf beiden Seiten drei Dosen und zwei Gewichtsstücke weg, die Waage bleibt im Gleichgewicht. Die Masse von vier Dosen ist also genauso groß wie die von acht Gewichtsstücken. Daher hat eine Dose die Masse 2 kg.

S. 103 **2** a) 3 b) 2 c) 3 d) 2

3 a) ☺ = 2 $|+6$ b) ☺ = 2 $|\cdot 4$ c) ☺ = 0,9 $|:0{,}3$ d) ☺ = $\frac{7}{8}$ $|-\frac{1}{8}$

4 a) 16,8 b) $\frac{113}{160}$ c) 0 d) $-\frac{19}{6}$

5 Man sollte zuerst 5 subtrahieren. Wenn zuerst durch 3 dividiert wird, vergisst man oft, **beide** Summanden (3x und 5) (durch 3) zu dividieren. (Fehlerquelle)
Lösungsschritte: Fall 1: Subtraktion von 5, Division durch 3
Fall 2: Division durch 3, Subtraktion von $\frac{5}{3}$

6 a) 18 cm b) 6 cm

7 a) $|+\frac{6}{7}$; $x = 1$ b) $|+\frac{1}{7}$; $\cdot(-1)$; $x = -\frac{5}{7}$ c) $|\cdot\left(-\frac{5}{7}\right)$; $x = \frac{5}{7}$
d) $|\cdot\left(-\frac{7}{6}\right)$; $x = -\frac{7}{3}$ (keine passende Gleichung) e) $|:(-7)$; $x = -\frac{5}{7}$
Lösungswort: L A M A

8 Die beiden Gleichungen besitzen nicht die gleichen Lösungen. Dies kann man an einem Beispiel zeigen.
x = 0 und y = 8 lösen die erste Gleichung. Setzt man diese Werte jedoch in die zweite Gleichung ein, ergibt sich ein Widerspruch: $0 \neq 17$.

9 obere Gleichung: $|:2$; x = 3 (bei einem Faktor vor x Division durch den Faktor)
untere Gleichung: $|-2$; x = 4 (bei Addition zu x wird der Summand subtrahiert)

10 a) –24 (Minuszeichen vergessen oder falsch herum subtrahiert)
b) 6 (Division durch 3; nicht Multiplikation mit 3)
c) 2 (Division durch 10; nicht Subtraktion von 10)
d) Gleichung wurde richtig gelöst
e) –56 (Division durch 0,5; nicht Multiplikation mit 0,5)
f) 8 (Addition von 14; nicht Subtraktion von 14)

11 individuelle Lösung

S. 104

12 a) $\frac{2}{3}$ b) $\frac{3}{4}$ c) $\frac{1}{2}$ d) $\frac{4}{5}$ e) 4 f) $3\frac{1}{2}$
g) $4\frac{1}{2}$ h) 2,3
Wichtig: Das Lösungswort ist „von hinten" (h) ⟶ a)) zu lesen: KROKODIL

13 Claus (C): 12 Jahre, Tina (T): 14 Jahre, Verena (V): 8 Jahre
34 = T + C + V; 34 = (C + 2) + C + (C – 4); Probe: 34 = 14 + 12 + 8

14 Das Monster ist 40 m lang.

15 Durch ein Quadrat.
Linker Teil: ○ + □ = △ + △ und damit ○ + ○ + ○ = ○ + ○ + □ + □; also ○ = □ + □
Dies kann man auf den Teil des Mobiles mit dem Fragezeichen anwenden, man erhält: ? = □

16 a) 9 cm b) 7,7 cm c) 4,2 cm

17 Nein. Es müsste mit $\frac{1}{3}$x multipliziert werden, dies ist jedoch keine Äquivalenzumformung. (x könnte den Wert 0 haben.)

18 Das Fragezeichen steht für drei rote oder alternativ für zwei blaue Kugeln.

19 Die Lösungen sind jeweils näherungsweise aus der Zeichnung ausgelesen.

a)

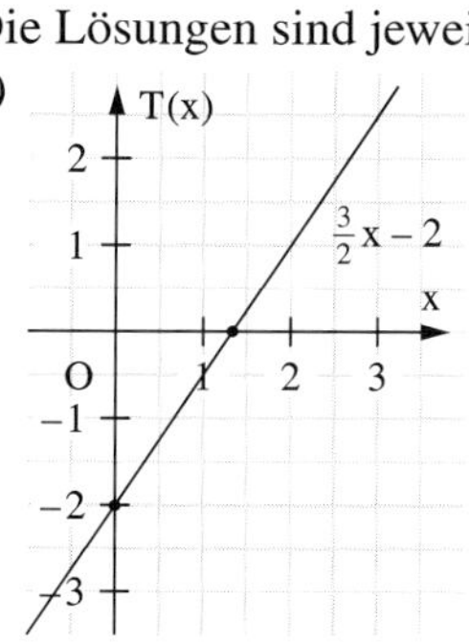

Lösung: 1,3 $\left(\frac{4}{3}\right)$

b)

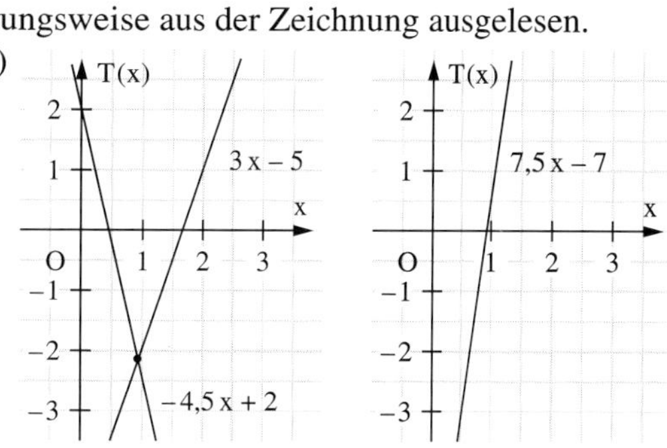

Lösung: $\frac{14}{15}$; umgeformte Gleichung: 7,5 x – 7 = 0

c) 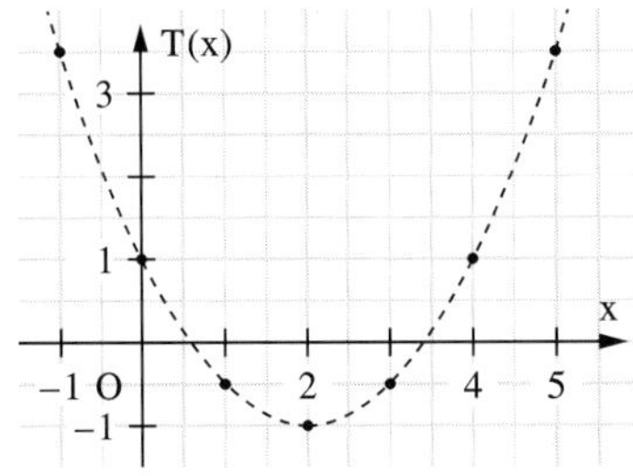

Lösung: 0,6 und 3,4

d) 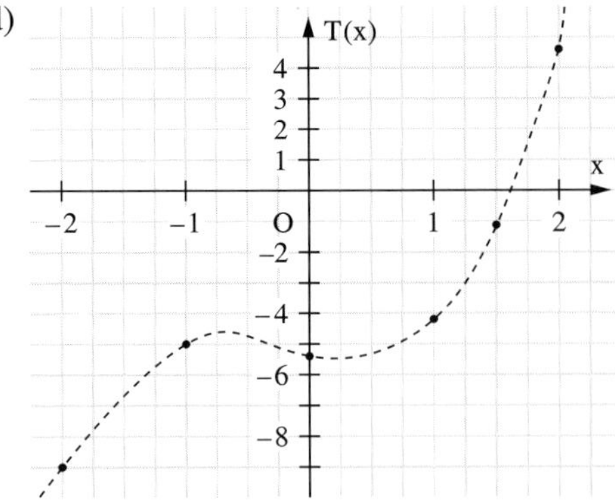

Lösung (ganze Zahl): 2
umgeformte Gleichung: $x^3 + 0{,}8\,x^2 - 0{,}6\,x - 5{,}4 = 0$

20 1) $6x - 3 + 2x - 4 = -7 + x$; $7x = 0$; $x = 0$
2) $(x - 2)(1 - 3x) = 2$; $7x - 3x^2 = 4$; $x = 1$
3) $1 - 2x = 2x(1 - x) + 7$; $2x^2 - 4x - 6 = 0$; $x = 3$

21 a) Leo hat sechs Möglichkeiten
$(1 \cdot 1 \cdot 54)$, $(1 \cdot 2 \cdot 27)$, $(1 \cdot 3 \cdot 18)$, $(1 \cdot 6 \cdot 9)$, $(2 \cdot 3 \cdot 9)$, $(3 \cdot 3 \cdot 6)$
b) Man erhält immer dasselbe Volumen: $54 \cdot (2\,\text{cm})^3 = 432\,\text{cm}^3$

z. B.: 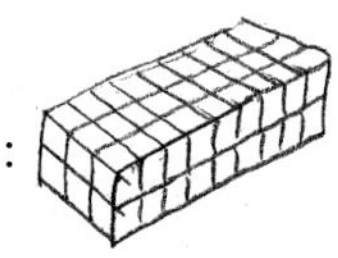

Spiel: Drei gewinnt; Kopiervorlage S. 179
Blanco-Kopiervorlage (WORD) downloadbar im Internet
Spiel für die ganze Klasse
(Spieldauer: ca. 45–50 Minuten)

Material: ausgefüllte Kopiervorlage auf Folie kopiert, selbstklebende Papierzettel

Spielbeschreibung:
Auf einer Overheadfolie stehen, tabellarisch angeordnet, Rechenaufgaben. Zu Beginn des Spiels sind noch alle Aufgaben durch selbstklebende Papierstücke verdeckt.
Die Klasse wird in zwei Mannschaften eingeteilt. Die erste Mannschaft darf sich ein Feld auf der Folie aussuchen. Der Lehrer deckt die Aufgabe auf, und die Schüler müssen versuchen, diese in einer vorgegebenen Zeit zu lösen. Gelingt ihnen das, wird das Feld mit einem Zeichen der Mannschaft (z. B. Kreuz oder Kreis), andernfalls mit dem Zeichen der Gegenmannschaft versehen. Anschließend darf sich die zweite Gruppe ein Feld aussuchen. Wenn es einer Mannschaft gelingt, drei Felder in einer Reihe (waagerecht, senkrecht oder diagonal) zu belegen, erhält sie dafür einen Punkt. Sieger ist am Schluss die Mannschaft, die am meisten Punkte sammeln konnte.

Die Spannung des Spiels lässt sich erhöhen, wenn man Jokerfelder unter die Fragen mischt. Bei einem Jokerfeld erhält die Mannschaft, die sich für das Feld entschieden hat, ohne Beantwortung einer Frage das Feld.

Spielvariante:
Die Schüler einer Gruppe müssen die Fragen einzeln (pro Runde ein Schüler) der Reihe nach beantworten.

3 Systematisches Lösen linearer Gleichungen

S. 105

1 a) $|+6-9x$ am geeignetsten. (Die Variable ist dann nur auf einer Seite der Gleichung, die Zahlen sind auf der anderen.)
b) $|:(3x)$ ist keine Äquivalenzumformung.

S. 106

2 a) $-\frac{9}{7}$ b) $-\frac{3}{2}$ c) $-\frac{14}{5}$ d) $-\frac{4}{7}$ e) 0 f) $\frac{2}{3}$

3 a) ja ($7x = 17$) b) nein c) nein

4 1) Die Gleichung besitzt keine Lösung, da beim Umformen ein Widerspruch auftritt: $-4 \neq -2$
2) Jede Einsetzung für x ist eine Lösung der Gleichung, da bei Umformung eine allgemein gültige Gleichung entsteht: $2 = 2$
3) wie 1): $0 \neq -1$
4) wie 1): $-8 \neq 0$
5) wie 2): $0 = 0$

5 a) -6 b) $-\frac{1}{4}$

S. 107

6 a) allgemein gültig; alle Einsetzungen sind Lösungen b) 7 c) $-\frac{10}{3}$
d) $\frac{3}{4}$ e) $\frac{12}{65}$ f) 5

7 a) $-\frac{72}{35} = -2\frac{2}{35}$ b) $-\frac{1}{2}$ c) keine Lösung d) $-11\frac{3}{16}$ e) 0

8 a) $4x + 18 = 1{,}5x + 4;\ x = -5{,}6$ b) $4\left(2 + \frac{x}{2}\right) = 0{,}8x;\ x = -6\frac{2}{3}$

9 individuelle Lösungen

10 Robert macht den Fehler bei Schritt 3: Beim Teilen durch x hat er vergessen, 4 auch durch x zu teilen. Die richtige Gleichung würde lauten: $x = 2 + \frac{4}{x}$
Auf diesem Weg würde er auch bei richtiger Rechnung nicht zum Ziel kommen.
Robert hätte durch Einsetzen der angenommenen Lösung selbst merken können, dass er einen Fehler gemacht hat (bei Einsetzen folgt Widerspruch: $80 \neq 60$).

11 a) $? = -1$ b) Es existiert kein ?, so dass die Gleichung wahr wird.
c) $? = -4{,}96$
d) Die Lösung kann beliebig groß werden, wenn ? sich von oben dem Wert -5 nähert.
e) $? = -5$
f) Das ist nicht möglich, dazu müsste x wegfallen und die Gleichung allgemein gültig sein.

Gleichungstennis ∗ = 100 ; ♠ = 0 ; ♦ = 8; ♥ = 8; ♣ = 6; ✻ = 7; ✌ = 11; ◊ = 1;
Lösungsworte: HASE, NASE

\+ Erfindet selbst sein solches Spiel – Wie ist geschickterweise vorzugehen?
Zuerst sollte man sich die Lösungsworte vorgeben und dann der Reihe nach Gleichungen mit passenden Zahlen (Anfangsbuchstaben) erfinden. Ab der zweiten Gleichung treten stets eine bekannte und eine neu zu bestimmende Variable auf.

S. 108

12 a) eine Lösung: 0 b) zwei Lösungen: 0; 5

13 a) -2 (Division durch 27) b) $-\frac{2}{3}$ (Multiplikation mit 16) c) $\frac{8}{3}$ (Addition von $x(2x+1)$)
d) 0 (Multiplikation mit 9) e) -2 (Division durch 16) f) $\frac{1}{9}$ (Multiplikation mit 8)

14 individuelle Lösung

15 a) Man muss zwei Fälle unterscheiden: Für $a < 0$ wird die Lösung größer, für $a > 0$ wird die Lösung kleiner $\left(\text{Umformen der Gleichung ergibt } x = \frac{3}{a}\right)$

b) Umformen der Gleichung ergibt $x = \frac{c-b}{a}$
Man muss jeweils die Fälle $a > 0$ und $a < 0$ unterscheiden:
Wird b vergrößert, wird die Lösung für $a > 0$ kleiner, für $a < 0$ dagegen größer.
Wird c vergrößert, wird die Lösung für $a > 0$ größer, für $a < 0$ dagegen kleiner.

16 individuelle Lösung, z. B.: (2; 1,5) (1; 3) (7; −6)
Es gibt eine Lösung für $x = -4$: $y = 10{,}5$

17 $a = 2$; $b = -1$; $c = 4$ Magische Summe: 30

18 a) Ein Produkt ist dann gleich 0, wenn einer der Faktoren gleich 0 ist. Hier muss also $x - 3 = 0$ oder $-2 - 3x = 0$ gelten. Somit gibt es zwei Lösungen: $x_1 = 3$; $x_2 = -\frac{2}{3}$

b) individuelle Lösung, z. B.: $(x + 2)\left(x - \frac{5}{6}\right) = 0$

c) Nein, das Vorgehen aus a) ist nicht möglich. Wenn ein Produkt gleich 1 ist, liefert das keine Aussage über die einzelnen Faktoren.

19 a) individuelle Lösung; es werden Würfel benötigt.

b) Für jedes Kästchen gibt es 6 verschiedene Möglichkeiten (Augenzahlen des Würfels), d. h. es gibt $6 \cdot 6 \cdot 6 \cdot 6 = 6^4 = 1296$ Möglichkeiten.

c) Eine Möglichkeit ist $2 \cdot x + 3 = 1 \cdot x + 6$

d) Die kleinste Zahl für x ist −5. Schreibt man die Ausgangsgleichung mit Variablen (für die zu würfelnden Zahlen), erhält man: $ax + b = cx + d$ $(a, b, c, d \in \{1; 2; 3; 4; 5; 6\})$
Durch Umformen erhält man $x = \frac{d-b}{a-c}$. Für die kleinste Lösung muss eine Differenz negativ sein, der Betrag sollte im Zähler möglichst groß (5) und im Nenner möglichst klein sein: $\frac{1-6}{4-3}$.

e) Einsetzung von links nach rechts: 3; 5; 1; 2

f) Es gibt 39 Lösungen.

20 Das richtige Ergebnis lautet −1,95. Der Fehler liegt wahrscheinlich in der ersten Klammer: „Punkt vor Strich" wurde missachtet und zuerst 0,8 und −2,8 zu −2 zusammengefasst.

21 a) $0{,}91\,m^2$ b) $1{,}099\,m^3$ c) $13{,}4429\,m^3$ d) $0{,}19748\,km^2$ e) $3\,m^3$ f) 1,526 ha g) $179{,}4\,dm^3$

→TB Trainingsblatt: Systematisches Lösen linearer Gleichungen; Kopiervorlage S. 180
Lösungswort: VARIABLE (rückwärts zu lesen)

Spiel: Gleichungspflaster; Kopiervorlage S. 181
Spiel für 2–4 Personen zum Lösen von Gleichungen
(Spieldauer: 30–40 Minuten)

Material: Pro Person 1 Spielfigur und 1 Farbstift, 1 Würfel

Spielidee: Auf einem Parcour sind Gleichungen zu lösen. Felder, deren Gleichungen richtig gelöst wurden, dürfen vom Spieler eingefärbt werden.

4 Lineare Gleichungen in Anwendungssituationen

S. 109 **1** a) 15 Jungen und 45 Mädchen
b) Anfang: $m_A = 3j$; Ende: $m_E = 2j$
c) $3j - 15 = 2j$
d) $j = 15$, also $m = 45$

S. 111 **2** a) 403 und 317 b) 19,75; 26,75 und 53,5 c) 12; 24 und 48

3 individuelle Lösung

4 a) 104° und 76° b) 67,5° und 22,5° c) 30°; 50° und 100°

5 Gleichung: Käfer (Anzahl K): sechs Beine; Spinnen (Anzahl S): acht Beine
$6 \cdot K + 8 \cdot S = 120$, also $6 \cdot K + 8 \cdot (18 - K) = 120$. Es sind zwölf Käfer und sechs Spinnen. Man könnte auch so vorgehen (Invarianzprinzip): Die Tiere haben mindestens $18 \cdot 6 = 108$ Beine. Die restlichen zwölf Beine müssen sechs Spinnen gehören. Daher sind es $18 - 6 = 12$ Käfer.

S. 112 **6** 27 und 41. Schnellere Strategie: Die Hälfte von 68 ist 34. Also ist die größere Zahl um 7 größer und die kleinere Zahl um 7 kleiner als 34.

7 Wähle die Zehnerstelle als z, die Einerstelle als e:
Aus der Angabe weiß man: $2z = e$
Darstellung der ursprüngliche Zahl: „ze“ $= z \cdot 10 + e = z \cdot 10 + 2z = 12z$
Nach Vertauschen: „ez“ $= e \cdot 10 + z = 10 \cdot 2z + z = 21z$
also $21z - 27 = 12z$; $z = 3$. Die ursprüngliche Zahl war 36.

8 Für die Einerstelle e und die Zehnerstelle z gilt:
$e = z + 3$; $4 \cdot (z + e) = 10 \cdot z + e$. Die Zahl ist 36.

9 Tonis Gleichung ist richtig. Die Forellenanzahl ist größer als die Zahl der Karpfen (drei Mal so groß). Man muss also die Zahl der Karpfen mit drei multiplizieren, damit sie genauso groß ist, wie die Zahl der Forellen.

10 a) 33 % b) Er benötigt 0,8 Liter Sauerkirschnektar. $\frac{(0{,}1\,l \cdot 50\,\%) + (x\,l \cdot 50\,\%)}{0{,}2\,l + x\,l} = 45\,\%$.
c) individuelle Lösung

11 $K = 2H + 2$ (K: Anzahl der Katzen; H: Anzahl der Hunde)
Eine Gleichung mit zwei Variablen ist nicht eindeutig lösbar. Man kann nur Wertepaare angeben, es könnten z. B. zwei Hunde und sechs Katzen sein (2; 6).

12 a) Die Gesamtzahl der Schülerinnen und Schüler ist 70.
b) Die Anzahl der Schülerinnen ist um 5 größer als die der Schüler.
c) Im Saal sind doppelt so viele Schülerinnen wie Schüler.
d) Die Zahl der Schüler ist um 10 kleiner als die doppelte Zahl der Schülerinnen.
e) individuelle Lösung

13 Anzahl Ruderboote (R); Anzahl Tretboote (T)
$T = R - 8$; z. B.: $R = 12$, $T = 4$; $R = 20$, $T = 12$

14 Flächeninhalt des Quadrates: $A_Q = x^2$
Flächeninhalt des entstandenen Rechtecks: $A_R = (x + 4) \cdot (x - 3)$
Durch Gleichsetzen von A_Q und A_R erhält man für die Seitenlänge $x = 12\,\text{cm}$.

15 Lisa hat richtig gerechnet. x ist das Volumen der Essig-Essenz, $2\,l - x$ ist das Volumen des Obstessigs. Da das reine Essigvolumen gleich bleiben muss, kann man ansetzen:
25 % des Volumens Essigessenz + 3 % des Volumens Obstessig = 2 % des Volumens des Endprodukts. Lisas Ergebnis zeigt allerdings, dass die korrekte Lösung der Gleichung das Anwendungsproblem nicht löst.

16 Alter der Mutter (M), Alter von Karin (K)
$M = 3 \cdot K$ und $M - 5 = (K - 5) \cdot 4$; also $3K - 5 = (K - 5) \cdot 4$
Karin ist heute 15, ihre Mutter 45 Jahre alt.

S. 113 **17** a) $\left(\left(\left(\left(\left(\left(\frac{x}{2} - 1\right) \cdot \frac{1}{2} - 1\right) \cdot \frac{1}{2} - 1\right) \cdot \frac{1}{2} - 1\right) \cdot \frac{1}{2} - 1\right) \cdot \frac{1}{2} - 1\right) \cdot \frac{1}{2} - 1 = 1$
b) Rückwärtsstrategie: Zuletzt 1 Apfel; vor dem 7. Wächter 4 Äpfel; vor dem 6. Wächter 10 Äpfel; ... 22; ... 46; ... 94; ... 190; ... 382 Äpfel am Anfang.

18 a)

111
91 | 20
43 | 48 | –28
32 | 11 | 37 | –65

b) individuelle Lösungen z. B.:

120
60 | 60
30 | 30 | 30

c)

4x + 4
2x + 1 | 2x + 3
x | x + 1 | x + 2

$4x + 4 = 92$

92
45 | 47
22 | 23 | 24

d) $8x + 12 = 186$; also $x = 21{,}75$.
Es gibt also keine Ausfüllung mit natürlichen Zahlen.

e) Es geht mit Zahlen, die – um 12 vermindert – durch 8 teilbar sind. Z. B.:

188
92 | 96
45 | 47 | 49
22 | 23 | 24 | 25

19

	Anna	Maria
jetzt	x	24
früher	$\frac{24}{2} = 12$	x

Der Altersunterschied zwischen Maria und Anna muss dabei immer gleich bleiben. D. h:
$24 - x = x - 12$
Anna ist daher 18 Jahre alt.

20 Felizitas' Gleichung ist richtig. Tine ist 3 Jahre alt, Ines 8 Jahre.
Jonas hätte auf der linken Seite nicht mit 2, sondern mit $\frac{1}{2}$ multiplizieren müssen. (Das Alter von Ines in zwei Jahren – dargestellt in der Klammer – multipliziert mit $\frac{1}{2}$ ergibt das Alter von Tine in zwei Jahren.)
Andreas hätte auf der linken Seite in der Klammer (die das Alter Ines' beschreibt) 5 zu Tines Alter addieren müssen, nicht davon subtrahieren, da Tine jünger ist als Ines.
Nadine hat sowohl den Fehler von Jonas, als auch den von Andreas gemacht.

21 Kantenlänge des Würfels: x
Oberfläche des Würfels: $6x^2$ und des Quaders daher $12x^2$
a) $[(12x^2 - 2x^2) : 4] : x = [2{,}5x^2] : x = 2{,}5 \cdot x$
Der Quader muss 2,5 mal so hoch sein wie der Würfel.
b) Das Volumen des Würfels ist $V_W = x^3$
Das Volumen des Quaders ist $V_Q = 2{,}5x \cdot x \cdot x = 2{,}5 \cdot x^3$
Aufgrund des Faktors der Höhe ist das Volumen des Quaders also nicht doppelt so groß wie das des Würfels, sondern 2,5 Mal so groß.
Prozentsatz: $\frac{V_Q - V_W}{V_W}$
Das Volumen des Quaders ist um 150 % größer als das des Würfels.

22 a) Richtig (Symmetrie) b) Falsch, es könnte dann auch ein Trapez sein.
c) Falsch, es könnte dann auch eine Raute sein.

23 a) 51,6 % b) 25 %

→TB Trainingsblatt: Aufstellen linearer Gleichungen; Kopiervorlage S. 182 f.

→ Zaubertricks: Zahlenzauber; Kopiervorlage S. 184 f.

Thema: Verhältnisgleichungen

S. 114

1 340 g Emmentaler kosten 3,03 €.
Für 6 € bekommt man 674 g Emmentaler.

2 a) Die Schraube hat ein Volumen von etwa 0,27 cm³.
b) Platzwart Karl müsste 570 € ausgeben. Er sollte sich besser eine Großpackung Grassamen kaufen.

Thema: Gleichungen lösen mit einer Tabellenkalkulation

S. 115

1 Es werden die Nullstellen der umgeformten Gleichung $2x^3 - 3x - 4$ bestimmt.

x	−3	−2	−1	0	1	2	3
$2x^3 - 3x - 4$	−49	−14	−3	−4	−5	6	41

Hier liegt offenbar eine Nullstelle zwischen 1 und 2. Mit diesen Startwerten wird die folgende Tabelle erstellt:

linker Rand	Termwert	Mitte	Termwert	rechter Rand	Termwert
1	−5	1,5	−1,75	2	6
1,5	−1,75	1,75	1,46875	2	6
1,5	−1,75	1,625	−0,29296875	1,75	1,46875
1,625	−0,29296875	1,6875	0,54833984	1,75	1,46875
1,625	−0,29296875	1,65625	0,11798096	1,6875	0,54833984
1,625	−0,29296875	1,640625	−0,08989716	1,65625	0,11798096
1,640625	−0,08989716	1,6484375	0,01343822	1,65625	0,11798096
1,640625	−0,08989716	1,64453125	−0,03838003	1,6484375	0,01343822
1,64453125	−0,03838003	1,64648438	−0,01250859	1,6484375	0,01343822
1,64648438	−0,01250859	1,64746094	0,00045539	1,6484375	0,01343822
1,64648438	−0,01250859	1,64697266	−0,00602895	1,64746094	0,00045539
1,64697266	−0,00602895	**1,6472168**	−0,00278737	1,64746094	0,00045539

Die Einträge in den Tabellenzellen lauten:
in A2: linker Startwert; hier: 1
in B2: 2*A2^3-3*A2-4
in C2: (A2+E2)/2
in D2: 2*C2^3-3*C2-4
in E2: rechter Startwert; hier: 2
in F2: 2*E2^3-3*E2-4
(Die Formeln in D2 und F2 können von B2 kopiert werden; die Zellbezüge werden automatisch verschoben)
in A3: WENN(D2<=0;C2;A2)
in E3: WENN(D2>=0;C2;E2)
Alle anderen Zellen werden durch Kopieren nach unten aufgefüllt.
Es ergibt sich ein Wert für x von 1,6472168.

2 Umformen der Gleichung: $x^3 - x^2 - 5x + 2{,}5 = 0$ (nach Multiplikation mit 5)

x	−3	−2	−1	0	1	2	3
T(x)	−18,5	0,5	5,5	2,5	−2,5	−3,5	5,5

Nullstellen treten also zwischen −3 und −2, zwischen 0 und 1 und zwischen 2 und 3 auf.
Es wird eine Tabelle wie in Aufgabe 1 erstellt.
Beim Vorzeichenwechsel von + nach − (d. h. bei der Nullstelle zwischen 0 und 1) müssen die Formeln in A3 und E3 jedoch modifiziert werden:
in A3: WENN(D2<=0;A2;C2)
in E3: WENN(D2>=0;E2;C2)
Es ergeben sich folgende Nullstellen bzw. Lösungen für die ursprüngliche Gleichung:
−2,044; 0,476; 2,568 (Näherungswerte).

VI Prozentrechnung und Diagramme

In diesem Kapitel sind die Themenbereiche Diagramme, Mittelwerte und Prozentrechnung zusammengefasst, die in alltäglichen Fragestellungen immer wieder auftauchen und über die man beispielsweise bei der Zeitungslektüre stolpern könnte. Daher wird der Schwerpunkt des Kapitels auf solche alltäglichen Fragestellungen gesetzt.

1 Analysieren von Daten – Diagramme

S. 118

1 individuelle Lösung. Die graphischen Darstellungen können sich an den im Lehrtext vorgestellten Typen orientieren.

2 a) 157 b) 487 c) 8,1 % d) 43,7 %
(ggf. Abweichungen aufgrund Ableseungenauigkeit)

S. 120

3 a) Überschlag zeigt: Summe der Säulenhöhen ≈ 100; also gibt die Skalierung Prozentwerte an.
blau: 12 %; gelb: 29 %; rot: 37 %; grün: 22 %
b) blau: 15 %; gelb: 40 %; rot: 25 %; grün: 20 %
\+ Suche in Tageszeitungen nach Diagrammen und überlege, ob die gewählte Art des Diagramms für den dargestellten Sachverhalt optimal ist.

4 a) geringste Einwohnerzahl je Quadratkilometer: Montana (3 Wahlmänner; große Fläche);
größte Einwohnerzahl je Quadratkilometer: New Jersey (15 Wahlmänner; kleine Fläche)
Fehlerquellen: Es gibt immer nur natürliche Zahlen als Wahlmänner.
i Die Zahl der Wahlmänner richtet sich tatsächlich nach der Zahl der Wahlberechtigten; die geringste mögliche Wahlmännerzahl ist 3 – deshalb ist Wyoming (was dem Diagramm nicht zu entnehmen ist) mit 1,9 Einwohnern pro km² sogar etwas dünner besiedelt als Montana (2,4 E. pro km²). New Jersey ist mit 372 E. pro km² tatsächlich am dichtesten besiedelt.
b) Die Einwohnerzahl pro Quadratkilometer ist in Louisiana etwas höher als in Texas, in North Carolina etwa doppelt so hoch. Die Flächeninhalte könnten z. B. durch Auszählen von Kästchen (Transparentfolie mit Karogitter drüberlegen) abgeschätzt werden.

S. 121

5 individuelle Lösung; Die Augensummen 10 und 11 dürften am häufigsten auftreten.
\+ Um dies zu beobachten, könnten auch die Ergebnisse der ganzen Klasse zusammengetragen werden.

6 a) individuelle Lösung; Zollstock nötig
b) Biologie: Das unterschiedliche Wachstumsverhalten von Mädchen und Jungen kann hier beobachtet werden. In Klasse 5 und 7 unterscheiden sich die beiden Gruppen nur wenig; in Klasse 11 sind die Jungen deutlich größer.

7 $\alpha(\beta) = 90° - \beta$

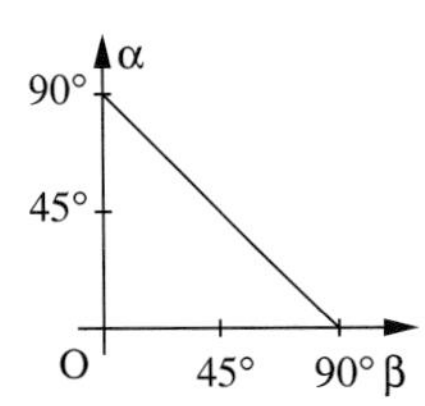

8 a) Die Sitze der äußeren Reihen sind größer gezeichnet. Von diesen hat Großbritannien mehr als Italien, was diesen Eindruck entstehen lässt.
b) Deutschland: 14 %; Frankreich: 11 %; Österreich: 2 %; Luxemburg: 0,8%
c) EU Gesamt: 456 815 000 Einwohner (Stand 2004)

Deutschland:	82 532 000 Einwohner;	18 % der EU
Frankreich:	59 901 000 Einwohner;	13 %
Österreich:	8 114 000 Einwohner;	2 %
Luxemburg:	452 000 Einwohner;	0,1 %

Die Prozentzahl der Sitze im Europaparlament verhält sich nicht genauso wie die prozentuale Bevölkerungszahl. Gemäß der Verteilung nach der Bevölkerungszahl wäre Deutschland zum Beispiel etwas unterrepräsentiert.

d) Absolute Mehrheit (366 Stimmen): Deutschland, Frankreich, Großbritannien, Italien und Spanien

$\frac{2}{3}$-Mehrheit (488 Stimmen): Deutschland, Frankreich, Großbritannien, Italien, Spanien, Polen und Niederlande und dazu noch ein Land mit mindestens 20 Stimmen

50 % der EU-Bevölkerung: Deutschland, Frankreich, Großbritannien, Italien und Spanien

$\frac{2}{3}$ der EU-Bevölkerung: Deutschland, Frankreich, Großbritannien, Italien, Spanien, Polen, Niederlande, Griechenland (Stand 2004)

S. 122

9 links: quasi Säulendiagramm – Autosymbol entspricht 100 000 Autos; sinnvoll
rechts: Länge **und** Höhe werden um 66 % größer; Eindruck wird verfälscht, da sich die Fläche dabei mehr als verdoppelt.

10

40	6 9
50	3 6 6 7 8
60	0 0 3 3 4 4 5 6 7 7 7 8
70	0 1 1 2 3 4 7 8 8 9
80	0 1 3 5 8
90	0 0 3

11 Besuchte Schule: Kreisdiagramm
Besucherzahlen: Säulen- oder Balkendiagramm
Reihenuntersuchung: Stängel-Blatt-Diagramm
Temperatur: Punkt- oder Liniendiagramm

12 unterster Graph: in der Kurve muss die Geschwindigkeit verringert werden und danach kann wieder beschleunigt werden

13 Säulendiagramm: Man kann leicht die einzelnen Werte miteinander vergleichen.
Kreisdiagramm: Die Anteile am Gesamtwert lassen sich leicht herauslesen.

14 individuelle Lösung, z. B.:
Vor wie vielen Jahren wurde der Wald jeweils durchforstet? – Vor ca. 27; 51; 76 Jahren.
Wie viel Festmeter Holz enthält der Wald? – Das hängt von der Anzahl der Punkte des Graphen ab. Wenn pro Altersjahr ein Punkt gesetzt wurde, sind es etwa (Überschlag durch Auszählen und Summieren der einzelnen Jahre) 25 000 Festmeter.

15 Es ist ein faires Spiel, da beide die gleiche Chance haben. Alexander hatte nur Glück.

→TB Trainingsblatt: Diagramme – Der Mensch; Kopiervorlage S. 186 f.

2 Mittelwert

S. 123

1 Im Mittel wiegt die Kugel in Venetia 38,8 g; in Dolomiti 81 g, wo es daher günstiger ist. Man kann jedoch in beiden Eisdielen mit Glück eine überdurchschnittlich große Kugel erhalten.

2 Einkommen: Mittelwert des Lohns von Personen mit eigenem Einkommen
Tagestemperatur: Mittelwert 22 °C bei mehreren Messungen am Tag z. B. im Stundenrhythmus
Monatstemperatur: Vermutlich wurde der Mittelwert, der Mittagstemperaturen, gebildet.
Die Aussage legen jedoch nicht eindeutig fest, wie der Mittelwert bestimmt wurde.

S. 124

3

zeichnerischer Mittelwert	rechnerischer Mittelwert
a) Mitte zwischen 3 und 9, also bei 6	$(3 + 9) : 2 = 6$
b) durch dritten Wert 4 wird der Mittelwert nach links verschoben	5,33
c) in der Mitte zwischen den beiden „Paaren“, also bei 6,5	6,5
d) leichte Verschiebung des Mittelwerts nach rechts	6,6

4 a) 5,5 b) 277,75 € c) 0 d) −88 e) 48,8 kg f) 86,33
g) zu a): Der Mittelwert einer geraden Anzahl aufeinanderfolgender natürlicher Zahlen liegt in der Mitte zwischen den beiden mittleren Zahlen.
zu c): Der Mittelwert einer Menge von Zahlen und ihren Gegenzahlen ist null.
zu d): Der Mittelwert gleicher Zahlen ist die Zahl selbst.

5 a) 52 b) 382,5

S. 125

6 a) Die Summe der beiden Abstände links vom Drehpunkt ist gleich dem Abstand rechts. Dies zeigt, dass der Mittelwert der Drehpunkt − 1 ist.
b) 33 und 39; Auflagepunkt = Mittelwert, also 37,25
c) Auflagepunkt: 30

7 a) 6650 b) 7760

8 links oben: 55 ⟶ E (exakt: 56,1) rechts oben: 5 ⟶ S (exakt: 4,5)
links unten: 55 ⟶ E (exakt: 55,2) rechts unten: 0 ⟶ L (exakt: −0,1)

9 a) Die mittlere der 5 Zahlen ist immer der Mittelwert.
b) Der Mittelwert liegt in der Mitte zwischen den beiden mittleren Zahlen.

10 a) 20,666°; 21°; 17,333°
b) Mittelwert aller Werte: 354 : 18 = 19,666; Mittelwert der Mittelwerte: 59,0 : 3 = 19,666
Es ergibt sich der gleiche Wert; das ist immer so, wenn die einzelnen Mittelwerte aus jeweils gleich vielen Ausgangswerten ermittelt werden. Statt hier die einzelnen Summen durch 6 zu teilen und anschließend die Summe der Ergebnisse durch 3, kann man auch die Summe aller Einzelwerte durch 18 teilen.
\+ **Hinweis:** Man kann nachprüfen, dass dies nicht mehr stimmt, wenn die einzelnen Mittelwerte aus verschieden vielen Einzelwerten gebildet werden.
c) 14.9.: 2/4; 15.9.: 3/3; 16.9.: 3/3 (unter/über dem Mittelwert)
d) 14.9.: −9,666 + (−4,666) + 2,333 + 4,333 + 4,333 + 3,333 = 0; ebenso 15. und 16.9. Der Mittelwert ist der Wert, der von den Einzeldaten gleich weit nach oben und unten abweicht.

11 rechnerisch richtig; inhaltlich wird die Situation verfälscht wiedergegeben, da Carl-Gustav wesentlich mehr bekommt als die anderen und der Mittelwert keineswegs den mittleren Taschengeldbetrag der meisten Kinder beschreibt.

12 a) 1,75 b) 300 c) 9,38 d) Nachweis durch Termvereinfachung

3 Die Grundgleichung der Prozentrechnung

Bei der Beschäftigung mit der Prozentrechnung in Jahrgangsstufe 6 stehen intuitive Vorgehensweisen im Mittelpunkt. Daher bereitet insbesondere die Suche nach dem Grundwert dort noch einige Schwierigkeiten. In dieser Lerneinheit werden nun die Fragestellungen der Prozentrechnung über die Grundgleichung zusammengefasst und können mit dem Lösungsverfahren für lineare Gleichungen systematisch bearbeitet werden.

S. 126

1 72 Schüler/innen entsprechen 40 %, da 25 % der Schüler/innen (90° : 360° = 0,25) die Fremdsprachenfolge E/F/I gewählt haben und 100 % − (35 % + 25 %) = 40 %.
Insgesamt sind es daher 180 Schüler/innen, da 40 % von 180 = 72.

2 individuelle Lösung
z. B.: Auf der Hamsterfarm herrscht inzwischen drangvolle Enge. „In der vergangenen Woche ist die Zahl der Hamster um 8 % angestiegen“, klagte Hamsterzüchter Hammel gegenüber unserer Zeitung. „Wir gehen davon aus, dass es heute etwa 35 000 Hamster sind. Wie viele es vor einer Woche waren, kann ich leider nicht sagen.“

S. 127

3 a) 42 € b) 58 % c) 400 m d) 0,2 % e) 297 m^2 f) 50 000 €
g) 4 h) 12 dm i) 660 k) 15 %

4 a) 7,5 cm b) 3,75 cm^2

5 a) 2,58 b) 115 % c) 1050 d) 0,2 % e) 170,3 f) 99,48 €
g) 2200 h) 507 % i) 62,8

S. 128

6 a) 0,25 % von 35 % von 510 Mill. km^2 = 0,25 % von 178,5 Mill. km^2 = 0,45 Mill. km^2.
b) 38,8 % c) etwa 258 % d) (35 % von 510 Mill. km^2) · 4,282 km = 764 Mill. km^3
@ e) 764 Mill. km^3 : 357 000 km^2 = 2140 km; der See wäre 2140 km (!) tief.

7 a) 730 b) 420 c) 150; 172,5 (also mehr als 162)
d) individuelle Lösung

8 16,7 %

9 a) Bayern: 27 km^2; Österreich: 229 km^2
b) 11 %; die 8 %-Angabe bezieht sich nur auf die Zahl der beschneiten Gebiete und nicht auf die beschneite Fläche; offenbar werden eher größere Skigebiete beschneit.
@ c) Norditalien 40 %; Schweiz 10 % (Stand 2004)
In der Schweiz und in Bayern werden mit rund 10 % deutlich weniger Pistenflächen beschneit als in Österreich und Norditalien mit rund 40 %. Der hohe Anteil in Österreich und Italien könnte daher stammen, dass hier die Abhängigkeit der Tourismusbranche vom Skigeschäft höher ist bzw. die Schneesicherheit durch den Klimawandel nicht mehr gegeben ist.

S. 129

10 a) Die in natürlichen Energieträgern wie Kohle, Erdöl, Erdgas, Kernbrennstoffen sowie die in Wasser, Wind, Sonnenstrahlung u. a. Trägern erneuerbarer Energien enthaltene Energie bezeichnet man als **Primärenergie**. Verstromen meint die Umwandlung dieser Primärenergie in elektrische Energie („Strom“).

b) 2,5 %; 1,0 %; 11,4 %; 12,6 %; 13,7 %; 22,5 %; 36,4 %
c) 0,08 %, also sehr geringe Zunahme
d) $\frac{37{,}3-36{,}4}{37{,}3} = \frac{0{,}9}{37{,}3} \approx 2{,}5\,\%$. Der Anteil hat von 37,3 % auf 36,4 % abgenommen.
Das ist eine Abnahme um 2,5 %, bzw. 0,9 **Prozentpunkte**.
e) x · 1,036 = 22,5; also x = 21,72; 21,72 % · 488,7 = 106,1
Der Anteil an Erdgas betrug im Jahr 2002 21,7%, was 106,1 Steinkohleneinheiten entspricht.
f) 3,6 % von 21,7 % = 0,78
Die Zunahme des Anteils an Erdgas betrug also rund 0,8 Prozentpunkte. In 9 Jahren (also 2012) würde der Anteil damit auf etwas über 30 % steigen (3,6 % Steigerung wären bei 30 % Anteil sogar schon 1,1 Prozentpunkte). Der Anteil des Mineralöls wäre nach 7 Jahren schon unter 30 %. Daher würde der Anteil an Erdgas nach etwa 8 Jahren den Mineralölanteil überholen. (Rechnet man genau nach, so erhält man nach 8 Jahren 29,9 % für Erdgas und 29,7 % für Mineralöl.)

11 Zahlenbeispiele individuell
Term: Endpreis = (1 – p : 100) · (1 + p : 100) · Anfangspreis
= (1 – p^2 : 100 · 1 : 100) · Anfangspreis
Der Endpreis ist also um (p^2 : 100) % geringer als der ursprüngliche Preis.

12 a) Bush: 56 % · 85 % + 16 % · 11,5 % + 35% · 2 % + 30 % · 1,5 % = 50,6 %, also eine knappe Mehrheit für Bush
b) Kerry hat von den Männern einen geringeren Stimmenanteil erhalten als insgesamt, von den Frauen einen höheren. Bei Bush ist es umgekehrt. Hätten gleich viele Männer und Frauen gewählt, so hätte Kerry 48,5 %, Bush 51 % erhalten. Da Kerry's Anteil höher (und Bush's Anteil geringer) war, müssen also etwas mehr Frauen als Männer gewählt haben. Der „fehlende“ Prozentpunkt bei den Männern lässt sich durch abgegebene aber ungültige Stimmen (vermutlich deutlich unter 1 %) sowie durch die Rundung erklären.

c) $61\,\% \cdot x + 48\,\% \cdot (1 - x) = 50{,}6\,\%$

13 Z existiert bei $(3 \mid -2{,}5)$

→TB Trainingsblatt: Prozentrechnung und Mittelwert; Kopiervorlage S. 188 f.

→TB Trainingsblatt: Prozente – Kreuzworträtsel; Kopiervorlage S. 190 f.

→AB Arbeitsblatt: Prozent-Puzzle; Kopiervorlage S. 192 f.

→ Historisches zur Prozentrechnung; Kopiervorlage S. 194

→ Das Krötenspiel; Kopiervorlagen S. 195 f.
Spiel für 3–5 Spieler zur Prozentrechnung
(Dauer: nach Vereinbarung)

Material: pro Gruppe eine Spielvorlage, einen Satz Schotterkarten, ein Würfel und pro Spieler eine Spielfigur.

Spielbeschreibung auf der Kopiervorlage

S. 130

Projekt: Eine heiße Debatte mit Daten und Diagrammen

Um die angesprochenen Fragen zur Photovoltaik bearbeiten zu können, empfiehlt sich zunächst eine gründliche Recherche. Im Internet findet man beispielsweise mit dem Suchbegriff „Solarenergie" eine Vielzahl von Adressen mit hilfreichen Informationen.
Ob sich eine photovoltaische Solaranlage „lohnt", lässt sich aus unterschiedlichen Perspektiven beantworten:
- Aus technischer Sicht stellt sich die Frage, ob die Photovoltaik ausgereift und in Deutschland prinzipiell sinnvoll einsetzbar ist. Dies wird heute eigentlich nicht mehr angezweifelt.
- Aus ökologischer Sicht stellt sich die Frage nach der Umweltbelastung. Die Stromerzeugung selbst kommt dabei natürlich vollständig ohne umweltbelastende Faktoren aus, es ist jedoch auch die Belastung bei der Herstellung in Betracht zu ziehen.
- Aus wirtschaftlicher Sicht ist zunächst einmal zu fragen, ob sich die Investition in eine solche Anlage lohnt bzw. wie lange es dauert, bis die Investitionskosten ausgeglichen werden. Diese Frage wird an Hand der Quellen für die Schülergruppen klärbar sein.
- Kritsch wird auch zu beleuchten sein, ob die derzeitige Förderung der Solaranlagen durch subventionierte Strompreise gesamtwirtschaftlich sinnvoll ist. Hier ist unter anderem zu diskutieren, welche Kosten auch bei der Stromerzeugung mit anderen Mitteln auf die Allgemeinheit umgelegt werden.

Auch über „Energiesparlampen" lassen sich mit dem entsprechenden Suchbegriff umfangreiche Informationen finden. Insbesondere wird die Frage, ob bzw. nach welcher Zeit es sich finanziell lohnt, Energiesparlampen statt normaler Glühbirnen zu erwerben, leicht zu beantworten sein. Über Nachteile von Energiesparlampen („Anlaufzeit") wird zu diskutieren sein.

Thema: Median und Box-Plot

S. 131

1 Dortmund: oberes Quartil: 26; Median: 24; unteres Quartil: 24
Leverkusen: oberes Quartil: 28; Median: 27; unteres Quartil: 25
Dortmund hat also im Vergleich zu den anderen 3 Mannschaften eher „jüngere" Spieler.

2 Die Spanne zwischen oberem und unterem Quartil und die zwischen den jeweiligen Minimal- und Maximalwerten ist auffallend im Winter wesentlich größer als im Sommer (vgl. Januar und August).

VII Kongruenz und Dreiecke

Bei den Lösungen sind – wie auch von den Schülerlösungen erwartet – alle wesentlichen Konstruktionsschritte und Begründungen mit angegeben.
Zeichnungen sind häufig aus Platzgründen im Maßstab 1 : 2 verkleinert.

1 Kongruente Figuren

A Alternative zum Einstieg:
Zaubertrick: Kongruente Bögen; Kopiervorlage S. 199

S. 134 **1** individuelle Lösungen

2 Um zu überprüfen, ob das grüne Viereck eingepasst werden kann, kann man eine Folie drauflegen, das Viereck nachzeichnen und dann probieren, ob es in einer Stellung passt. Das grüne Viereck lässt sich im 2. Feld von rechts und oben einpassen.
Das blaue Viereck lässt sich nach dem Wenden der Folie ebenso einpassen.

S. 135 **3** Nummer 3

4 Ja, sie haben gleiche Gestalt und Größe. Winkel und Seiten stimmen überein.

S. 136 **5** a) Links: Die dunkle Figur ist kongruent zur hellen und der dunkle Punkt zum hellen.
Mitte: Rechte und linke Hälfte sind achsensymmetrisch zueinander, also kongruent.
Rechts: Teilt man dieses Zeichen geschickt in Drittel, erhält man drei kongruente Teile.
b) individuelle Lösungen
c) individuelle Lösungen

6 5 verschiedene Dreiecke; kongruent sind das Dreieck links oben und das 2. von rechts, bzw. das 1. und 3. Dreieck von rechts. Folie und Folienstift nötig.

7 a) Nachweis durch eine Punktspiegelung
b) Nachweis durch eine Punktspiegelung
c)

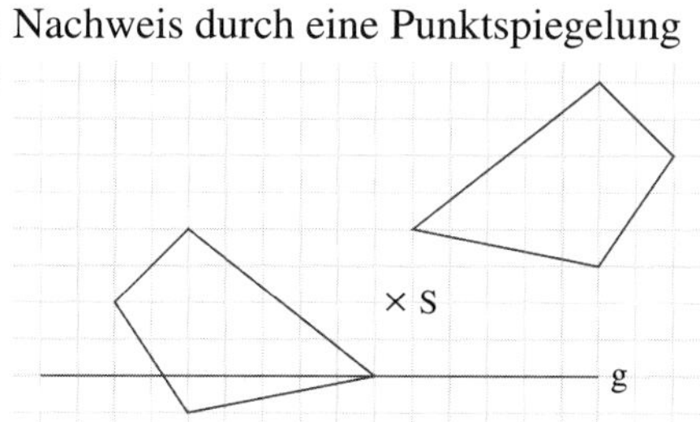

Nachweis durch eine Punktspiegelung an S und eine Achsenspiegelung an g

8 individuelle Lösungen

9 Folie und Folienstift nötig. Übertragen durch genaues Abmessen der Winkel und Seiten.

10 a) Ein kongruentes Fünfeck lässt sich durch Übertragen von Winkeln und Seiten oder durch eine Spiegelung konstruieren.
b) Man überträgt die Seite [AB] auf die x-Achse und überträgt Winkel und Seiten.
c) individuelle Lösungen

11 a) unendlich viele; der Schnitt verläuft durch den Diagonalenschnittpunkt.
b) Man erhält vier zueinander kongruente Figuren, indem man die Schnitte durch die Mittelpunkte der Seiten legt.
c) Es entstehen 2 Paare kongruenter Dreiecke. Bei jeder Raute entstehen 4 zueinander kongruente Dreiecke, genauso bei jedem Quadrat als besondere Raute.

S. 137 **12** z. B.: Schneiden, mit Schablone übertragen, Spiegeln, Übertragen von Seiten und Winkeln ...

13 Bei Kreisen muss man nur den Radius bzw. den Durchmesser vergleichen. Ist dieser gleich, so sind die Kreise schon kongruent.

14 individuelle Lösungen

15

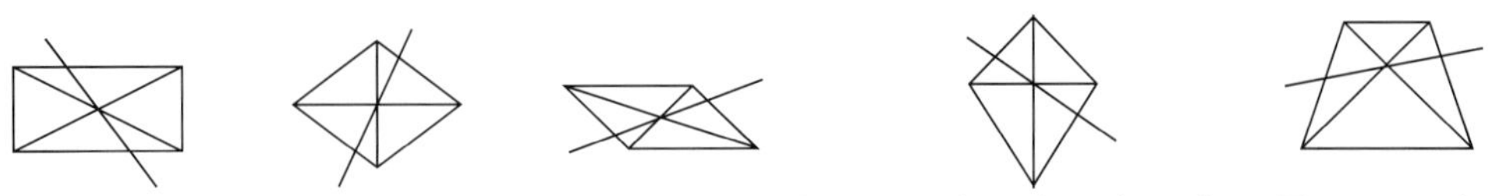

Rechteck: ja Raute: ja Parallelogramm: ja Drachenviereck: nein Trapez: nein

16 a)

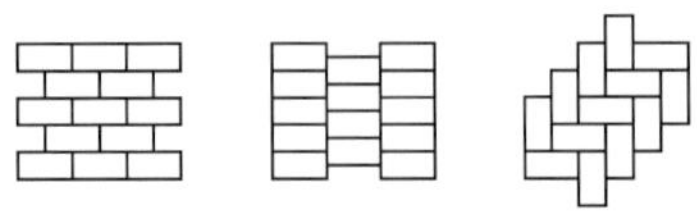

zu d)

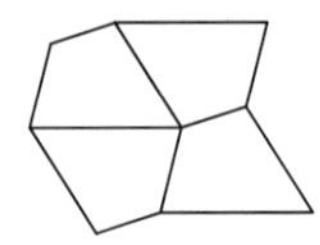

b) Dreieck, Parallelogramm, Trapez
c) Nein, da die Winkelsumme an den Eckpunkten 360° ergeben muss, was mit Innenwinkeln von 108° bei regelmäßigen Fünfecken nicht möglich ist.
d) Ja – siehe Figur rechts oben.

17 a)

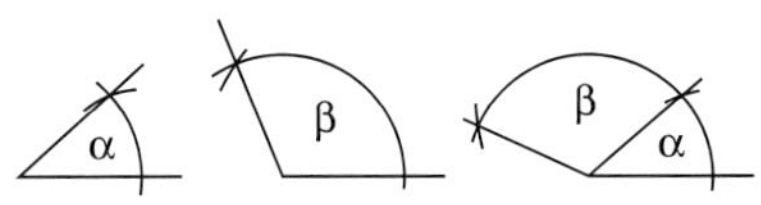

b)

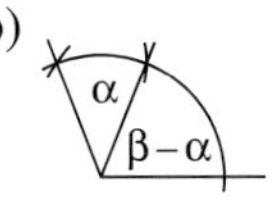

18

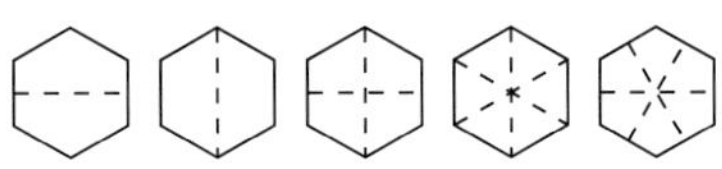

19 individuelle Lösungen

20 a) $\alpha = 80°$ $\beta = 40°$ b) $\alpha = 20°$ $\beta = 100°$

→AB Arbeitsblatt: Knobeleien mit kongruenten Figuren; Kopiervorlage S. 197

→ Zaubertrick: Kongruente Bögen; Kopiervorlage S. 199

2 Kongruenz von Dreiecken

S. 138 **1** individuelle Lösungen; die Arbeit mit der ganzen Klasse sollte sicherstellen, dass oft, aber nicht immer (es gibt keinen WWW- bzw. SSW-Satz!) kongruente Dreiecke entstehen.

2 Es entsteht immer das gleiche Dreieck, ggf. mit unterschiedlichem Umlaufsinn.

S. 141 **3** a)

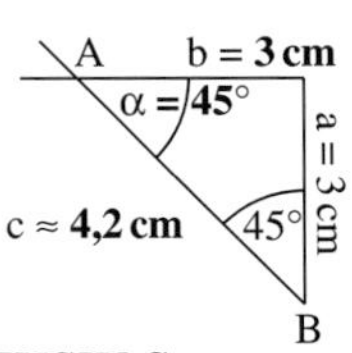

WSW-Satz

b)

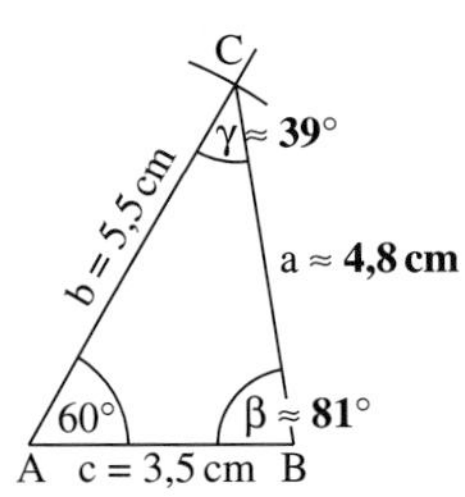

SWS-Satz

c)

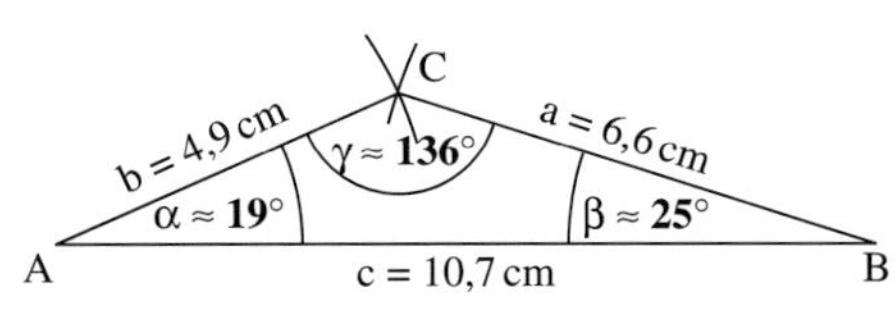

SSS-Satz

d)

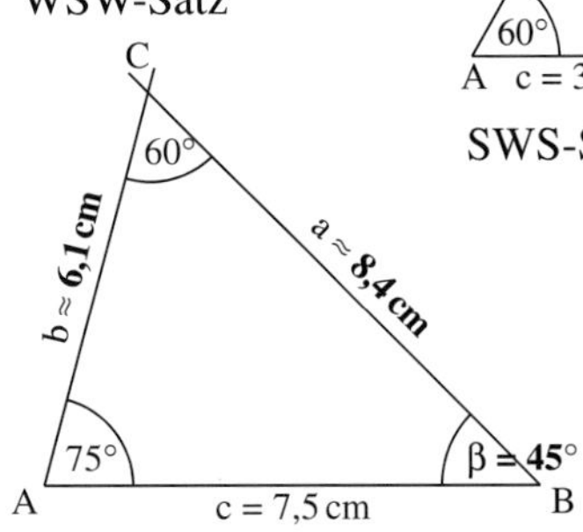

WSW-Satz

e)

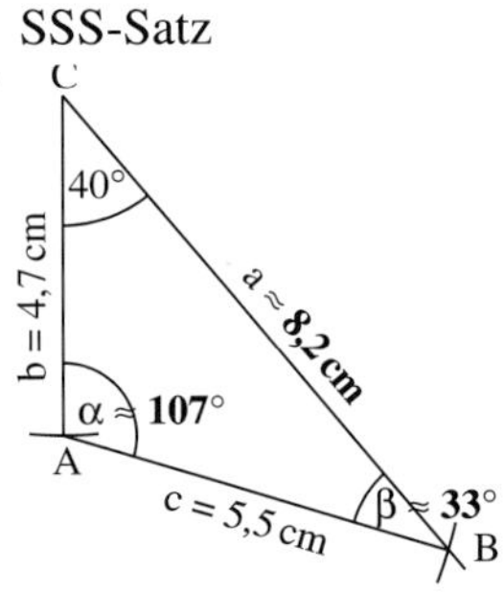

SsW-Satz

4 Lila Dreieck ≅ oranges Dreieck wegen Winkelsumme und SWW bzw. WSW
gelbes Dreieck ≅ braunes Dreieck wegen Winkelsumme und SWW bzw. WSW
braunes Dreieck ≅ blaues Dreieck wegen SsW; also auch gelbes Dreieck ≅ blaues Dreieck

5 a) ja (SSS-Satz)
b) nein (Dreiecke stimmen in zwei Seiten und dem Gegenwinkel der kleineren Seite überein (≠ SsW-Satz))
c) nein (Dreiecke stimmen zwar in allen Winkeln überein, man weiß aber nicht, wie lang die Seiten sind.)
d) ja (WSW-Satz ($\varepsilon = \beta$))
e) ja (SsW-Satz)
f) nein (Dreiecke stimmen zwar in einer Seite und zwei Winkeln überein, diese sind aber nicht gleichliegend (≠ WSW-Satz).)
g) individuelle Lösungen

6 Konstruktion von zwei Dreiecken nacheinander; Konstruktionsbeginn mit
a) Δ ABC b) Δ ADC c) Δ ADC oder Δ ABC d) Δ ADC
e) individuelle Lösungen

7 Es gibt drei verschiedene: 1) a = 5 cm; b = 5 cm; c = 2 cm
2) a = 3 cm; b = 4 cm; c = 5 cm 3) a = 4 cm; b = 4 cm; c = 4 cm
Alle anderen Kombinationen widersprächen der Dreiecksungleichung.

8 DGS-Dateien downloadbar im Internetauftritt

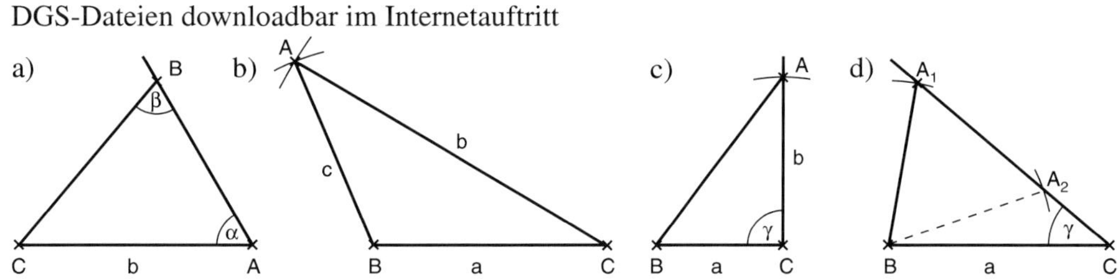

9

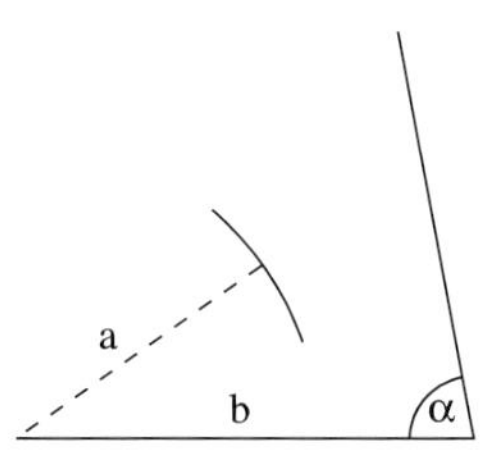

Nein! Der Winkel $\alpha = 80°$ liegt der kleineren der beiden Seiten gegenüber, woraus sich kein Schnittpunkt ergibt.

10

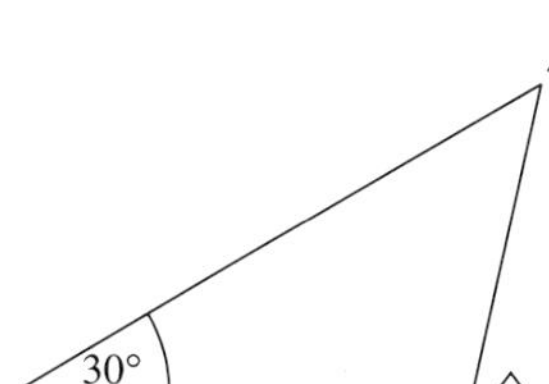

Der Zeichnung kann entnommen werden, dass die beiden Orte 4,2 km voneinander entfernt sind. Das Ergebnis kann allerdings nicht so genau angegeben werden, da die Wegweiser auch nur auf den Kilometer genau angegeben sind. Daher kann man sagen, die Orte sind rund 4 km voneinander entfernt.

S. 142

11 b = 3 a; 2 a + 2 b = 20
also 2 a + 2 · 3 a = 20; a = 2,5 cm; b = 7,5 cm
Konstruktion: Δ ABC nach SWS (a, b und $\beta = 90°$)
D erhält man durch Δ ACD nach SSS (Strecke [CD] = a und Strecke [DA] = b)

12

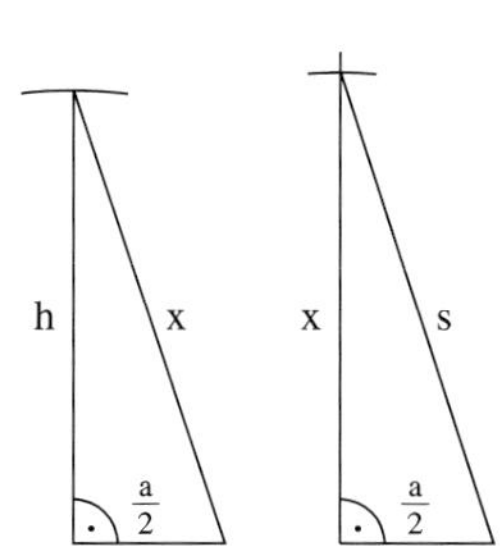

Die Dreiecke sind nicht kongruent zueinander.

13

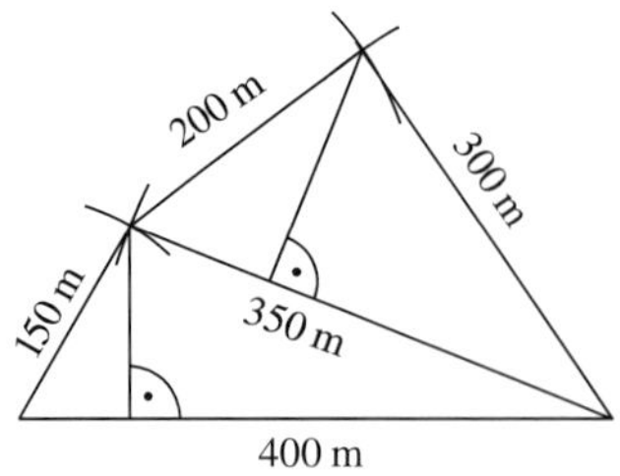

Für die Berechnung der Flächeninhalte der beiden Dreiecke sind die Höhen notwendig.
Diese bekommt man durch maßstabgetreue Konstruktion (SSS).
$A_1 \approx 0{,}5 \cdot 400\,\text{m} \cdot 130\,\text{m} \approx 2{,}6\,\text{ha}$
$A_2 \approx 0{,}5 \cdot 350\,\text{m} \cdot 170\,\text{m} \approx 3{,}0\,\text{ha}$
Seine Idee ist also ungerecht.

14

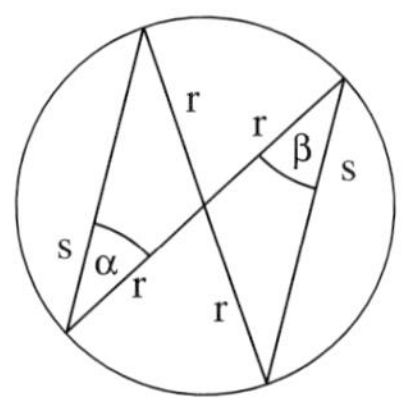

Verbindet man die äußeren Enden der (zu beweisenden) parallelen Sehnen, so geht diese Gerade durch den Mittelpunkt des Kreises (wegen Punktsymmetrie). Die entstehenden Dreiecke sind nach SSS kongruent. Z. B. die Winkel α und β sind also gleich groß und es handelt sich somit um Wechselwinkel an **parallelen** Geraden.

15 a) $\beta = 180° - \alpha - \gamma$
$= 180° - 115°$
$= 65°$

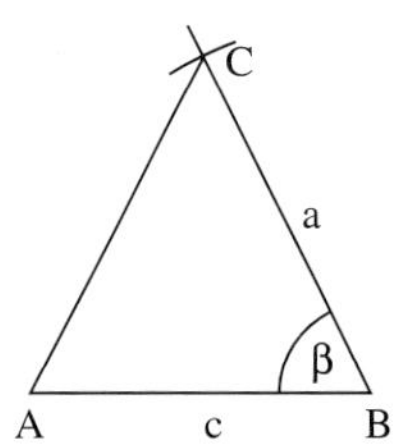

b) $\alpha + \beta + \gamma$
$= 2\beta + \beta + 2\beta + 20°$
$= 5\beta + 20° = 180°$
also $\beta = 32°$;
$\alpha = 2\beta = 64°$;
$\gamma = 2\beta + 20° = 84°$

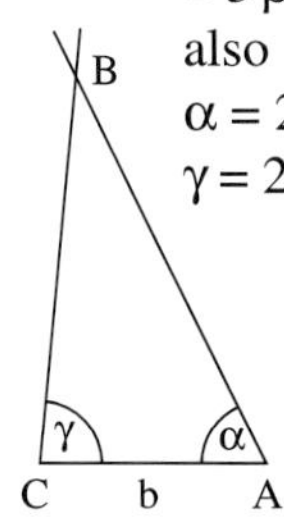

c) $\alpha + \beta + \gamma$
$= \beta + 50° + \beta + \beta - 20°$
$= 3\beta + 30° = 180°$
also $\beta = 50°$;
$\alpha = \beta + 50° = 100°$;
$\gamma = \beta - 20° = 30°$

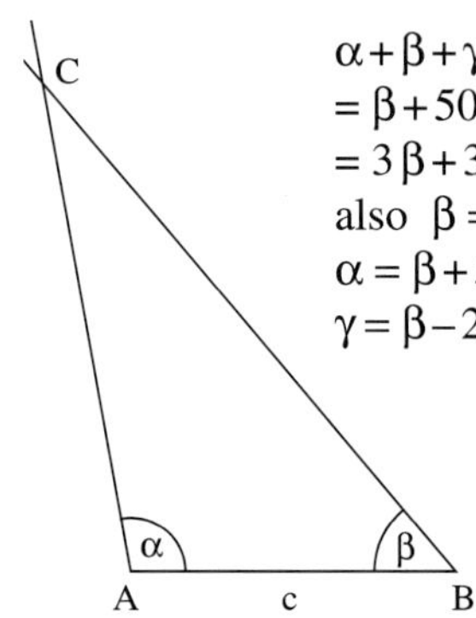

16 a) $\Delta ABD \cong \Delta HED$, da bei beiden Dreiecken zwei Seiten Würfelkanten sind und eine Seite Seitendiagonale ist.
ΔGFC und ΔBFD sind nicht kongruent, da bei ΔGFC zwei Seiten Würfelkanten sind und eine Seite Seitendiagonale ist, während bei ΔBFD nur eine Seite Würfelkante ist, eine Seite Seitendiagonale und eine Seite Würfeldiagonale ist. Dadurch sind die Seiten nicht gleich lang und die Dreiecke nicht kongruent.

b)

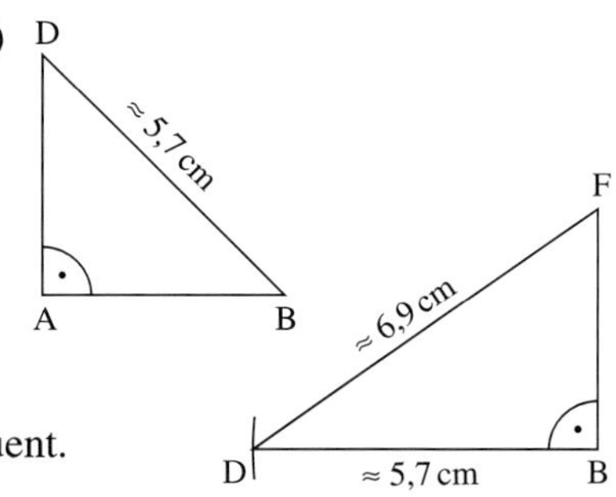

17 Falsch. Zwei Dreiecke, die in drei Winkeln übereinstimmen sind immer dann kongruent, wenn sie auch in mindestens einer Seite übereinstimmen. Nur aus der Aussage der Gleichheit der Winkel kann man allerdings nicht auf die Kongruenz der Dreiecke schließen: Es könnte auch eine maßstäbliche Vergrößerung oder Verkleinerung vorliegen.

18 a) Z. B. mit einem Stab wird der Felsen angepeilt und der Winkel zur Waagrechten mit einem Geodreieck gemessen. Dieses Anpeilen muss an beiden Stellen auf gleicher Höhe durchgeführt werden. Mit dem Abstand zwischen den Punkten, von denen man aus anpeilt, kann man in geeignetem Maßstab ein Dreieck (gemäß WSW) konstruieren. Hierin bestimmt man die Höhe des Felsens.

b) Zeichnung individuell (bei Maßstab 1 : 2000 ergibt sich: $h \approx 4{,}5\,\text{cm}$); der Höhenunterschied beträgt ca. 90 m.

c) individuelle Lösungen; Sinnvoll ist es auch, einen Punkt anzupeilen, der so zugänglich ist, dass z. B. mit einem Bandmaß das Ergebnis überprüft werden kann.

19 Verbindet man die Endpunkte gleichlanger Sehnen mit dem Mittelpunkt, so entstehen kongruente Dreiecke, da alle Seiten gleich lang sind (SSS-Satz). Der Abstand der Sehnen zum Mittelpunkt entspricht der Höhe auf die Sehne. Diese ist bei kongruenten Dreiecken gleich.

20 Quadrat: ΔDAS ≅ ΔABS ≅ ΔBCS ≅ ΔCDS; ΔDAB ≅ ΔABC ≅ ΔBCD ≅ ΔCDA
Rechteck: ΔDAS ≅ ΔBCS; ΔCDS ≅ ΔABS; ΔDAB ≅ ΔABC ≅ ΔBCD ≅ ΔCDA
Trapez: ΔDAS ≅ ΔBCS; ΔDAB ≅ ΔABC; ΔACD ≅ ΔBCD
Drachenviereck: ΔCDS ≅ ΔBCS; ΔDAS ≅ ΔABS; ΔCDA ≅ ΔABC
Raute: ΔABS ≅ ΔBCS ≅ ΔCDS ≅ ΔDAS; ΔDAB ≅ ΔBCD; ΔABC ≅ ΔCDA
Parallelogramm: ΔABS ≅ ΔCDS; ΔDAS ≅ ΔBCS; ΔDAB ≅ ΔBCD; ΔCDA ≅ ΔABC
Passender Kongruenzsatz ist stets SSS; es wird die Symmetrie ausgenutzt.

S. 143

21

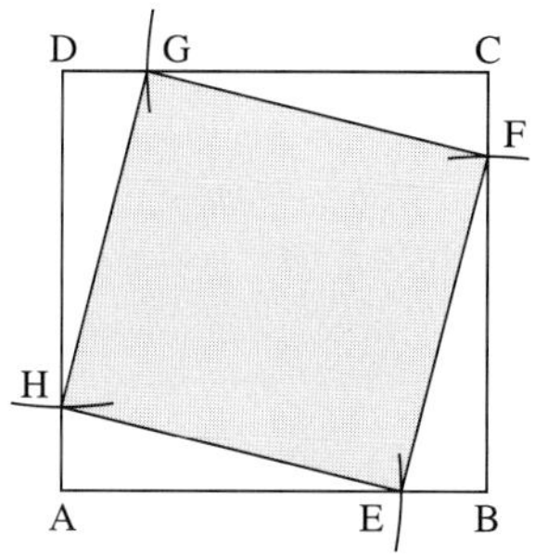

Es ist $\overline{AB} = \overline{BC} = \overline{CD} = \overline{DA}$, da ABCD ein Quadrat ist.
$\overline{AE} = \overline{BF} = \overline{CG} = \overline{DH}$, da gleichlange Strecken abgetragen werden.
Also $\overline{HA} = \overline{DA} - \overline{DH} = \overline{AB} - \overline{AE} = \overline{EB}$
Wegen ∢ EAH = ∢ FBE = 90° sind nach SWS ΔAEH und ΔBFE kongruent (und auch ΔCGF und ΔDHG).
Also gilt $\overline{HE} = \overline{EF} = \overline{FG} = \overline{GH}$.
Wegen ∢ BEF = ∢ AHE gilt dann auch:
∢ FEH = 180° − ∢ HEA − ∢ BEF
= 180° − ∢ HEA − ∢ AHE
= ∢ EAH = 90° (Winkelsumme in ΔAEH)
Dies lässt sich für alle Innenwinkel des gelben Vierecks zeigen; also handelt es sich um ein Quadrat.

22 a)

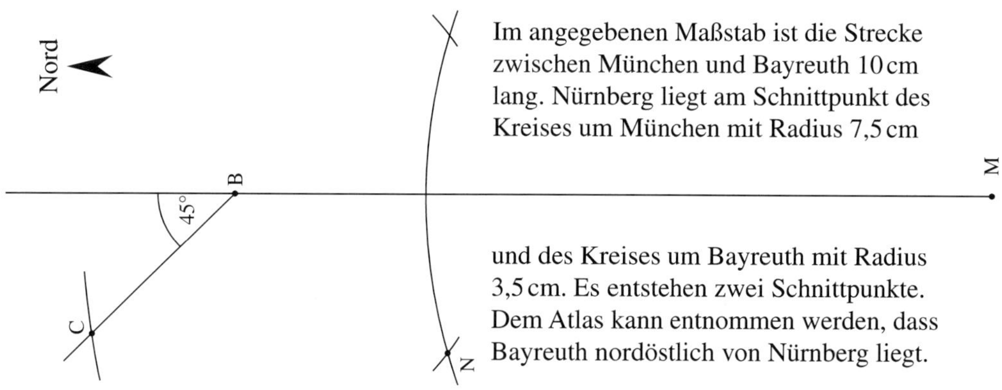

Im angegebenen Maßstab ist die Strecke zwischen München und Bayreuth 10 cm lang. Nürnberg liegt am Schnittpunkt des Kreises um München mit Radius 7,5 cm und des Kreises um Bayreuth mit Radius 3,5 cm. Es entstehen zwei Schnittpunkte. Dem Atlas kann entnommen werden, dass Bayreuth nordöstlich von Nürnberg liegt.

b) Coburg liegt auf dem freien Schenkel des in B an MB angetragenen Winkels 45° und auf dem Kreis um M mit Radius 12 cm.
Der Zeichnung entnimmt man: Coburg – Bayreuth: 52 km; Coburg – Nürnberg: 93 km

23 Man bringt an der Rückseite ein Stützkreuz an. Dadurch entstehen zwei Dreieckspaare. Die Dreiecke beider Paare sind nach dem Kongruenzsatz SSS festgelegt und damit stabil.

24 a) Man zeichnet einen Kreis um den Scheitel des gegebenen Winkels. Um den Scheitel des „neuen“ Winkels konstruiert man einen Kreis des gleichen Radius. Nun sticht man im gegebenen Winkel an der Stelle ein, an der der Kreis den einen Schenkel schneidet und nimmt die Strecke zum Schnittpunkt des Kreises mit dem anderen Winkelschenkel in den Zirkel. Diese Zirkeleinstellung behält man bei und sticht nun am „neuen“ Winkel an der Schnittstelle vom freien Schenkel und dem konstruierten Kreis ein. Mit dem noch eingestellten Zirkel konstruiert man nun einen Kreis und erhält einen Schnittpunkt zweier Kreise. Durch diesen verläuft der zweite Schenkel des „neuen“ Winkels.
b) Das Verfahren lässt sich durch den SSS-Kongruenzsatz begründen.

25

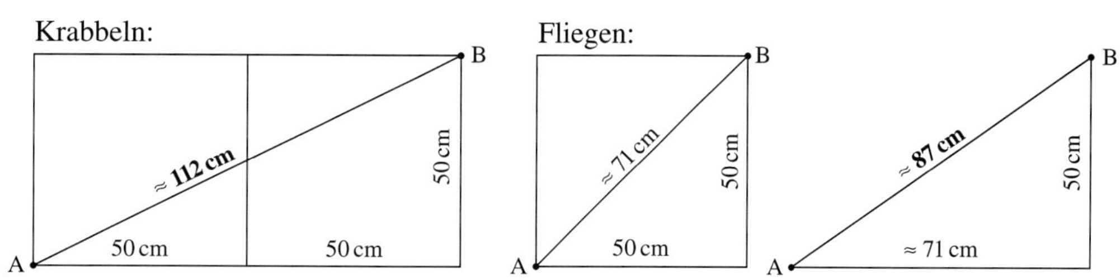

26 a)

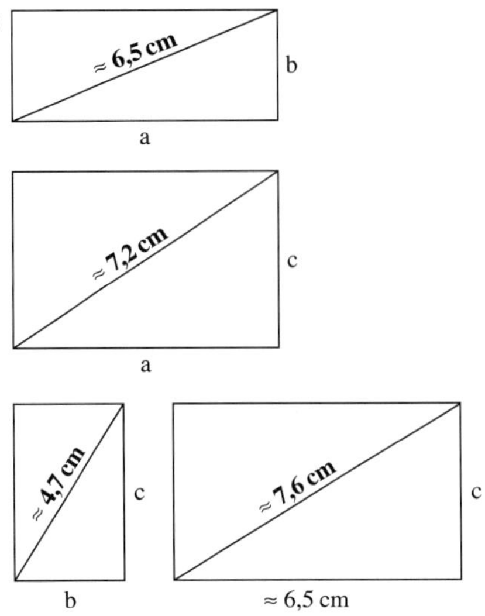

b)

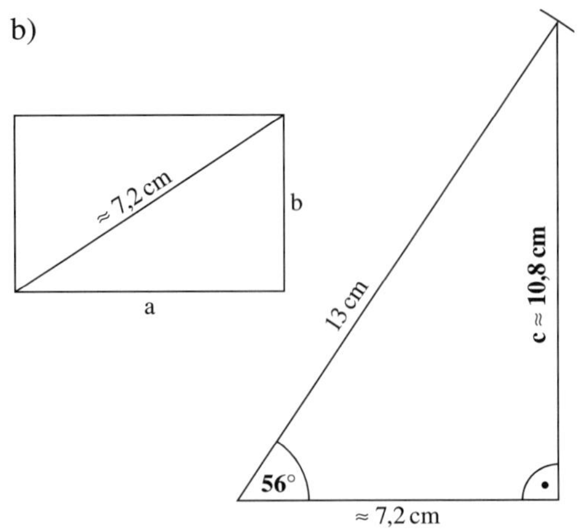

27 a)

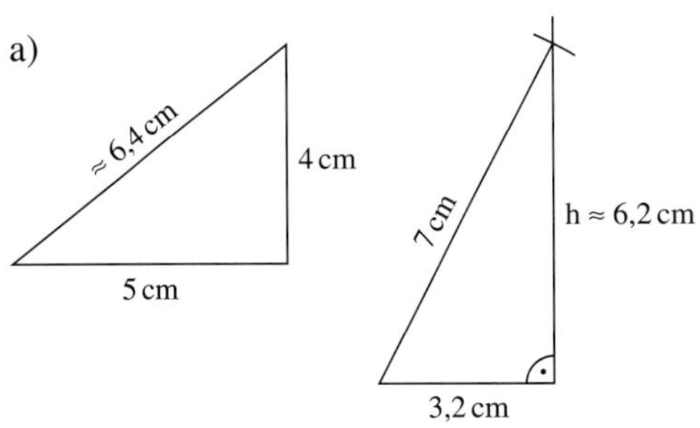

Um die Höhe zu ermitteln, benötigt man die halbe Diagonale der Grundfläche. Diese ist 3,2 cm lang. Die Höhe ist 6,2 cm lang.

b)

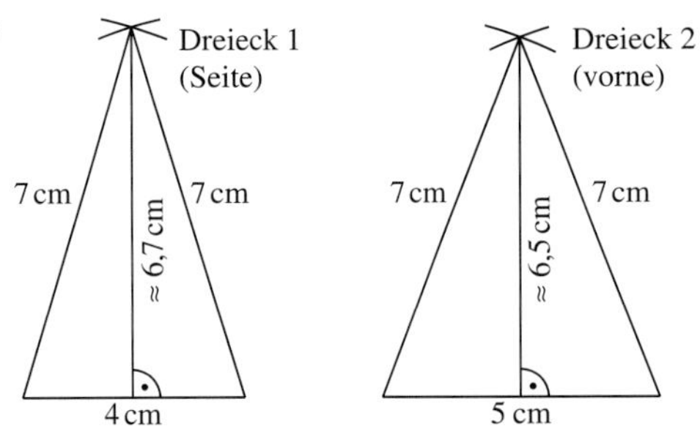

$O = A_{Rechteck} + 2 \cdot A_{\Delta 1} + 2 \cdot A_{\Delta 2}$
$= 4\,cm \cdot 5\,cm + 2 \cdot 0{,}5 \cdot 4\,cm \cdot 6{,}7\,cm + 2 \cdot 0{,}5 \cdot 5\,cm \cdot 6{,}5\,cm$
$= 20\,cm^2 + 26{,}8\,cm^2 + 32{,}5\,cm^2$
$= 79{,}3\,cm^2$

28 Konstruiert man um zwei vom Scheitelpunkt gleich weit entfernte Punkte (in diesem Fall: P und Q) Kreise mit demselben Radius, so schneiden sich die Kreise in einem Punkt R, der von den beiden Punkten P und Q gleich weit entfernt ist.
Außerdem sind die Punkte P und Q vom Scheitelpunkt S des Winkels gleich weit entfernt. Betrachtet man die Dreiecke ΔSQR und ΔSRP, so sind diese nach SSS kongruent; somit sind ihre Winkel bei S gleich groß, also halb so groß wie der ursprüngliche Winkel.

29

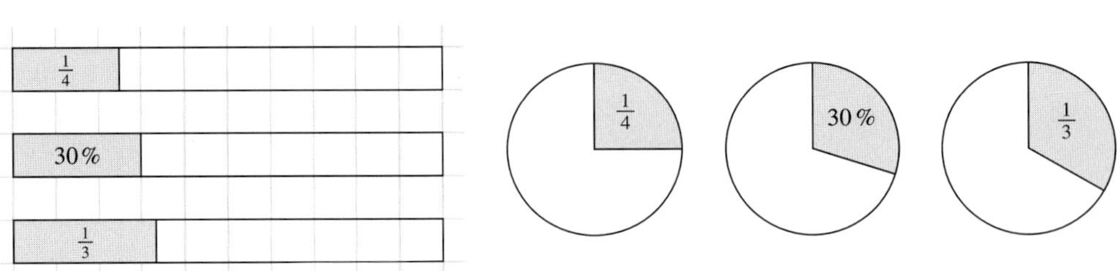

Beim 10 cm langen Balkendiagramm lassen sich $\frac{1}{4}$ (= 25 mm) und 30 % besonders leicht darstellen; nicht jedoch $\frac{1}{3}$. Anders wäre dies bei einem z. B. 30 cm langen Balkendiagramm.
Im Kreisdiagramm lassen sich $\frac{1}{4}$ und $\frac{1}{3}$ leicht darstellen (90° und 120°).
Beim Balkendiagramm lassen sich die Werte leicht vergleichen. Beim Kreisdiagramm lässt sich bei manchen Werten besonders gut der Anteil am Ganzen herauslesen, z. B. bei $\frac{1}{4}$ und $\frac{1}{2}$.

→TB Trainingsblatt: Winkel- und Streckenübertragung; Kopiervorlage S. 200

→TB Trainingsblatt: Dreieckskonstruktionen und Kongruenzsätze; Kopiervorlage S. 202

Spiel: Kongruenz-Kniffel; Kopiervorlage S. 204
Spiel für 2 – 3 Personen (Spieldauer 20 – 30 Min.)
Spiel zum Erwürfeln von Kongruenzsätzen

Material: Pro Gruppe drei Würfel mit den Seitenbeschriftungen α, β, γ, a, b und c, eventuell ein Würfelbecher.
Wollen mehr als drei Schüler in einer Gruppe spielen, so ist eine weitere Kopie notwendig.

3 Das gleichschenklige Dreieck

S. 144

1 Bei dieser Anordnung sind immer zwei Halteseilbefestigungen auf der Fahrbahn von der Stütze gleich weit entfernt. Dadurch wird die Last auf die Seile gleichmäßig verteilt und die Brücke steht stabil.

2 Hierfür gibt es mehrere Möglichkeiten, z. B.:

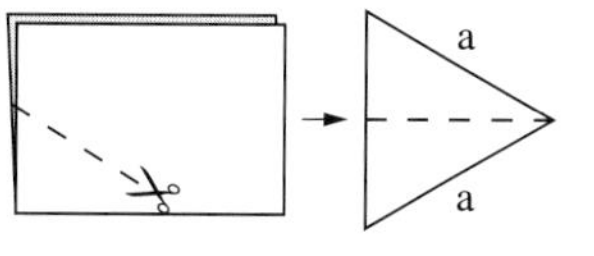

S. 146

3 Dachstuhl, Stehleiter, Fachwerk, Schaukelgestell, Kirchenportal, Fenster im Spitzgiebel, Verkehrszeichen, Zirkel, Geodreieck. Gründe für den Einsatz dieser Form können sein: Stabilität, Ästhetik, klare Form, Symmetrie in der Benutzung.

4 a)

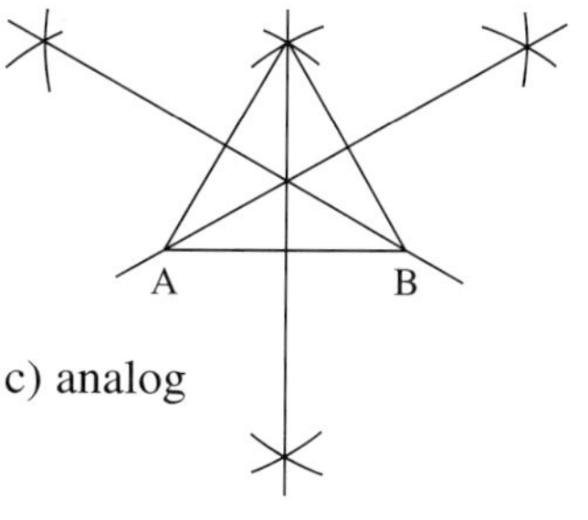

Konstruktion des Dreiecks durch SSS-Satz.

b), c) analog

5 a)

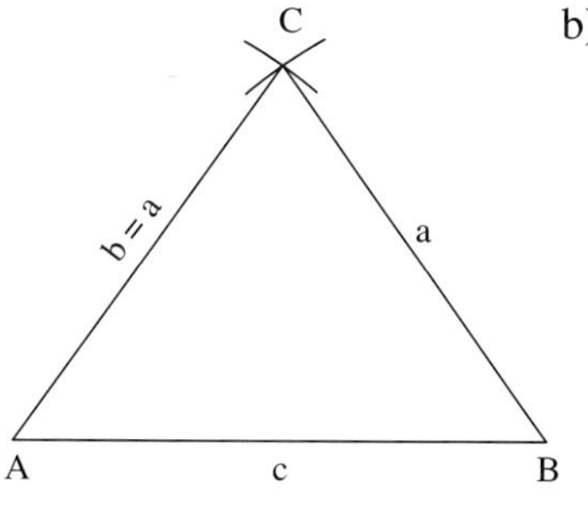

b)

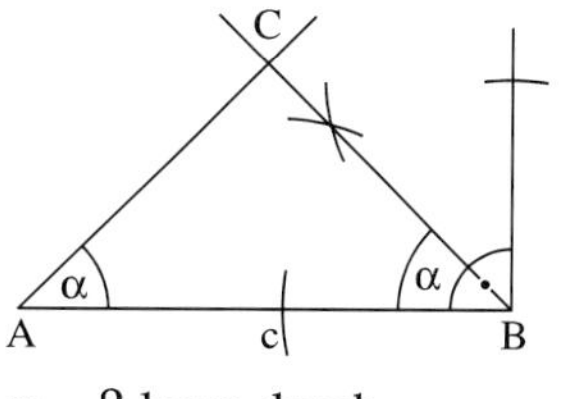

$\alpha = \beta$ kann durch Halbierung eines 90°-Winkels gezeichnet werden.

c) Konstruktion genauso wie in b), nur mit Basiswinkel $\beta = \gamma = 35°$

d) Konstruktion genauso wie in a), nur mit anderen Seitenlängen.

e)

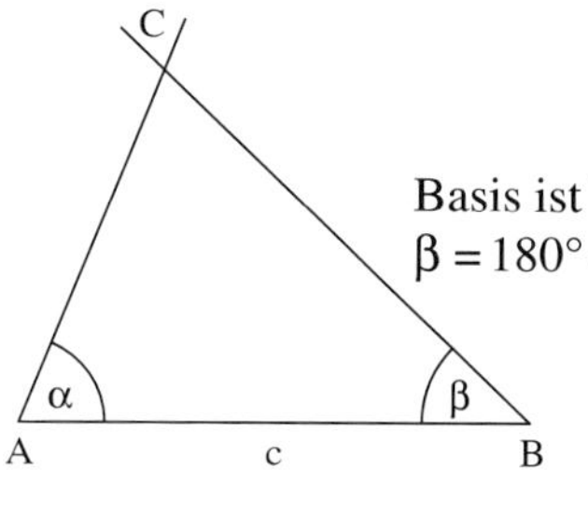

Basis ist b.
$\beta = 180° - \alpha - \gamma = 44°$

f) Alleine durch diese Angaben ist kein gleichschenkliges Dreieck konstruierbar, da ein Winkel oder die Länge der Basis fehlt.

6 a)

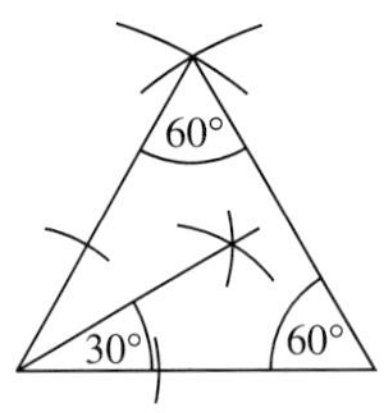

b)

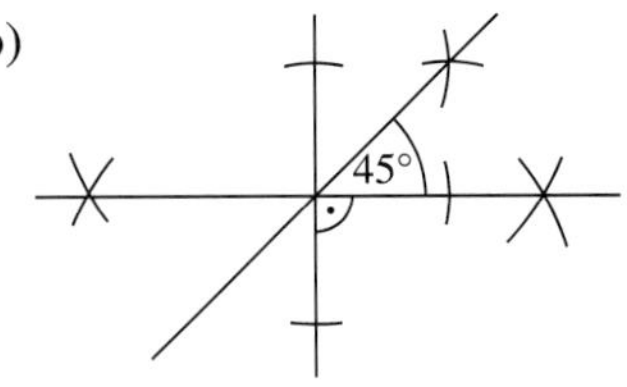

Durch Halbierung eines 60°-Winkels (90°-Winkels) erhält man einen 30°-(45°-)Winkel.

c)

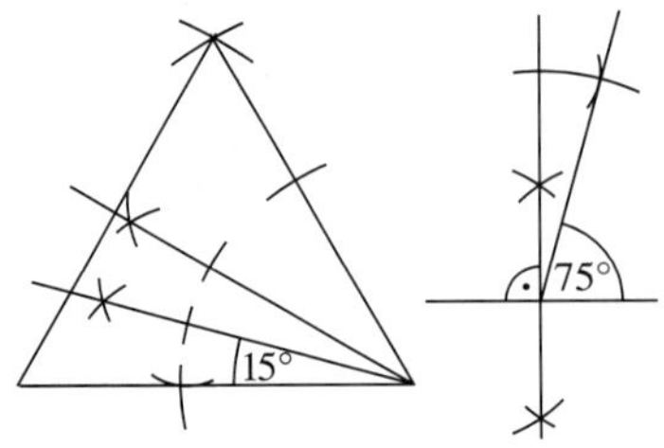

Durch zweimaliges Halbieren eines 60°-Winkels erhält man einen 15°-Winkel. Dieser wird nun von dem 90°-Winkel abgezogen, wodurch ein 75°-Winkel entsteht.

7 a) Eine Symmetrieachse
b) Das Kreuz müsste drei Balken haben, die jeweils senkrecht zu den Seiten stehen. Sie schneiden sich unter einem Winkel von 60°.

8 Es gibt Dreiecke, die gleichschenklig und rechtwinklig sind. Dabei muss der rechte Winkel zwischen den beiden Schenkeln liegen. Die Basiswinkel sind dann 45° groß.

9 a) 78°; 70°; 61,5°; 31,8°
b) 132°; 100°; 66°; 42,6°
c) $\alpha = (180° - \gamma) : 2$
d) $\gamma = 180° - 2 \cdot \alpha$

10 DGS-Datei downloadbar im Internetauftritt
individuelle Lösungen
Bei allen Dreiecken ist gleich, dass der größten Seite der größte Winkel gegenüberliegt und der kleinsten Seite der kleinste Winkel. (Seiten-Winkel-Beziehung)

S. 147

11 $\alpha = \beta = 75°$; $\varepsilon = 180° - \beta = 105°$ (Winkelsumme im gleichschenkligen Dreieck ABD);
$\delta = 180° - \frac{180° - \alpha}{2} = 127\frac{1}{2}°$ (Winkelsumme im gleichschenkligen Dreieck ABE).

12 a) Sie schneiden sich unter einem Winkel von 60° bzw. 120° (Nebenwinkel).
b) Die Symmetrieachsen zur Seite a und zur Seite b schneiden sich in S.
Es gilt: $\overline{BS} = \overline{CS}$; $\overline{AS} = \overline{CS}$ also $\overline{AS} = \overline{BS}$, also $S \in a_3$.

13 DGS-Datei downloadbar im Internetauftritt
individuelle Lösungen
Beobachtung: β ist doppelt so groß wie α, die Seite b aber nicht doppelt so lang wie a.

14 $a < \overline{BD} + \overline{DC}$ (Dreiecksungleichung); $\overline{AD} = \overline{BD}$, also $a < \overline{AD} + \overline{DC} = b$

15 Es handelt sich hier um gleichschenklige Dreiecke. Das sieht man daran, dass zwei der Winkel gleich groß sind.
$180° - 57° - 66° = 57°$; $180° - 72{,}5° - 53{,}75° = 53{,}75°$

16 a) Die gleichschenkligen Dreiecke stabilisieren.
b) Die unteren Teile der sich kreuzenden Balken sind etwa 2 m lang, die oberen 3 m. Die Balken bilden einen Winkel von ≈ 80°. Man zeichnet die beiden gleichschenkligen Dreiecke (im geeigneten Maßstab) und ermittelt die Summe der Basishöhen zu ≈ 3,5 m. Die Gesamthöhe beträgt somit ≈ 5,5 m.

17 Die Aussage ist wahr.
Begründung: In jedem Dreieck liegt der kürzesten Seite der kleinste Winkel gegenüber. Da die Winkelsumme eines Dreiecks 180° ist, kann höchstens ein Winkel stumpf (über 90°) sein. Das heißt, dass die anderen beiden spitz sind, also auch der gegenüber der kürzesten Seite.

18 a) M ist der Mittelpunkt des Kreisbogens durch A, B und C. Daher gilt: $\overline{PM} > \overline{CM}$. Wegen der Seiten-Winkel-Beziehung im Dreieck PMC ist also $\gamma > \alpha$. $\gamma = \alpha$ (= 0°) gilt nur dann, wenn C = B.
b) Der Winkel γ durchläuft alle Weiten von 0° bis 180°. Bei A hat er einen Wert von 180°, bei B hat er einen Wert von 0°.

19 a) $\delta = 70°$ (gleichschenkliges Dreieck)
b) $\varepsilon = 180° - 70° - 70° = 40°$ (Winkelsumme im Dreieck);
$\beta = 180° - 40° - 110° = 30°$ (Winkelsumme im Dreieck bzw. Nebenwinkel von δ)

20 a)

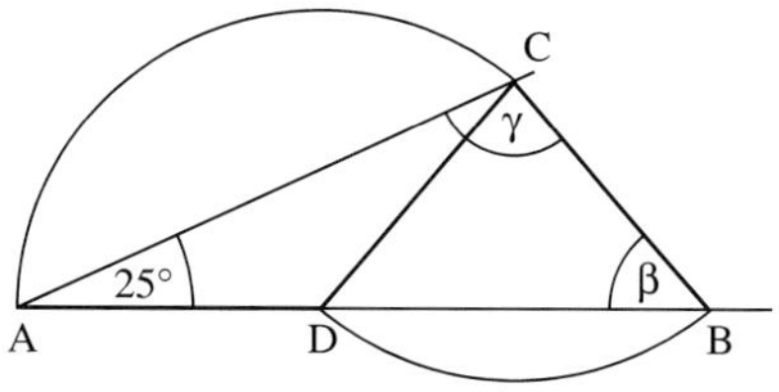

$\sphericalangle$ ACD = $\alpha = 25°$ (Δ ADC gleichschenklig)
also $\sphericalangle$ CDA = $180° - 2\alpha = 130°$ (Winkelsumme)

$\sphericalangle$ BDC = 50° (Nebenwinkel zu $\sphericalangle$ CDA)
$\beta = \sphericalangle$ BDC = 50° (Δ DBC gleichschenklig)

$\gamma = 180° - \alpha - \beta = 180° - 3\alpha = 105°$ (Winkelsumme)

b) $90° = \gamma = 180° - 3\alpha \quad | -90° + 3\alpha$
$3\alpha = 90°$, also $\alpha = 30°$

c) Da $\beta = 2 \cdot \alpha$ gilt, kann das Dreieck nur gleichschenklig werden mit
$\alpha = \gamma$, dann gilt: $\gamma = 180° - 3 \cdot \alpha = \alpha$, also $\alpha = 45°$;
oder mit $\beta = \gamma$, dann gilt: $\alpha = 36°$.
Für $\alpha = 45°$ gibt es allerdings wegen $\beta = 90°$ keine zwei Teildreiecke mehr.

S. 148

21 $\alpha_1 = \beta$ (Wechselwinkel) und $\beta = \gamma$ (Basiswinkel), also $\gamma = \alpha_1 = 180° - 125° = 55°$

22 Das Dreieck ABC ist gleichschenklig, denn: $\sphericalangle$ (g, w) = $\sphericalangle$ CBA (Wechselwinkel an Parallelen), $\sphericalangle$ (g, w) = $\sphericalangle$ BAC (nach Voraussetzung), $\sphericalangle$ BAC = $\sphericalangle$ CBA.

23 Im gleichschenkligen Dreieck ABC gilt: $\alpha = \beta$;
im gleichschenkligen Dreieck ABD gilt: $\left(180° - \frac{\alpha}{2}\right) : 2 = \beta$; also $\left(180° - \frac{\alpha}{2}\right) = 2\alpha$;
Multiplikation mit 2 liefert $360° - \alpha = 4\alpha$; also $360° = 5\alpha$;
d.h. $\alpha = 72°$; $\beta = 72°$; $\gamma = 180° - \alpha - \beta = 36°$; demnach ist $\overline{AD} = \overline{DC}$, da $\frac{\alpha}{2} = \gamma$.

24 DGS-Datei downloadbar im Internetauftritt.
a) Es wird zunächst $\overline{AC} = \overline{BC}$ vorausgesetzt.
Da Δ ABM gleichseitig ist, folgt $\alpha = 60°$ und $\sphericalangle$ BMC = 120° + 30° = 150°. Da ΔBCM gleichschenklig ist, ist $\sphericalangle$ MBC = (180° – 150°) : 2 = 15°, also $\beta = 30°$ und somit $\alpha + \beta = 90°$.
b) Auf $\overline{AC} = \overline{BC}$ kann verzichtet werden:
$$\beta = \frac{180° - \sphericalangle CMA}{2} + \frac{180° - \sphericalangle BMC}{2} = \frac{360° - (\sphericalangle CMA + \sphericalangle BMC)}{2} = \frac{360° - (360° - 60°)}{2} = 30°$$
β bleibt unverändert, wenn C auf dem Kreisbogen wandert.

25 a) gleichschenkliges Dreieck:

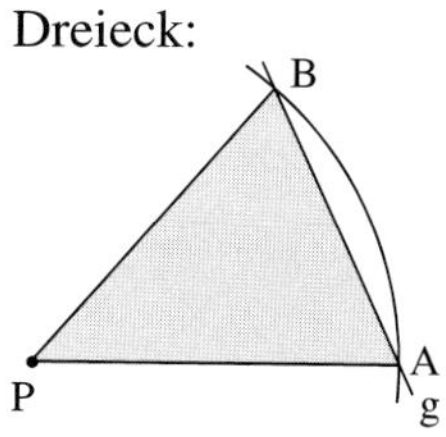

1. genügend großen Kreisbogen um P zeichnen, der g zweimal schneidet.

gleichseitiges Dreieck:

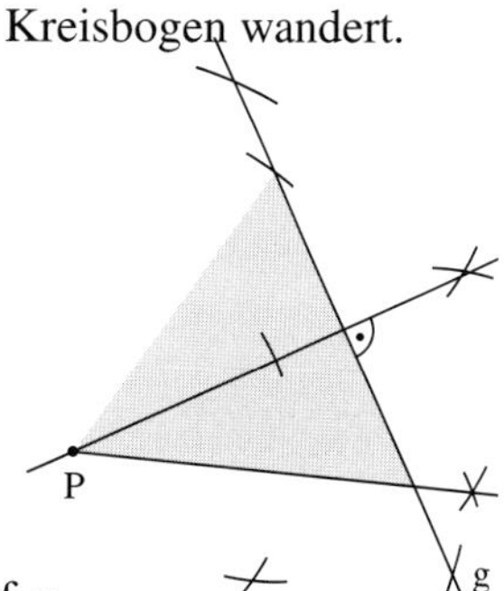

1. Lot von P auf g
2. am Lot anliegender 60°-Winkel mit Scheitel P
3. Winkelhalbierende dieses Winkels bis zum Schnittpunkt mit g ist eine Seite des gesuchten Dreiecks
4. Konstruktion des gleichseitigen Dreiecks durch Übertragen dieser Seite

b)

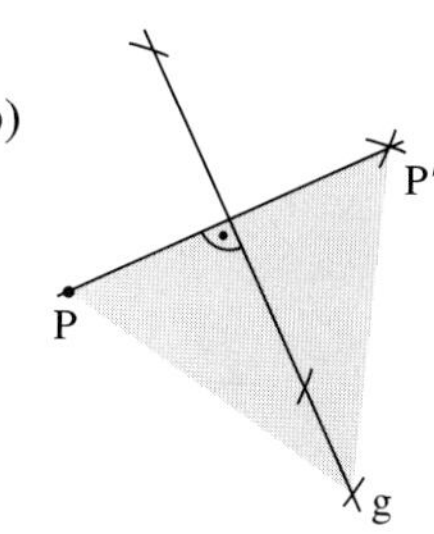

1. P an g spiegeln
2. Kreis um P mit Radius $\overline{PP'}$ liefert
3. Ecke des gesuchten Dreiecks

26 Konstruktion des Lotes zur Winkelhalbierenden durch den Punkt P.

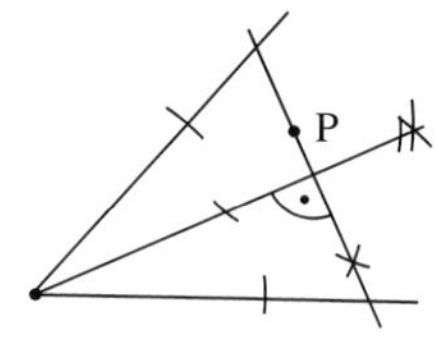

27 a) $2x + 2x + x = 18\,\text{cm}$ (x ist die Grundseite)
$x = 3{,}6\,\text{cm}$, die Schenkel sind also 7,2 cm lang.
b) $x + x + (x + 3\,\text{cm}) = 18\,\text{cm}$ (x ist die Länge eines Schenkel)
$x = 5\,\text{cm}$, die Grundseite ist also 8 cm lang.

28

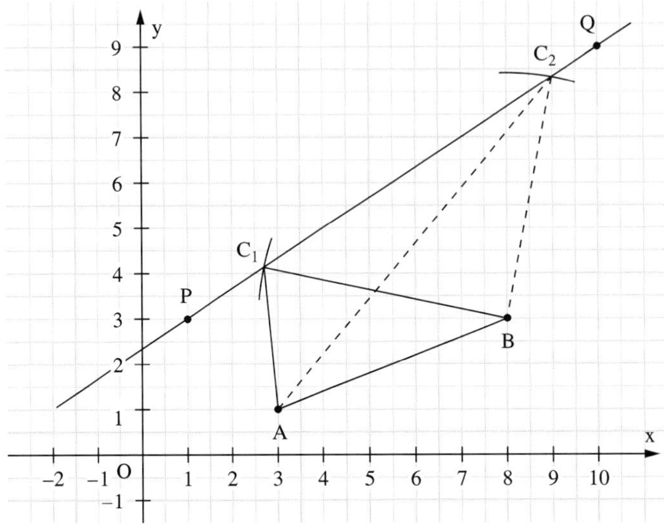

Es gibt zwei solcher Dreiecke.

29

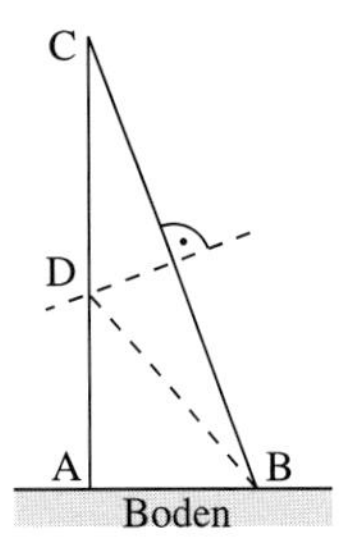

$\overline{AB} = 2{,}25\,\text{cm}$
$\overline{AC} = 6{,}0\,\text{cm}$

Das Dreieck BCD ist gleichschenklig. Also kann D mit Hilfe der Mittelsenkrechten von [BC] bestimmt werden. Die Bruchstelle befindet sich in etwa 5,2 m Höhe.

30 a) $x \cdot 5 + 3$ b) Ist die Variable ungerade, ergibt sich eine gerade Zahl, ist sie gerade, ergibt sich eine ungerade Zahl.

31 a) 10 b) $\frac{23}{12}$

→AB Arbeitsblatt: Knobeleien mit gleichschenkligen Dreiecken; Kopiervorlage S. 205

4 Satz und Kehrsatz

S. 149

1 Der Werbetext wäre korrekterweise durch „Wenn ein Sportler erfolgreich ist, dann trinkt er Eiso-Sun“ zu ersetzen. Der Slogan möchte aber suggerieren „Wenn ein Sportler Eiso-Sun trinkt, dann ist er erfolgreich.“
Um den ersten Satz nachzuprüfen, müsste man schauen, welche Getränke erfolgreiche Sportler trinken. Trinken alle Eiso-Sun, wäre der Satz richtig.
Zur Überprüfung des zweiten Satzes müsste man testen, ob alle Sportler, die Eiso-Sun trinken, auch erfolgreich sind.

S. 150

2 a) Wenn ein Dreieck gleichschenklig ist, dann sind die Basiswinkel gleich groß.
Kehrsatz: Wenn in einem Dreieck die Basiswinkel gleich groß sind, dann ist es gleichschenklig. Der Kehrsatz ist wahr.
b) Wenn ein Dreieck drei gleich große Winkel hat, dann ist es gleichseitig.
Kehrsatz: Wenn ein Dreieck gleichseitig ist, dann hat es drei gleich große Winkel.
Der Kehrsatz ist wahr.
c) Wenn eine Zahl gerade ist, dann ist ihre Quadratzahl ebenfalls gerade.
Kehrsatz: Wenn eine Quadratzahl gerade ist, dann war die zu quadrierende Zahl auch gerade. Der Kehrsatz ist wahr.
d) Wenn Stufenwinkel an zueinander parallelen Geraden liegen, dann sind sie gleich groß.
Kehrsatz: Wenn Stufenwinkel gleich groß sind, dann liegen sie an zueinander parallelen Geraden. Der Kehrsatz ist wahr.
e) Wenn Wechselwinkel an zueinander parallelen Geraden liegen, dann sind sie gleich groß.
Kehrsatz: Wenn Wechselwinkel gleich groß sind, dann liegen sie an zueinander parallelen Geraden. Der Kehrsatz ist wahr.
f) Wenn ein Viereck ein Quadrat ist, dann hat es gleich lange Seiten.
Kehrsatz: Wenn ein Viereck gleich lange Seiten hat, dann ist es ein Quadrat.
Der Kehrsatz ist falsch (Raute!).
g) Wenn Dreiecke kongruent sind, dann haben sie den gleichen Umfang.
Kehrsatz: Wenn Dreiecke den gleichen Umfang haben, dann sind sie kongruent.
Der Kehrsatz ist falsch.

3 individuelle Lösungen
Beispiel: „Ist morgen schönes Wetter, komme ich ins Freibad.“
Wenn-dann-Form: „Wenn morgen schönes Wetter ist, dann komme ich ins Freibad.“
Kehrsatz: „Wenn ich morgen ins Freibad komme, dann ist schönes Wetter.“
Der Kehrsatz ist falsch, denn man könnte ja auch bei schlechtem Wetter ins Freibad gehen.

4 a) Falsch; der dritte Winkel ist nur dann stumpf, wenn die Summe der beiden spitzen Winkel kleiner als 90° ist.
b) Wahr; die Summe von drei spitzen Winkeln ist kleiner als 270°, der vierte Winkel ist damit größer als 90° und somit stumpf.
c) Falsch; in einem Produkt von drei natürlichen Zahlen müssen alle drei Faktoren ungerade sein, damit sich ein ungerader Produktwert ergibt.
d) Wahr; Primzahlen größer als 2 sind ungerade, da sie sonst mindestens durch 2 teilbar und damit keine Primzahlen mehr wären.

5 Gegenbeispiel: 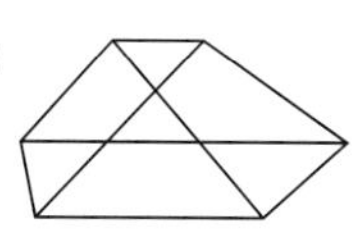

S. 151

6 a) Wahr, da die gegenüberliegende Seite als Bild der Punktspiegelung parallel ist.
Kehrsatz: Wenn ein Viereck ein Parallelogramm ist, dann ist es punktsymmetrisch.
Wahr, da jedes Parallelogramm punktsymmetrisch zum Schnittpunkt seiner Diagonalen ist.
b) Wahr, denn Vierecke mit 4 gleichen Seiten sind Rauten und diese sind achsensymmetrisch.
Kehrsatz: Wenn ein Viereck achsensymmetrisch ist, dann ist es gleichseitig.
Falsch, denn z. B. achsensymmetrische Trapeze sind nicht gleichseitig.

7 a) Wenn man zwei gerade Zahlen addiert, dann ist das Ergebnis wieder eine gerade Zahl.
Begründung: $a + b = 2a' + 2b' = 2(a' + b')$ ist durch 2 teilbar.
b) Wenn ein Dreieck gleichseitig ist, dann ist es nicht rechtwinklig.
Begründung: Im gleichseitigen Dreieck sind alle Winkel gleich groß, nämlich 60°.
c) Wenn ein Dreieck rechtwinklig ist, dann ist es nicht gleichseitig.
Begründung: Im gleichseitigen Dreieck haben alle Winkel 60°. Ein rechtwinkliges Dreieck kann daher nicht gleichseitig sein.
d) Wenn ein Rechteck drei gleich große Seiten hat, dann ist es ein Quadrat.
Begründung: In einem Rechteck sind gegenüberliegende Seiten immer gleich lang.
Daher ist auch die vierte Seite genauso lang wie die anderen.

8 mögliche Begründungen:
a) Gegenbeispiel: Ein Dreieck mit $\alpha = 60°$; $\beta = 30°$; $\gamma = 90°$ ist nicht gleichseitig.
b) Gegenbeispiel: Das Rechteck mit $a = 6\,cm$; $b = 4\,cm$; $c = 6\,cm$; $d = 4\,cm$ ist kein Quadrat.
c) Gegenbeispiel:

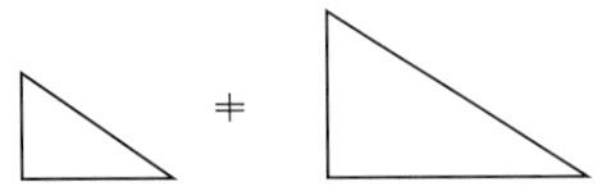

d) Gegenbeispiel:

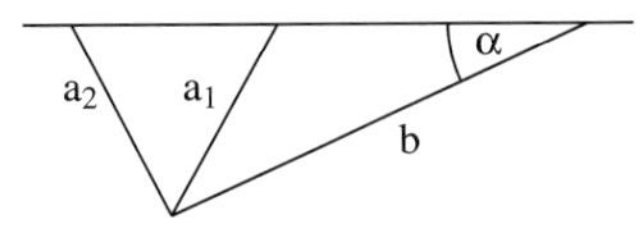

9 Wenn sich die Diagonalen eines Vierecks halbieren, dann besitzt es mindestens zwei gleich lange Seiten.
Begründung: Die Endpunkte der Diagonalen sind also punktsymmetrisch bezüglich des Diagonalenschnittpunktes. Also ist das Viereck punktsymmetrisch, also ein Parallelogramm und besitzt sogar 2 Paare gleich langer Seiten.
Wenn ein Viereck achsensymmetrisch zu einer Diagonalen ist, dann sind die Diagonalen orthogonal.
Begründung: Die zweite Diagonale verbindet die beiden zueinander symmetrischen Eckpunkte des Vierecks. Ihre Verbindungslinie (d. h. die 2. Diagonale) ist orthogonal zur Symmetrieachse (d. h. zur 1. Diagonalen).
Wenn ein Viereck keine stumpfen Winkel hat, dann ist es ein Rechteck.
Begründung: Wenn alle Winkel $\leq 90°$ sind, dann müssen sie wegen der Winkelsumme 360° im Viereck bereits 90° groß sein.

10 Die drei Terme sind nicht äquivalent zueinander.
Beispiel: $T_1(2) = 6$; $T_2(2) = 6$; $T_3(2) = -1{,}2$

11 falsch: $7^2 + 6^2 = 85$; 85 ist durch 5 teilbar und keine Quadratzahl.

12 Mittelsenkrechte und Winkelhalbierende schneiden sich auf der Kreislinie.
Wenn man in einem Dreieck ABC die Mittelsenkrechte zu einer Seite und die Winkelhalbierende des gegenübeliegenden Winkel einzeichnet, dann schneiden sich diese auf dem Umkreis des Dreiecks.
An zwei individuellen Beispielen soll diese Aussage geprüft werden.

13

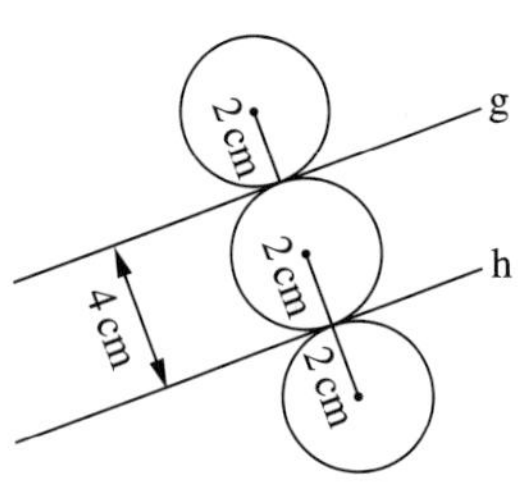

Hat der Mittelpunkt von g den Abstand 2 cm, dann berührt er g.
Hat er von h den Abstand 2 cm, dann berührt er h.
Hat er von beiden den Abstand 2 cm, dann berührt er beide.

5 Das rechtwinklige Dreieck – der Satz des Thales

Zum Satz des Thales gibt es eine interessante Lernumgebung in:
CD-ROM: Geonext, Dynamische Arbeitsblätter Mathematik, Klasse 7/8, P. Baptist (Hrsg.) Friedrich Verlag, www.friedrich-verlag.de

S. 152 **1** DGS-Datei downloadbar im Internetauftritt
Das Schiff liegt auf einem Halbkreis, dessen Mittelpunkt die Mitte zwischen den beiden Leuchttürmen ist.

S. 154 **2** Man zeichnet eine Geradenkreuzung und trägt vom Schnittpunkt aus auf drei der Halbgeraden je eine gleich lange Strecke ab. Die 3 Endpunkte bilden die Ecken eines rechtwinkligen Dreiecks.

3 a) 45°

b)

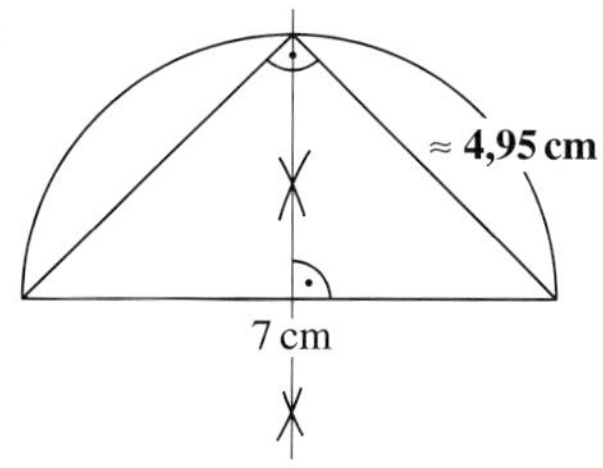

4 a)

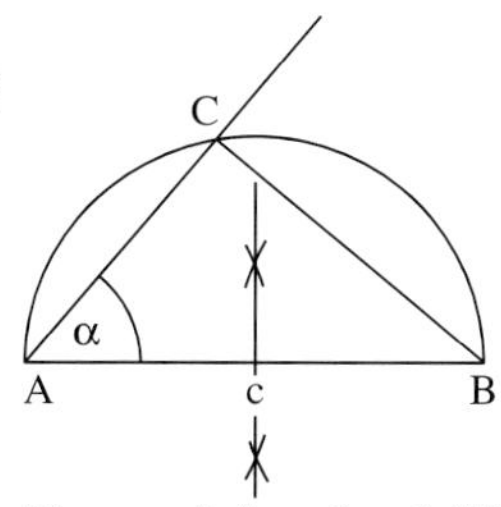

Konstruktion durch WSW oder mit Hilfe des Thaleskreis über c = [AB]

b)

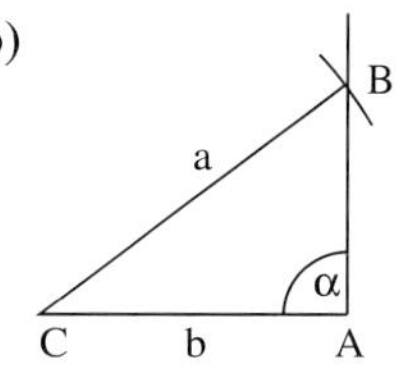

Konstruktion durch SSW oder mit Hilfe des Thaleskreis über [BC]

c)

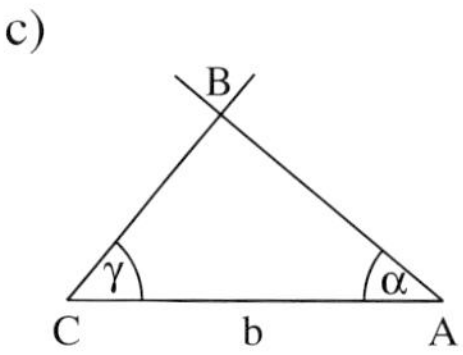

Konstruktion durch WSW oder mit Hilfe des Thaleskreis über b

d)

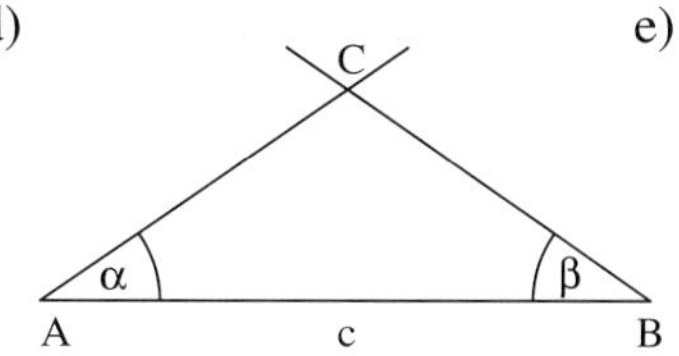

Konstruktion durch WSW ($\alpha = \beta = 45°$) oder mit Hilfe des Thaleskreis über [AB]

e)

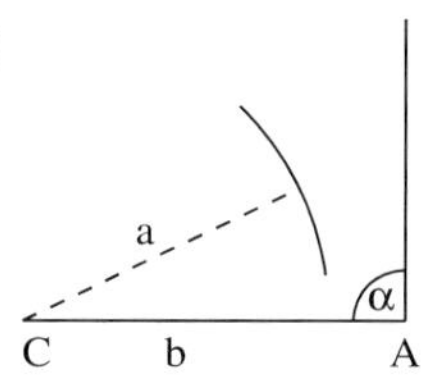

Nicht konstruierbar, da die Seite a kürzer als die Seite b ist und somit kein Dreieck entsteht.

f)

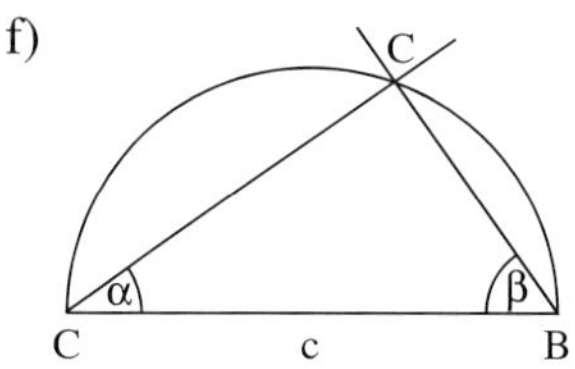

Konstruktion durch WSW oder mit Hilfe des Thaleskreis über c

g) Es gibt unendlich viele solcher Dreiecke. Für die Eindeutigkeit sind jedoch mindestens drei Angaben nötig.

5 DGS-Datei downloadbar im Internetauftritt
Beobachtung: Liegt C innerhalb des Thaleskreises, so ist der Winkel γ größer als 90°. Außerhalb des Thaleskreises ist γ kleiner als 90°.

6 Man verbindet P mit irgendeinem Punkt Q auf g und zeichnet um den Mittelpunkt M von [PQ] einen Kreis mit Radius $\overline{MP}$. Verbindet man P mit dem zweiten Schnittpunkt dieses Kreises mit g, so erhält man die Senkrechte durch P (Satz des Thales).

7

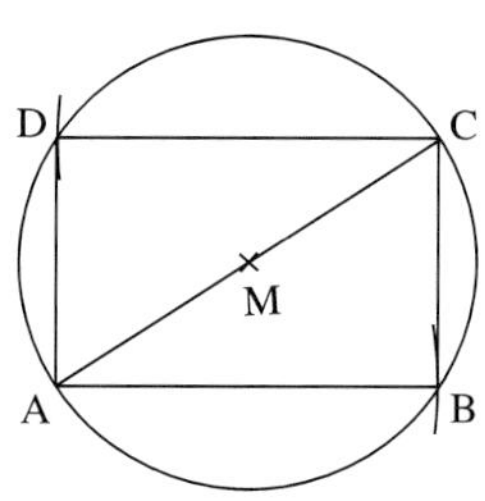

Über der Strecke [AC] mit $\overline{AC}$ = 6 cm wird der Thaleskreis gezeichnet und um A und um C jeweils ein Kreis mit r = 5 cm. Diese Kreise schneiden den Thaleskreis in B bzw. D.

8 a)

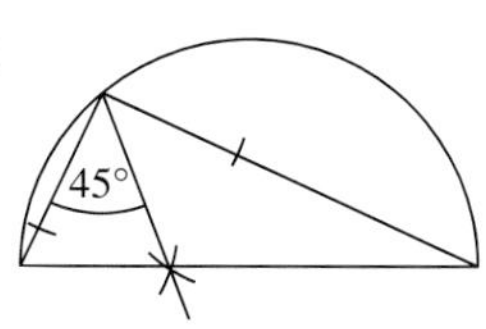

Wenn man von einem beliebigen Punkt auf dem Thaleskreis Strecken zu den Endpunkten des Durchmessers zeichnet, entsteht an diesem Punkt ein 90°-Winkel. Halbiert man ihn durch eine Winkelhalbierende, entstehen zwei 45°-Winkel.

b)

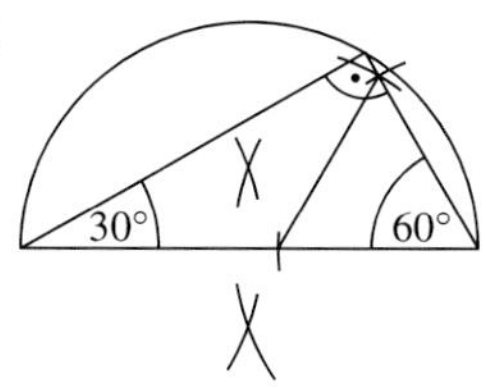

Man konstruiert zuerst einen Thaleskreis über einer Strecke und einen 60°-Winkel mit dem Scheitel in einem Endpunkt.
Die Halbgerade durch den anderen Endpunkt der Strecke und den Schnittpunkt vom freien Schenkel des 60°-Winkels mit dem Thaleskreis ist der freie Schenkel des 30°-Winkels (wegen Winkelsumme im Dreieck).

9 DGS-Datei downloadbar im Internetauftritt oder Nachbau z. B. mit Konstruktionsbaukasten

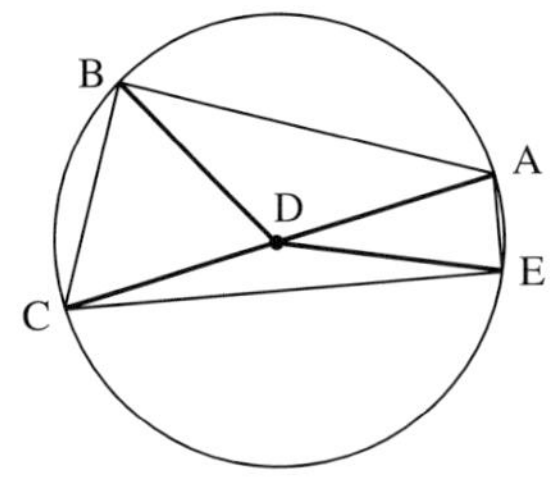

Hat das Viereck **einen** rechten Winkel z. B. bei B, so liegt wegen des Satzes von Thales B auf dem Thaleskreis über [AC].
Weil die Stäbe alle gleich lang sind, liegt dann auch E auf diesem Thaleskreis und auch der Winkel bei E ist ein rechter.

(1) Also gibt es kein solches Viereck mit nur einem rechten Winkel.
(2) Die Figur zeigt ein Viereck mit zwei rechten Winkeln.
(3) Ein Viereck mit genau drei rechten Winkeln kann es nicht geben, da wegen der Winkelsumme im Viereck dann auch der 4. Winkel ein rechter ist.
(4) Liegen je zwei gegenüberliegende Stäbe auf einer Geraden (= Diagonalen), so ergibt sich ein Rechteck, da jede Ecke auf einem Thaleskreis über einer Diagonalen liegt.

S. 155 **10** a) Beispiele:

Wenn ein Dreieck gleichschenklig ist, dann sind die Basiswinkel gleich groß.
Kehrsatz: Wenn in einem Dreieck die Basiswinkel gleich groß sind, dann ist es gleichschenklig.
Wenn ein Dreieck drei gleich große Winkel hat, dann ist es gleichseitig.
Kehrsatz: Wenn ein Dreieck gleichseitig ist, dann hat es drei gleich große Winkel.
Wenn ein Dreieck bei C einen rechten Winkel hat, dann liegt C auf dem Thaleskreis über [AB].
Kehrsatz: Wenn bei einem Dreieck C auf dem Thaleskreis über [AB] liegt, dann ist der Winkel bei C ein rechter.
Wenn Stufenwinkel an zueinander parallelen Geraden liegen, dann sind sie gleich groß.
Kehrsatz: Wenn Stufenwinkel gleich groß sind, dann liegen sie an zueinander parallelen Geraden.

b) individuelle Lösungen

11 DGS-Datei downloadbar im Internetauftritt
Der Punkt C bewegt sich auf einem Halbkreis über [AB], dem Thaleskreis.

12 Es wird jeweils der Thaleskreis über [MP] konstruiert.

a)

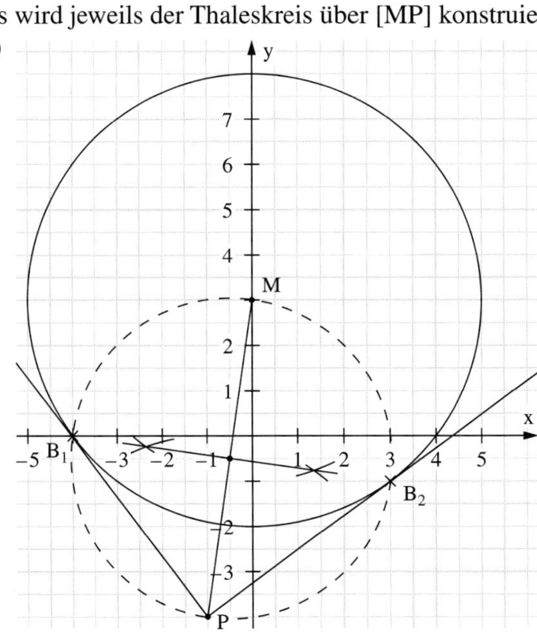

Berührpunkte:
$B_1(-4|0)$; $B_2(3|-1)$

b)

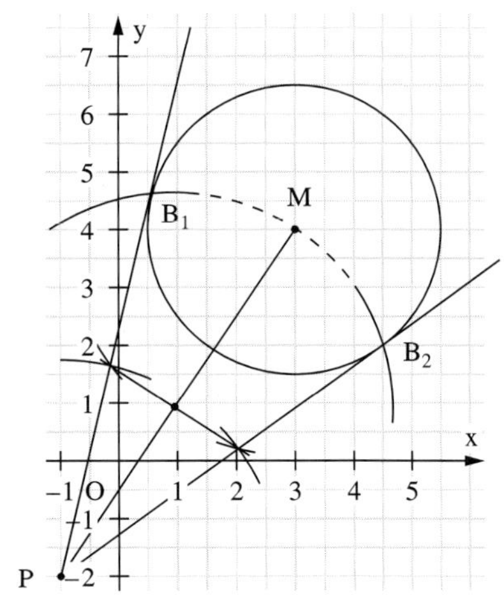

Berührpunkte:
$B_1 \approx (0{,}5|4{,}5)$; $B_2\,(4{,}5|2)$

13 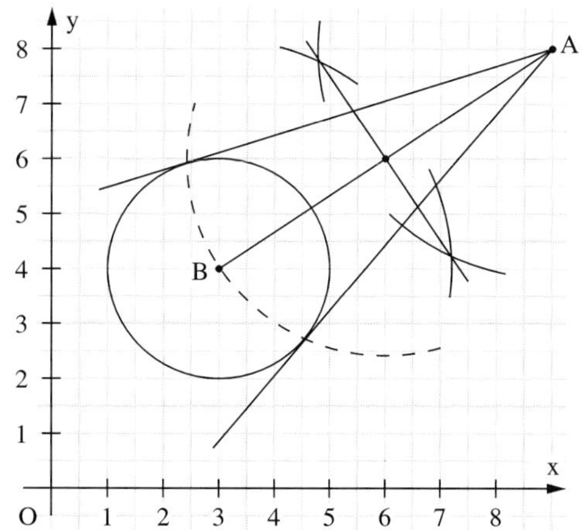

Es gibt zwei solcher Geraden. Dies sind die Tangenten von A an den Kreis um B mit Radius 2 cm.

14 (gezeigt ist das Vorgehen jeweils für eine Tangente)

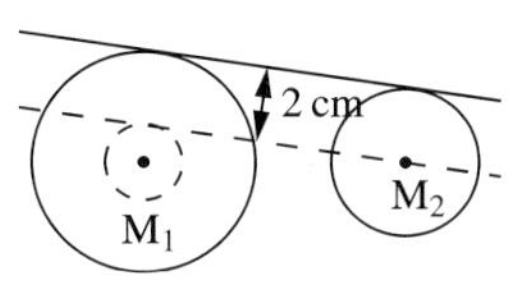

Zunächst wird, wie bekannt, eine Tangente durch den Punkt M_2 an den Kreis $k(M_1;\ 3\,cm - 2\,cm)$ konstruiert.
Die dazu gezeichnete Parallele im Abstand 2 cm ist dann Tangente an beide Kreise.

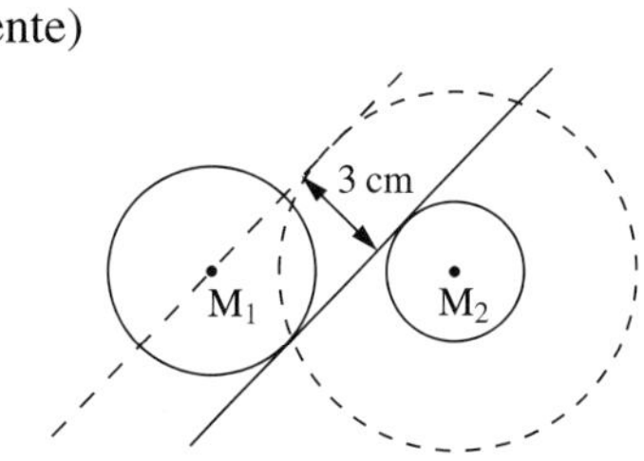

Analog wird zunächst eine Tangente durch M_1 an den Kreis $k(M_2;\ 2\,cm + 3\,cm)$ konstruiert.
Die dazu gezeichnete Parallele im Abstand 3 cm ist dann Tangente an beide Kreise.

15 Hinweis: Johanna steht anfangs genau hinter dem Mittelpunkt der Säule.

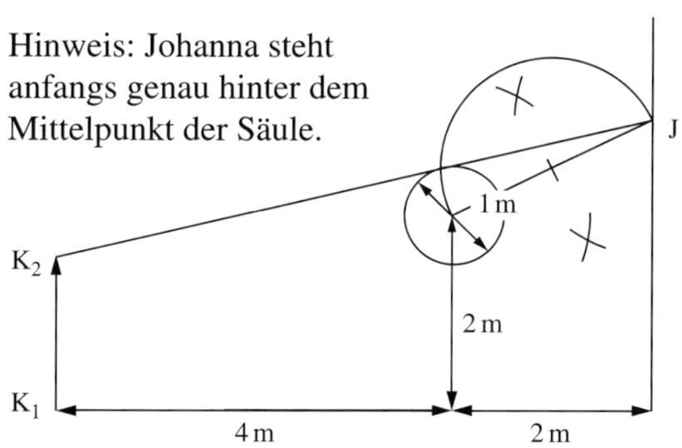

16 Wegen $\overline{DS} = \overline{SK} = \overline{RS}$ liegt R auf dem Thaleskreis über [DK]; somit ist ∢ KRD = 90°.
Zeichnung individuell.

17 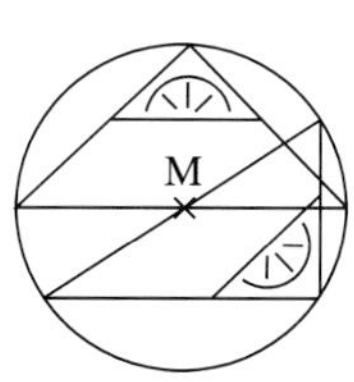

Man zeichnet mit Hilfe des Geodreiecks einen 90°-Winkel, dessen Scheitel auf der Kreislinie liegt, und verbindet die Schnittpunkte der Schenkel mit dem Kreis miteinander. Dieses Verfahren führt man noch an einer anderen Stelle durch. Auf dem Schnittpunkt der beiden Schnittpunktverbindungen liegt der Mittelpunkt.

S. 156

18 D bezeichne den Schnittpunkt von [BC] mit dem Thaleskreis über [AB].
Es gilt: ∢ CDA = 90° = ∢ ADB
$\alpha_2 = 180° - 90° - 48° = 42°$ (Winkelsumme im Dreieck ADC)
$\alpha_1 + \alpha_2 = \beta$ (Basiswinkel in Δ ABC)
$\beta = (180° - 48°) : 2 = 66°;\ \ \alpha_1 = 66° - \alpha_2 = 24°$

19

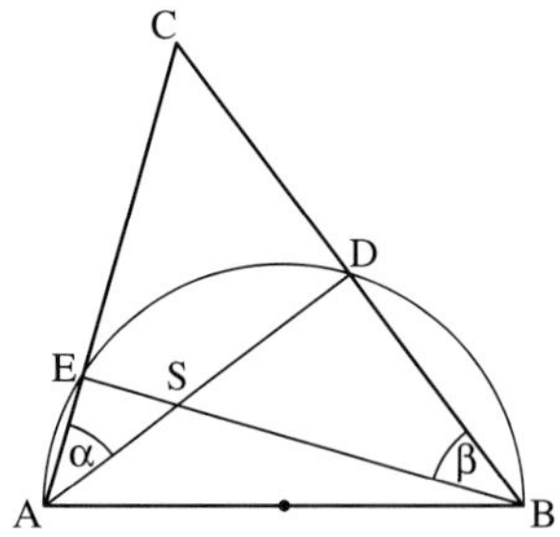

DGS-Datei downloadbar im Internetauftritt;
Hinweis: C kann bewegt werden.
Bei jeder Lage des Punktes C ist $\alpha = \beta$.
Begründung: ΔASE und ΔBDS stimmen in zwei Winkeln (90°-Winkel bei E bzw. D auf dem Thaleskreis bzw. Scheitelwinkel an S) überein, also wegen der Winkelsumme auch im dritten Winkel.

20

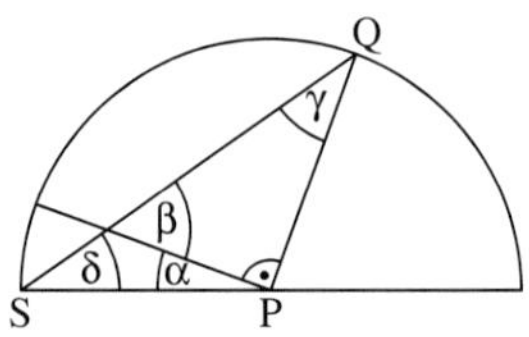

Wegen $\overline{SP} = \overline{PQ}$ ist das Dreieck SPQ gleichschenklig, also
$\gamma = \delta = (180° - 90° - 20°) : 2 = 35°$,
somit ist $\beta = 180° - 90° - 35° = 55°$.
Allgemein: $2\gamma = 180° - (90° + \alpha)$
also $\gamma = 45° - (\alpha : 2)$;
$\beta = 180° - 90° - \gamma$
und somit:
$\beta = 180° - 90° - (45° - (\alpha : 2)) = 45° + (\alpha : 2)$

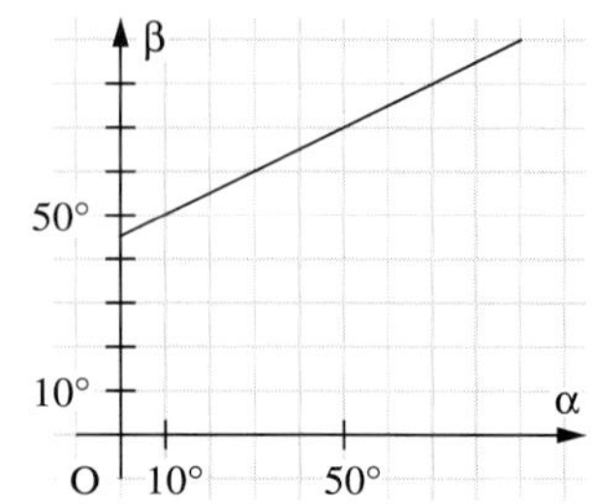

21 DGS-Datei downloadbar im Internetauftritt; Hinweis: Q kann auf der Kreislinie bewegt werden.

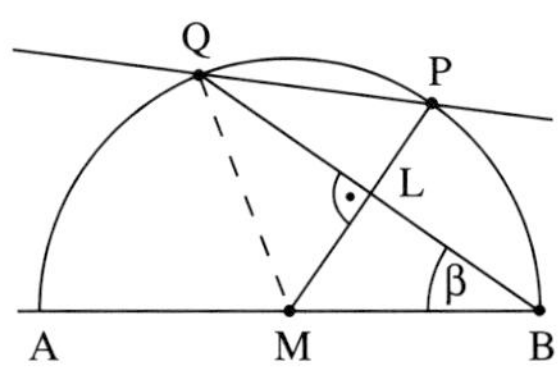

Das Dreieck BMQ ist gleichschenklig, also $\sphericalangle$ MQB = β.
Wegen der Winkelsumme im Dreieck MLQ ist
$\sphericalangle$ PMQ = $180° - 90° - \beta = 90° - \beta$.
Das Dreieck PMQ ist ebenfalls gleichschenklig,
also $\sphericalangle$ MQP = $\frac{(180° - (90° - \beta))}{2} = 45° + \frac{\beta}{2}$.
Damit PQ $\parallel$ AB, muss also gelten $\sphericalangle$ BQP = β (Wechselwinkel),
d.h. $45° + \frac{\beta}{2} = \sphericalangle$ MQP $= 2\beta$. Dies ergibt $\beta = 30°$.

22

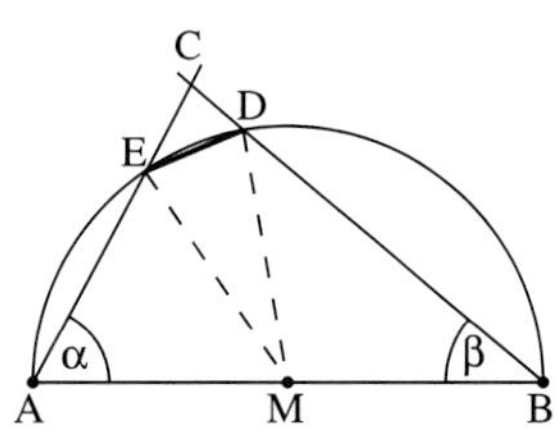

a) Die Punkte E und D liegen auf dem Thaleskreis über [AB],
also $\overline{MD} = \overline{ME} = \overline{MA} = \overline{MB}$
ΔMDE ist gleichschenklig.
b) ΔAME und ΔDMB sind gleichschenklig.
$\sphericalangle$ DEC = $40° = \beta$.
$\sphericalangle$ CDE = $62° = \alpha$.
c) Das Ergebnis gilt für alle Winkel α und β.

23 Freizeit: 36°; 10 %; $\frac{1}{10}$; Hausaufgaben: 36°; 10 %; $\frac{1}{10}$; Schule: 90°; 25 %; $\frac{1}{4}$;
Essen: 18°; 5 %; $\frac{1}{20}$; Schlafen: 144°; 40 %; $\frac{2}{5}$; Sonstiges: 36°; 10 %; $\frac{1}{10}$

24 $-\frac{1}{2}$

→TB Trainingsblatt: Konstruktionen zum Thaleskreis und zum gleichseitigen Dreieck; Kopiervorlage S. 207

Spiel: Der verwinkelte Schnittmusterbogen; Kopiervorlage S. 209 f.
Spiel für 2–5 Personen (Spieldauer 30–60 Min.)
Spiel zum Begründen von Winkelgrößen

Material: Pro Gruppe ein Spielfeld (eventuell folieren), 6 Würfel und pro Spieler eine Kopie des Schnittmusterbogens, eine Spielfigur und einen Stift.

Spielvariante für die ganze Klasse: Der Schnittmusterbogen wird auf Folie für den Overheadprojektor kopiert, die Klasse in 3–4 Gruppen (je eine Folienstiftfarbe) eingeteilt. Reihum dürfen aus jeder Gruppe 2 Schüler einen unbekannten Winkel messen und alle weiteren bestimmbaren Winkelgrößen eintragen. Machen Sie einen Fehler, sind zwei Spieler der nächsten Gruppe an der Reihe. Sieger ist die Gruppe, die die meisten Winkel bezeichnet hat.

Historisches: Thales von Milet; Kopiervorlage S. 211

6 Dreieckskonstruktionen

S. 157

1

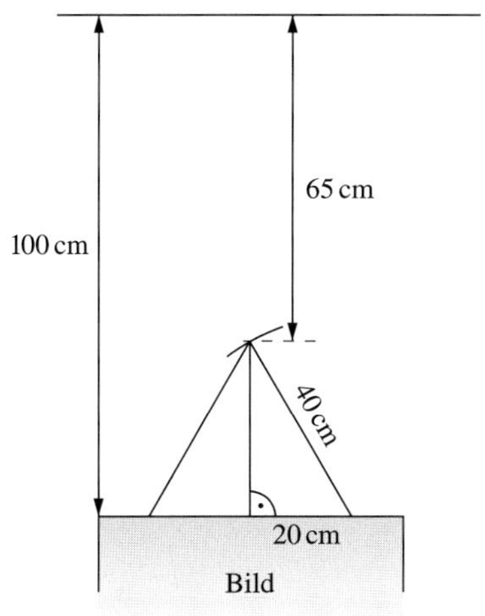

Oliver muss den Nagel 65 cm von der Decke entfernt in die Wand schlagen.

→ **2** DGS-Datei downloadbar im Internetauftritt
Es ergibt sich kein Dreieck, wenn $a \le 2\,cm$ ist oder $a \ge 14\,cm$.

S. 159

3 a)

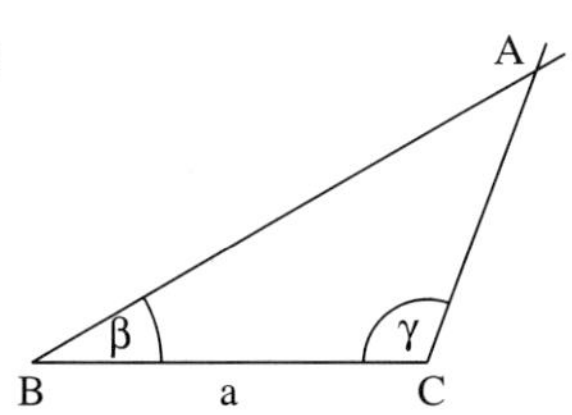

(1) B und C sind durch $\overline{BC} = a$ festgelegt
(2) A liegt auf:
1. dem freien Schenkel des Winkels β
2. dem freien Schenkel des Winkels γ

$b = 4{,}1\,cm$; $c = 7{,}6\,cm$; $\alpha = 40°$;
die Lösung ist eindeutig.

b)

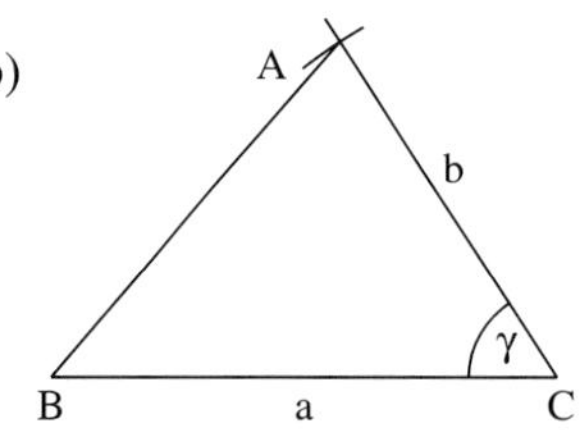

(1) B und C sind durch $\overline{BC} = a$ festgelegt
(2) A liegt auf:
1. dem freien Schenkel des Winkels γ
2. dem Kreis k (C ; b)

$c = 5{,}8\,cm$; $\beta = 50°$; $\gamma = 73°$;
die Lösung ist eindeutig.

c)

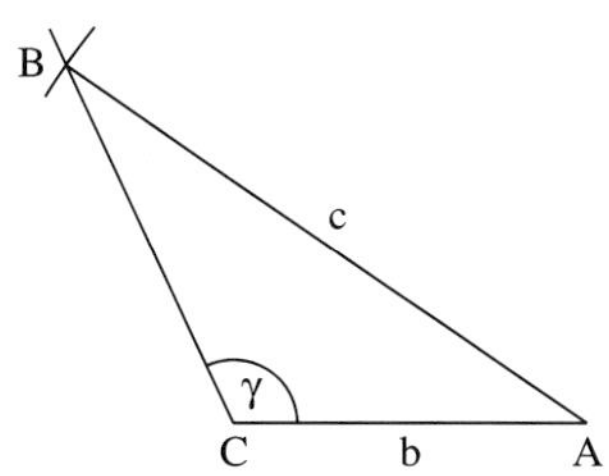

(1) C und A sind durch $\overline{CA} = b$ festgelegt
(2) B liegt auf:
1. dem freien Schenkel des Winkels γ
2. dem Kreis k (A; c)

$a = 5{,}2\,cm$; $\alpha = 34°$; $\beta = 31°$;
die Lösung ist eindeutig.

d)

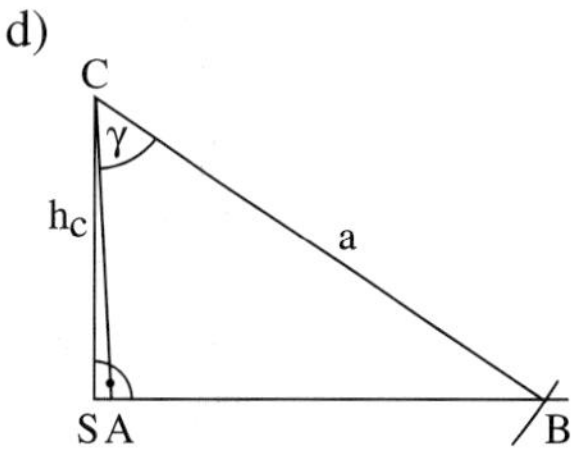

(1) C und S sind durch $\overline{CS} = h_c$ festgelegt
(2) B liegt auf:
1. dem freien Schenkel des 90°-Winkels an S
2. dem Kreis k (C; a)

(3) A liegt auf:
1. dem freien Schenkel des Winkels γ
2. auf BS

$c = 5{,}7\,cm$; $b = 4{,}1\,cm$; $\alpha = 94°$; $\beta = 33°$;
die Lösung ist eindeutig.

e) Planfigur:

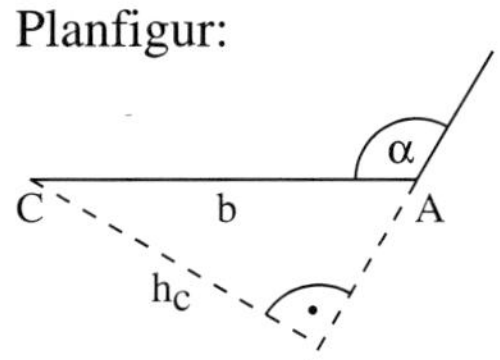

Durch die Angabe von α und b ist die Höhe h_c bereits festgelegt.
Aus der Konstruktion ergibt sich $h_c \approx 4{,}4\,cm$ im Widerspruch zur Voraussetzung.
Ein solches Dreieck ABC ist also nicht konstruierbar.

4 a) (1) C und A sind durch $\overline{AC} = b$ festgelegt
(2) B liegt auf: 1. dem freien Schenkel des Winkels γ
2. dem Kreis k (C; b)
Es gibt eine Lösung.

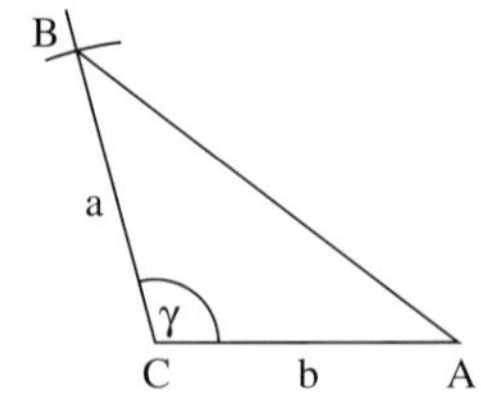

b) (1) B und C sind durch $\overline{BC} = a$ festgelegt
(2) A liegt auf: 1. dem Kreis k (C; a)
2. der Parallele zu BC mit Abstand h_a
Es gibt zwei Lösungen.

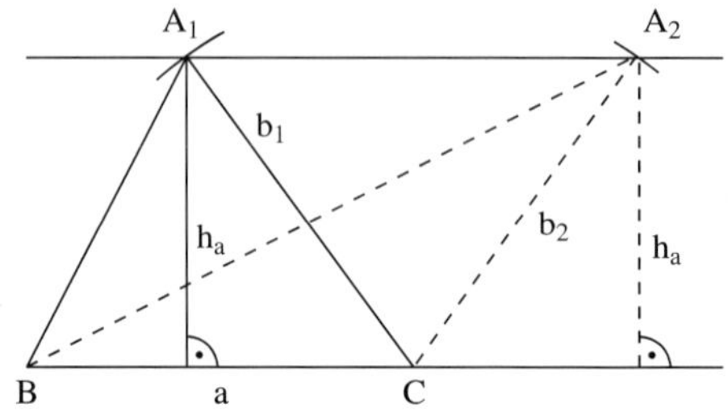

c) (1) A und B sind durch $\overline{AB} = c$ festgelegt
(2) C liegt auf: 1. der Mittelsenkrechten von [AB]
2. dem Kreis k (M; h_c)
Es gibt eine Lösung.

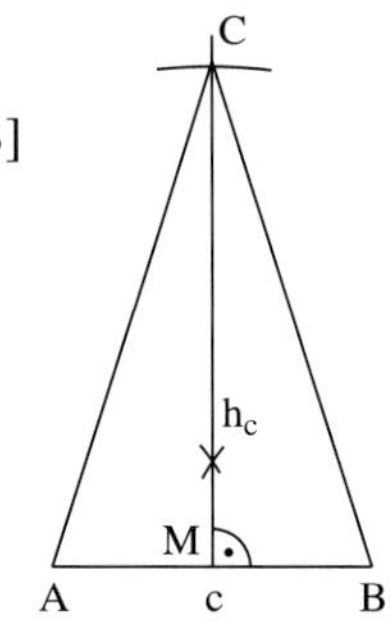

d) (1) A und C sind durch $\overline{AC} = b$ festgelegt
(2) B liegt auf:
1. dem Kreis k (C; b)
2. der Parallele zu AC mit Abstand h_b
Es gibt zwei Lösungen.

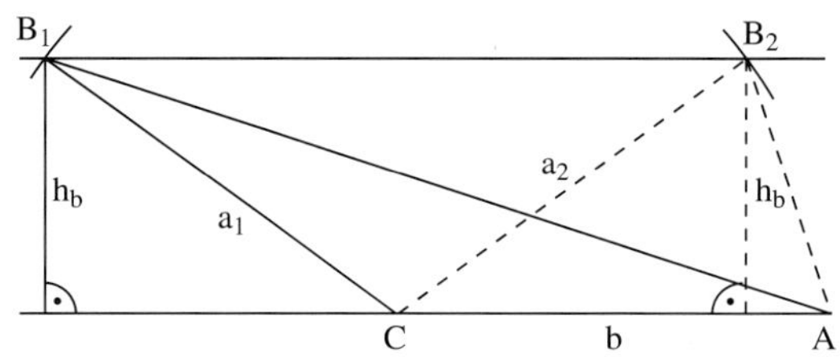

e) (1) A und B sind durch $\overline{AB} = c$ festgelegt
(2) C liegt auf: 1. dem freien Schenkel des Winkels β
2. dem freien Schenkel des Winkels $\alpha = \beta$
(α und β sind Basiswinkel)
Es gibt eine Lösung.

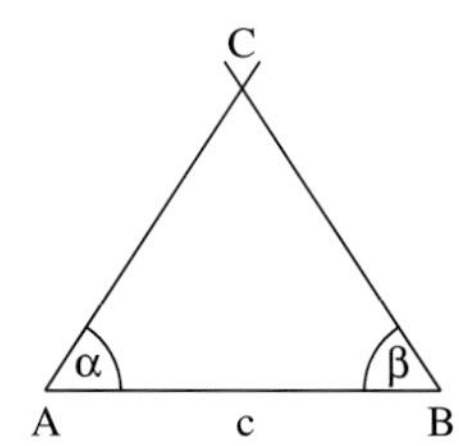

5 a)

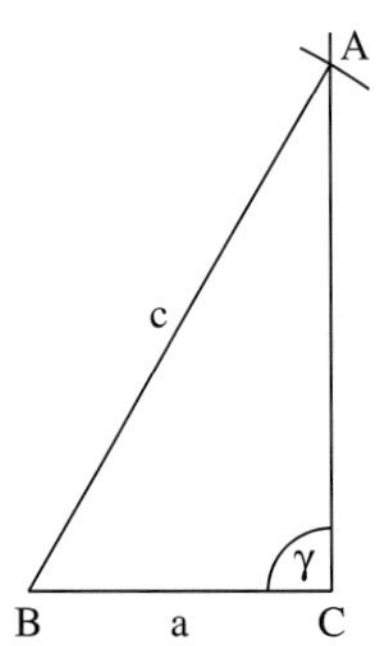

(1) B und C sind durch $\overline{BC} = a$ gegeben
(2) A liegt auf: 1. dem freien Schenkel des Winkels γ
2. dem Kreis k (B; c)

b)

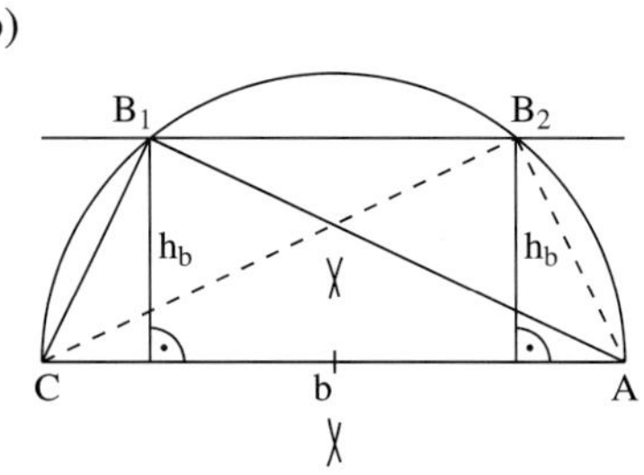

(1) C und A sind durch $\overline{CA} = b$ gegeben
(2) B liegt auf: 1. dem Thaleskreis über [CA]
2. der Parallele zu [CA] mit Abstand h_b

c)

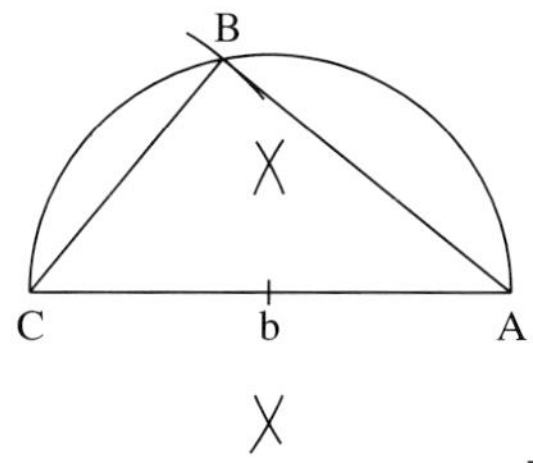

(1) C und A sind durch $\overline{CA} = b$ gegeben
(2) B liegt auf: 1. dem Thaleskreis über [CA]
2. dem Kreis k (C; a)

d)

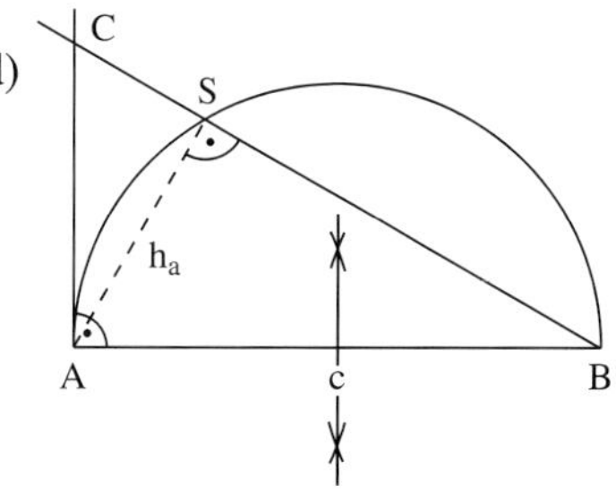

(1) A und B sind durch $\overline{AB} = c$ gegeben
(2) S liegt auf: 1. dem Thaleskreis über [AB]
2. dem Kreis k (A; h_a)
(3) C liegt auf: 1. dem freien Schenkel des Winkels α
2. auf BS

e)

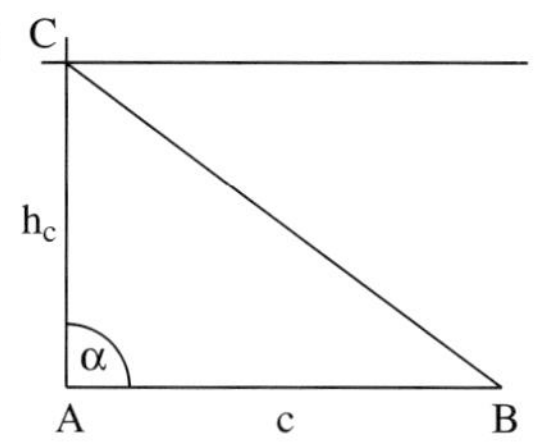

(1) A und B sind durch $\overline{AB} = c$ gegeben
(2) C liegt auf: 1. dem freien Schenkel des Winkels α
2. dem Kreis k (A; h_c) (denn $h_c = b$)

6 a)

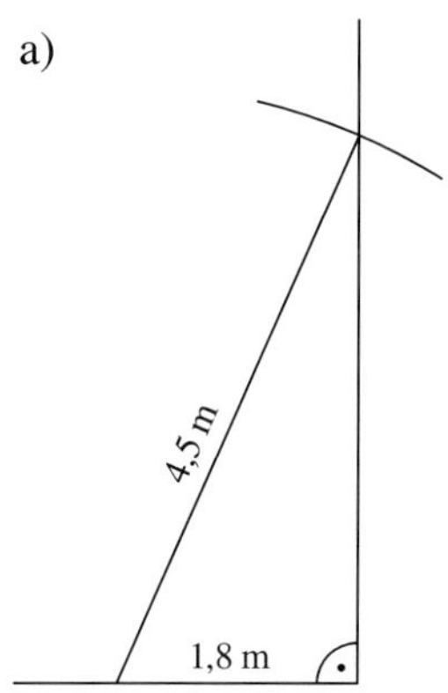

Die Leiter reicht 4,1 m hoch.

b)

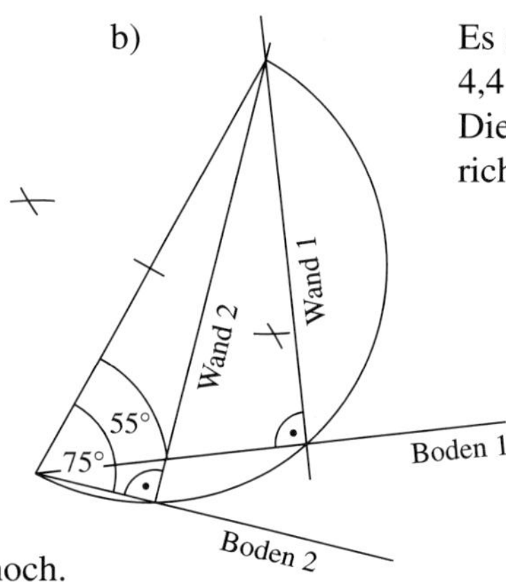

Es sind Höhen zwischen 3,7 m und 4,4 m zu erreichen.
Die Leiter aus Aufgabe a) war also richtig aufgestellt.

7 Das Rechteck ist 4 cm breit.

1. Mögl.:

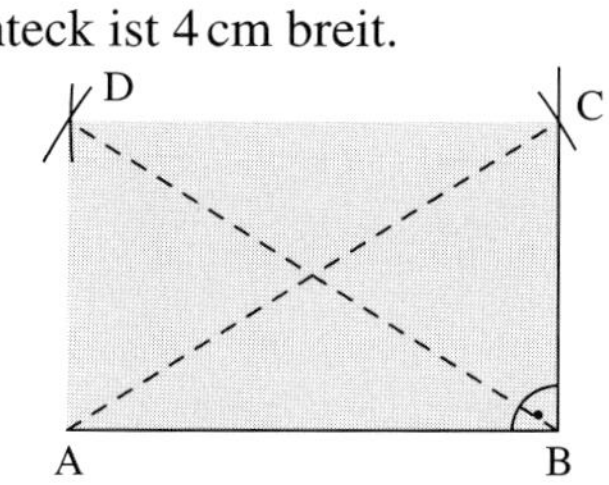

(1) A und B sind durch $\overline{AB} = 6{,}4\,cm$ gegeben
(2) C liegt auf: 1. dem Kreis k (A; 7,6 cm)
2. dem freien Schenkel des Winkels β (= 90°)
(3) D liegt auf: 1. dem Kreis k (C; 6,4 cm)
2. dem Kreis k (B; 7,6 cm)
Zur Bestimmung der Breite ist jedoch D nicht nötig.

2. Mögl.:

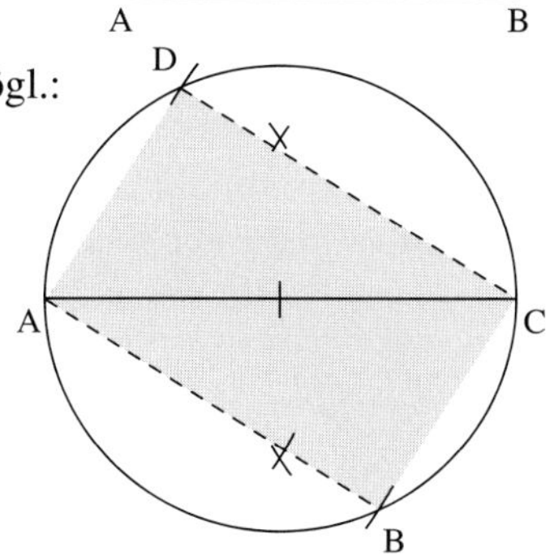

(1) A und C sind durch die Diagonale $\overline{AC} = 7{,}6\,cm$ gegeben
(2) D liegt auf: 1. dem Thaleskreis über [AC]
2. dem Kreis k (C; 6,4 cm)
((3) B liegt auf: 1. dem Thaleskreis über [AC]
2. dem Kreis k (A; 6,4 cm))

8 geeigneter Maßstab z. B. 1 : 50 000
(hier 1 : 100 000)

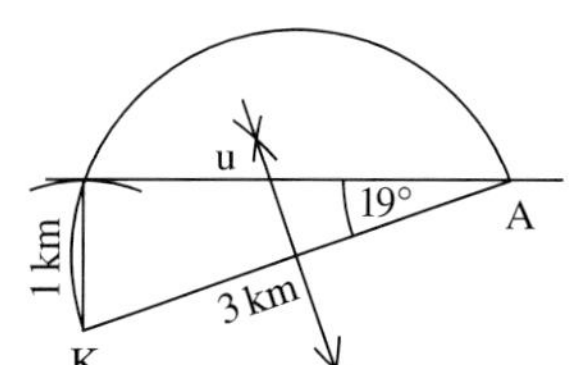

9 DGS-Dateien downloadbar im Internetauftritt
a) eine Lösung nach SsW. Falls a < b, zwei oder keine Lösung.
b) keine Lösung, weil sich a und der freie Schenkel von α nicht schneiden. (vgl. a))
c) zwei Lösungen, weil der Kreis k (B; a) die Seite b zweimal schneidet.
Falls a > c, eine Lösung nach SsW.
d) unendlich viele, weil nur die Winkel und keine Seitenlänge angegeben sind.
Falls ein Winkel verändert wird, gibt es (wegen Winkelsumme) keine Lösung.
e) zwei Lösungen, weil der Kreis k (C; b) die Seite c zwei mal schneidet.
Falls b > a, eine Lösung.
f) eine Lösung nach WSW, solange $\alpha + \beta < 180°$
g) eine Lösung nach WSW, solange $\beta + \gamma < 180°$
h) keine Lösung, weil sich die Kreise k (B; c) und k (C; b) nicht schneiden.
Falls b + c > a, eine Lösung.

10 a) Das Dreieck ist gleichschenklig, da $\overline{AB} = \overline{AC}$.
b) individuelle Lösungen

S. 160

11 Maßstab 1 : 2000

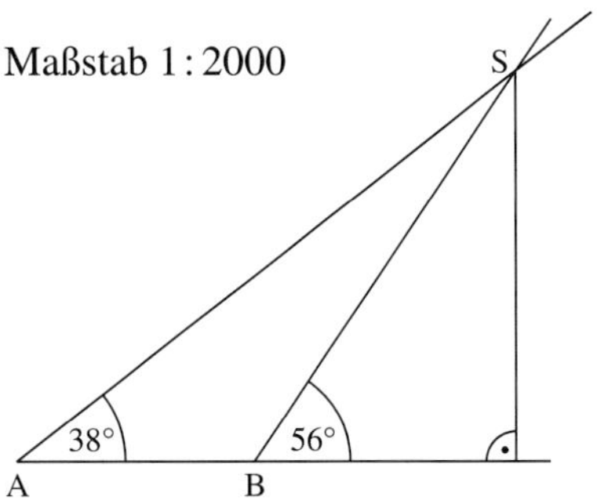

Der Schornstein ist 65 Meter hoch.

12 a) eindeutig; SSS
b) nicht eindeutig; SsW nicht anwendbar da a > c
c) eindeutig; SWW
d) eindeutig; SWS
e) nicht konstruierbar; b + c < a, also Dreiecksungleichung nicht erfüllt.
f) nicht eindeutig; Angabe einer Seitenlänge z. B. b fehlt

13 a) $A = \frac{1}{2} \cdot g \cdot h_c$; also $12\,cm^2 = 4\,cm \cdot h_c$; daher $h_c = 3\,cm$

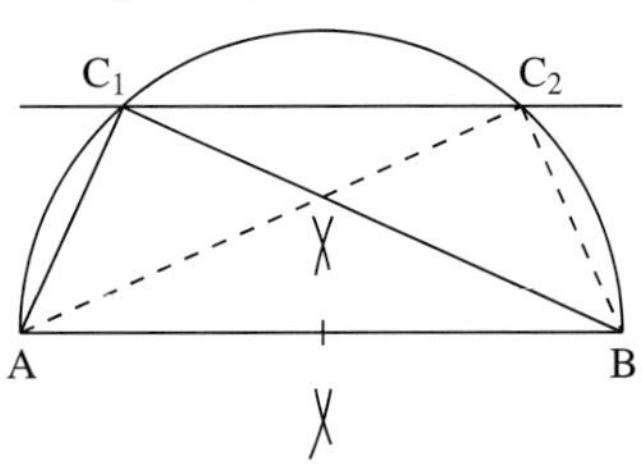

Konstruktion:
(1) $\overline{AB} = 8\,cm$ ist gegeben
(2) C liegt auf: 1. dem Thaleskreis über [AB]
2. der Parallele zu [AB] im Abstand 3 cm.

b) $A = \frac{1}{2} \cdot g \cdot h_c$; also $20\,cm^2 = 4\,cm \cdot h_c$; daher $h_c = 5\,cm$
Es gibt keine Lösung, da genauso wie in a) konstruiert werden müsste, sich aber der Thaleskreis über [AB] und die Parallele zu [AB] im Abstand 5 cm nicht schneiden.
c) Der Flächeninhalt ist am größten, wenn die Höhe h_c 4 cm lang ist. Eine größere Höhe ist nicht möglich, da sich sonst Thaleskreis und Parallele nicht mehr schneiden würden.
Der Flächeninhalt nimmt also maximal einen Wert von $16\,cm^2$ an.

14 Maßstab 1 : 150 000

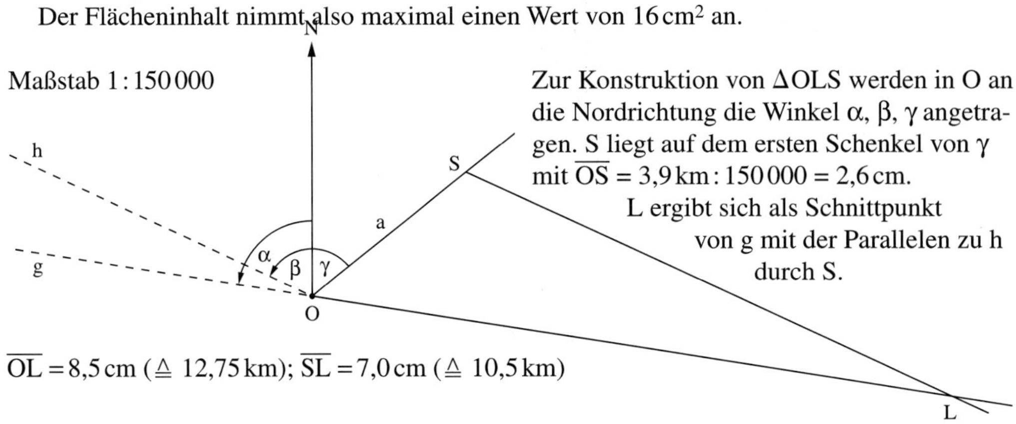

Zur Konstruktion von ΔOLS werden in O an die Nordrichtung die Winkel α, β, γ angetragen. S liegt auf dem ersten Schenkel von γ mit $\overline{OS} = 3{,}9\,km : 150\,000 = 2{,}6\,cm$.
L ergibt sich als Schnittpunkt von g mit der Parallelen zu h durch S.

$\overline{OL} = 8{,}5\,cm$ ($\triangleq$ 12,75 km); $\overline{SL} = 7{,}0\,cm$ ($\triangleq$ 10,5 km)

15 individuelle Lösungen
Hinweis: Aus der jeweiligen Konstruktion mit ihren Hilfslinien ist ablesbar, mit welchen Größen gestartet wurde.

16 DGS-Dateien downloadbar im Internetauftritt; Modelle liegen vor für die Fälle a, c, α; a, c, γ; c, α, β.
Ein Dreieck ABC ist eindeutig konstruierbar, wenn jeweils folgende Größen gegeben sind:
a, c, β; a, c, γ; a, β, γ; c, α, β; a, α, β; c, β, γ; c, α, γ

17

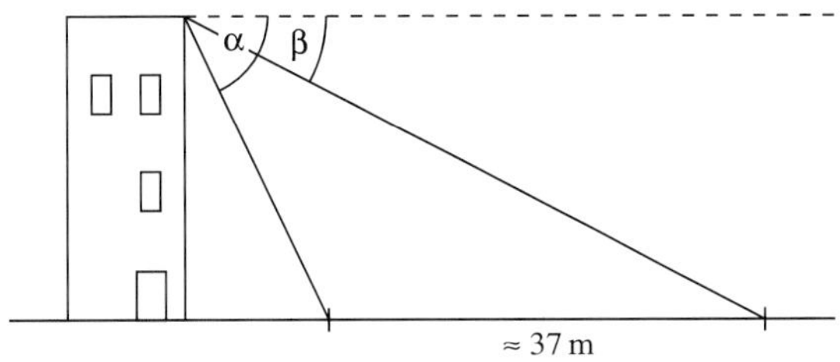

Der Fluss ist ca. 37 m breit.

18 Die Aufgabenstellung lautete:
Konstruiere ein Dreieck aus
$\overline{AB} = 7\,cm$, $\overline{BC} = 5{,}5\,cm$ und $\alpha = 50°$.

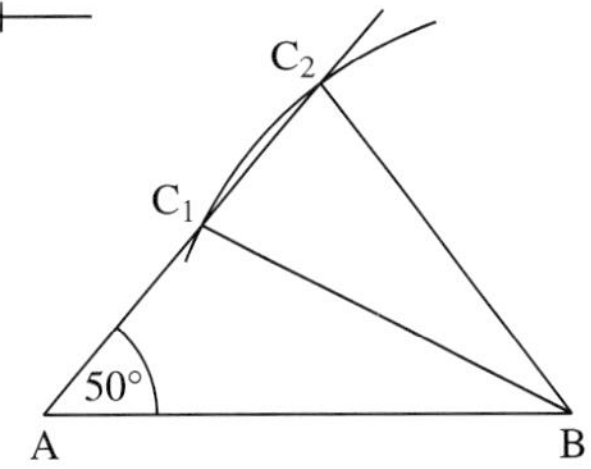

19 a) $c = 100\,dm$; $O = 1012\,dm^2$ b) $b = 0{,}25\,dm$; $O = 50{,}31\,dm^2$
c) $c = 0{,}4\,dm$; $O = 8{,}23\,dm^2$; d) $a = 10\,dm$; $O = 3934{,}4\,dm^2$

Thema: Thales war ein Sonderfall

S. 161

1 Alle Winkel sind etwas kleiner als 90° und gleich groß. Tina hat offensichtlich den Mittelpunkt des Kreises nicht auf die gemeinsame (längste) Seite aller Dreiecke gesetzt, sondern etwas oberhalb.
Deshalb ist diese gemeinsame Seite der Dreiecke nicht Durchmesser, sondern eine etwas unterhalb liegende Sehne des Kreises.
Vermutung: Alle Dreiecke, bei denen [AB] die gemeinsame Sehne eines Kreises ist und C auf dem Kreisbogen über dieser Sehne liegt, stimmen im Winkel γ überein.
Insbesondere gilt der Satz des Thales, wenn diese Sehne der Durchmesser des Kreises ist.
Zeichnungen individuell.

2

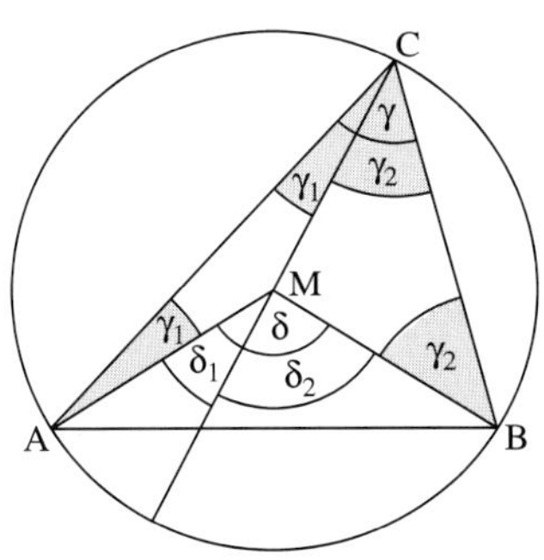

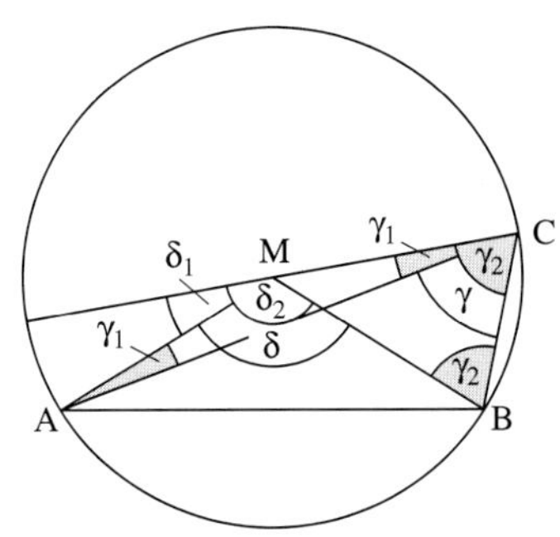

Die Dreiecke AMC, BMA und CMB sind gleichschenklig; δ_1 und $\sphericalangle$ BMC sind Nebenwinkel und daher: $\delta_1 = 2\gamma_2$; ebenso $\delta_2 = 2\gamma_2$; daher $\delta = 2\gamma$.
Wenn $\gamma < 90°$, dann ist $\delta < 180°$ und AB ist nicht der Durchmesser des Kreises um M.

Die Beziehung $\delta = 2\gamma$ gilt auch dann, wenn M nicht im Dreieck ABC liegt.
Es gilt dann: $\gamma = \gamma_2 - \gamma_1$ und $\delta = \delta_2 - \delta_1$.

Für eine feste Sehne [AB] des Kreises ist der Winkel δ festgelegt und somit stimmen alle entsprechenden Dreiecke ABC in γ überein.

3

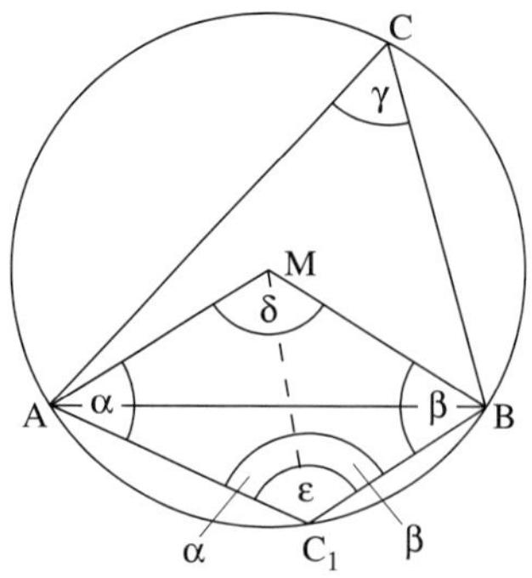

$\delta + \alpha + \beta + \varepsilon = 360°$ (Winkelsumme im Viereck)
$\delta = 2\gamma$ (nach Aufgabe 2) und
$\alpha + \beta = \varepsilon$ (gleichschenklige Dreiecke MAC_1 und MC_1B)

Daher: $2\gamma + 2\varepsilon = 360°$,
also $\gamma + \varepsilon = 180°$.

4 Die Verrückung der beiden Zeichnungen gegeneinander ist eine Verschiebung mit anschließender Drehung. Dann ist sofort einzusehen, dass entsprechende Geraden alle gleich weite Winkel miteinander bilden. Die Schenkel dieser Winkel liegen dann auf dem Kreisbogen über PP′ zu diesem Umfangswinkel, wenn P′ der Punkt ist, der bei der obigen Verschiebung und Drehung aus P entsteht.

Thema: Experimentieren mit einem dynamischen Geometriesystem

→ DGS-Dateien downloadbar im Internetauftritt

S. 162

1 a) individuelle Lösungen
b) Punkte, die sich durch die Konstruktion ergeben haben (d. h. die dadurch festgelegt sind), lassen sich nicht verschieben.
c) Die erste Quadratseite ist frei wählbar. Die anderen Seiten müssen durch Konstruktion von Loten und Übertragen der Seitenlänge mittels Kreisbögen auf die erste Seite zurückgeführt werden.

S. 163

2 Das entstandene Viereck ist immer ein Rechteck. Dies folgt aus den Winkelbeziehungen an parallelen Geraden und wegen der Winkelsumme im Dreieck.
Sonderfälle: Ist ABCD ein Rechteck, so ist EFGH ein Quadrat.
Ist ABCD eine Raute, so fallen E, F, G und H in einem Punkt zusammen.

3 Fehler im *Schülerbuch* bis Auflage 1^3: Es muss heißen:
Wo muss P liegen, damit [PQ] und [**B**R] gleich lang sind?
P muss die Seite [BC] halbieren. Die Vermutung lässt sich mit WSW begründen.

4 Der Baum ist 3,30 m (3,90 m; 4,60 m; 6,40 m; 7,20 m; 8,50 m) hoch.

5 Es ist möglich bei den Platten mit den Radien 2,8 cm und 2,4 cm; nicht jedoch beim Radius 2 cm.

6 a) Von F(1 | 3,5) über S(≈ 2,8 | ≈ 0,6) nach B(7,5 | 1).
b) F (bzw. B) an der Küstenlinie spiegeln auf F′) (bzw. B′). F′ mit B (bzw. F mit B′) verbinden. Der Schnittpunkt mit der Küstenlinie ist der Punkt S, im dem das Wasser aufgenommen werden sollte.

7 Das Dreieck ist gleichseitig.

VIII Besondere Linien im Dreieck und Konstruktion

1 Mittelsenkrechte und Umkreis

S. 168

1 Wenn das Lagerfeuer von jedem Zelt gleich weit entfernt sein soll, müssen die Zelte alle auf einer Kreislinie liegen, Kreismittelpunkt ist die Stelle des Lagerfeuers. Der Kreismittelpunkt (Umkreismittelpunkt) ist der Schnittpunkt der Mittelsenkrechten der Dreiecksseiten (Verbindungslinien zwischen den Zelten).

→ 💻 **2** DGS-Datei downloadbar im Internetauftritt
Hinweis: Das rechtwinklige Ausgangsdreieck ist zu zeichnen, nicht zu konstruieren, damit sich der rechte Winkel verändern lässt.
Man stellt fest, dass die drei Mittelsenkrechten sich immer in einem Punkt schneiden. Bei einem spitzwinkligen Dreieck liegt der Punkt innerhalb des Dreiecks, bei einem rechtwinkligen Dreieck auf einer Dreiecksseite und bei einem stumpfwinkligen Dreieck außerhalb des Dreiecks. Der Punkt ist in jedem Dreieck gleich weit von den drei Eckpunkten entfernt.

S. 169

3 Konstruktion im *Schülerbuch S. 168* vorgeführt.
a) r ≈ 3,1 cm b) r ≈ 3,9 cm c) r ≈ 3,9 cm d) r ≈ 3,8 cm

Randspalte: Ein Rätsel: Ja, A,B und C können auf einer Geraden liegen.

4

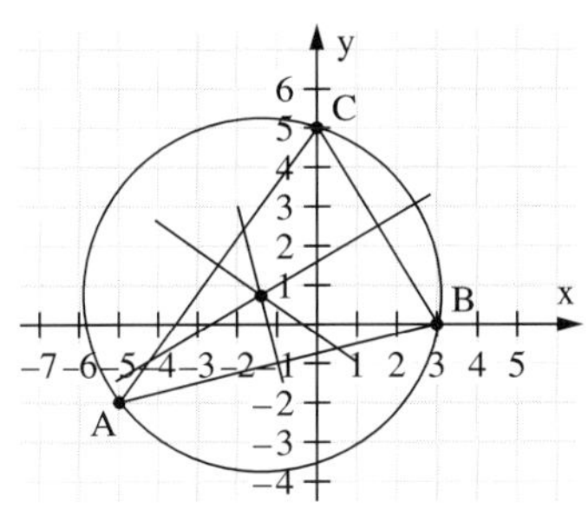

Es müssen 2 Mittelsenkrechten zu den Dreiecksseiten des Dreiecks ABC konstruiert werden.
Die 3. Mittelsenkrechte kann zur Kontrolle dienen.

5 Es gibt jeweils 2 Lösungen.

a)

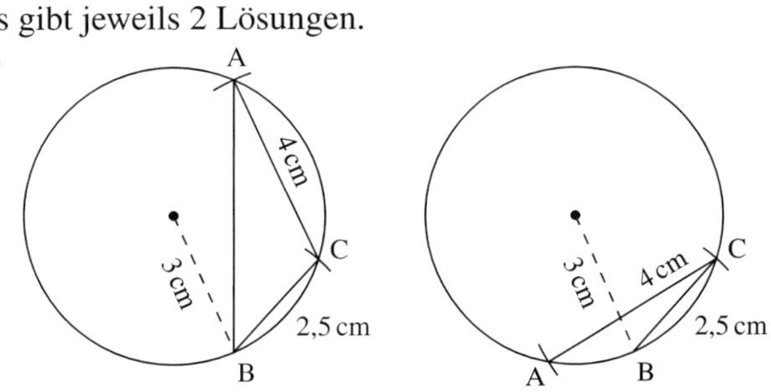

(1) Wähle B auf k (U; r)
(2) C liegt auf 1. k (U; r)
2. k (B; a)
(3) A liegt auf 1. k (U; r)
2. k (C; b)

b)

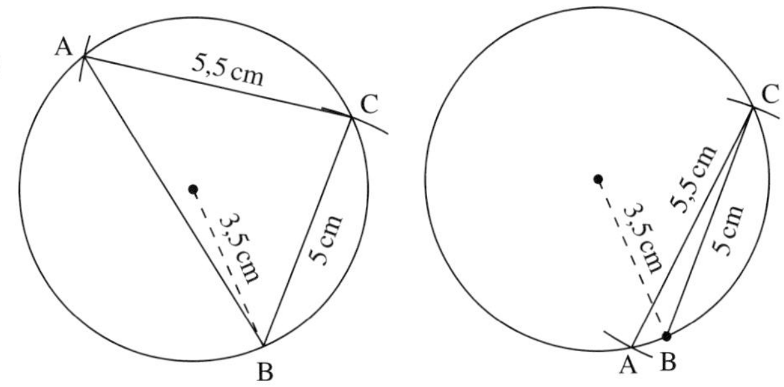

(1) Wähle B auf k (U; r)
(2) C liegt auf 1. k (U; r)
2. k (B; a)
(3) A liegt auf 1. k (U; r)
2. k (C; b)

c)

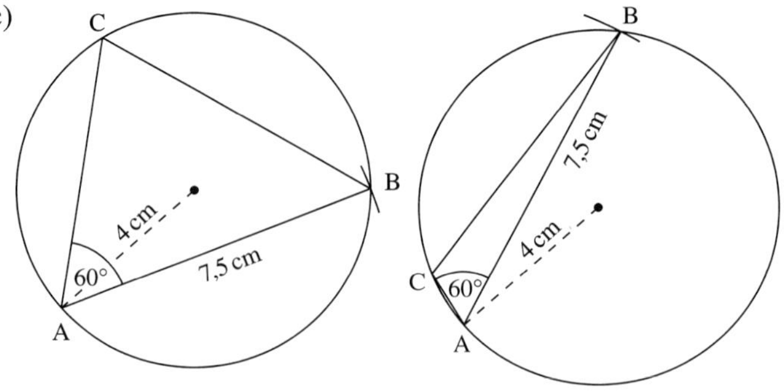

(1) Wähle A auf k(U; r)
(2) B liegt auf 1. k(U; r)
2. k(A; c)
(3) C liegt auf 1. k(U; r)
2. dem freien Schenkel von α an [AB] in A angetragen

d)

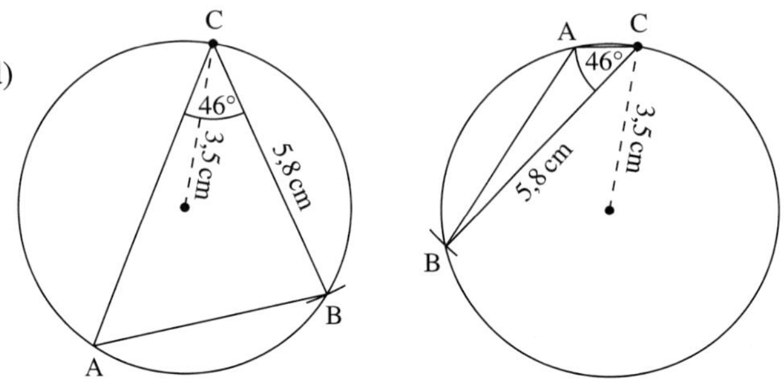

(1) Wähle C auf k(U; r)
(2) B liegt auf 1. k(U; r)
2. k(C; a)
(3) A liegt auf 1. k(U; r)
2. dem freien Schenkel von γ an [CB] in C angetragen

6 Die Dreiecke kann man mithilfe des Satz des Thales konstruieren: Man zeichnet zunächst den Umkreis (Radius r) und zeichnet als beliebigen Durchmesser die Seite [AB] ein. Daran kann man α bzw. a antragen.

7 a) Falsch.
Gegenbeispiel: (vgl. auch Aufgabe 5)
b) Wahr.
Der Mittelpunkt einer Diagonalen ist Mittelpunkt eines Thaleskreises, auf dem alle Eckpunkte des Rechtecks liegen.

zu a)

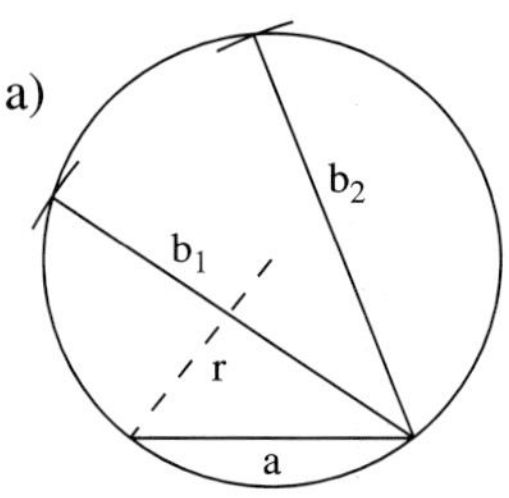

8 DGS-Datei downloadbar im Internetauftritt
Hier wird das Vorstellungsvermögen stark gefordert. Am einfachsten werden „Momentaufnahmen“ skizziert:

Der Umkreismittelpunkt wandert auf der Mittelsenkrechten der Strecke [AB] zwischen einem höchsten und einem tiefsten Punkt auf und ab.

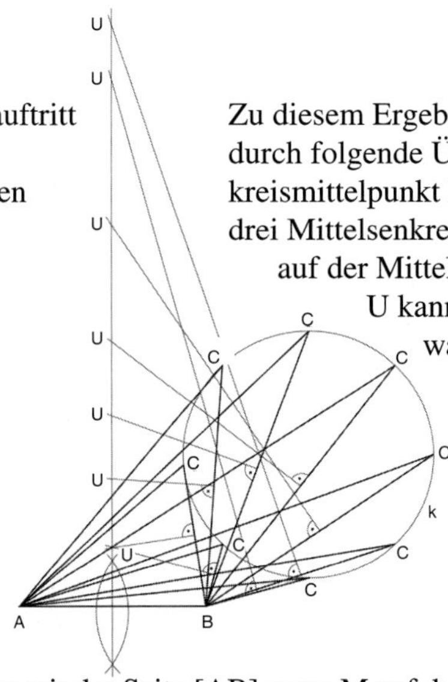

Zu diesem Ergebnis kommt man auch durch folgende Überlegung: Der Umkreismittelpunkt liegt immer auf den drei Mittelsenkrechten, insbesondere auf der Mittelsenkrechten von [AB]. U kann daher nur auf dieser wandern.

9 Als Umkreismittelpunkt eines Dreiecks mit der Seite [AB] muss M auf der Mittelsenkrechten von [AB] liegen. Die Strecke [PQ] auf dieser Mittelsenkrechten ist ein Durchmesser des Kreises, daher muss ihr Mittelpunkt der gesuchte Mittelpunkt M des Kreises sein.

10 Der Vater ist etwa 22 % größer als Klaus.

→ AB Arbeitsblatt: Mobilfunkmasten; Kopiervorlage S. 212

2 Winkelhalbierende

S. 170

1 Der Zentrierwinkel besteht aus einem 90°-Winkel und einer darauf genau im 45°-Winkel aufgeschraubten Leiste (gegenüber dem 90°-Winkel etwas erhöht). Die 45°-Leiste ist die Winkelhalbierende. Man legt den 90°-Winkel, wie im Bild *(Schülerbuch)* gezeigt, an den Baumstamm an (es gibt an jedem Schenkel des 90°-Winkels genau einen Berührpunkt); die 45°-Leiste liegt dann auf der kreisförmigen Schnittfläche auf und die Winkelhalbierende kann angezeichnet werden. Man muss den Zentrierwinkel an zwei Stellen des Baumstammes anlegen, der Schnittpunkt der beiden Winkelhalbierenden ist der Mittelpunkt der Schnittfläche.

2 DGS-Datei downloadbar im Internetauftritt
Hinweis: Das gleichseitige Dreieck ist zu zeichnen, nicht zu konstruieren, damit es sich beliebig verändern lässt.
Beim Verschieben der Ecken stellt man fest, dass die Winkelhalbierenden sich immer in einem Punkt (innerhalb des Dreiecks) schneiden.

S. 172

3 P(4,5; 4,5)
Wenn man den Abstand zu den Geraden SA und SB misst, ergeben sich zwei Schnittpunkte der Kreislinie k(S; 5 LE) mit der Winkelhalbierenden w (des Winkels BSA) und daher zwei Lösungen.

4 a) Planfigur:

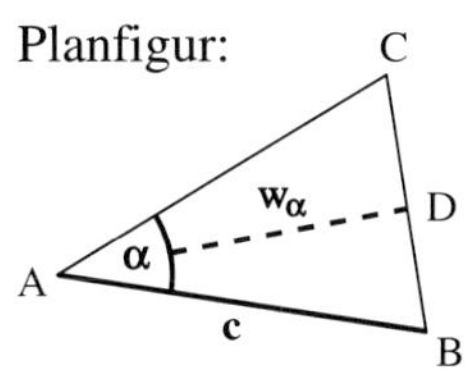

(1) A und B sind durch $\overline{AB} = c$ festgelegt
(2) D liegt auf 1. dem freien Schenkel von $\frac{\alpha}{2}$ angetragen in A an AB
2. $k(A; w_\alpha)$
(3) C liegt auf 1. [BD]
2. dem freien Schenkel von α angetragen in A an AB

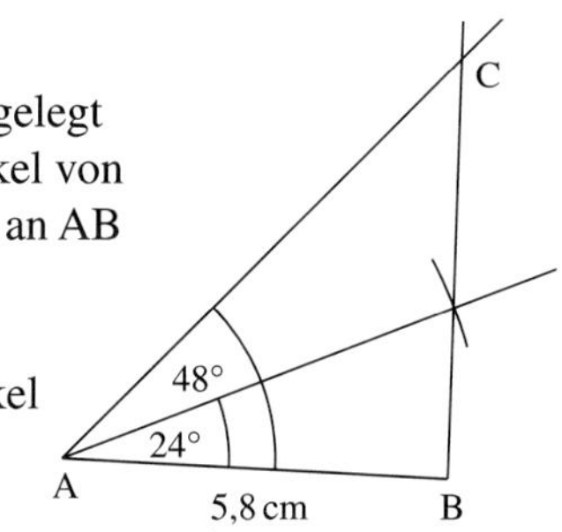

b) Planfigur:

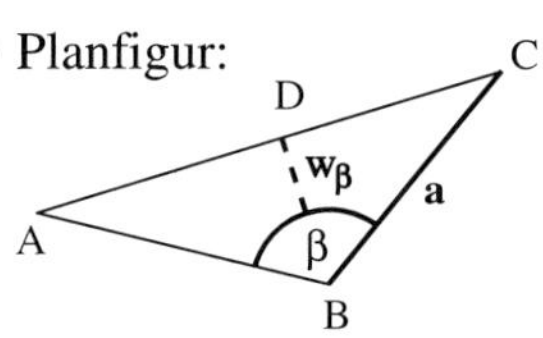

(1) B und C sind durch $\overline{BC} = a$ festgelegt
(2) D liegt auf 1. dem freien Schenkel von $\frac{\beta}{2}$ angetragen in B an BC
2. $k(B; w_\beta)$
(3) A liegt auf 1. [CD]
2. dem freien Schenkel von β angetragen in B an BC

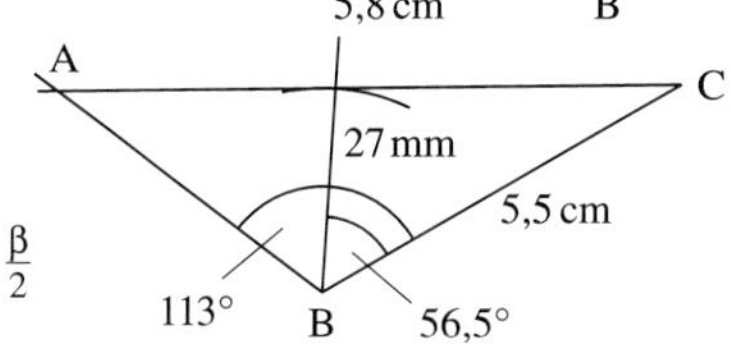

c) Planfigur:

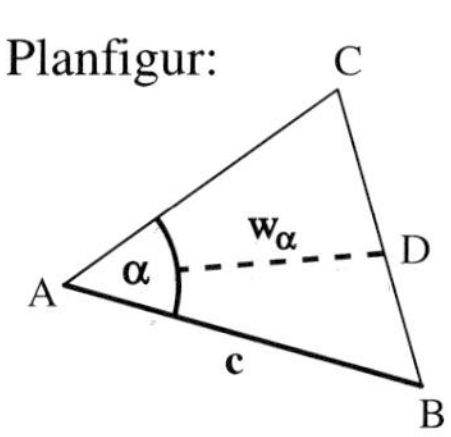

(1) A und B sind durch $\overline{AB} = c$ festgelegt
(2) D liegt auf 1. dem freien Schenkel von $\frac{\alpha}{2}$ angetragen in A an AB
2. $k(A; w_\alpha)$
(3) C liegt auf 1. [BD]
2. dem freien Schenkel von α angetragen in A an AB

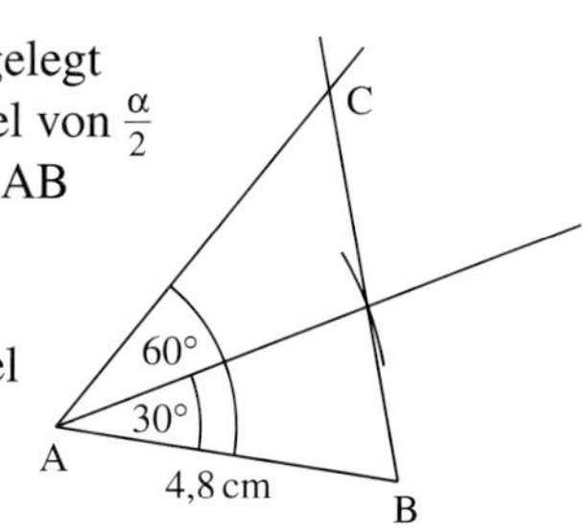

d) Planfigur:

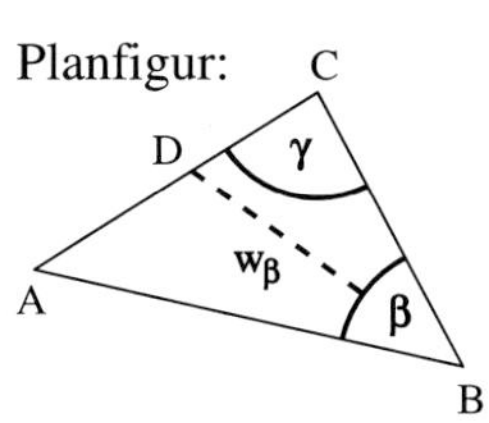

(1) B und D sind durch $\overline{BD} = w_\beta$ festgelegt.
(2) C liegt auf 1. dem freien Schenkel von $\frac{\beta}{2}$ angetragen in B an BD
2. dem freien Schenkel von $180° - \gamma - \frac{\beta}{2}$ angetragen in D an DB
(3) A liegt auf 1. dem freien Schenkel von β angetragen in B an BC
2. [CD

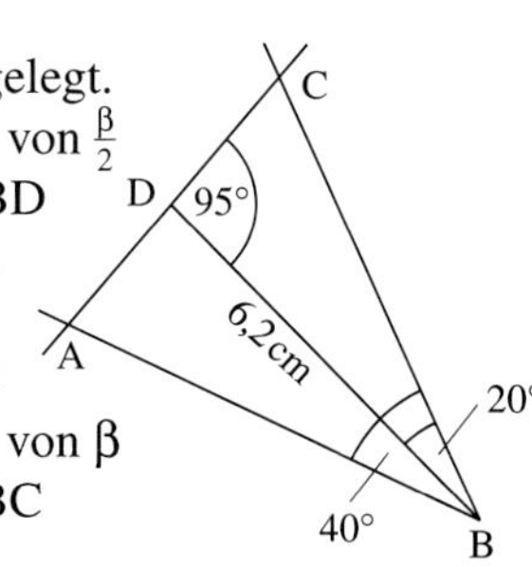

Randspalte: Um den Radius des Inkreis zu erhalten, muss das Lot vom Inkreismittelpunkt auf eine Seite abgegriffen werden; nicht die Verlängerung der Winkelhalbierenden.

5 a)

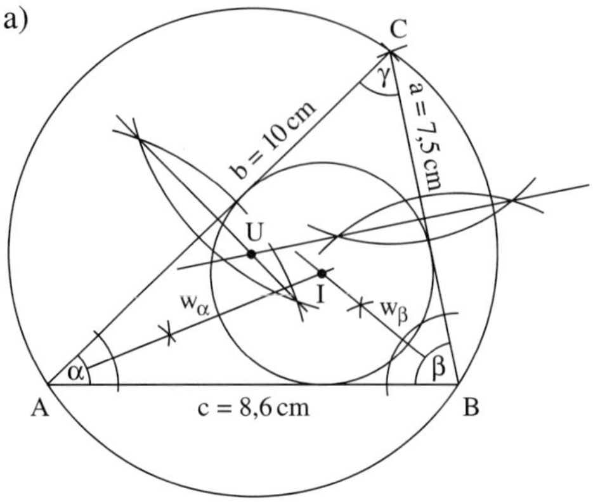

b)

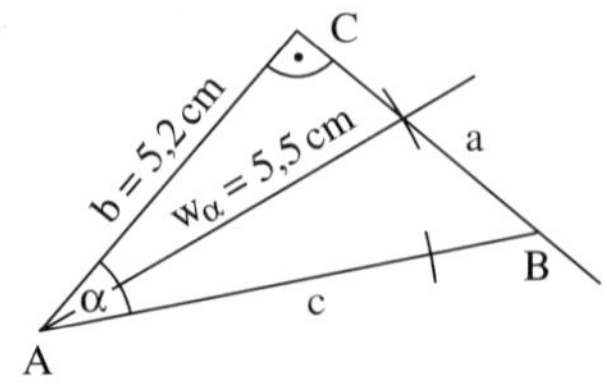

(1) A und C sind durch $\overline{AC}$ = b festgelegt
(2) [CB ist durch den 90°-Winkel festgelegt.
(3) $\frac{\alpha}{2}$ ist durch den Schnittpunkt von w_α mit [CB festgelegt
(4) B liegt auf 1. auf [CB
2. auf dem freien Schenkel des Winkels $2 \cdot \frac{\alpha}{2}$ an AC angetragen

oder mit w_α beginnen und C mittels Thaleskreis bestimmen

6 Man zeichnet zuerst die aufeinander senkrecht stehenden Diagonalen und die Seitenlinien des Drachenvierecks. Die Kreise sind die Inkreise der vier Dreiecke, die durch „Halbieren" des Drachenvierecks entstehen.

7 a) Man muss die Geraden so zeichnen, dass sie kein Dreieck bilden (der Inkreismittelpunkt hätte von allen Seiten den gleichen Abstand). Die Geraden können z. B. parallel zueinander sein

b)

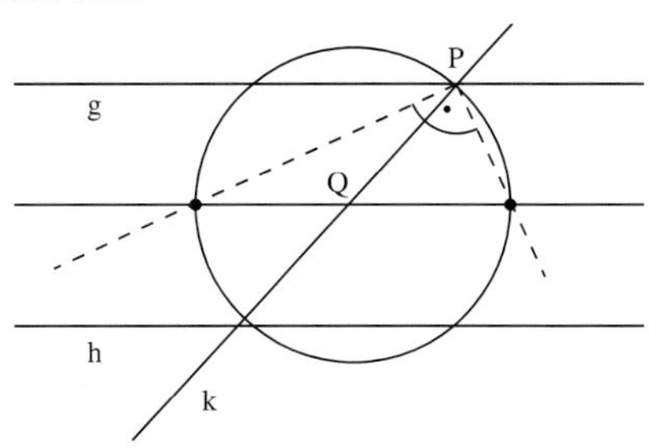

Die gesuchten Punkte liegen auf der Mittelparallelen von g und h und den Winkelhalbierenden von g und k im Punkt P. Die beiden Winkelhalbierenden bilden einen 90°-Winkel, daher liegt P auf dem Thaleskreis k (Q; $\overline{QP}$). Die gesuchten Punkte sind die anderen beiden Eckpunkte des rechtwinkligen Dreiecks.
Es gibt immer zwei solcher Punkte.

8 (1) Zeichnen der 22 m breiten Straße
(2) Abtragen des Winkels 63° am Scheitel P
(3) Zeichnen der anderen Straße
(4) M liegt 1. auf der Winkelhalbierenden des 63°-Winkels
2. auf der Senkrechten zu PQ in Q errichtet

Maßstab 1 : 2000

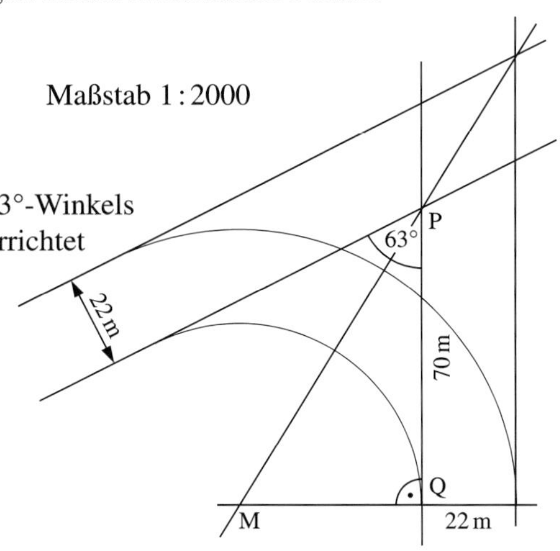

Aus der Zeichnung entnimmt man die Kurvenradien mit ca. 43 m und ca. 65 m.

9

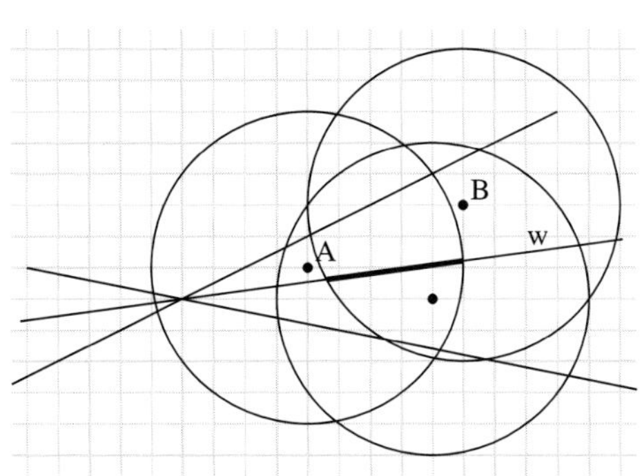

mögliche Standorte sind fett auf der Winkelhalbierenden w hervorgehoben.

10

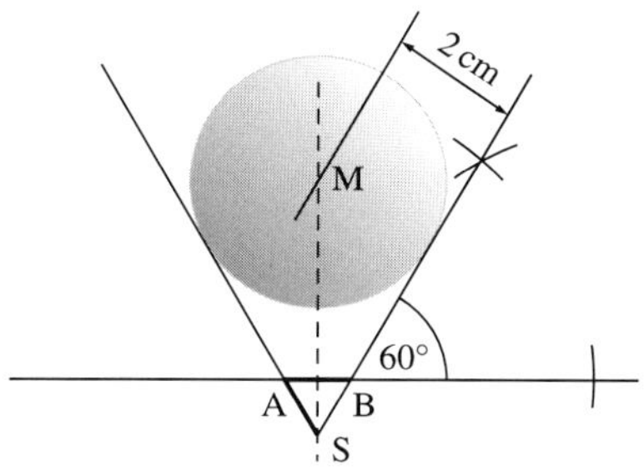

Wegen der Symmetrie liegt der Ballmittelpunkt M auf der Winkelhalbierenden des Winkels mit dem Scheitel S (60°)
(1) Zeichnen von [AB] mit $\overline{AB} = 1\,cm$
(2) Konstruktion des 60°-Winkels z. B. in B
(3) Konstruktion der Parallelen im Abstand 2 cm zur rechten Seitenwand der Rinne.
(4) Konstruktion der Mittelsenkrechten von [AB] (= Winkelhalbierende von ∢ BSA)
Entfernung Ball – Boden: etwa $11\frac{1}{2}$ mm

11

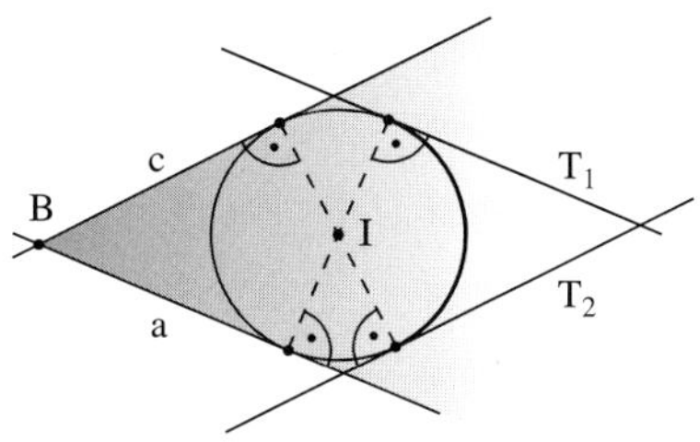

DGS-Datei downloadbar im Internetauftritt

Fabian hat Recht. T_1 bzw. T_2 sind parallel zu den Seiten a bzw. c. Die fehlende Dreiecksseite muss eine Tangente an den Inkreis im fett hervorgehobenen Bereich sein (T_1 und T_2 nicht eingeschlossen). Da es unendlich viele solcher Punkte gibt, gibt es auch unendlich viele mögliche Geraden und damit unendlich viele Dreiecke.

12 $\beta = \alpha + \varepsilon$ (α ist Stufenwinkel zum größeren Teil des durch h geteilten Winkels β, ε ist Scheitelwinkel zum kleineren Teil.) Also $\varepsilon = \beta - \alpha = 41°$
Aus der Zeichnung im Schülerbuch kann man eine Seite und die zugehörige Höhe entnehmen.
$A \approx 2{,}2\,cm \cdot 1{,}35\,cm = 2{,}97^2 \approx 3\,cm^2$ oder $A \approx 2\,cm \cdot 1{,}5\,cm = 3\,cm^2$

→ AB Arbeitsblatt: Schatzsuche; Kopiervorlage S. 214
Lösung: Der Schatz ist unter dem nördlichsten Busch vergraben.

3 Höhen

S. 173 **1** Die längste Seite (14 cm) ist kleiner als die Länge des Briefumschlags (16,2 cm); aus der Zeichnung (Dreieckskonstruktion) erhält man für die Höhe der Karte etwa 10,3 cm, die Einladung passt also in den Umschlag, der 11,4 cm hoch ist.

2 DGS-Datei downloadbar im Internetauftritt
Man sieht, dass sich die Höhen (bzw. ihre Verlängerungen) immer in einem Punkt schneiden. Dieser Schnittpunkt liegt bei einem spitzwinkligen Dreieck innerhalb des Dreiecks und bei einem stumpfwinkligen außerhalb. Bei einem rechtwinkligen Dreieck sind zwei Seiten (die Katheten) selbst die Höhen (jeweils zur anderen Kathete), der Schnittpunkt der Höhen ist daher der Eckpunkt des Dreiecks gegenüber der Hypothenuse.

S. 174 **3** a)

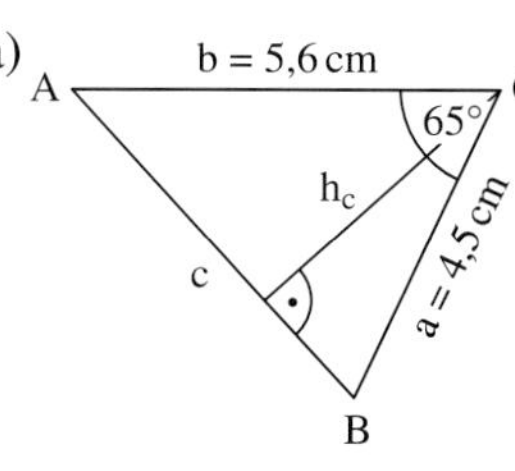

$c \approx 5{,}5\,cm$; $h_c \approx 4{,}2\,cm$
Flächeninhalt:
$A = \frac{1}{2} \cdot c \cdot h_c \approx 11{,}55\,cm^2$

b)

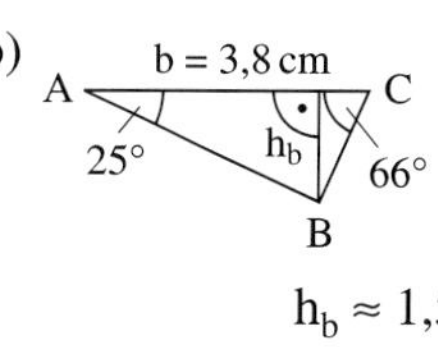

$h_b \approx 1{,}5\,cm$
$A = \frac{1}{2} \cdot b \cdot h_b \approx 2{,}85\,cm^2$

c)

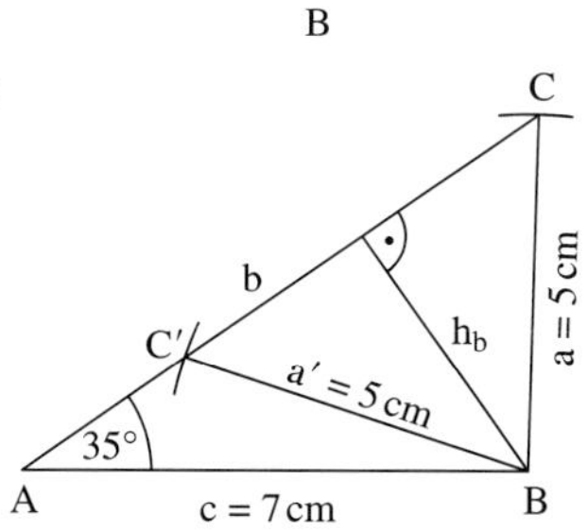

$b \approx 8{,}7\,cm$; $b' \approx 2{,}8\,cm$;
$h_b \approx 4{,}0\,cm$
$A = \frac{1}{2} \cdot b \cdot h_b \approx 17{,}4\,cm^2$;
$A' = \frac{1}{2} \cdot b' \cdot h_b \approx 5{,}6\,cm^2$

d)

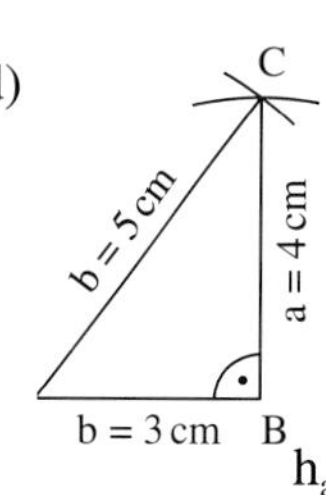

$h_a = c = 3\,cm$
$A = \frac{1}{2} \cdot a \cdot h_a = 6\,cm^2$

4

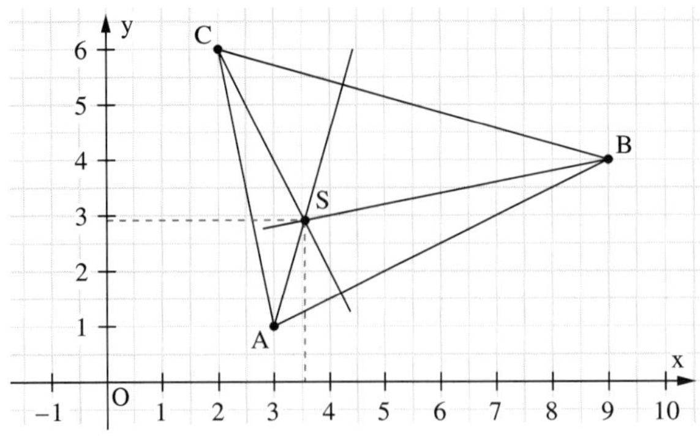

Der Schnittpunkt hat etwa die Koordinaten S(3,5 | 2,9).

5 a) Planfigur:

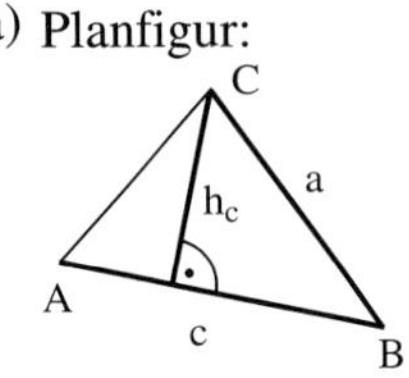

(1) A, B sind durch $\overline{AB} = c$ gegeben.
(2) C liegt auf 1. der Parallelen zu AB im Abstand h_c
2. k(B; a)

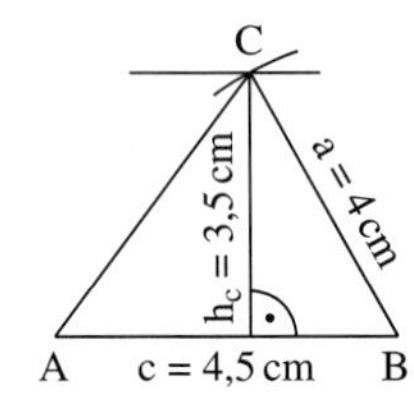

b) Planfigur:

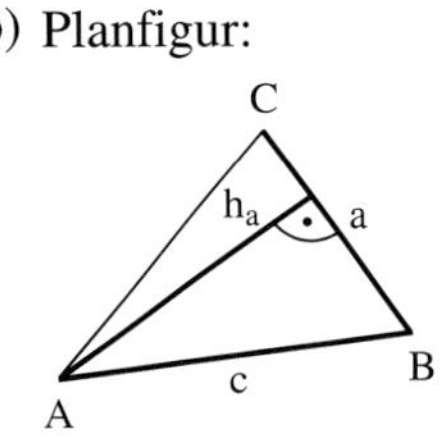

(1) B, C sind durch $\overline{BC} = a$ gegeben.
(2) A liegt auf 1. der Parallelen zu BC im Abstand h_a
2. k(B; c)

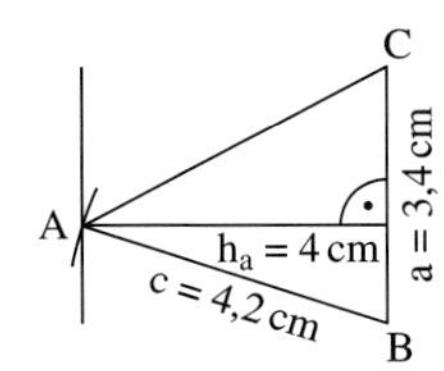

c) Planfigur:

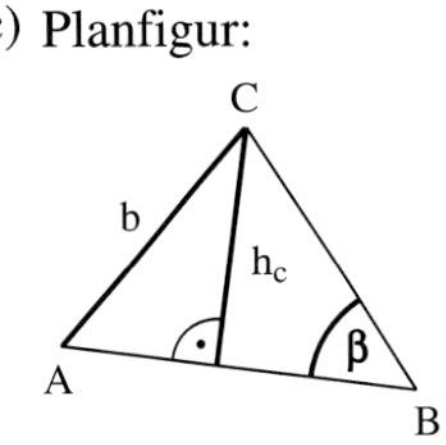

(1) A, C sind durch $\overline{AC} = b$ gegeben.
(2) F liegt auf 1. Thaleskreis über [AC]
2. k(C; h_c)
(3) B liegt auf 1. dem freien Schenkel von $90° - \beta$ an [CF in C angetragen
2. auf [AF

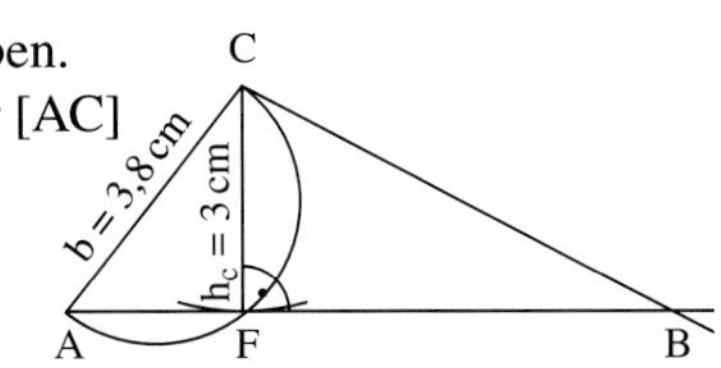

6 Die Grundlinie und die zugehörige Höhe der Dreiecke sind immer gleich. Daher haben sie den gleichen Flächeninhalt ($A = \frac{1}{2} \cdot g \cdot h$).

7 Die Zeichnungen dienen dazu, zu erkennen, dass immer zwei Punkte die gleiche x- oder y-Koordinate haben. Ihre Verbindungslinie wird als Grundlinie verwendet, die Höhe (Abstand zum dritten Punkt) lässt sich dann leicht ermitteln.
a) $\overline{AB} = 7\,cm - 2\,cm = 5\,cm$; $h_c = 4\,cm - 0\,cm = 4\,cm$; also $A = \frac{1}{2} \cdot 5\,cm \cdot 4\,cm = 10\,cm^2$
b) $\overline{AB} = 6\,cm - 0\,cm = 6\,cm$; $h_c = 1\,cm - (-3\,cm) = 4\,cm$; also $A = \frac{1}{2} \cdot 6\,cm \cdot 4\,cm = 12\,cm^2$
c) $\overline{AC} = (-2\,cm) - (-7\,cm) = 5\,cm$; $h_b = 0\,cm - (-3\,cm) = 3\,cm$; also $A = \frac{1}{2} \cdot 5\,cm \cdot 3\,cm = 7{,}5\,cm^2$

8

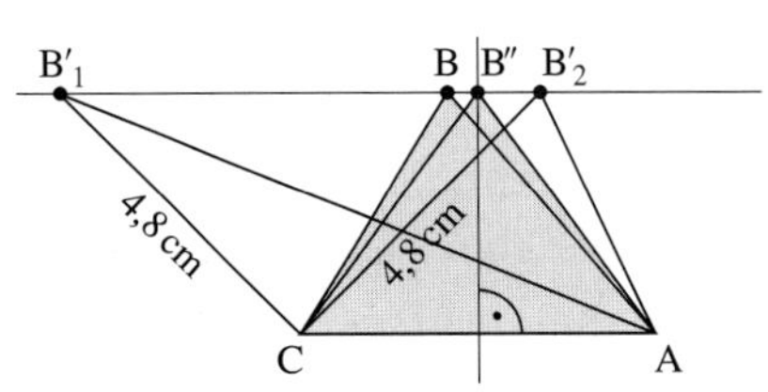

b wird als gleichbleibende Grundlinie angesehen, das heißt die Punkte A und C sind fest. Um flächeninhaltsgleiche Dreiecke zu erhalten, muss auch h_b bei allen Dreiecken gleich groß sein. Der Punkt B bewegt sich also bei allen flächeninhaltsgleichen Dreiecken auf einer Parallelen zu b im Abstand h_b. (vgl. Zeichnung)
a) B′ ist der Schnittpunkt der Parallelen mit der Kreislinie eines Kreises mit Radius a′ um C.
b) Der Mittelpunkt von [CA] ist Symmetrieachse des Dreiecks.

9 Das Dreieck muss bei B rechtwinklig sein, die Größe der anderen beiden Winkel sowie die Länge der Seiten können aber unterschiedlich sein.

10

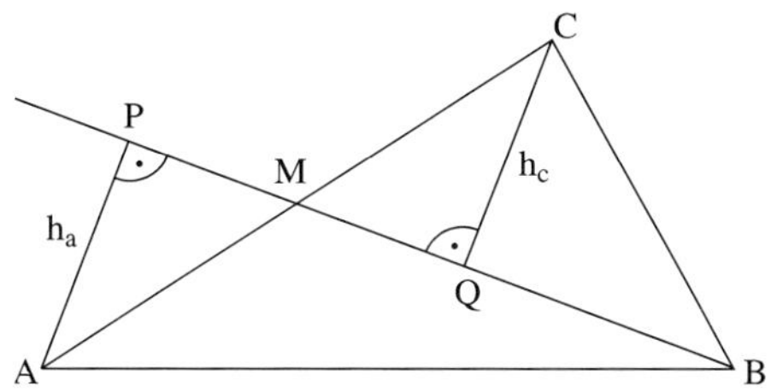

∢PMA = ∢QMC (Scheitelwinkel)
∢APM = ∢CQM (rechte Winkel)
$\overline{AM} = \overline{MC}$ (M halbiert $\overline{AC}$)
Somit sind nach SWW die Dreiecke MPA und MQC kongruent, damit sind auch h_a und h_c gleich.

11 a) $3a^3b + 5a^2b + 2bc^2$ b) $1{,}2a^2 - 0{,}6$ c) $k^2 + 2k - 6$

→ TB Trainingsblatt: Besondere Linien im Dreieck; Kopiervorlage S. 215

*4 Seitenhalbierende

S. 175 **1** a) individuelle Lösungen
b) Die Linien schneiden die Dreiecksseiten genau in der Mitte.
c) Die Linien schneiden sich in einem Punkt.

i Unterstützt man das Dreieck in diesem Punkt, bleibt es im Gleichgewicht. Evtl. kann man noch sehen, dass sich die Linien jeweils im Verhältnis 2 : 1 teilen.

→ 💻 **Randspalte:** DGS-Datei downloadbar im Internetauftritt

S. 176 **2** a)

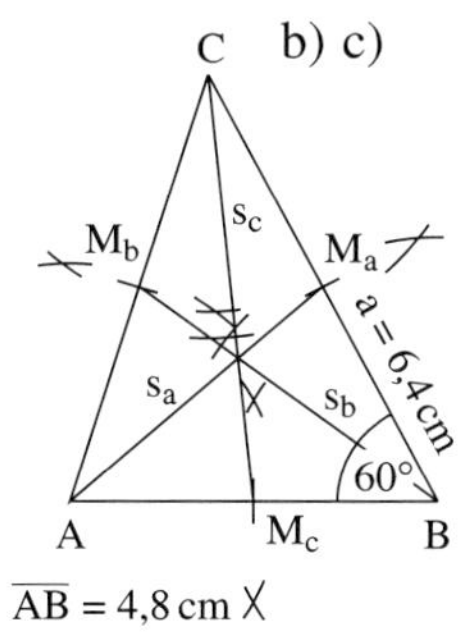

b) c)

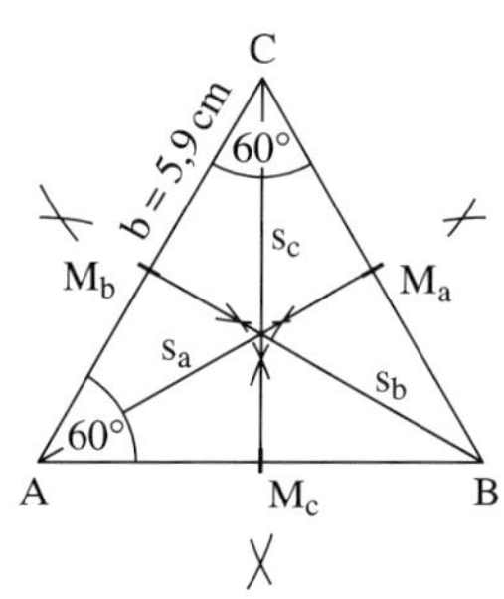

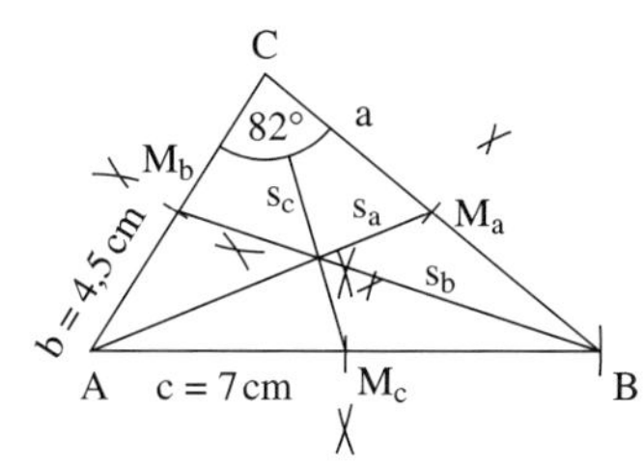

3 a)

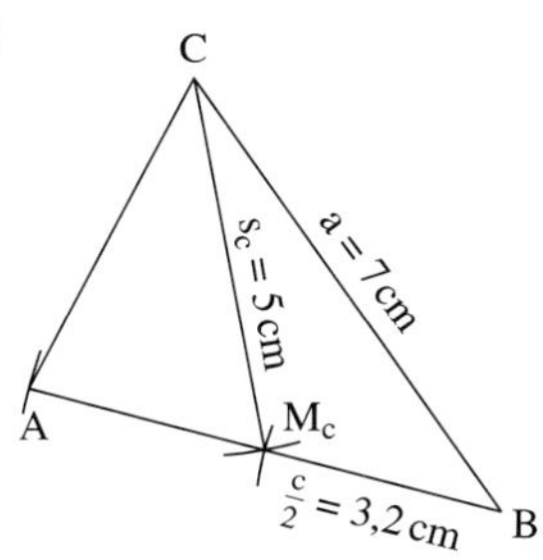

1. Zeichne die Seite a mit a = 7 cm.
2. Zeichne einen Kreis um B mit dem Radius $\frac{c}{2} = 3{,}2$ cm.
3. Zeichne einen Kreis um C mit dem Radius $s_c = 5$ cm.
4. Die beiden Kreise schneiden sich in M_c.
5. Verlängere die Strecke $\overline{BM_c}$ über M_c hinaus um $\frac{c}{2} = 3{,}2$ cm. Der neue Endpunkt ist A.

b)

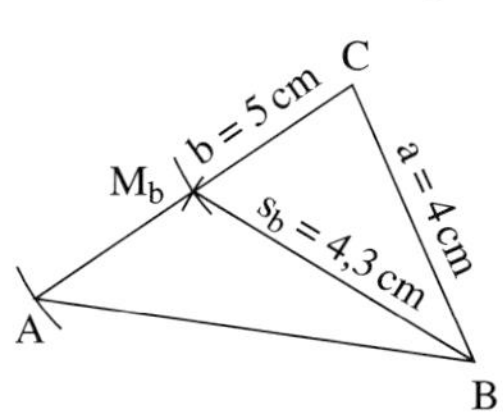

1. Zeichne die Seite a mit a = 4 cm.
2. Zeichne einen Kreis um C mit dem Radius $\frac{b}{2} = 2{,}5$ cm.
3. Zeichne einen Kreis um B mit dem Radius $s_b = 4{,}3$ cm.
4. Die beiden Kreise schneiden sich in M_b.
5. Verlängere die Strecke $\overline{CM_b}$ über M_b hinaus um $\frac{b}{2} = 2{,}5$ cm. Der neue Endpunkt ist A.

c)

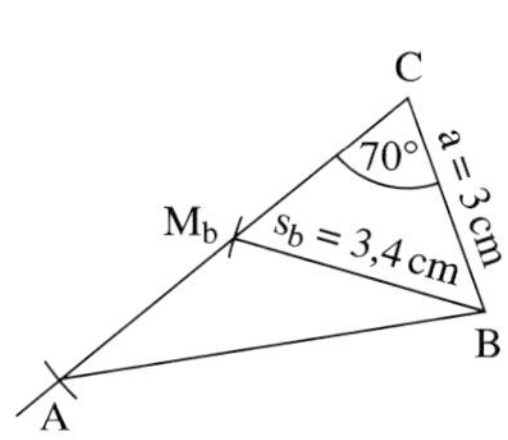

1. Zeichne die Seite a mit a = 3 cm.
2. Trage bei C den Winkel γ mit $\gamma = 70°$ an.
3. Zeichne einen Kreis um B mit dem Radius $s_b = 3{,}4$ cm.
4. Der Kreis schneidet den freien Schenkel in M_b.
5. Verlängere die Strecke $\overline{CM_b}$ über M_b hinaus um $\overline{CM_b}$. Der neue Endpunkt ist A.

d)

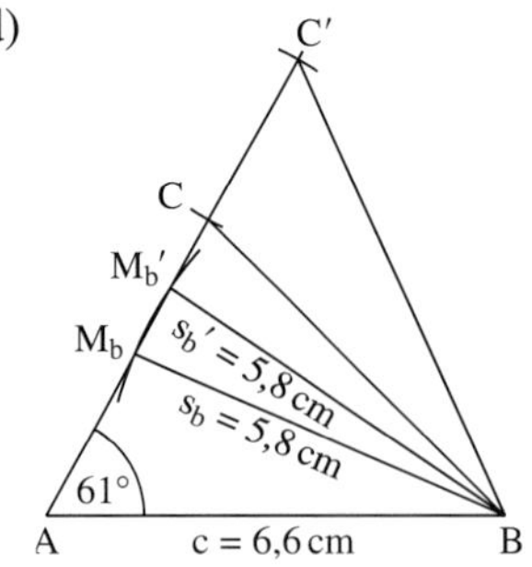

1. Zeichne die Seite c mit c = 6,6 cm.
2. Trage in A den Winkel α mit α = 61° an.
3. Zeichne einen Kreis um B mit dem Radius $s_b = 5{,}8\,cm$.
4. Der Kreis schneidet den freien Schenkel in M_b.
5. Verlängere die Strecke $\overline{AM_b}$ über M_b hinaus um $\overline{AM_b}$. Der neue Endpunkt ist C bzw. C′.

e)

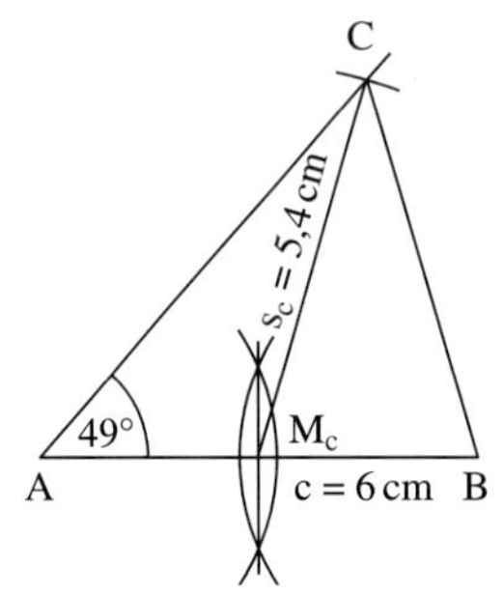

1. Zeichne die Seite c mit c = 6 cm.
2. Trage in A den Winkel α mit α = 49° an.
3. Halbiere die Seite c mithilfe einer Mittelsenkrechten. Es ergibt sich M_c.
4. Zeichne einen Kreis um M_c mit dem Radius $s_c = 5{,}4\,cm$.
5. Der Kreis schneidet den freien Schenkel in C.

f)

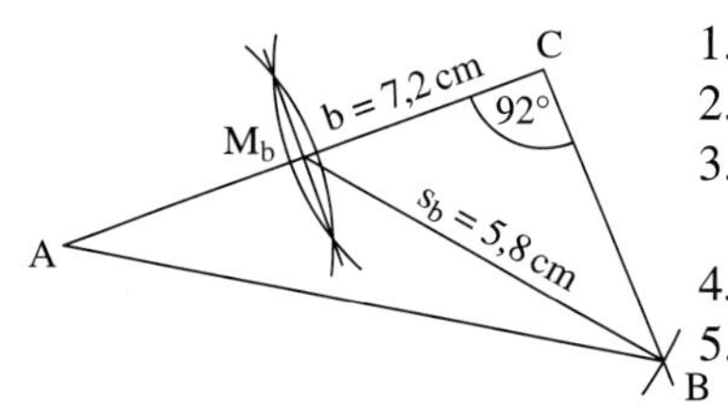

1. Zeichne die Seite b mit b = 7,2 cm.
2. Trage in C den Winkel γ mit γ = 92° an.
3. Halbiere die Seite b mithilfe einer Mittelsenkrechten. Es ergibt sich M_b.
4. Zeichne einen Kreis um M_b mit dem Radius $s_b = 5{,}8\,cm$.
5. Der Kreis schneidet den freien Schenkel in B.

4 a)

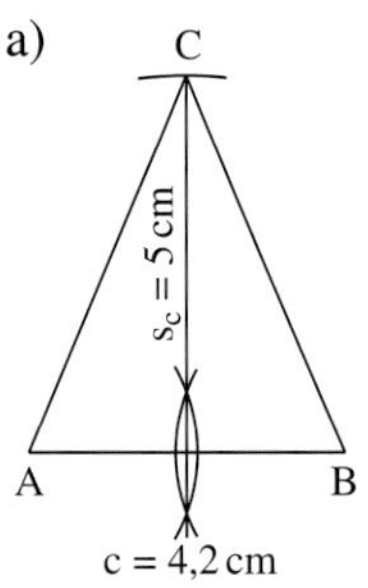

b)

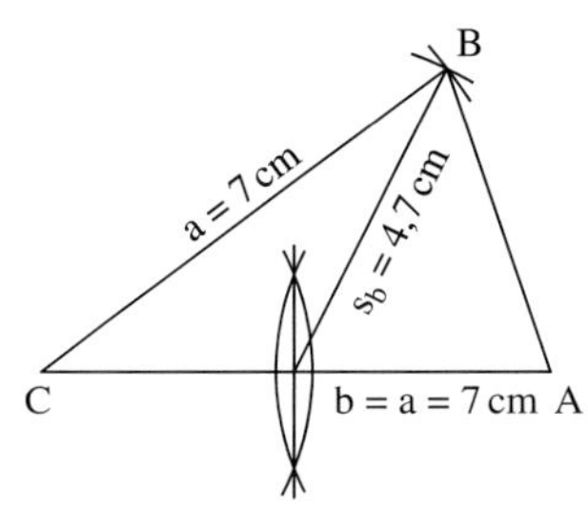

5 a) ein gleichschenkliges, nicht gleichseitiges Dreieck; im gleichschenkligen Dreieck sind wegen der Symmetrie die zwei Seitenhalbierenden auf die Schenkel gleich lang.
b) ein gleichschenkliges, nicht gleichseitiges Dreieck; die Seitenhalbierende auf die Basis liegt hier auf der Symmetrieachse.
c) ein gleichseitiges Dreieck; alle drei Seitenhalbierenden sind zugleich Symmetrieachse.

6

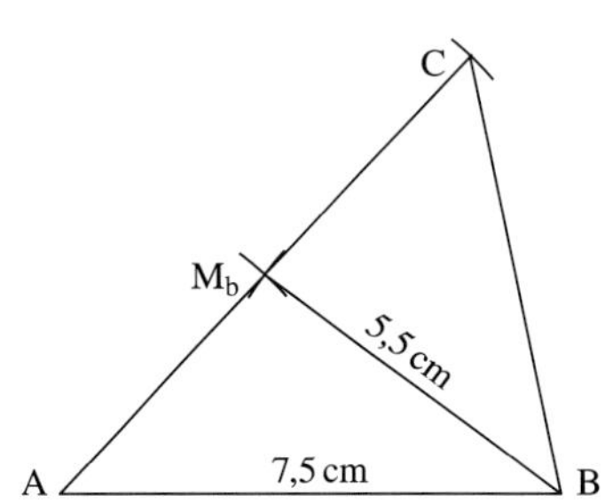

Wegen der Dreiecksungleichung im Dreieck ABM_b ($7{,}5\,cm < \frac{b}{2} + s_b = 4{,}5\,cm + s_b$) muss gelten: $s_b > 3\,cm$

7 Die Diagonalen [AC] und [BD] halbieren einander, daher ist [DS] Seitenhalbierende des Dreiecks ACD und [BS] Seitenhalbierende des Dreiecks ABC.
Die Seitenhalbierenden [AF] und [AE] teilen die Seitenhalbierenden [DS] und [BS] jeweils im Verhältnis 2 : 1.
Damit ist $\overline{DP} = \overline{PQ} = \overline{QB}$.

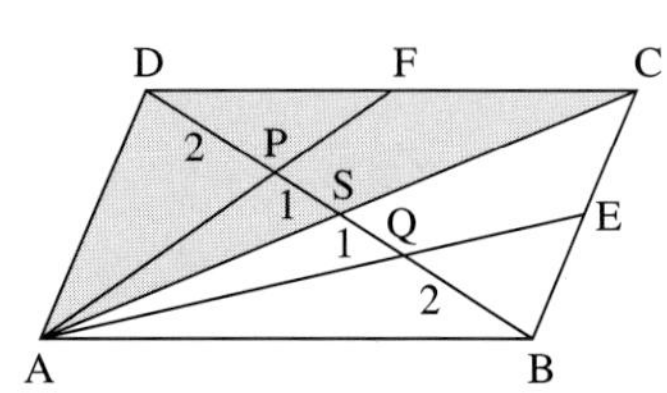

8 Das mittlere Dreieck bleibt stehen.

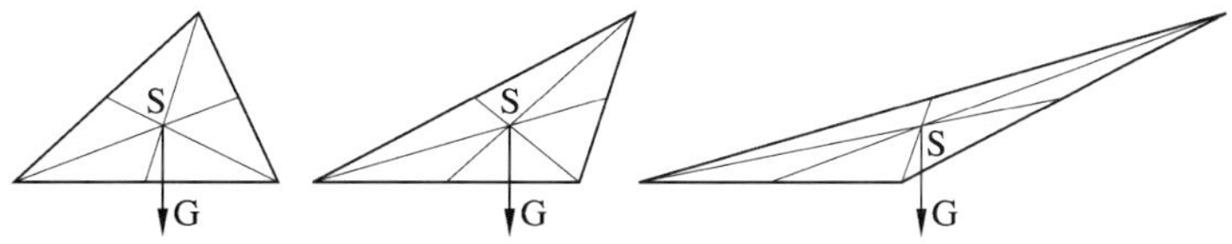

Der Schnittpunkt der Seitenhalbierenden ist der Schwerpunkt S des Dreiecks, d. h. man kann sich vorstellen, die gesamte Gewichtskraft G greift in diesem Punkt S an. Wenn nun das Lot von diesem Schwerpunkt aus die Tischplatte außerhalb der „aufliegenden" Seite trifft, so kippt das dreieckige Brett (hier das rechte).

9 Rechteck 1: $U_1 = 200\,m$, Seiten a_1 und $b_1 = (200\,m - 2\,a_1) : 2 = 100\,m - a_1$
Rechteck 2: $a_2 = a_1 - 20\,m$; $b_2 = b_1 + 30\,m = 100\,m - a_1 + 30\,m = 130\,m - a_1$
Es soll gelten: $A_1 = A_2$; d. h. $a_1 \cdot (100\,m - a_1) = (a_1 - 20\,m) \cdot (130\,m - a_1)$
Daraus ergibt sich: $a_1 = 52\,m$, $b_1 = 48\,m$; $a_2 = 32\,m$, $b_2 = 78\,m$

5 Besondere Dreieckskonstruktionen

S. 177

1 Der Landvermesser konstruiert die Dreiecke ABD und ADC über die Angaben aus früheren Messungen. Dazu konstruiert er [AD] (in geeignetem Maßstab, z. B. 1 : 100 000) und trägt den Winkel BAD (55°) an. B liegt auf dem 2. Schenkel des Winkels im Abstand 4,5 (km) zu A. C liegt auf der Halbgeraden [BD und auf dem 1. Schenkel des Winkels DAC (55°). In der Zeichnung kann er die Entfernung CD messen und über den Maßstab die tatsächliche Länge als 5,1 km berechnen.

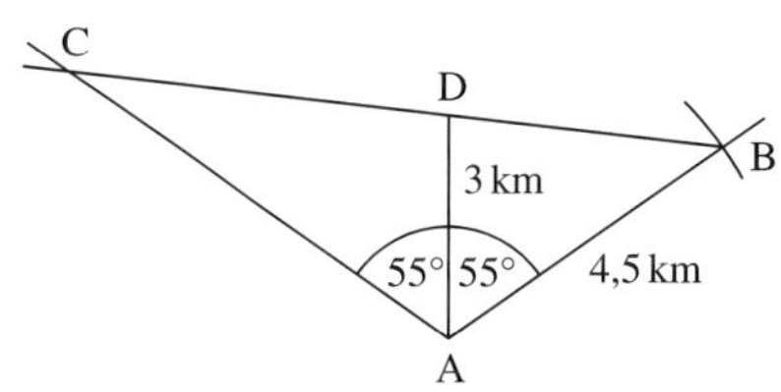

S. 179

2 a) Planfigur:

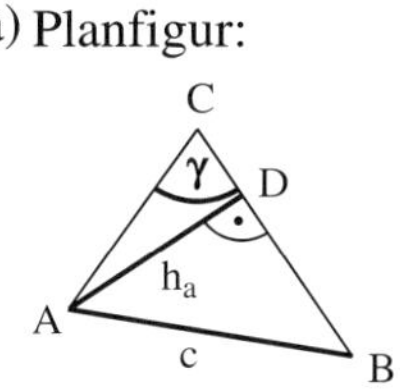

(1) A und B sind durch $\overline{AB} = c$ gegeben.
(2) D liegt auf 1. k (A; h_a),
2. dem Thaleskreis über [AB].
(3) C liegt auf 1. [BD,
2. dem freien Schenkel von ∢ DAC = 90° – γ, angetragen in A an AD.

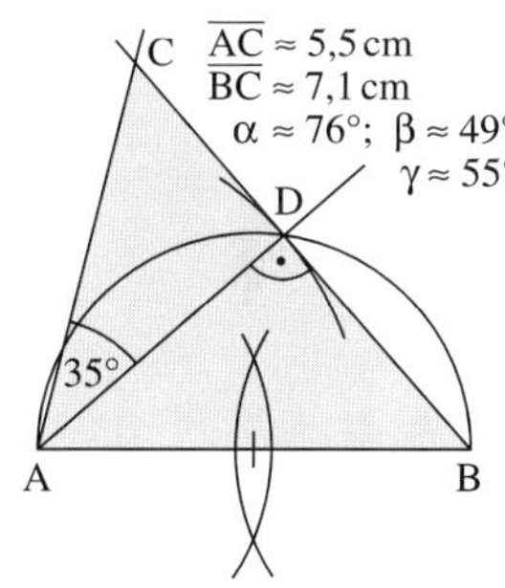

b) Planfigur:

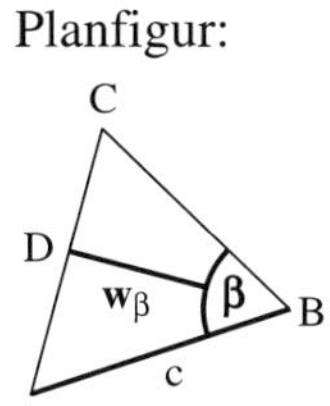

(1) A und B sind durch $\overline{AB} = c$ gegeben.
(2) D liegt auf 1. k (B; w_β),
2. dem freien Schenkel von $\frac{\beta}{2}$, angetragen in B an AB.
(3) C liegt auf 1. [AD,
2. dem freien Schenkel von β, angetragen in B an AB.

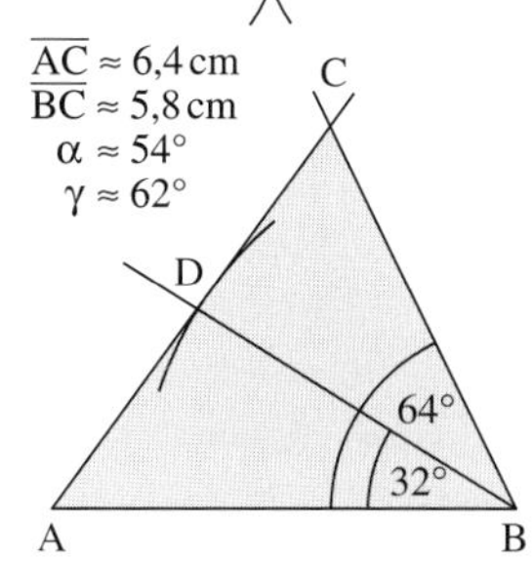

c) Planfigur:

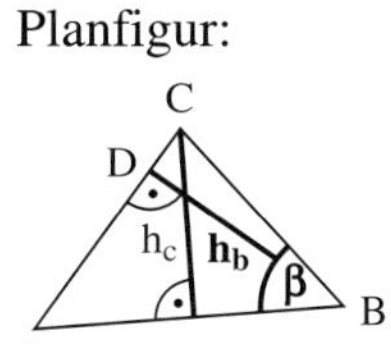

(1) B ist durch den Scheitel von β gegeben.
(2) C liegt auf 1. dem ersten Schenkel von β,
2. der Parallelen zum zweiten Schenkel von β mit Abstand h_c.
(3) D liegt auf 1. k (B; h_b),
2. dem Thaleskreis über [BC].
(4) A liegt auf 1. [CD,
2. dem zweiten Schenkel von β.

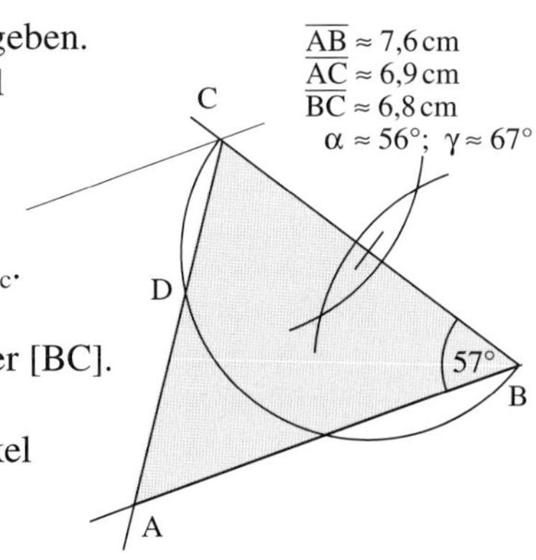

d) Planfigur:

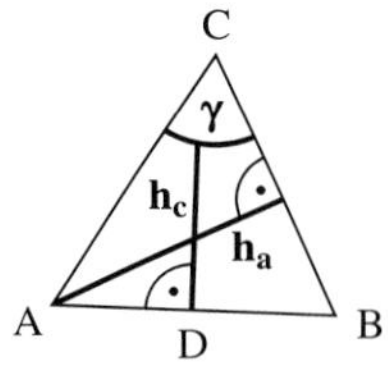

(1) C ist durch den Scheitel von γ gegeben.
(2) A liegt auf 1. dem ersten Schenkel von γ,
2. der Parallelen zum zweiten Schenkel von γ mit Abstand h_a.
(3) D liegt auf 1. k(C; h_c),
2. dem Thaleskreis über [AC].
(4) B liegt auf 1. [AD,
2. dem zweiten Schenkel von γ.

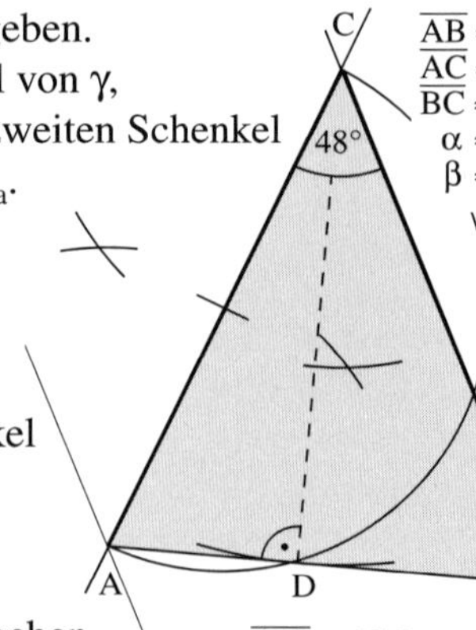

$\overline{AB} \approx 7{,}4\,cm$
$\overline{AC} \approx 8{,}9\,cm$
$\overline{BC} \approx 9{,}3\,cm$
$\alpha \approx 69°$;
$\beta \approx 63°$

e) Planfigur:

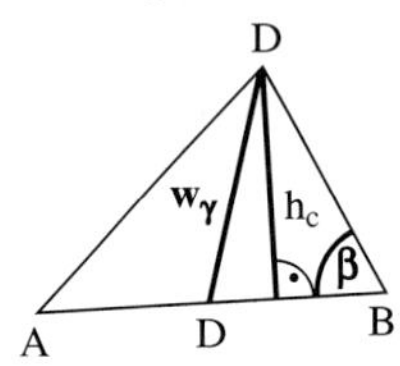

(1) B ist durch den Scheitel von β gegeben.
(2) C liegt auf 1. dem ersten Schenkel von β,
2. der Parallelen zum zweiten Schenkel von β mit Abstand h_c.
(3) D liegt auf 1. dem zweiten Schenkel von β,
2. k(C; w_γ).
(4) A liegt auf 1. [BD,
2. dem freien Schenkel von ∢DCB = $\frac{\gamma}{2}$ angetragen in C an CD.

$\overline{A_1B} \approx 15{,}5\,cm$ $\alpha_1 \approx 21°$
$\overline{A_2B} \approx 3{,}6\,cm$ $\alpha_2 \approx 87°$
$\overline{A_1C} \approx 13\,cm$ $\gamma_1 \approx 105°$
$\overline{A_2C} \approx 4{,}6\,cm$ $\gamma_2 \approx 39°$
$\overline{BC} \approx 5{,}7\,cm$

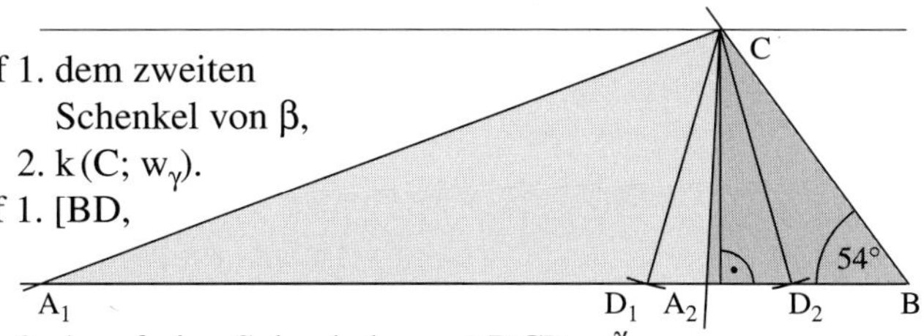

f) Planfigur:

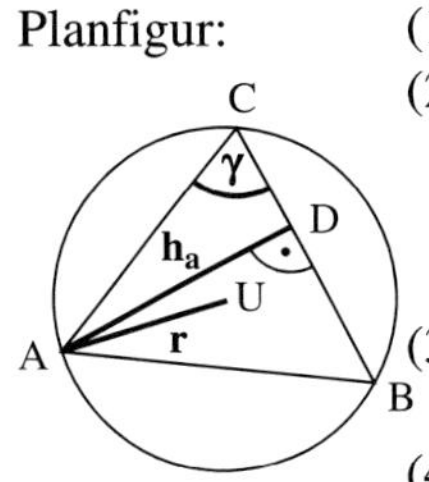

(1) A und D sind durch $\overline{AD} = h_a$ gegeben.
(2) C liegt auf 1. der Senkrechten zu h_a durch D,
2. dem freien Schenkel von ∢DAC = 90° – γ.
(3) U liegt auf 1. k(A; r),
2. k(C; r).
(4) B liegt auf 1. [CD,
2. k(U; r).

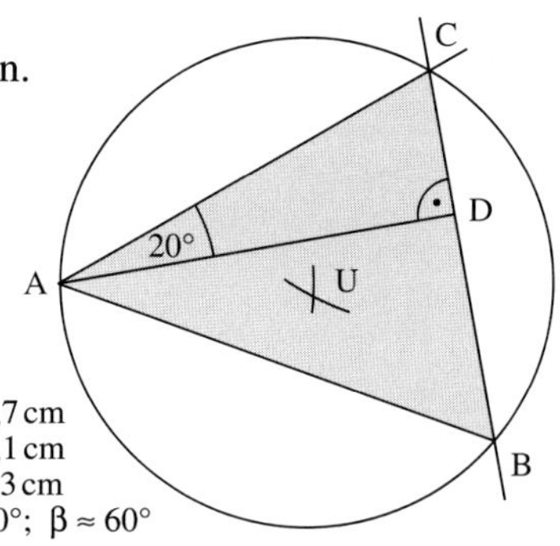

$\overline{AB} \approx 7{,}7\,cm$
$\overline{AC} \approx 7{,}1\,cm$
$\overline{BC} \approx 6{,}3\,cm$
$\alpha \approx 50°$; $\beta \approx 60°$

g) Planfigur:

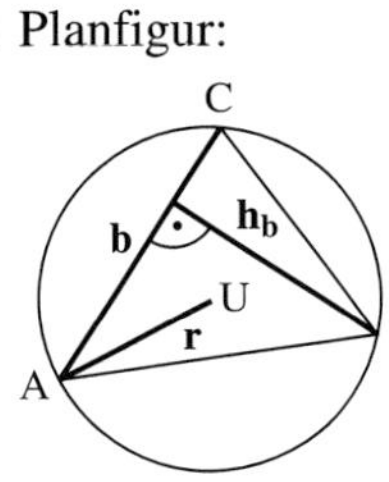

(1) A und C sind durch $\overline{AC} = b$ gegeben.
(2) U liegt auf 1. k(A; r),
2. k(C; r).
(3) B liegt auf 1. k(U; r),
2. der Parallelen zu AC mit Abstand h_b.

$\overline{AB_1} \approx 4{,}1\,cm$ $\alpha_1 \approx 103°$; $\alpha_2 \approx 29°$
$\overline{AB_2} \approx 8{,}2\,cm$ $\beta_1 \approx 48°$; $\beta_2 \approx 48°$
$\overline{B_1C} \approx 8{,}2\,cm$ $\gamma_1 \approx 29°$; $\gamma_2 \approx 103°$
$\overline{B_2C} \approx 4{,}1\,cm$

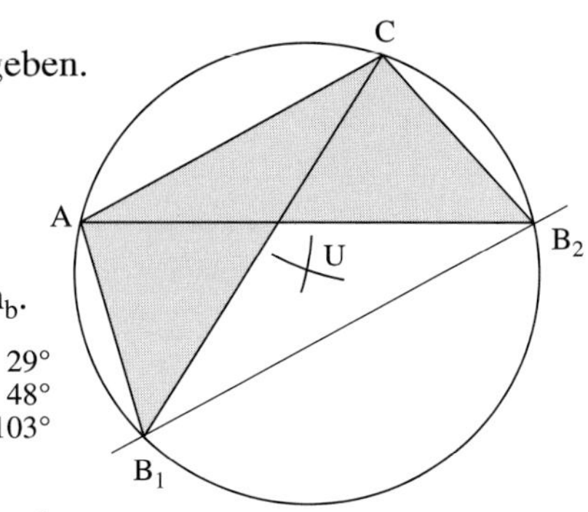

h) Planfigur:

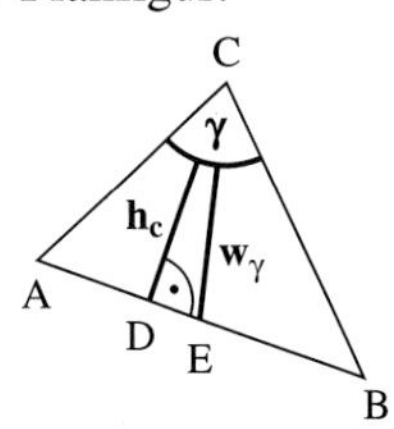

(1) C und D sind durch $\overline{CD} = h_c$ gegeben.
(2) E liegt auf 1. der Senkrechten zu h_c durch D,
2. k(C; w_γ).
(3) B liegt auf 1. DE,
2. dem freien Schenkel von $\frac{\gamma}{2}$, angetragen in C an CE.
(4) A liegt auf 1. [BD,
2. dem freien Schenkel von γ, angetragen in C an CB.

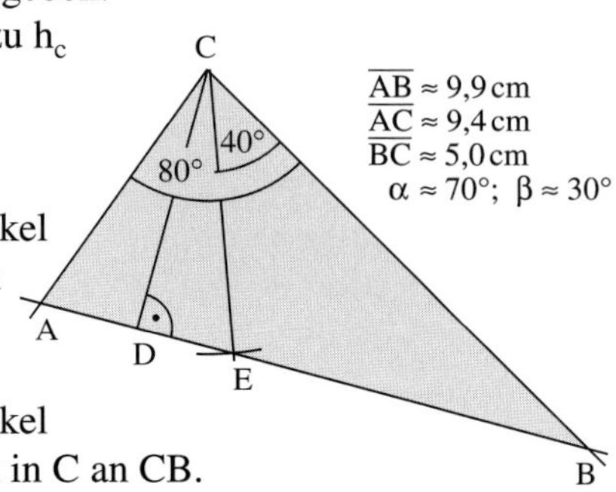

$\overline{AB} \approx 9{,}9\,cm$
$\overline{AC} \approx 9{,}4\,cm$
$\overline{BC} \approx 5{,}0\,cm$
$\alpha \approx 70°$; $\beta \approx 30°$

3 a) (1) C und D (Fußpunkt der Höhe h_c) sind gegeben durch $\overline{CD} = h_c$
(2) E (Fußpunkt der Winkelhalbierenden w_γ auf c) liegt
1. auf einer Senkrechten zu h_c durch D
2. auf dem Kreis $k(C; w_\gamma)$
(3) B liegt 1. auf der Geraden DE
2. auf dem freien Schenkel von $\frac{\gamma}{2}$ angetragen in C an CE
(4) A liegt 1. auf der Geraden DE
2. auf dem freien Schenkel des Winkels $\gamma = 90°$ angetragen in C an [CB
b) (1) B und C sind durch $\overline{BC} = a$ festgelegt
(2) A liegt 1. auf einer Parallelen zu a im Abstand h_a
2. auf dem Thaleskreis über [BC]

4 a) (1) B und der Schnittpunkt D von w_β mit der Seite b sind durch w_β festgelegt.
(2) A liegt 1. auf dem 2. Schenkel des Winkels $\frac{\beta}{2}$ angetragen in B an BD
2. auf dem freien Schenkel des Winkels ADB $= 180° - \frac{\beta}{2} - \beta$
(3) C liegt 1. auf dem freien Schenkel des Winkels β angetragen in B an BA
2. auf AD
b) (1) A und C sind durch $\overline{AC} = b$ festgelegt
(2) U (Umkreismittelpunkt) liegt auf 1. $k(A; r)$
2. $k(C; r)$
(3) B liegt 1. auf $k(U; r)$
2. auf $k(A; b)$
c) (1) B und der Schnittpunkt D der Höhe h_b mit der Seite b sind durch $\overline{BD} = h_b$ festgelegt.
(2) U liegt 1. auf $k(B; r)$
2. auf BD, da h_b auch die Mittelsenkrechte von [AC] ist (gleichschenkliges Dreieck)
(3) A und C liegen 1. auf $k(U; r)$
2. der Senkrechten zu BD in D

5

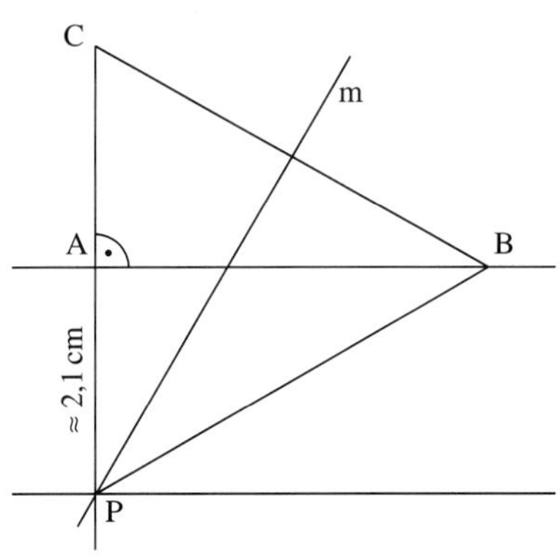

Man konstruiert zunächst ein Dreieck ABC ($c = 3{,}5$ cm, $b = 2$ cm, $\alpha = 90°$). Die Mittelsenkrechte von [BC] schneidet [CA in P. P hat von C und B den gleichen Abstand (das Schilfrohr bleibt gleich lang), daher ist P ein Punkt auf dem Boden des Sees. [AP] ist ca. 2,1 cm lang, der See ist an der Stelle also etwa 42 cm tief.

6 a) Nein, die Lösung ist nicht eindeutig. $k(B; a)$ schneidet die Parallele zu AB im Abstand h_c zweimal, da $a > h_c$. Ein Dreieck ist bei B spitzwinklig, eines stumpfwinklig.
b) Die Lösung ist deswegen nicht eindeutig, weil h_c kleiner ist als a. Vergrößert man h_c und behält a und c bei, sieht man, dass bei $h_c = a$ die beiden Lösungen „zusammenfallen", das Dreieck ist bei B rechtwinklig. Wenn $h_c > a$, gibt es keine Lösung.

7 Geeigneter Maßstab ist 1 : 200. Die Sonne steht in einem Winkel von 50° zur Horizontalen.

8 Für die Zeichnung nötige Strecken können mit dem Zirkel abgenommen und ins Heft übertragen werden.
(1) C′ liegt 1. auf einer Parallelen zu s im Abstand $\overline{CL}$
2. auf $k(D; \overline{DC})$
(2) B′ liegt 1. auf [DC′]
2. auf $k(D; \overline{DB})$
(3) A′ liegt 1. auf s
2. auf $k(B'; \overline{BA})$

9

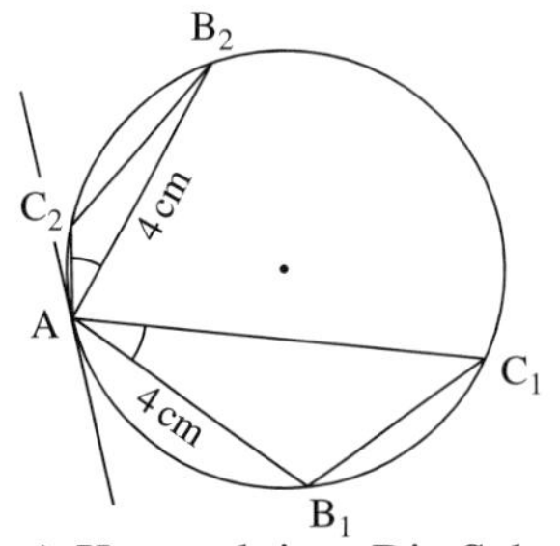

a) Konstruktion: Die Sehne c wird an den Umkreis U gezeichnet; hieran wird α angetragen.
b) Für $\alpha \leqslant 42°$ (d.h. α ist kleiner als der Winkel zwischen AB_2 und der Tangente in A) gibt es zwei Lösungen, für $42° \leqslant \alpha \leqslant 138°$ gibt es eine Lösung, für $\alpha \geqslant 138°$ gibt es keine Lösung.

10 Schätzung: etwa $\frac{660\,€}{6} = 110\,€$; Rechnung: ca. 110,17 €

→ TB Trainingsblatt: Besondere Dreieckskonstruktionen; Kopiervorlage S. 217

→ Spiel: Dreiecke kombinieren; Kopiervorlage S. 219
Spiel für 2–5 Spieler (Spieldauer 20–30 Minuten)
Spiel zur Konstruierbarkeit von Dreiecken

6 Konstruktion von Vierecken

S. 180

1 Man braucht mindestens fünf Angaben, um das Viereck zu konstruieren. Es lässt sich in zwei Dreiecke zerlegen, für das erste braucht man 3 Angaben, für das zweite 2, da eine Seite (die Diagonale des Vierecks) des 1. Dreiecks auch Seite des 2. Dreiecks ist.

S. 181

2 a)

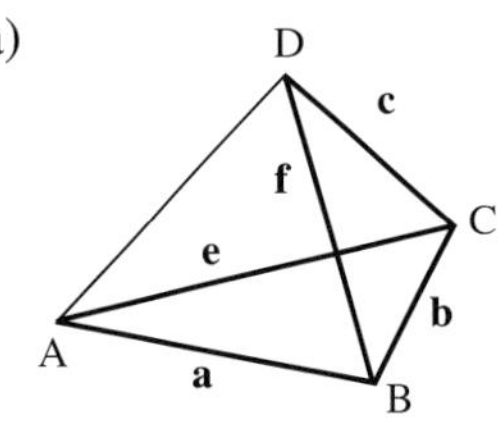

(1) A und C sind durch $\overline{AC} = e$ festgelegt.
(2) B liegt auf 1. k(A; a),
2. k(C; b).
(3) D liegt auf 1. k(B; f),
2. k(C; c)
$d \approx 2{,}6\,cm$; $\alpha \approx 68°$; $\beta \approx 78°$; $\gamma \approx 77°$; $\delta \approx 137°$

b)

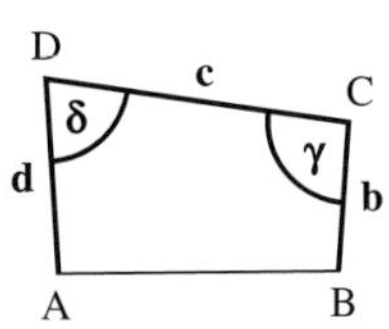

(1) C und D sind durch $\overline{CD} = c$ festgelegt.
(2) B liegt auf 1. k(C; b),
2. dem freien Schenkel des Winkels γ, angetragen in C an CD.
(3) A liegt auf 1. k(D; d),
2. dem freien Schenkel des Winkels δ, angetragen in D an CD.
$a \approx 3{,}2\,cm$; $e \approx 6{,}0\,cm$; $f \approx 6{,}1\,cm$; $\alpha \approx 267°$; $\beta \approx 44°$

c)

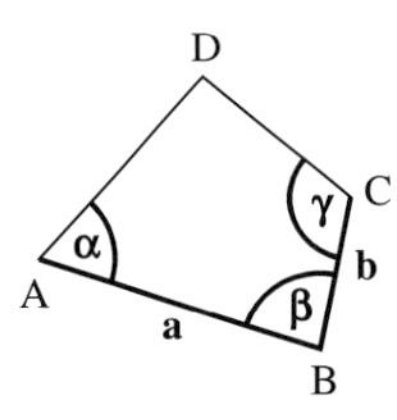

(1) A und B sind durch $\overline{AB} = a$ festgelegt.
(2) C liegt auf 1. k(B; b),
2. dem freien Schenkel des Winkels β, angetragen in B an AB.
(3) D liegt auf 1. dem freien Schenkel des Winkels α, angetragen in A an AB,
2. dem freien Schenkel des Winkels γ, angetragen in C an BC.
$c \approx 2{,}4\,cm$; $d \approx 7{,}4\,cm$; $e \approx 6{,}2\,cm$; $f \approx 5{,}4\,cm$; $\delta = 51°$

d)

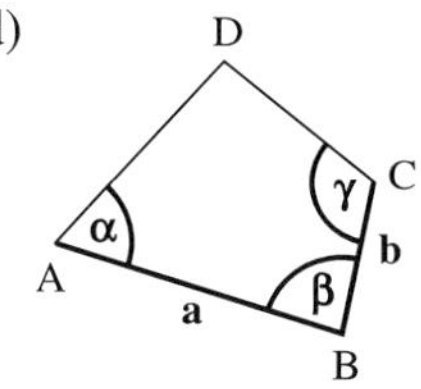

(1) A und C sind durch $\overline{AC} = e$ festgelegt.
(2) B liegt auf 1. k(A; a),
2. k(C; b).
(3) D liegt auf 1. dem freien Schenkel des Winkels α, angetragen in A an AB,
2. dem freien Schenkel des Winkels γ, angetragen in C an BC.
$c \approx 3{,}8\,cm$; $d \approx 3{,}4\,cm$; $f \approx 5{,}6\,cm$; $\beta \approx 68°$; $\delta \approx 130°$

3 Es gibt jeweils zwei Lösungen:
a) $d \approx 7{,}8\,cm$; $f \approx 7{,}4\,cm$; $\beta \approx 76°$; $\gamma \approx 169°$; $\delta \approx 53°$
oder
$d \approx 2{,}0\,cm$; $f \approx 5{,}6\,cm$; $\beta \approx 76°$; $\gamma \approx 95°$; $\delta \approx 127°$
b) $e \approx 4{,}7\,cm$; $f \approx 8{,}2\,cm$; $\alpha \approx 77°$; $\gamma \approx 180°$; $\delta \approx 67°$
oder
$e \approx 4{,}7\,cm$; $f \approx 2{,}8\,cm$; $\alpha \approx 5°$; $\gamma \approx 25°$; $\delta \approx 294°$
c) $c \approx 3{,}6\,cm$; $e \approx 7{,}4\,cm$; $f \approx 6{,}0\,cm$; $\alpha \approx 56°$; $\delta \approx 128°$
oder
$c \approx 9{,}3\,cm$; $e \approx 7{,}4\,cm$; $f \approx 10{,}8\,cm$; $\alpha \approx 132°$; $\delta \approx 52°$

4 Das Dreieck ABD ist gleichschenklig. Die Basiswinkel sind wegen $\alpha = 60°$ ebenfalls jeweils 60° groß. Also ist ΔABD sogar gleichseitig, d. h. $\overline{BD} = 20\,cm$, $\sphericalangle ADB = \sphericalangle DBA = 60°$. Daher ist das Dreieck BCD gleichschenklig und $\sphericalangle CBD = 20°$. Wegen der Winkelsumme im Dreieck ergibt sich $\sphericalangle BDC = 140°$ und damit für $\delta = 140° + 60° = 200°$.

5 Die Dachbalken sind etwa 5,95 m lang.

6 a) (1) A und B sind durch $\overline{AB} = a$ gegeben.
(2) M (Schnittpunkt der Diagonalen) liegt 1. auf einem Kreis $k(A; \frac{e}{2})$
2. auf einem Kreis $k(B; \frac{f}{2})$
(3) C liegt 1. auf [AM
2. auf k(A; e)
(4) D liegt 1. auf [BM
2. auf k(B; f)
b) (1) C und D sind durch $\overline{CD} = c$ gegeben.
(2) A liegt 1. auf dem freien Schenkel des Winkels $\delta = 180° - \gamma$, angetragen in D an CD
2. auf k(C; e)
(3) B liegt 1. auf k(A; c)
2. auf $k(C; \overline{AD})$

7 a) (1) A und C sind durch $\overline{AC} = e$ gegeben.
(2) Z ist Mittelpunkt von [AC].
(3) B und D liegen 1. auf dem Lot zu AC durch Z
2. auf $k(Z; \frac{f}{2})$
b) (1) A und B sind durch $\overline{AB} = a$ gegeben.
(2) D liegt 1. auf dem freien Schenkel von α an AB in A angetragen
2. auf k(A; a)
(3) C liegt 1. auf k(D; a)
2. auf k(B; a)

S. 182 **8** a) (1) A und B sind durch $\overline{AB} = a$ gegeben.
(2) D liegt 1. auf dem freien Schenkel von α, angetragen an AB in A
2. auf k(B; f)
(3) C liegt 1. auf k(B; a)
2. auf $k(D; \overline{AD})$

b) (1) A und C sind durch $\overline{AC} = e$ gegeben.
(2) D liegt auf 1. dem Thaleskreis über [AC]
2. der Mittelsenkrechten von [AC]
(3) B liegt auf 1. der Mittelsenkrechten von [AC]
2. auf k(D; f)

9 a) (1) A und B sind durch $\overline{AB} = a$ gegeben.
(2) C liegt 1. auf dem freien Schenkel von β, angetragen an AB in B
2. auf k(B; b)
(3) D liegt 1. auf k(C; c)
2. auf der Parallelen zu AB durch C

b) (1) A und B sind durch $\overline{AB} = a$ gegeben.
(2) D liegt 1. auf k(A; b)
2. auf dem freien Schenkel des Winkels α ($\alpha = 180° - \delta = 105°$); in A an AB angetragen
(3) C liegt 1. auf k(B; b)
2. auf einer Parallelen zu a durch D (2 Lösungen)

10 $360° = 2\beta + \beta + \beta + 3\beta$
$\beta = \gamma \approx 51{,}4°$; $\alpha \approx 102{,}8°$; $\delta \approx 154{,}2°$

11 a) Es müssen drei Stücke angegeben werden, z. B. zwei Seiten und der dazwischen liegende Winkel.
b) Es müssen zwei Stücke angegeben werden, z. B. eine Seite und ein Winkel.
c) Es müssen drei Stücke angegeben werden, z. B. die beiden Diagonalen und die Entfernung des Diagonalenschnittpunktes von einer Ecke.
d) Es müssen vier Stücke angegeben werden, z. B. drei Seiten und ein Winkel.

12 Eine der beiden Diagonalen des Vierecks teilt es in zwei Dreiecke mit je einem rechten Winkel. In beiden Dreiecken ist die Diagonale die Hypotenuse. Daher ist der Thaleskreis in beiden Dreiecken der gleiche (Mittelpunkt ist die Mitte der Diagonale), daher liegen alle Ecken des Vierecks auf einem Kreis.

13 a) $\alpha = 180° - (\gamma + \beta) = 67°$
$\alpha + \beta + \delta_1 + \delta_2 = 360°$; also $67° + 65° + \delta_1 + 1{,}5\,\delta_1 = 360°$; somit $\delta_1 = 91{,}2°$, $\delta_2 = 136{,}8°$
b) Ansatz: $(180° - (\gamma + \beta)) + \beta + 2{,}5\,\delta_1 = 360°$; also $\delta_1 = (180° + \gamma) : 2{,}5$

14 individuelle Lösungen
a) Beispiel: Fünf geeignete Stücke sind a, b, c, d, β
b) Beispiel: Für a, b, d, e und β bekommt man zwei nicht kongruente Vierecke.
Die Banknachbarn werden in der Regel verschiedene 5 Stücke nennen. Die Lösungen sollen gegenseitig überprüft werden.

15 a) Es gibt 4 Vierecke.

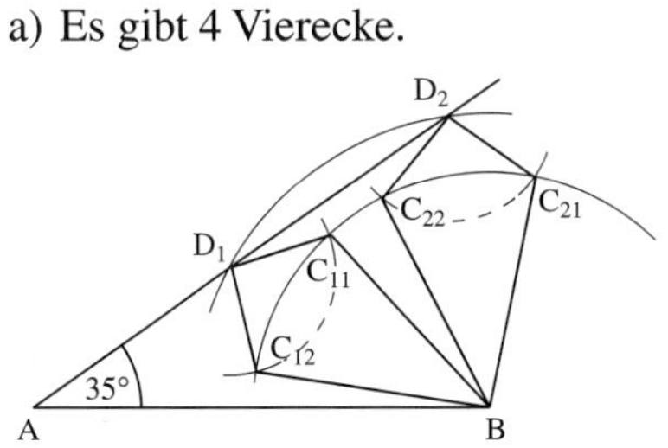

b) Es gibt 3 Vierecke.

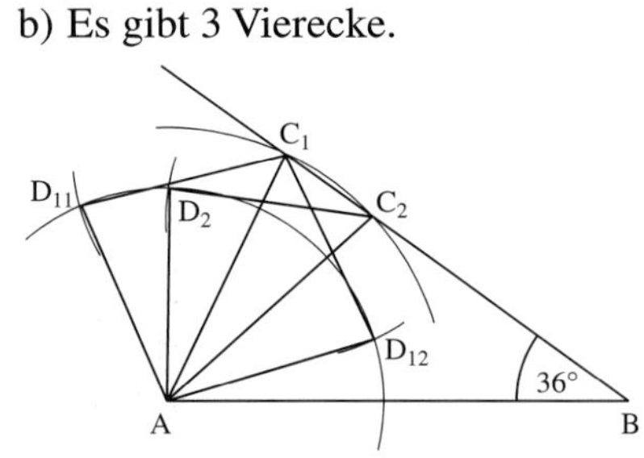

c) Mit den gegebenen Größen lässt sich kein Viereck konstruieren. Das Teildreieck ABC ist nach SsW zu konstruieren, wobei hier β der kürzeren Seite gegenüberliegt. In diesem Fall gibt es keine Lösung. Der Kreis um A mit Radius e hat keinen Schnittpunkt mit dem freien Schenkel des Winkels β.

16 DGS-Datei downloadbar im Internet

a) Die Winkel α und β werden maximal, wenn das Viereck zu den Dreiecken ABD bzw. ABC entartet. Bei ABD wird α maximal ($\approx 124°$), bei ABC wird β maximal ($\approx 76°$).

b) $\alpha \approx 99°$; Es wird zunächst das rechtwinklige Dreieck ACD konstruiert, dann der Punkt B.

c)

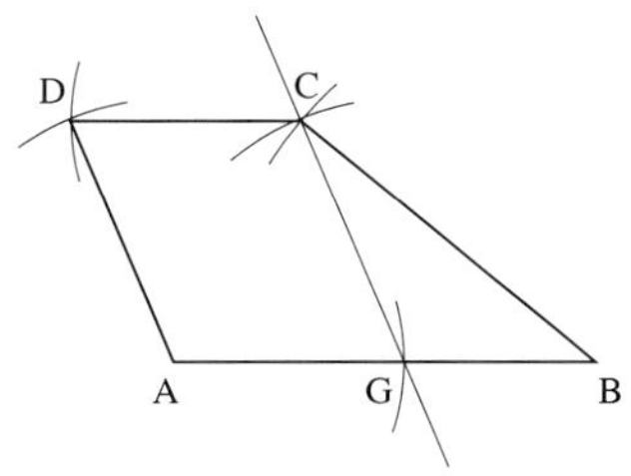

Zur Konstruktion nutzt man aus, dass AGCD ein Parallelogramm ist, wenn [AB] und [CD] parallel sind.
(1) A und B sind durch $\overline{AB} = a$ gegeben.
(2) G liegt 1. auf [AB]
2. auf k(A; c)
(3) C liegt 1. auf k(B; b)
2. auf k(G; d)
(4) D liegt 1. auf k(C; c)
2. auf k(A; d)

17 a) Planfigur:

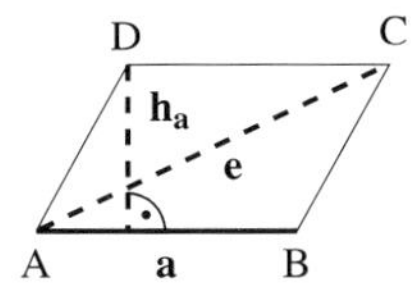

(1) A und B sind durch $\overline{AB} = a$ gegeben.
(2) C liegt 1. auf k(A; e)
2. auf der Parallelen zu a im Abstand h_a
(3) D liegt 1. auf der Parallelen zu a im Abstand h_a
2. auf k(C; a)
Für $h_a < e$ gibt es zwei Lösungen, für $h_a = e$ eine Lösung, für $h_a > e$ gibt es keine Lösung.

b) Planfigur:

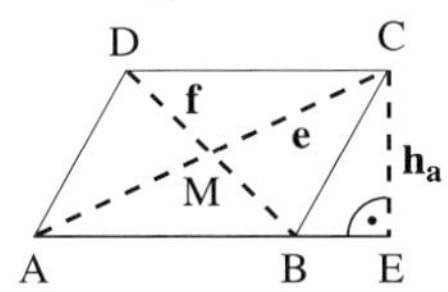

(1) A und C sind durch $\overline{AC} = e$ gegeben
(2) E liegt 1. auf dem Thaleskreis über [AC]
2. auf k(C; h_a)
(3) B liegt 1. auf [AE
2. auf k(M; $\frac{f}{2}$)
(4) D liegt 1. auf [BM
2. auf k(M; $\frac{f}{2}$)
Für $h_a < e$ gibt es zwei Lösungen, für $h_a = e$ eine Lösung, für $h_a > e$ gibt es keine Lösung.

18 Der gelbe Anteil ist im linken Diagramm größer. $\frac{40}{120} = \frac{1}{3}$ (etwa 33 %) bzw. $\frac{60}{200} = \frac{3}{10} = 30\,\%$

Thema: Wir „beweisen“: Jedes Dreieck ist gleichschenklig

S. 183

1 a) Die zwei Dreiecke stimmen in allen drei Winkeln ($\sphericalangle PDC = \sphericalangle CEP = 90°$; $\sphericalangle DCP = \sphericalangle PCE = \frac{\gamma}{2}$; dritter Winkel über die Winkelsumme) und der gemeinsamen Seite [PC] überein und sind damit kongruent.

b) $\sphericalangle ADP = \sphericalangle PEB = 90°$, $\overline{PD} = \overline{PE}$ (vgl. Teilaufgabe a), $\overline{AP} = \overline{BP}$ (da P auf der Mittelsenkrechten von [AB] liegt). Die zwei Dreiecke APD und BEP sind kongruent.

c) Da die Dreiecke PCD und PEC bzw. APD und BEP kongruent sind, sind die Strecken [AC] ($\overline{AD} + \overline{CD}$) und [BC] ($\overline{BE} + \overline{EC}$) gleich lang, das Dreieck ist anscheinend gleichschenklig.

2 Man kann die gleichen Gedankengänge führen wie in Aufgabe 1, das heißt auch in diesem Fall scheint das Dreieck gleichschenklig zu sein.

3 Wie in Aufgabe 1 und 2 kann man zeigen, dass die Dreiecke PCD und PEC sowie die Dreiecke APD und BEP kongruent sind. Man muss jetzt allerdings die Differenz aus $\overline{CD}$ und $\overline{AD}$ für $\overline{AC}$, und die Differenz aus $\overline{EC}$ und $\overline{BE}$ für $\overline{BC}$ bilden. So zeigt man wieder, dass [AC] und [BC] gleich lang sind, das Dreieck scheint immer noch gleichschenklig.

4 An einer genauen Zeichnung (am besten vergleicht man mehrere Zeichnungen in der Klasse) sieht man, dass immer einer der beiden Punkte D und E innerhalb des Dreiecks ABC liegt und der andere außerhalb. Hier liegt der Fehler im „Beweis“, es ist so nicht mehr möglich, zu zeigen dass [AC] und [BC] gleich lang sind.

Thema: Besondere Punkte und Linien mit dem DGS entdecken

→ DGS-Dateien downloadbar im Internetauftritt

S. 184

1 vgl. *S. 169 Aufgabe 8*

2 S und I befinden sich immer innerhalb des Dreiecks, U und H können sowohl innerhalb, als auch außerhalb des Dreiecks liegen. S, U und H liegen immer auf einer Geraden.

3 a) Dies ist bei gleichseitigen Dreiecken der Fall.
Damit U und I zusammenfallen, müssen dreimal jeweils eine Winkelhalbierende und eine Mittelsenkrechte im Dreieck zusammenfallen. Dies ist jeweils nach dem Kongruenzsatz SWS nur bei gleichseitigen Dreiecken so.
b) I bewegt sich auf einem Kreisbogen zwischen den zwei unbewegten Punkten des Dreiecks.

4 a) M bewegt sich auf einer Parallelen zu h und g, die von beiden Geraden den gleichen Abstand hat.
b) Da A und B fest sind und U auf der Mittelsenkrechten von [AB] liegt, kann sich U bei Veränderung von C nur auf der Mittelsenkrechten von [AB] zwischen einem tiefsten und einem höchsten Punkt auf und ab bewegen.

Thema: Fermat- Punkt und Euler-Gerade

S. 185

1 a)

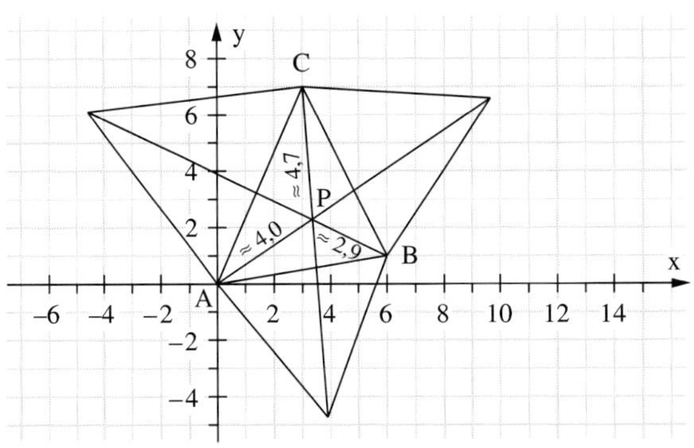

etwa P(3,5|2,5) ist günstig.
$\overline{AP} \approx 4{,}0\,\text{km}$
$\overline{BP} \approx 2{,}9\,\text{km}$
$\overline{CP} \approx 4{,}7\,\text{km}$

b) Pro Austragen ist Daniel ca. 23,2 km gelaufen. Er hat also 24-mal Prospekte ausgetragen.

2 Im gleichseitigen Dreieck gibt es keine Euler-Gerade, da die drei Punkte zusammenfallen.
Im gleichschenkligen Dreieck liegen die drei Punkte auf der Winkelhalbierenden des Zwischenwinkels der Schenkel (entspricht auch der Mittelsenkrechten und Seitenhalbierenden der Basis).
Im rechtwinkligen Dreieck liegt H auf den Scheitelpunkt des rechten Winkels und U liegt auf dem Mittelpunkt der Hypothenuse (das heißt die Euler-Gerade ist die Seitenhalbierende der Hypothenuse).

3 Es gilt immer: $\overline{HU} > \overline{SH} > \overline{SU}$.
Außerdem gilt, da S immer zwischen H und U liegt: $\overline{SU} + \overline{SH} = \overline{HU}$

Vernetzende Aufgaben

Vernetzende Aufgaben befinden sich durchgängig im gesamten Buch. Das Kapitel Vernetzende Aufgaben am Ende des Buches dient besonders dem vernetzenden Wiederholen am Ende des Schuljahres. Die Aufgaben können jedoch auch eher eingesetzt werden.
Die folgende Tabelle fasst zusammen, auf welche Kapitel jeweils zurückgegriffen wird.
Die Aufgaben 1-3 sind – soweit man auf die Strategie D verzichtet (siehe unten) – bereits mit den Kenntnissen aus Jahrgangsstufe 6 bearbeitbar.

Kapitel im Buch / Aufgabe	I	II	III	IV	V	IV	VII	VIII
1					●			
2					●			
3					●			
4								
5								
6								
7			●	●	●	●		
8	●	●			●		●	●
9			●	●				
10	●	●	●				●	
11		●		●	●	●	●	
12			●		●	●		
13			●					
14			●	●				
15			●	●	●	●		
16			●			●		
17			●	●	●		●	
18			●	●				
19			●	●				

Strategisch vorgehen

In Fortführung zum vorhergehenden Band werden hier als weitere Strategien das Aufstellen und Lösen einer Gleichung (*S. 188f.*) und die Fermi-Abschätzung (*S. 190*) vorgestellt.
Neben dieser ausführlichen Betrachtung verschiedener Lösungsstrategien wird im Buch an mehreren Stellen die Verwendung von Lösungsstrategien bewusst gemacht. An solchen Stellen ist im *Schülerbuch* auf der Randspalte der Springer aus dem Schachspiel abgebildet.

→ Strategiekarten; Kopiervorlage S. 220 f.
Mit den Strategiekarten können sich die Schüler über die Jahre hinweg eine eigene Kartei mit Lösungsstrategien aufbauen.
Es sollte unbedingt angeregt werden, für die verschiedenen Lösungsstrategien eigene Aufgabenkarten mit Lösungen zu erarbeiten.
Die Strategiekarten werden in den Folgebänden weiter ergänzt.

S. 189

1 Nach fünf Jahren sind die Bäume gleich hoch.
– Systematisches Probieren: Berechnung des Abstands für jedes Jahr
– Zeichnung/Diagramm:

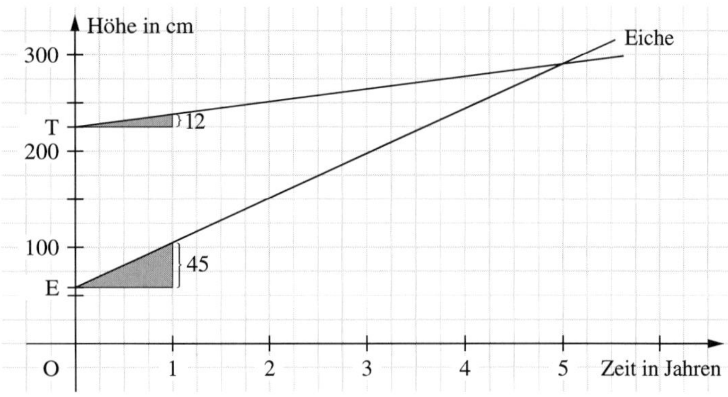

– Invarianzprinzip:
Pro Jahr wächst die Eiche 33 cm mehr als die Tanne. Daher teilt man die Anfangsgrößendifferenz (2,25 m – 0,6 m = 1,65 m) durch 33 cm. 1,65 m : 0,33 m = 5 (Jahre)
– Gleichung:
$x \cdot 12\,\text{cm} + 225\,\text{cm} = x \cdot 45\,\text{cm} + 60\,\text{cm}$; also ist x = 5 (Jahre)
Am wenigsten geeignet ist hier wohl das systematische Probieren, da viele Rechnungen durchgeführt werden müssen. Die zeichnerische Lösung ist relativ ungenau.

2 Eine Zahl ist 14, die andere 35.

3 Es sind 52 kg Zink nötig.

S. 190

4 Eine Zeitung wird benötigt.
Die Süddeutsche Zeitung erscheint 52 Wochen im Jahr an 6 Tagen pro Woche (Überschlag, Feiertage etc müssten noch abgezogen werden). Eine Ausgabe hat ca. 60 bis 65 Seiten (verwendet: 60) die jeweils ca. 57 cm · 40 cm groß sind. Dabei muss man allerdings berücksichtigen, dass immer nur jede zweite Seite gerechnet werden darf, da es Vorder- und Rückseite gibt.
$((52 \cdot 6 \cdot 60) : 2) \cdot 0{,}57\,\text{m} \cdot 0{,}4\,\text{m} = 2134{,}08\,\text{m}^2$ (also vielleicht etwa die Größe eines halben Fußballfeldes mit 50 m · 40 m)

5 individuelle Lösung
Es sind mehrere Methoden denkbar. Zum Beispiel stoppt man die Zeit, die man braucht um von 1 bis 50 und von 9 999 951 bis 10 000 000 (eventuell mehrmals) zu zählen und nimmt daraus einen Mittelwert für das Zählen von 50 Zahlen. Diesen Mittelwert multipliziert man mit 200 000.

@ **6** Aus einem Atlas oder dem Internet entnimmt man, dass der Jahresniederschlag gemittelt auf ganz Deutschland bei ca. 750 mm pro m^2 liegt. Ca. 350 000 km^2 beträgt die Fläche Deutschlands (an Land).
750 mm Höhe pro m^2 entspricht einem Volumen von $1\,\text{m}^2 \cdot 750\,\text{mm} = 100\,\text{dm}^2 \cdot 7{,}5\,\text{dm} = 750\,\text{dm}^3 = 750\,l$;
$350\,000\,000\,000\,\text{m}^2 \cdot 750\,l = 262\,500\,000\,000\,000\,l$

S. 191

7 a) Bis 1900 wächst die Weltbevölkerung vergleichsweise langsam (Verdoppelung der Zahl von 1750 erst ca. 150 Jahre später), ab 1900 ist starkes Wachstum zu verzeichnen.
Die Weltbevölkerung hat sich in 45 Jahren (1950 bis 1995) mehr als verdoppelt.

b) 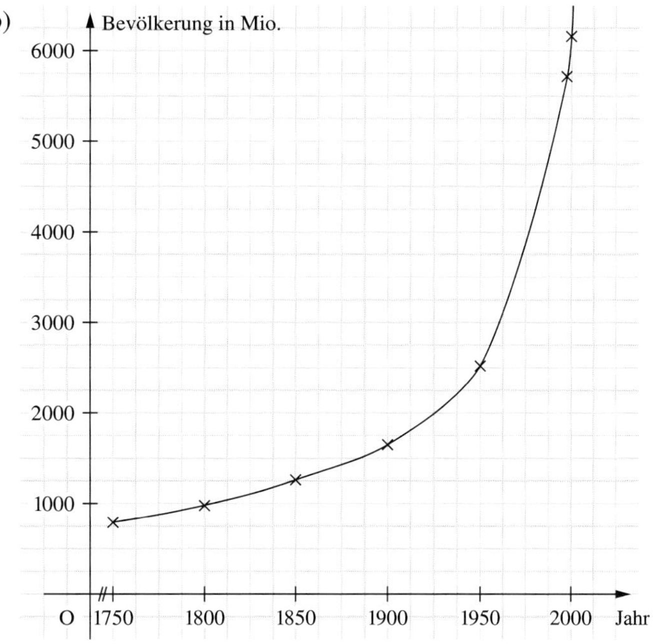

c) Als Grundwert nimmt man jeweils den „Startwert“ zu Beginn des Zeitraums an:
1750 bis 1800: [(978 Mio – 791 Mio.) : 50 Jahre] : 791 Mio. = 0,47 % pro Jahr
1800 bis 1850: 0,58 %
1850 bis 1900: 0,61 %
1900 bis 1950: 1,05 %
1950 bis 1995: 2,82 % (Vorsicht! Es ist durch 45 Jahre zu teilen.)
1995 bis 2000: 1,57 % (Vorsicht! Es ist durch 5 Jahre zu teilen.)
Die Wachstumsraten dürfen real nicht über einen längeren Zeitraum als konstant angesehen werden, z. B. vor allem auch in der Zeit von 1900 bis 1950 mit den beiden Weltkriegen.

d) $T(n) = 5716 \cdot (1 + 1{,}55\,\% \cdot n)$
$T(9) = 6513$ (Millionen), das entspricht in etwa dem tatsächlichen Wert.

e) $6158 \cdot 2 = 6158 \cdot (1 + 1{,}3\,\% \cdot n)$, also ist $n = 77$ Jahre.
Verdoppelt würde sich die Weltbevölkerung 2077 haben.
$10\,000 = 6158 \cdot (1 + 1{,}3\,\% \cdot n)$, also ist $n = 48$ Jahre.
Die Zehn-Milliarden Grenze würde die Weltbevölkerung 2048 erreicht haben.
Das entspricht in etwa der „hohen Variante“ der UN.

8 a) $A = 27\,\text{cm}^2$; $h = 1{,}5\,g$
$A = \frac{1}{2} \cdot g \cdot h = \frac{1}{2} \cdot g \cdot 1{,}5g$; für $A = 27\,\text{cm}^2$ ist $g = 6\,\text{cm}$, $h = 9\,\text{cm}$.
Man konstruiert zunächst das gleichschenklige Dreieck mit g und h.
Der unterste Kreis ist der Inkreis k_1 des großen Dreiecks, man kann ihn über die Winkelhalbierenden konstruieren. Dann konstruiert man ein Lot auf h, das k_1 berührt (Tangente). So entsteht ein zweites, kleineres Dreieck in dem ersten, von dem man wieder den Inkreis k_2 konstruiert. Durch ein Lot auf h, das Tangente an k_2 ist, erhält man das kleinste Dreieck und konstruiert erneut den Inkreis.

b) Der spitzeste Winkel ist 60° groß, die beiden symmetrisch liegenden Winkel jeweils 90° und der vierte Winkel ist 120° groß. Aus den Winkeln und der Angabe für die kürzere Seite (gilt für zwei Seiten wegen der Symmetrie!) mit 5cm lässt sich das Viereck konstruieren. Das Drachenviereck lässt sich zweimal in je zwei Dreiecke teilen, zu jedem der vier möglichen Dreiecke konstruiert man den Inkreis (über die Winkelhalbierenden).

9 a) individuelle Lösung

b) x : gedachte Anfangszahl;
$(x + x + 1 + x + 2 + x + 3 + x + 4) : 5 + 6 = [5x + 10] : 5 + 6 = x + 8$
Wenn man nun vom Ergebnis x + 8 die Zahl 8 subtrahiert, erhält man stets x, die anfangs gedachte Zahl.

S. 192 **10** Stadtplan Nürnberg, Kopiervorlage S. 223

a) Es gibt $8 \cdot 7 = 56$ Möglichkeiten der Kombination (anschaulich kann man das auch an einem Baumdiagramm sehen), da allerdings immer zwei Paare gleich sind (AB = BA) gibt es 28 mögliche Teams.

b) Man verallgemeinert den Term aus a) zu $[n \cdot (n-1)] : 2$

S. 193 c) Hinweise:

Zielpunkt C: Der Winkel ACB beträgt 108°, die Winkel BAC und CBA betragen 36°.
Zielpunkt D: Gemeint ist der Winkel CDA = 71°.
Zielpunkt F: [EB] ist 450 m lang. $A = \frac{1}{2} \cdot [BE] \cdot [EF]$, also ist [EF] 660 m lang.
Zielpunkt G: G liegt südlich von C und D.
Die Höhe des Dreiecks CGD mit Grundlinie [CD] ist 290 m.
Die Zielpunkte sind: A: Weberplatz; B: Neutor; C: Frauenkirche; D: Insel Schütt; E: Trödelmarkt; F: Tucher Zwinger, Fürther Tor; G: Lorenzer Platz; H: Kornmarkt, Germanisches Nationalmuseum; I: Königstor, Frauentorturm

Lösung, Kopiervorlage S. 224
Die Lösung kann auf Folie kopiert und auf den Stadtplan projiziert werden.

d)

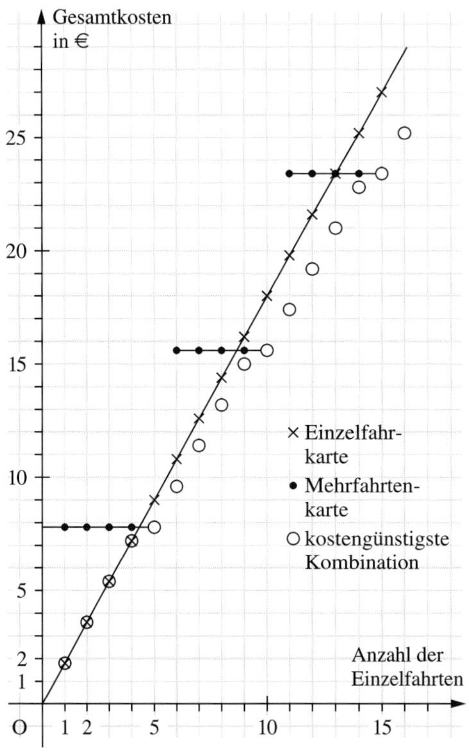

e) Erst ab 5 Einzelfahrten lohnt sich die Mehrfahrtenkarte, d. h. es lohnt sich nicht, eine Mehrfahrtenkarte nur teilweise aufzubrauchen. Also kombiniert man in folgender Weise: Es werden soviele Mehrfahrtenkarten gekauft, wie vollständig aufgebraucht werden; für die restlichen Fahrten werden Einzelfahrkarten besorgt.

f) 16 Einzelfahrkarten: $16 = 3 \cdot 5 + 1$; also

3 Mehrfahrtenkarten:	23,40 €
+ 1 Einzelfahrkarte:	1,80 €
	25,20 €

Anmerkung:
Noch günstiger wäre der Kauf von Tagestickets Plus (vgl. g)).

g) Die Gruppe benötigt 4 TagesTicket Plus: $4 \cdot 5{,}90\,€ = 23{,}60\,€$
1 Gruppenfahrt, d. h. 8 Einzelfahrten: $8 = 1 \cdot 5 + 3$; $7{,}80\,€ + 5{,}40\,€ = 13{,}20\,€$
2 Gruppenfahrten, d. h. 16 Einzelfahrten: $16 = 3 \cdot 5 + 1$ (siehe f)) 25,20 €
Also lohnt es sich bereits, wenn die gesamte Gruppe 2 × fahren will.

S. 194 **11** a) 192 Euro entfallen auf 16 Spieler, d. h. 12 Euro pro Spieler.

b) geschossene Tore

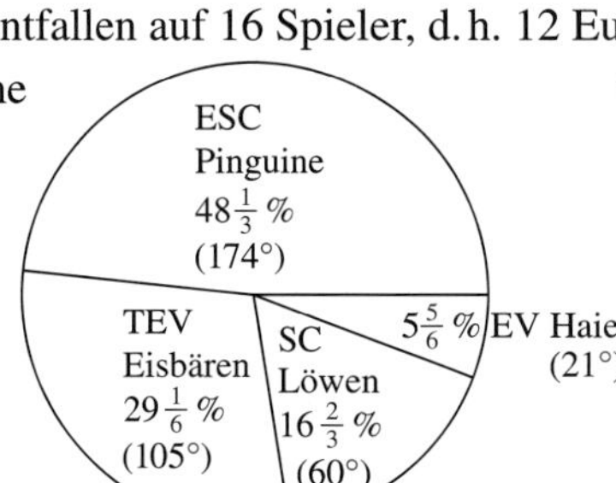

Gegentore

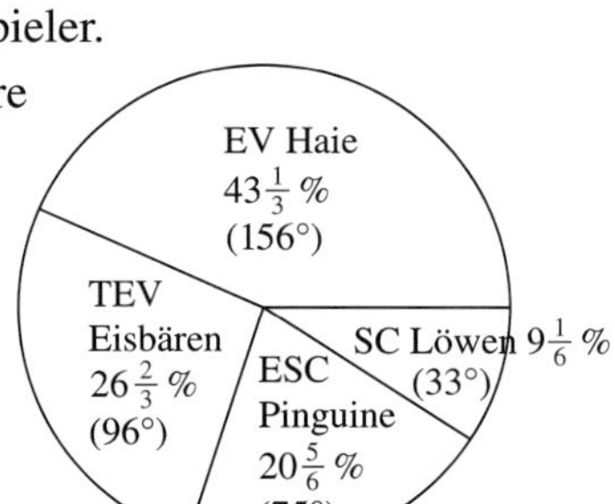

c) 1,45 m entsprechen im Bild 5,3 cm; Thomas' Kinn liegt bei 4,6 cm im Bild, das heißt bei 1,26 m in Wirklichkeit.

d) Die Kreislinie stellt den Thaleskreis des eingezeichneten Dreiecks dar, daher ist $\varepsilon = 90°$. Wenn Matthias innerhalb der Kreislinie schlägt, vergrößert sich der Winkel ε, wenn Matthias außerhalb der Kreislinie schlägt, verkleinert sich der Winkel ε.

e)

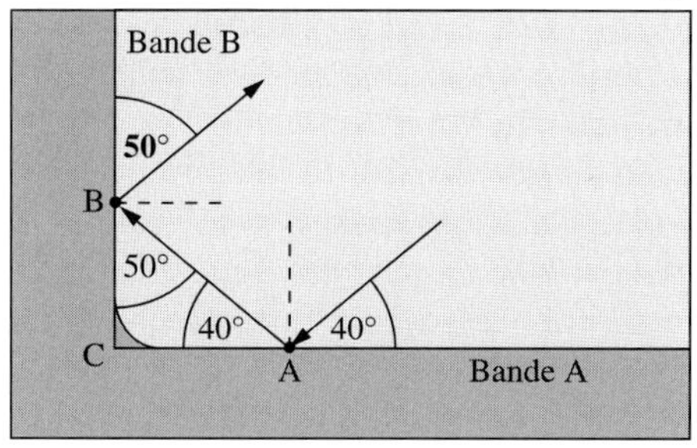

Weil Einfallswinkel und Ausfallswinkel gleich groß sind, gilt: $\sphericalangle$ BAC = 40°.
Wegen der Winkelsumme im Dreieck ABC ist dann $\sphericalangle$ CBA = 50°.
Ebenfalls wegen „Einfallswinkel = Ausfallswinkel" verlässt der Puck die Bande B im Winkel 50°.

f) A: 14; B: 28; C: 24; D: 17

S. 195

12 a) Preis für die Gruppe bei Buchung 14 Tage vor Reiseantritt:
8 mal 30 % von 88 €: $8 \cdot 0{,}3 \cdot 88\,€ = 211{,}20\,€$
Preis für sechs Personen unmittelbar vor Reiseantritt:
6 mal 50 % von 88 €: $6 \cdot 0{,}5 \cdot 88\,€ = 264\,€$
Beim Vorbuchen spart die Gruppe trotz des Rücktritts zweier Personen
$264\,€ - 211{,}20\,€ = 52{,}80\,€$.

b) Preis P_1 bei Buchung 14 Tage vor Reiseantritt:
$P_1(n) = n \cdot 0{,}3 \cdot 88\,€$
$= n \cdot 26{,}40\,€$ (für $n \geq 6$)

Preis P_2 bei Buchung 7 Tage vor Reiseantritt:
$P_2(n) = n \cdot 0{,}4 \cdot 88\,€$
$= n \cdot 35{,}20\,€$ (für $n \geq 6$)

Preis P_3 bei Buchung eine Stunde vor Reiseantritt:
$P_3(n) = n \cdot 0{,}5 \cdot 88\,€$
$= n \cdot 44\,€$ (für $n \geq 6$)

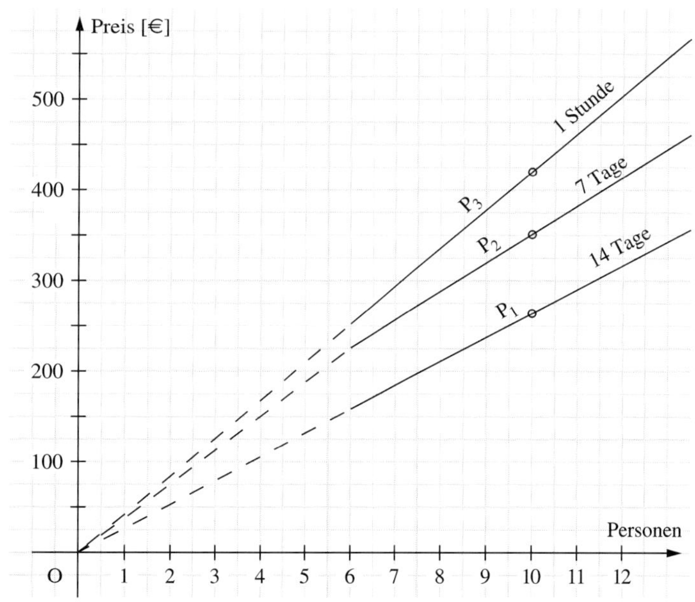

c) Preis für 12 Personen bei Buchung 14 Tage vorher: $12 \cdot 0{,}3 \cdot 88\,€ = 316{,}80\,€$
Preis für n Personen bei Buchung 7 Tage vor Reiseantritt: $n \cdot 35{,}20\,€$
Ansatz: $n \cdot 35{,}20\,€ = 316{,}80\,€$; $n = 9$
Wenn höchstens drei Personen zurücktreten, lohnt sich die Buchung 14 Tage vor Reiseantritt noch (gegenüber 7 Tagen vor Reiseantritt).
Preis für n Personen unmittelbar vor Reiseantritt: $n \cdot 44\,€$
Ansatz: $n \cdot 44\,€ = 316{,}90\,€$; $n = 7{,}2$
Wenn höchstens vier Personen zurücktreten, lohnt sich die Buchung 14 Tage vor Reiseantritt noch (gegenüber unmittelbar vor Reiseantritt).

d) Man verfährt (verallgemeinert) wie in c):
Preis für n Personen bei Buchung 14 Tage vor Reiseantritt: $n \cdot 0{,}3 \cdot 88\,€ = n \cdot 26{,}40\,€$
Preis für m Personen bei Buchung 7 Tage vor Reiseantritt: $m \cdot 0{,}4 \cdot 88\,€ = m \cdot 35{,}20\,€$
Gleichsetzen von Preis (14 Tage) und Preis (7 Tage) liefert:
$m \cdot 35{,}20\,€ = n \cdot 26{,}40\,€$; also $m = 0{,}75\,n$
Wenn höchstens $0{,}25\,n = 25\,\%$ von n Personen zurücktreten, lohnt sich die Buchung 14 Tage vor Reiseantritt noch gegenüber der Buchung 7 Tage vor Reiseantritt.
Analog für die Buchung direkt vor Reiseantritt:
Preis für m Personen unmittelbar vor Reiseantritt: $m \cdot 44\,€$
Gleichsetzen: $m \cdot 44\,€ = n \cdot 26{,}40\,€$; also $m = 0{,}6\,n$
Wenn höchstens $0{,}4\,n = 40\,\%$ von n Personen zurücktreten, lohnt sich die Buchung 14 Tage vor Reiseantritt noch gegenüber der Buchung unmittelbar vor Reiseantritt.

e) Wenn man beim Gleichsetzen der Preise (14 Tage vor Reiseantritt mit einem der beiden anderen Fälle) die ausführliche, nicht gekürzte Form einsetzt, sieht man, dass der Normalpreis 88 € durch Division aus der Gleichung entfernt werden kann.
Beispiel: (14 Tage zu 7 Tage) $m \cdot 0{,}4 \cdot 88\,€ = n \cdot 0{,}3 \cdot 88\,€$
Die Ergebnisse aus Teilaufgabe d) gelten also für Gruppenreisen auf beliebigen Strecken.

13 a) Diese Aussage gilt für jede Lage der Punkte. Der „erste“ Punkt teilt das Dreieck immer in drei Teildreiecke. Bei der Lage des zweiten Punktes unterscheidet man zwei Fälle:
(1) Der Punkt liegt innerhalb eines der Dreiecke. Dann teilt sich dieses Dreieck in drei weitere Dreiecke auf, man erhält als Gesamtzahl $3 - 1 + 3 = 5$ Dreiecke.
(2) Der Punkt liegt auf der Linie eines Dreiecks (innerhalb des Ausgangsdreiecks). Dann teilen sich die beiden angrenzenden Dreiecke je in zwei Dreiecke auf, man erhält als Gesamtzahl $3 - 2 + 2 \cdot 2 = 5$ Dreiecke.
In beiden Fällen ist die Gesamtzahl der Dreiecke also 5.

b) (Die Überlegungen aus a) gelten für jeden neu hinzugefügten Punkt.) Bei jedem neuen inneren Punkt kommen zwei Dreiecke zu der bestehenden Anzahl der Dreiecke hinzu, außerdem muss man das Anfangsdreieck (1) zählen.
Für die Anzahl Z der Teildreiecke gilt daher (Variable = Anzahl der Punkte):
$Z(0) = 2 \cdot 0 + 1 = 1$ (Ausgangsdreieck);
$Z(1) = 2 \cdot 1 + 1 = 3$;
$Z(2) = 2 \cdot 2 + 1 = 5$;
$Z(3) = 2 \cdot 3 + 1 = 7$;
$Z(4) = 2 \cdot 4 + 1 = 9$;
$Z(5) = 2 \cdot 5 + 1 = 11$;
$Z(n) = 2 \cdot n + 1$

c) Ein Viereck lässt sich durch einen inneren Punkt in vier Dreiecke zerlegen. Mit jedem weiteren inneren Punkt kommen zwei Dreiecke hinzu, da ab dem zweiten Punkt Dreiecke geteilt werden. Man kann sich also an den Überlegungen von a) orientieren. Es gilt der Term $Z(n) = 2(n - 1) + 4 = 2n + 2$.

d) Ein Fünfeck lässt sich durch n innere Punkte in $Z(n) = 2(n - 1) + 5 = 2n + 3$ Dreiecke zerlegen (der erste Punkt zerlegt das Fünfeck in fünf Dreiecke).
Ein Sechseck lässt sich durch n innere Punkte in $Z(n) = 2(n - 1) + 6 = 2n + 4$ Dreiecke zerlegen (der erste Punkt zerlegt das Sechseck in sechs Dreiecke).

14 a) 17 und 19, 29 und 31, 41 und 43, 71 und 73, 101 und 103, 149 und 151.

b) Die Summe der Zahlen der Primzahlzwillinge ist durch 12 teilbar (mit Ausnahme der Summe von 3 und 5).

c) Primzahlzwillinge sind zwei aufeinander folgende ungerade Zahlen und darstellbar als:
$p = 2n - 1$, $q = 2n + 1$
Ihre Summe $p + q = 2n - 1 + 2n + 1 = 4n$ ist immer durch vier teilbar.

d) Eine von drei aufeinander folgenden natürlichen Zahlen muss durch drei teilbar sein. Da p und q Primzahlen sind, kann dies nur die zwischen p und q liegende gerade Zahl sein. Man kann die beiden Primzahlen also darstellen als $p = 3k - 1$ und $q = 3k + 1$. Dann ist 3k die dazwischenliegende, durch drei teilbare Zahl.
Ihre Summe $p + q = 3k - 1 + 3k + 1 = 6k$ ist immer durch drei teilbar.

e) Wenn p + q durch vier und drei teilbar ist, so ist p + q auch durch 12 teilbar. Damit hat man die bereits in b) an Beispielen gefundene Aussage bewiesen.

S. 196 **15** a) Term für n Runden von Stefanie:
S(n) = 14,00 € + 2,50 €·n + 3,00 €·n + 10,00 € + 1,50 €·n = 7,00 €·n + 24,00 €

Runde	Betrag S(n)
1	7,00 € + 24,00 € = 31,00 €
2	14,00 € + 24,00 € = 38,00 €
3	21,00 € + 24,00 € = 45,00 €
4	28,00 € + 24,00 € = 52,00 €

b) 5. Runde: 59 Euro; 6. Runde: 66 Euro
Stefanie müsste also mindestens 6 Runden laufen.

c) Term für n Runden von Veronika:
V(n) = 5,00 €·n + 4,00 €·n + 1,00 €·n = 10,00 €·n
Durch Gleichsetzen der beiden Terme erhält man:
7,00 €·n + 24,00 € = 10,00 €·n; also n = 8
Bei acht Runden erlaufen beide gleich viel Geld.
(Hinweis: Auch eine graphische Lösung ist möglich.)

d) Dies hängt von der Anzahl der gelaufenen Runden ab. Werden weniger als 8 Runden absolviert, dann bietet sich das Sponsoring von Stefanie an, ab einer Rundenzahl von 9 ist das Sponsoring von Veronika besser.

e) Durch Nachzählen/Abschätzen findet man heraus, dass etwa 120 Schüler auf dem Bild abgebildet sind. Da dies etwa 20 % entspricht (siehe Bildunterschrift), haben ungefähr 600 Schüler am UNICEF-Lauf teilgenommen.
Im Schnitt hat also jeder Teilnehmer 21 000 € : 600 = 35 € erlaufen.

16 a) Die Faktoren im Term zeigen an, dass der Zeitschrift die fünf Kategorien nicht gleich wichtig sind:
Der Faktor drei bei der Bruchsicherheit a des Rahmens besagt, dass die Bruchsicherheit dreimal so stark gewichtet wird, wie das Gewicht c des Rades, bzw. die Funktionstüchtigkeit d der Schaltung bzw. die äußere Erscheinung e des Rades.
Der Faktor zwei bei der Funktionstüchtigkeit b der Bremsen besagt, dass b doppelt so stark gewichtet wird wie c, d oder e.

b) Rangfolge: Bike 19 Punkte, Velo 18 Punkte, Mustang 18 Punkte, Panther 15 Punkte, Tiger 15 Punkte.

c) Wenn man zum Beispiel c oder e doppelt gewichtet, erhält Mustang den Preis (bei c gemeinsam mit „Bike"), weil „Mustang" in beiden Bewertungskriterien die Höchstnote erhalten hat.

S. 197 **17** a) Man setzt für L(t) = 2460,5 m und für L_0 = 2460 m in die gegebene Gleichung ein, also 2460,5 = 2460 (1 + 0,0000106·t). Dann kann man t berechnen als 19,2° Temperaturerhöhung.

b) Zunächst muss man sich geeignete Werte für die Temperaturschwankungen in Millau (Südfrankreich) z. B. im Internet oder in einem Atlas suchen, man muss dabei aber beachten, dass die absoluten Maximal- und Minimalwerte erforderlich sind. Diese kann man für Südfrankreich etwa mit 40° Maximaltemperatur und –5° Minimaltemperatur annehmen.
bei 40 °C: t = 25° (da 15 °C Ausgangstemperatur); L(t) = 2460,65 m
bei –5 °C: t = –20° (negatives Vorzeichen, da Temperaturabnahme); L(t) = 2459,47 m
Die Länge der Brücke schwankt also zwischen maximal 2460,65 m und minimal 2459,47 m, das heißt um etwa 1,20 m!

c) Pylon

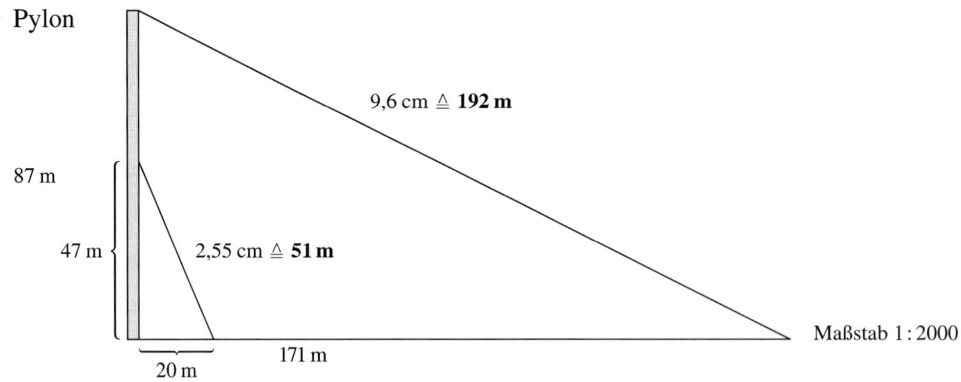

Für die Zeichnung verwendet man die gegebenen Maße: 87 m für die Höhe eines Pylons, 171 m für den Abstand des längsten Seiles (in seiner Verankerung auf der Straße) vom Pylon (342 m ist der Abstand zwischen zwei Pylonen, es wird daher die Hälfte verwendet). Die Maße für das kürzeste Seil muss man aus dem Bild abschätzen.
Für das kürzeste Seil erhält man 51 m Länge, für das längste 192 m.
Gesamtlänge des Stahlseiles:
(Zahl der Pylone · Zahl der Seile · durchschnittliche Länge eines Seils)
$7 \cdot 2 \cdot 11 \cdot ((51\,m + 192\,m) : 2) = 18711\,m$

18 a) Das kann man am Beispiel n = 11 zeigen: $T(11) = 11 + 11 \cdot (11 - 1) = 121$ (teilbar durch 11)

b) weitere Beispiele:
$T(12) = 11 + 12 \cdot 11 = 11 \cdot 13 = 143$
$T(20) = 11 + 20 \cdot 19 = 391 = 17 \cdot 23$
$T(22) = 11 + 22 \cdot 21 = 11 \cdot (1 + 2 \cdot 21) = 11 \cdot 43$
$T(23) = 11 + 23 \cdot 22 = 11 \cdot (1 + 23 \cdot 2) = 11 \cdot 47$
$T(33) = 11 + 33 \cdot 32 = 11 \cdot (1 + 3 \cdot 32) = 11 \cdot 97$
$T(34) = 11 + 34 \cdot 33 = 11 \cdot (1 + 34 \cdot 3) = 11 \cdot 103$
Allgemein gilt:
$T(11k) = 11 + 11k \cdot (11k - 1) = 11 \cdot [1 + k \cdot (11k - 1)]$
$T(11k + 1) = 11 + (11k + 1) \cdot 11k = 11 \cdot [1 + (11k + 1) \cdot k]$
Terme für die Beschreibung solcher Zahlen sind also:
$(11k)$ und $(11k + 1)$

19 a) Man „baut" ein zweites Dreieck mit der gleichen Punktanzahl an das erste Dreieck, es ergibt sich ein Rechteck, wobei die eine Seite um einen Punkt länger ist als die andere Seite (entspricht der Reihenzahl).
Für 10 Reihen (d. h. die zweite Rechtecksseite hat 11 Punkte) gilt dann also:
$1 + 2 + 3 + ... + 10 = \frac{1}{2} \cdot 10 \cdot 11 = 55$
Analog gilt für 100 Reihen: $1 + 2 + 3 + ... + 100 = \frac{1}{2} \cdot 100 \cdot 101 = 5050$

b) Legt man zwei Dreiecke mit $1 + 2 + 3 + ... + n$ Punkten zu einem Rechteck zusammen, so enthält dieses $n \cdot (n + 1)$ Punkte, da die eine Seite n Punkte und die andere Seite $n + 1$ Punkte als Länge hat. Jedes einzelne Dreieck enthält also $\frac{1}{2} \cdot n \cdot (n + 1)$ Punkte.
Also gilt: $1 + 2 + 3 + ... + n = \frac{1}{2} \cdot n \cdot (n + 1)$; die Terme sind äquivalent.

c) $2 + 4 + 6 + ... + 2n = 2 \cdot (1 + 2 + 3 + ... + n) = 2 \cdot [n \cdot (n + 1) : 2] = n \cdot (n + 1)$

Verzeichnis der Kopiervorlagen

I Symmetrie

		Spiegelquadrate		133
	TB	Trainingsblatt: Konstruieren von Spiegelpunkten und Achse		134
	TB	Trainingsblatt: Konstruieren von Mittelsenkrechten, Winkelhalbierenden und Loten		136
AB		Arbeitsblatt: Symmetrien mit der Schere – Karten basteln		138
AB		Symmetrie-Quartett		139
		Materialien: Plättchenspiel zur Symmetrie/Termbausteine		141
AB		Arbeitsblatt: Symmetrische Vierecke		142
		Brunch im Haus der Vierecke		144

II Winkelberechnungen

AB		Geometrisches Kreuzworträtsel	(Lösung S. 34)	145
	TB	Trainingsblatt: Winkelberechnungen am Dreieck und an Geradenkreuzungen		146
	TB	Trainingsblatt: Winkelsumme im Dreieck und Viereck		148
		Geotett		150

III Terme

		Materialien: Kreuzzahlrätsel, Magische Quadrate, Terme auswerten		153
	TB	Trainingsblatt: Termberechnung	(Lösung S. 47)	154
		Termwettbewerbe		155
		Im T(h)ermalbad		156
	TB	Trainingsblatt: Aufstellen und Interpretieren von Termen		157
AB		Arbeitsblatt: Terme aufstellen – Winnies Welt		159
	TB	Trainingsblatt: Terme auswerten und Graphen zeichnen		161
AB		Taschenrechnerquiz	(Lösung S. 56)	163

IV Termumformungen

	TB	Trainingsblatt: Äquivalente Terme		164
	TB	Trainingsblatt: Malen nach Zahlen: Umformen von Termen in Summen und Produkten		166
		Zaubertrick: Die rätselhaften Streichholzstapel	(Lösung S. 64)	168
	TB	Trainingsblatt: Termumformungen – Das Schlangenhaus	(Lösung S. 66)	169
AB		Arbeitsblatt/Spiel: Termprodukte produzieren	(Lösung im Internet)	170
		Zaubertrick: Blitzrechnung		172
AB		Term-Domino		174
AB		Äquivalenzquartett		175
	TB	Trainingsblatt: Multiplizieren von Summen, Distributivgesetz		176
		Das verschollene Produkt oder Die Stecknadel im Heuhaufen		178

V Gleichungen

		Drei gewinnt (Anleitung S. 74)	179
	TB	Trainingsblatt: Systematisches Lösen linearer Gleichungen (Lösung S. 76)	180
		Gleichungspflaster	181
	TB	Trainingsblatt: Aufstellen linearer Gleichungen	182
		Zaubertricks: Zahlenzauber	184

VI Prozentrechnung und Diagramme

	TB	Trainingsblatt: Diagramme – Der Mensch	186
	TB	Trainingsblatt: Prozentrechnung und Mittelwert	188
	TB	Trainingsblatt: Prozente – Kreuzworträtsel	190
AB		Prozent-Puzzle	192
		Historisches zur Prozentrechnung	194
		Das Krötenspiel	195

VII Kongruenz und Dreiecke

AB		Arbeitsblatt: Knobeleien mit kongruenten Figuren	197
		Zaubertrick: Kongruente Bögen	199
	TB	Trainingsblatt: Winkel- und Streckenübertragung	200
	TB	Trainingsblatt: Dreieckskonstruktionen und Kongruenzsätze	202
		Kongruenz-Kniffel	204
AB		Arbeitsblatt: Knobeleien mit gleichschenkligen Dreiecken	205
	TB	Trainingsblatt: Konstruktionen zum Thaleskreis und zum gleichseitigen Dreieck	207
		Der verwinkelte Schnittmusterbogen	209
		Thales von Milet	211

VIII Besondere Linien im Dreieck und Konstruktionen

AB		Arbeitsblatt: Mobilfunkmasten	212
AB		Arbeitsblatt: Schatzsuche (Lösung S. 111)	214
	TB	Trainingsblatt: Besondere Linien im Dreieck	215
	TB	Trainingsblatt: Besondere Dreieckskonstruktionen	217
		Dreiecke kombinieren	219

Vernetzende Aufgaben

		Strategiekarten	220
AB		Schnitzeljagd durch Nürnberg	223

Spiegelquadrate

Spielanleitung:
Wählt eines der beiden oberen Spielfelder aus. Ein Spieler übernimmt die schwarzen Felder, der andere die grauen. Die Spieler spiegeln abwechselnd je eine Figur ihrer Farbe an einer der beiden Geraden g_1 und g_2 und zeichnen sie in der entsprechenden Farbe in ein vollkommen freies Quadrat. Eingezeichnete Figuren können erneut gespiegelt werden. Unterläuft einem Spieler ein Fehler, darf sein Gegner zwei Figuren hintereinander einzeichnen. Kann ein Spieler keine weiteren Figuren einzeichnen, darf der andere Spieler weitere Figuren ergänzen, so weit möglich. Sieger ist derjenige, der die meisten Figuren einzeichnen konnte.

Spiel 1

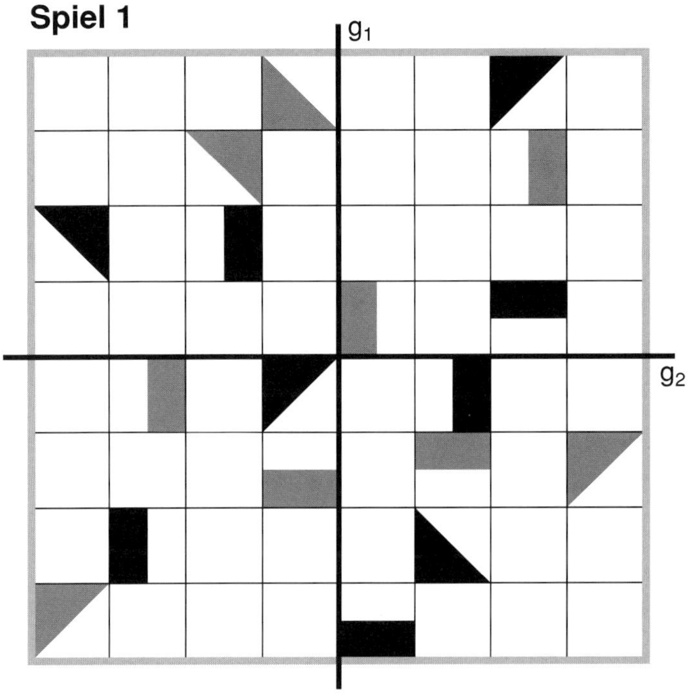

Spiel 2

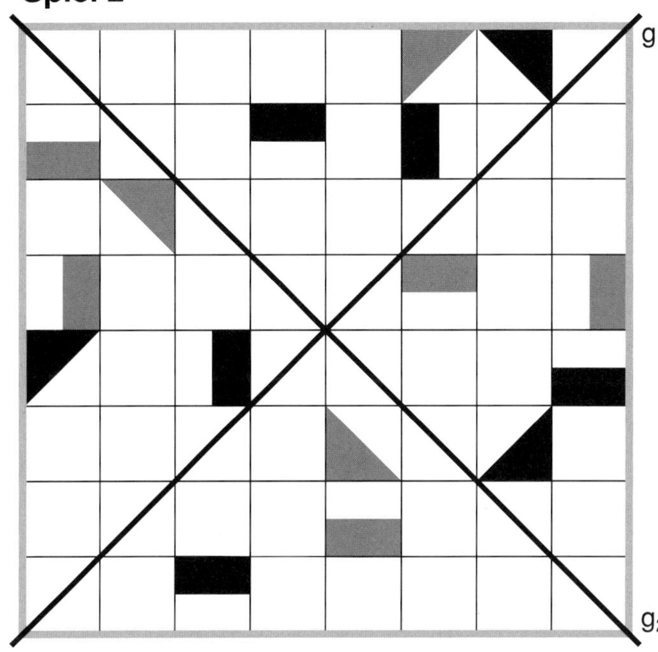

In die unteren beiden Quadrate könnt ihr selbst Figuren mit zwei unterschiedlichen Farben zum Spiegeln eintragen. Jeder Spieler darf in einem der beiden Quadrate diese Figuren eintragen und der jeweils andere Spieler darf sich eine Farbe aussuchen und das Spiegeln kann beginnen.

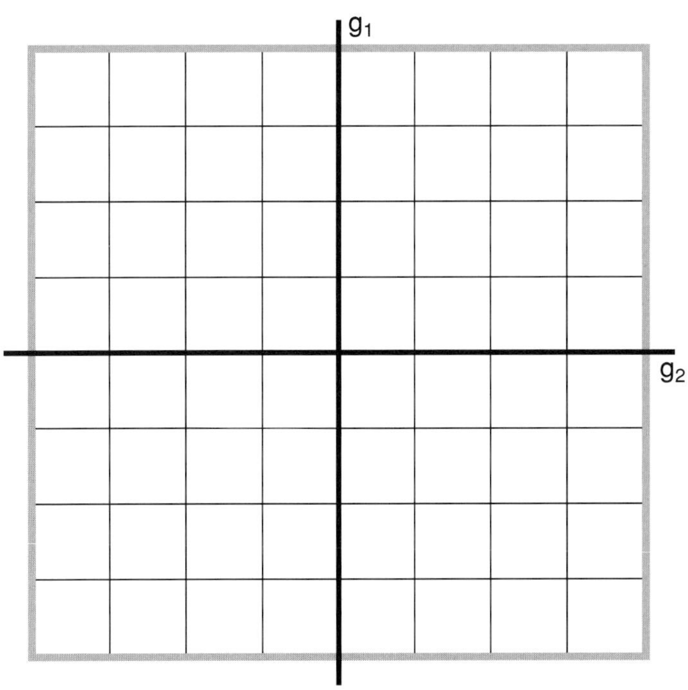

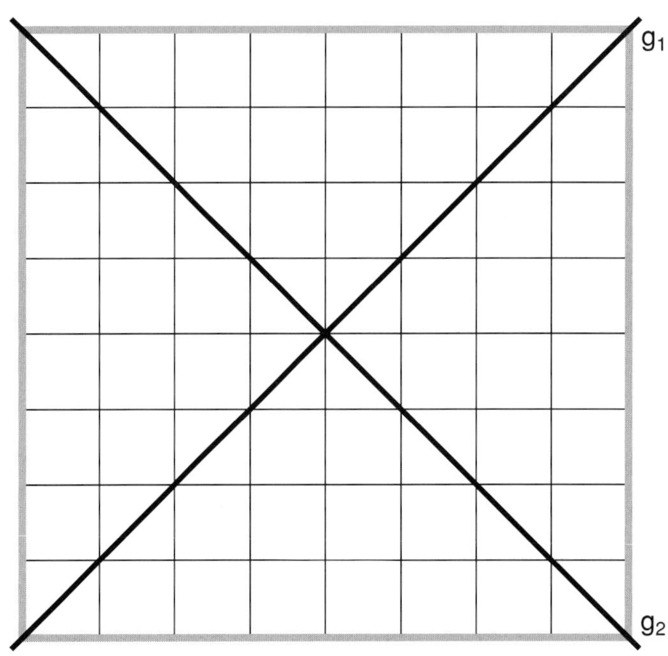

Trainingsblatt
Konstruieren von Spiegelpunkten und Achse

1. Konstruiere das Spiegelbild der folgenden Figuren bezüglich der Achse a.

a)

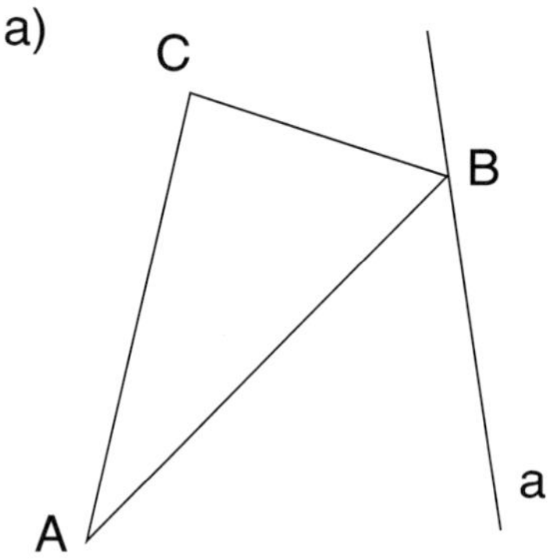

b)

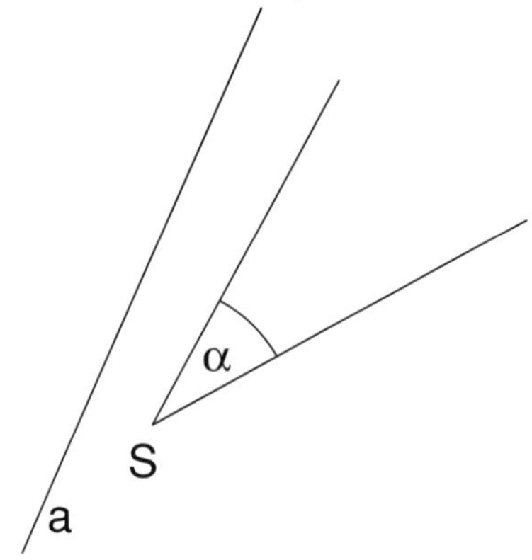

c)

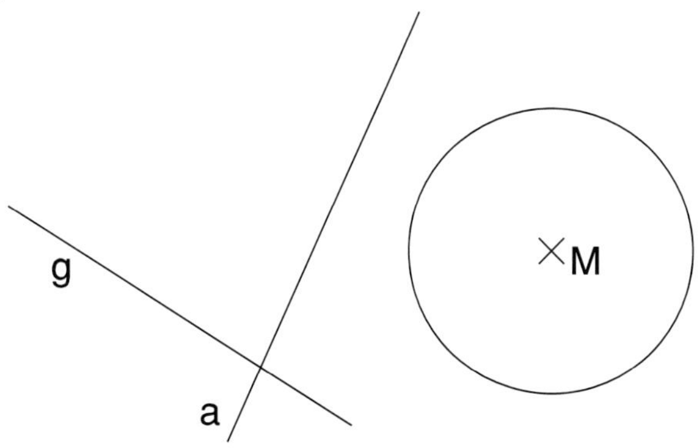

d)

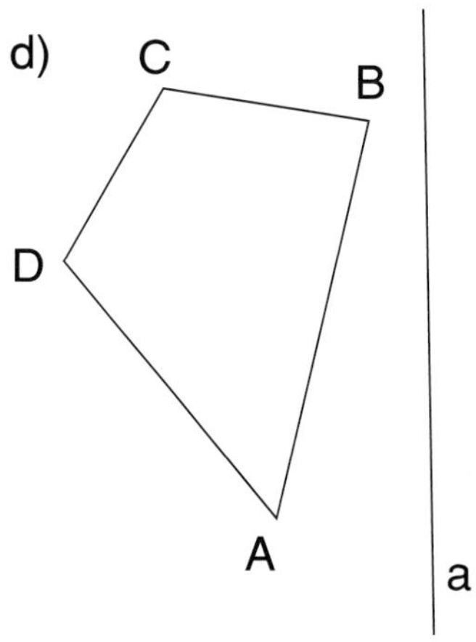

2. Konstruiere die Symmetrieachse(n) der folgenden achsensymmetrischen Figuren.

a)

b)

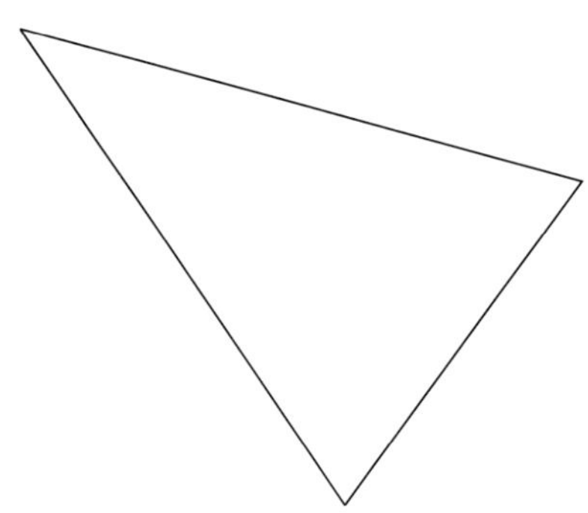

c)

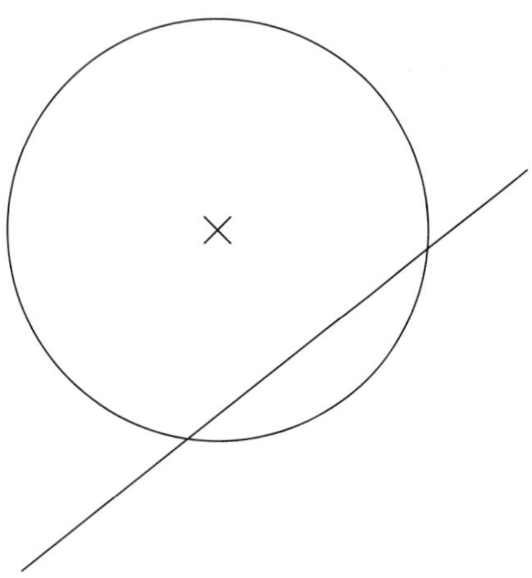

d)

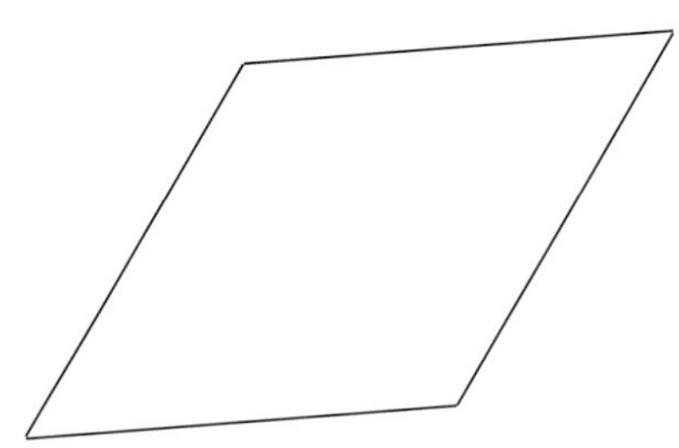

Trainingsblatt
Konstruieren von Spiegelpunkten und Achse

1. Konstruiere das Spiegelbild der folgenden Figuren bezüglich der Achse a.

a)

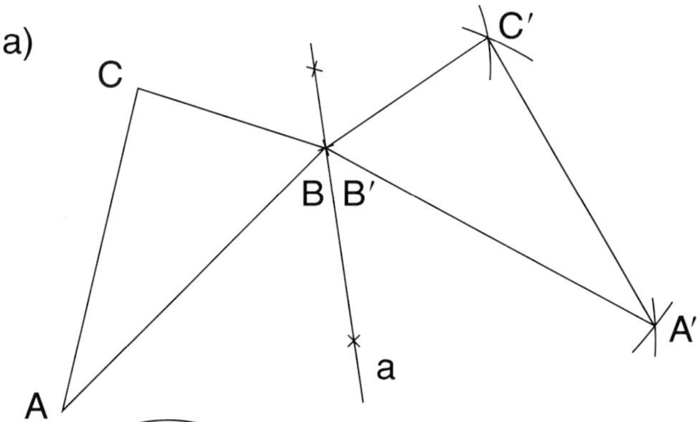

b)

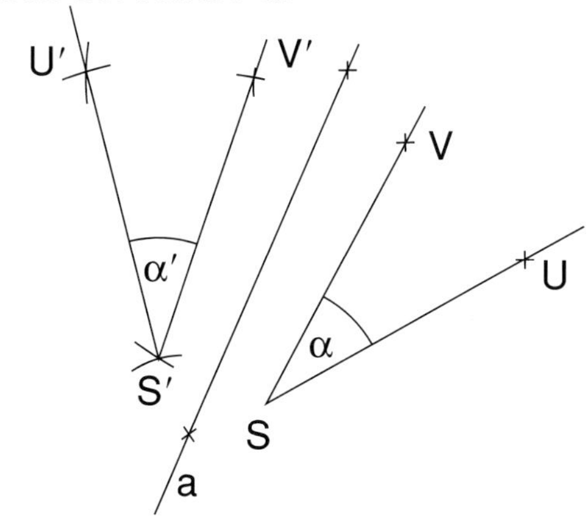

c)

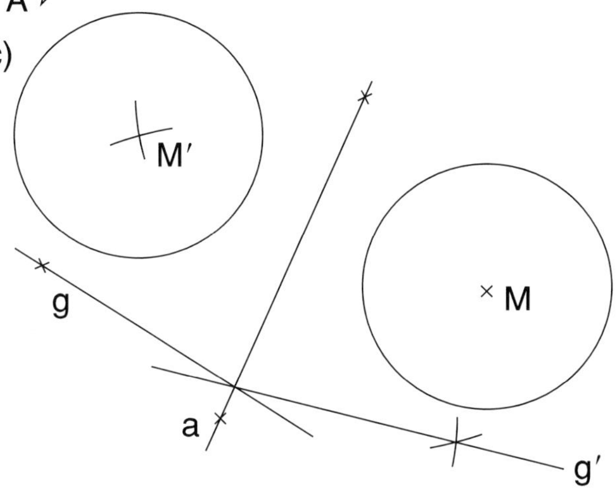

d)

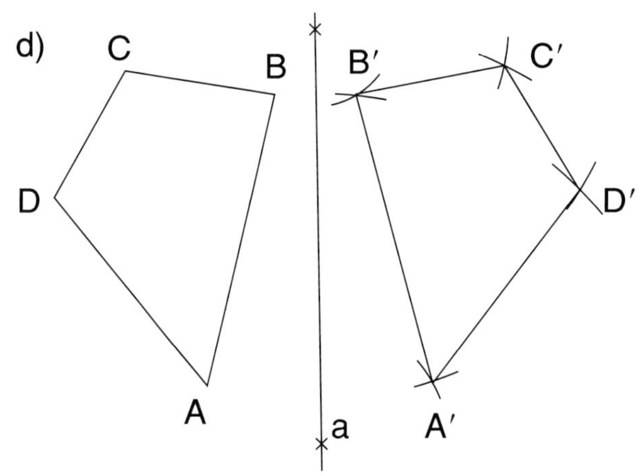

2. Konstruiere die Symmetrieachse(n) der folgenden achsensymmetrischen Figuren.

a)

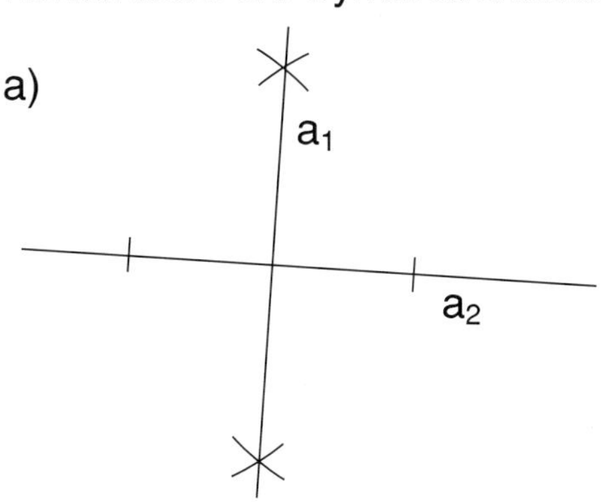

b)

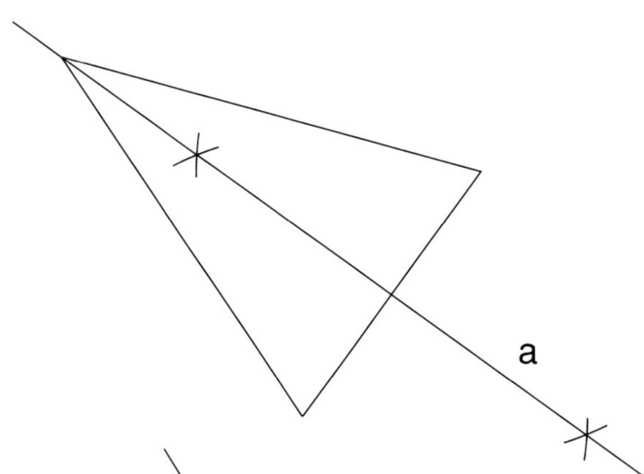

c)

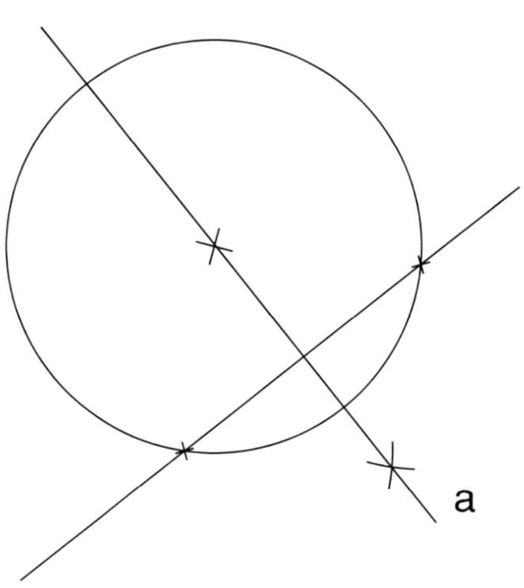

d)

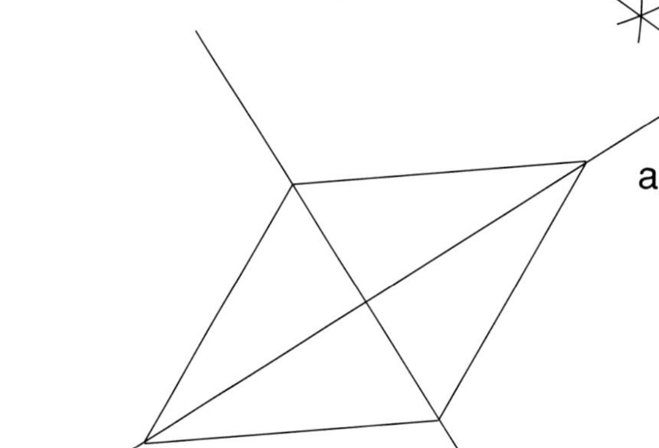

Trainingsblatt
Konstruieren von Mittelsenkrechten, Winkelhalbierenden und Loten

1. Konstruiere zu jedem Winkel die Winkelhalbierende.

a)

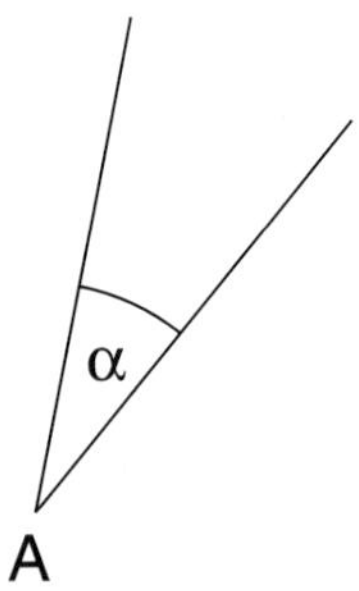

b)

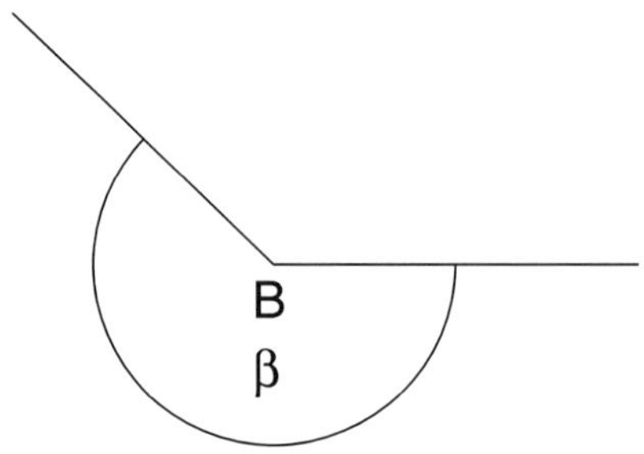

c)

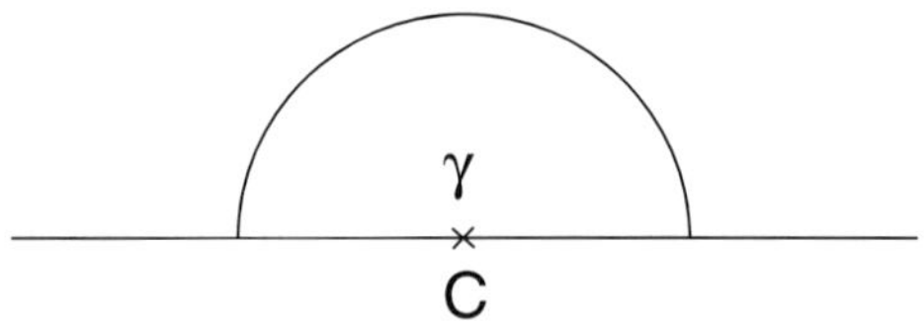

2. Konstruiere zu jeder Strecke die Mittelsenkrechte.

a)

b)

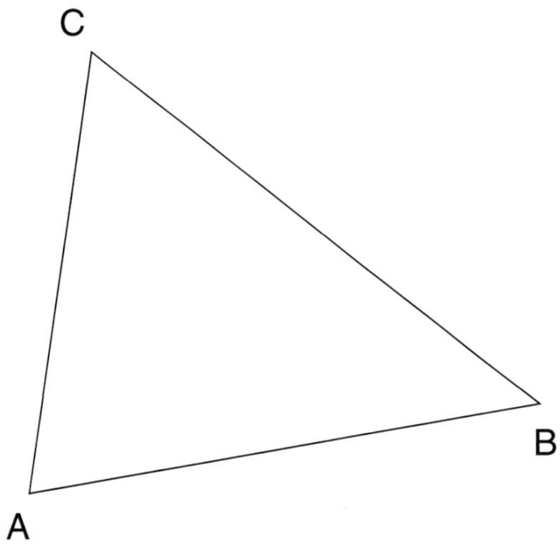

c)

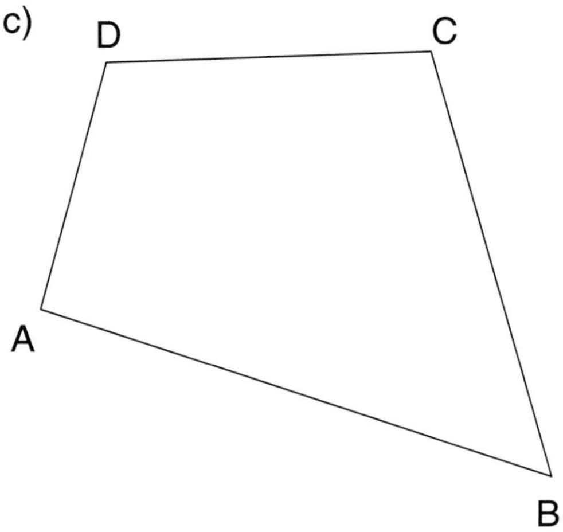

3. Konstruiere zu den Geraden jeweils das Lot l durch den Punkt P.

a)

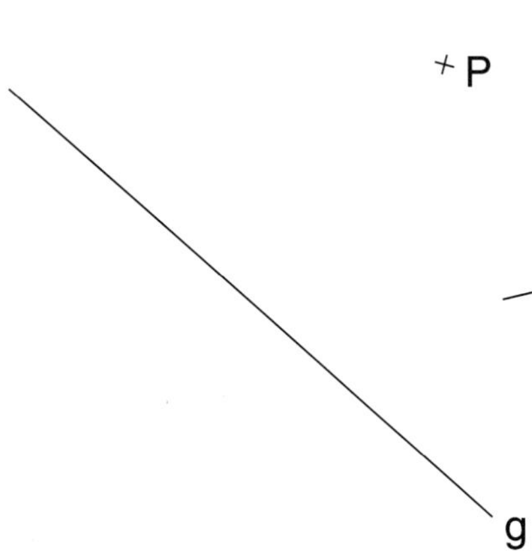

b)

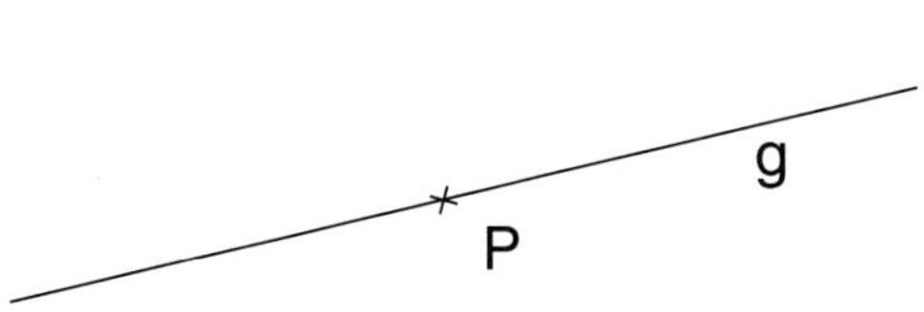

c)

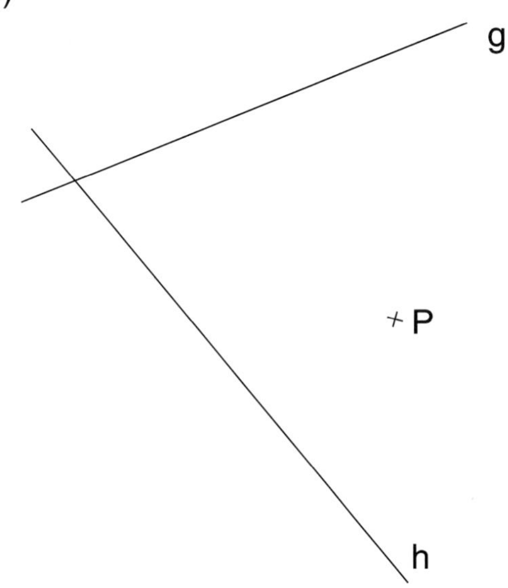

Trainingsblatt
Konstruieren von Mittelsenkrechten, Winkelhalbierenden und Loten

1. Konstruiere zu jedem Winkel die Winkelhalbierende.

a)

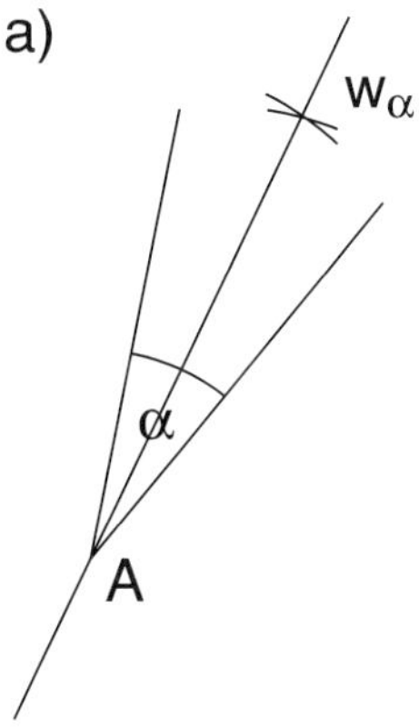

b)

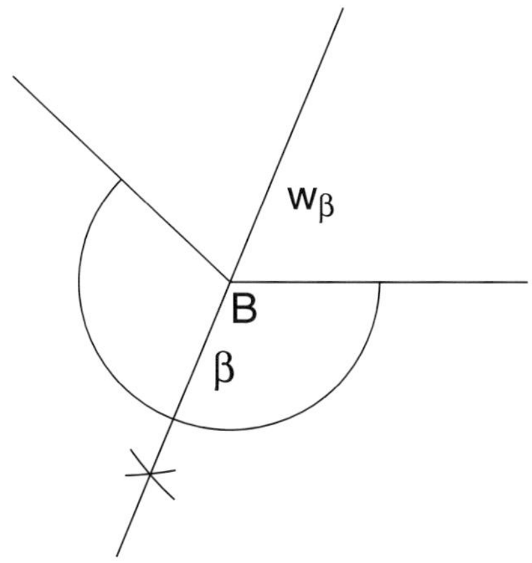

c)

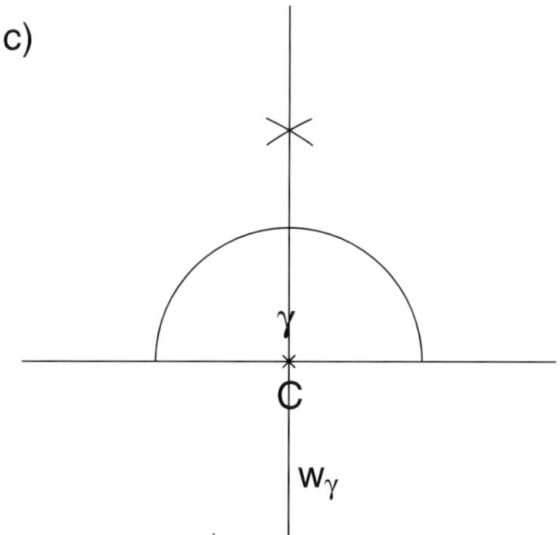

2. Konstruiere zu jeder Strecke die Mittelsenkrechte.

a)

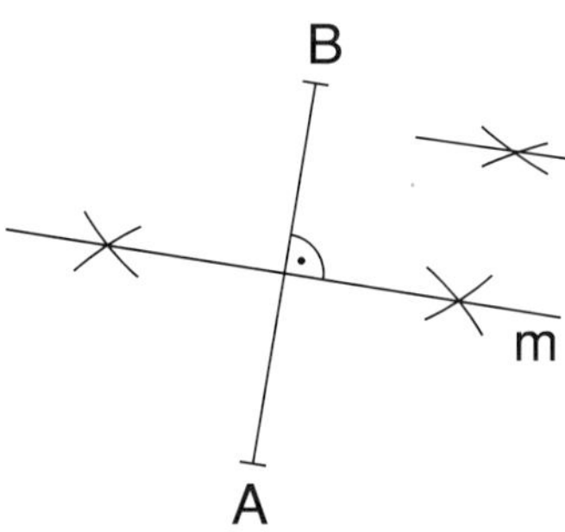

b)

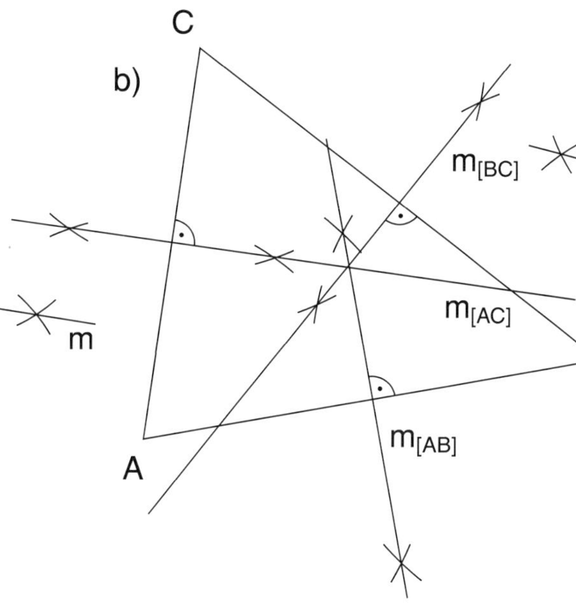

c)

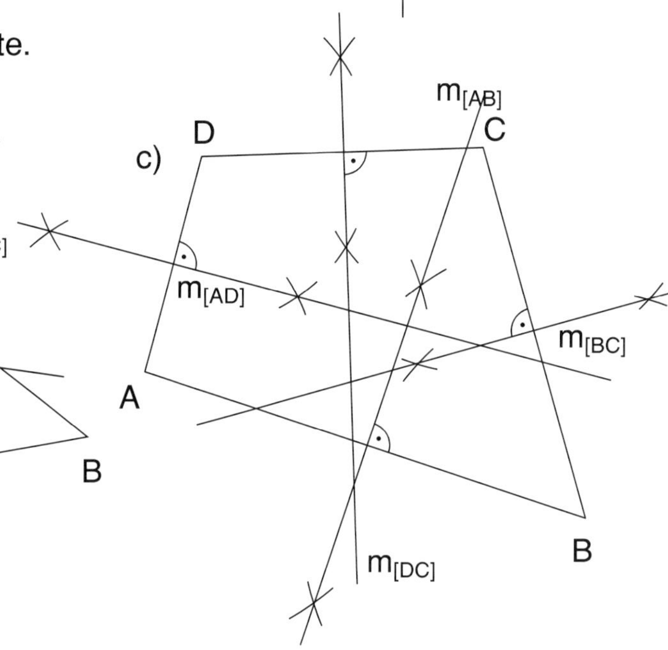

3. Konstruiere zu den Geraden jeweils das Lot l durch den Punkt P.

a)

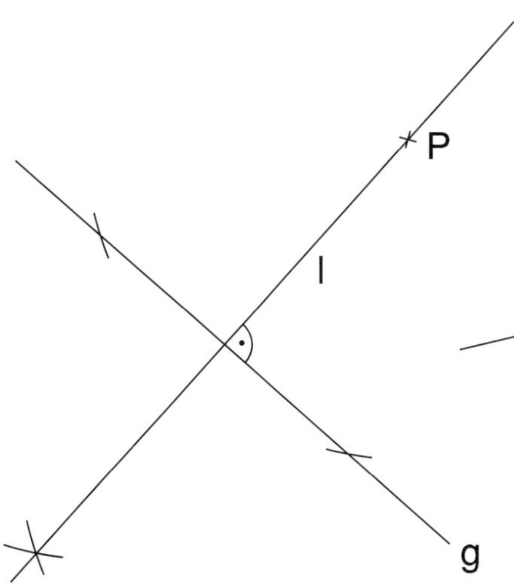

b)

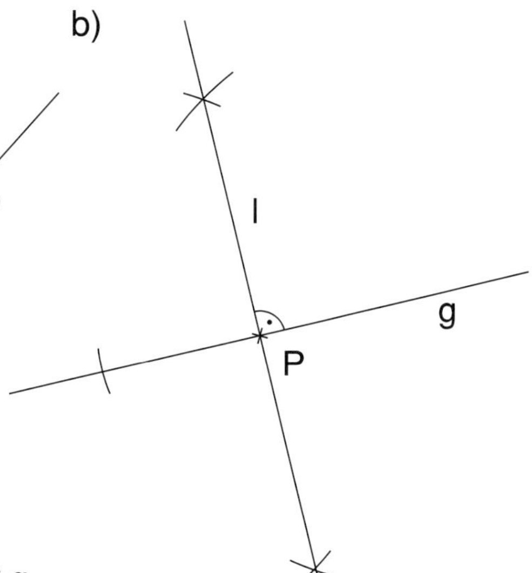

c)

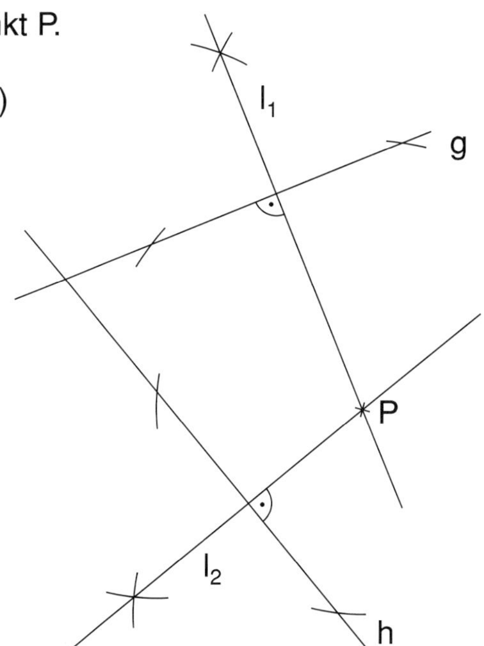

Zeichne auf ein farbiges, recht- oder dreieckiges Stück Papier verschiedene Formen mit Zirkel oder Lineal. Schneide sie aus und klebe sie so auf, dass achsen- und punktsymmetrische Figuren entstehen. Mit dieser „Klapptechnik" (Karten 1–7) kannst du nicht nur Glückwunsch- oder Einladungskarten gestalten, sondern z. B. auch Lesezeichen.

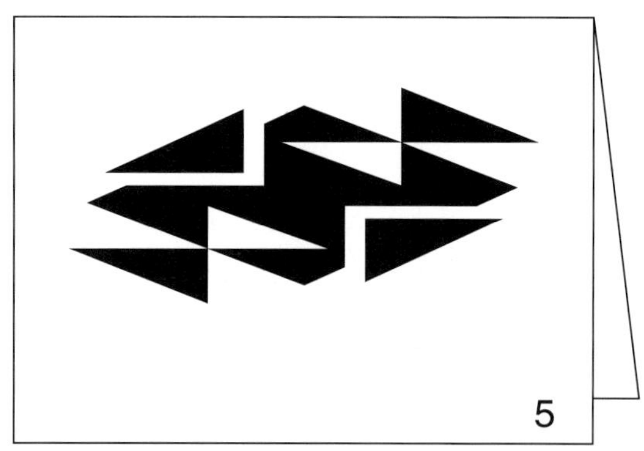

Der Scherenschnitt auf Karte 8 ist durch mehrfaches Falten eines quadratischen Blattes Papier und Aussschneiden kleiner Teile entstanden.

Wo findest du auf diesen Karten Achsen- bzw. Punktsymmetrie?
Zeichne die Symmetrieachsen bzw. Symmetriezentren farbig ein.

Einsatzmöglichkeiten für die Kopiervorlage:

– Als Arbeitsblatt benutzen und ankreuzen, dann folieren und ausschneiden und als Quartett benutzen.

– Gleich folieren und ausschneiden. Wenn ein Schüler will, kann er seine Karten mit nicht-permanentem Folienstift ankreuzen und dann Quartett spielen.
Am Ende werden dann die Kreuze wieder weggewischt.

– Quartett spielen, ohne dass angekreuzt ist.

- ☐ achsensymmetrisch mit genau einer Achse
- ☐ achsensymmetrisch mit genau zwei Achsen
- ☐ achsensymmetrisch mit genau drei Achsen
- ☐ achsensymmetrisch mit genau vier Achsen
- ☐ punktsymmetrisch

- ☐ achsensymmetrisch mit genau einer Achse
- ☐ achsensymmetrisch mit genau zwei Achsen
- ☐ achsensymmetrisch mit genau drei Achsen
- ☐ achsensymmetrisch mit genau vier Achsen
- ☐ punktsymmetrisch

- ☐ achsensymmetrisch mit genau einer Achse
- ☐ achsensymmetrisch mit genau zwei Achsen
- ☐ achsensymmetrisch mit genau drei Achsen
- ☐ achsensymmetrisch mit genau vier Achsen
- ☐ punktsymmetrisch

- ☐ achsensymmetrisch mit genau einer Achse
- ☐ achsensymmetrisch mit genau zwei Achsen
- ☐ achsensymmetrisch mit genau drei Achsen
- ☐ achsensymmetrisch mit genau vier Achsen
- ☐ punktsymmetrisch

- ☐ achsensymmetrisch mit genau einer Achse
- ☐ achsensymmetrisch mit genau zwei Achsen
- ☐ achsensymmetrisch mit genau drei Achsen
- ☐ achsensymmetrisch mit genau vier Achsen
- ☐ punktsymmetrisch

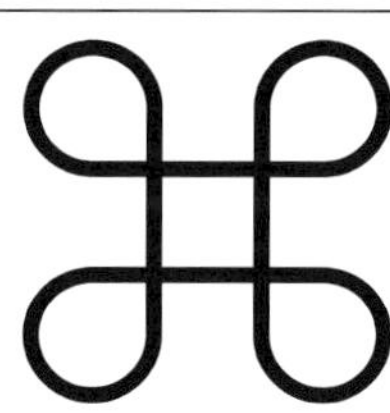

- ☐ achsensymmetrisch mit genau einer Achse
- ☐ achsensymmetrisch mit genau zwei Achsen
- ☐ achsensymmetrisch mit genau drei Achsen
- ☐ achsensymmetrisch mit genau vier Achsen
- ☐ punktsymmetrisch

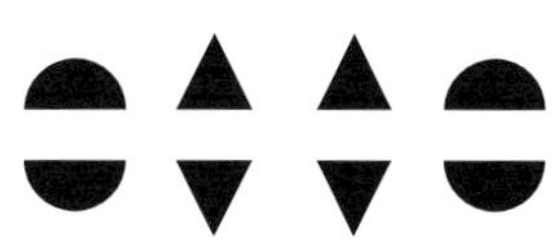

- ☐ achsensymmetrisch mit genau einer Achse
- ☐ achsensymmetrisch mit genau zwei Achsen
- ☐ achsensymmetrisch mit genau drei Achsen
- ☐ achsensymmetrisch mit genau vier Achsen
- ☐ punktsymmetrisch

- ☐ achsensymmetrisch mit genau einer Achse
- ☐ achsensymmetrisch mit genau zwei Achsen
- ☐ achsensymmetrisch mit genau drei Achsen
- ☐ achsensymmetrisch mit genau vier Achsen
- ☐ punktsymmetrisch

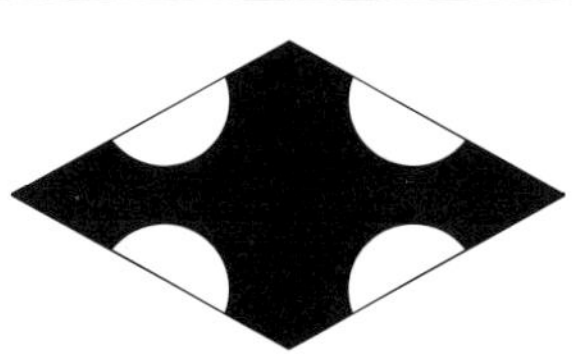

- ☐ achsensymmetrisch mit genau einer Achse
- ☐ achsensymmetrisch mit genau zwei Achsen
- ☐ achsensymmetrisch mit genau drei Achsen
- ☐ achsensymmetrisch mit genau vier Achsen
- ☐ punktsymmetrisch

- ☐ achsensymmetrisch mit genau einer Achse
- ☐ achsensymmetrisch mit genau zwei Achsen
- ☐ achsensymmetrisch mit genau drei Achsen
- ☐ achsensymmetrisch mit genau vier Achsen
- ☐ punktsymmetrisch

- ☐ achsensymmetrisch mit genau einer Achse
- ☐ achsensymmetrisch mit genau zwei Achsen
- ☐ achsensymmetrisch mit genau drei Achsen
- ☐ achsensymmetrisch mit genau vier Achsen
- ☐ punktsymmetrisch

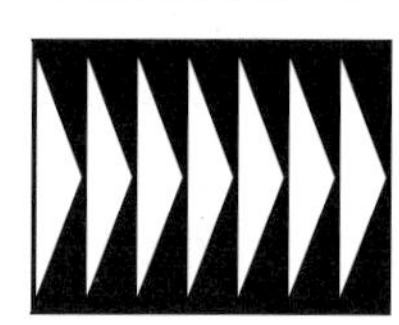

- ☐ achsensymmetrisch mit genau einer Achse
- ☐ achsensymmetrisch mit genau zwei Achsen
- ☐ achsensymmetrisch mit genau drei Achsen
- ☐ achsensymmetrisch mit genau vier Achsen
- ☐ punktsymmetrisch

Symmetrie-Quartett (2. Teil)

- ☐ achsensymmetrisch mit genau einer Achse
- ☐ achsensymmetrisch mit genau zwei Achsen
- ☐ achsensymmetrisch mit genau drei Achsen
- ☐ achsensymmetrisch mit genau vier Achsen
- ☐ punktsymmetrisch

- ☐ achsensymmetrisch mit genau einer Achse
- ☐ achsensymmetrisch mit genau zwei Achsen
- ☐ achsensymmetrisch mit genau drei Achsen
- ☐ achsensymmetrisch mit genau vier Achsen
- ☐ punktsymmetrisch

- ☐ achsensymmetrisch mit genau einer Achse
- ☐ achsensymmetrisch mit genau zwei Achsen
- ☐ achsensymmetrisch mit genau drei Achsen
- ☐ achsensymmetrisch mit genau vier Achsen
- ☐ punktsymmetrisch

- ☐ achsensymmetrisch mit genau einer Achse
- ☐ achsensymmetrisch mit genau zwei Achsen
- ☐ achsensymmetrisch mit genau drei Achsen
- ☐ achsensymmetrisch mit genau vier Achsen
- ☐ punktsymmetrisch

- ☐ achsensymmetrisch mit genau einer Achse
- ☐ achsensymmetrisch mit genau zwei Achsen
- ☐ achsensymmetrisch mit genau drei Achsen
- ☐ achsensymmetrisch mit genau vier Achsen
- ☐ punktsymmetrisch

- ☐ achsensymmetrisch mit genau einer Achse
- ☐ achsensymmetrisch mit genau zwei Achsen
- ☐ achsensymmetrisch mit genau drei Achsen
- ☐ achsensymmetrisch mit genau vier Achsen
- ☐ punktsymmetrisch

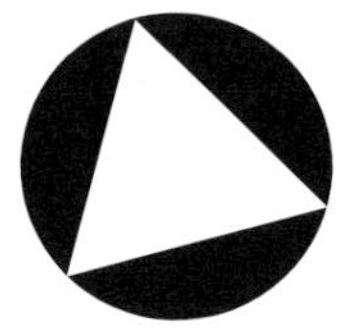

- ☐ achsensymmetrisch mit genau einer Achse
- ☐ achsensymmetrisch mit genau zwei Achsen
- ☐ achsensymmetrisch mit genau drei Achsen
- ☐ achsensymmetrisch mit genau vier Achsen
- ☐ punktsymmetrisch

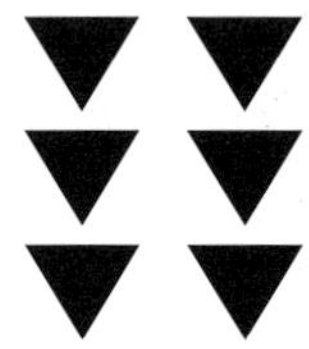

- ☐ achsensymmetrisch mit genau einer Achse
- ☐ achsensymmetrisch mit genau zwei Achsen
- ☐ achsensymmetrisch mit genau drei Achsen
- ☐ achsensymmetrisch mit genau vier Achsen
- ☐ punktsymmetrisch

- ☐ achsensymmetrisch mit genau einer Achse
- ☐ achsensymmetrisch mit genau zwei Achsen
- ☐ achsensymmetrisch mit genau drei Achsen
- ☐ achsensymmetrisch mit genau vier Achsen
- ☐ punktsymmetrisch

- ☐ achsensymmetrisch mit genau einer Achse
- ☐ achsensymmetrisch mit genau zwei Achsen
- ☐ achsensymmetrisch mit genau drei Achsen
- ☐ achsensymmetrisch mit genau vier Achsen
- ☐ punktsymmetrisch

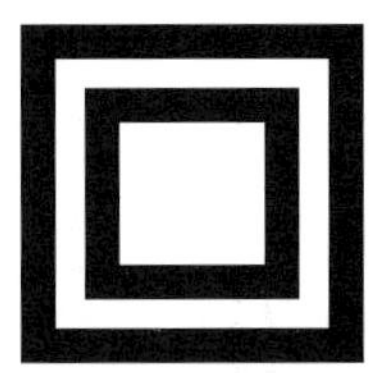

- ☐ achsensymmetrisch mit genau einer Achse
- ☐ achsensymmetrisch mit genau zwei Achsen
- ☐ achsensymmetrisch mit genau drei Achsen
- ☐ achsensymmetrisch mit genau vier Achsen
- ☐ punktsymmetrisch

- ☐ achsensymmetrisch mit genau einer Achse
- ☐ achsensymmetrisch mit genau zwei Achsen
- ☐ achsensymmetrisch mit genau drei Achsen
- ☐ achsensymmetrisch mit genau vier Achsen
- ☐ punktsymmetrisch

- ☐ achsensymmetrisch mit genau einer Achse
- ☐ achsensymmetrisch mit genau zwei Achsen
- ☐ achsensymmetrisch mit genau drei Achsen
- ☐ achsensymmetrisch mit genau vier Achsen
- ☐ punktsymmetrisch

- ☐ achsensymmetrisch mit genau einer Achse
- ☐ achsensymmetrisch mit genau zwei Achsen
- ☐ achsensymmetrisch mit genau drei Achsen
- ☐ achsensymmetrisch mit genau vier Achsen
- ☐ punktsymmetrisch

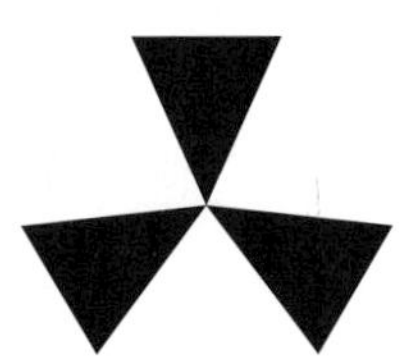

- ☐ achsensymmetrisch mit genau einer Achse
- ☐ achsensymmetrisch mit genau zwei Achsen
- ☐ achsensymmetrisch mit genau drei Achsen
- ☐ achsensymmetrisch mit genau vier Achsen
- ☐ punktsymmetrisch

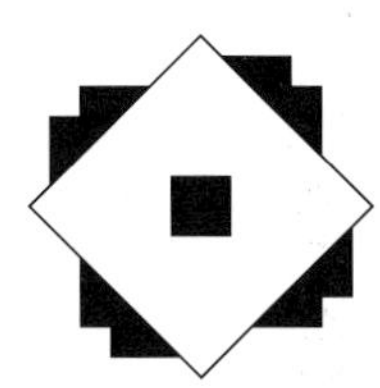

- ☐ achsensymmetrisch mit genau einer Achse
- ☐ achsensymmetrisch mit genau zwei Achsen
- ☐ achsensymmetrisch mit genau drei Achsen
- ☐ achsensymmetrisch mit genau vier Achsen
- ☐ punktsymmetrisch

1. Schülerbuch S. 29 A7

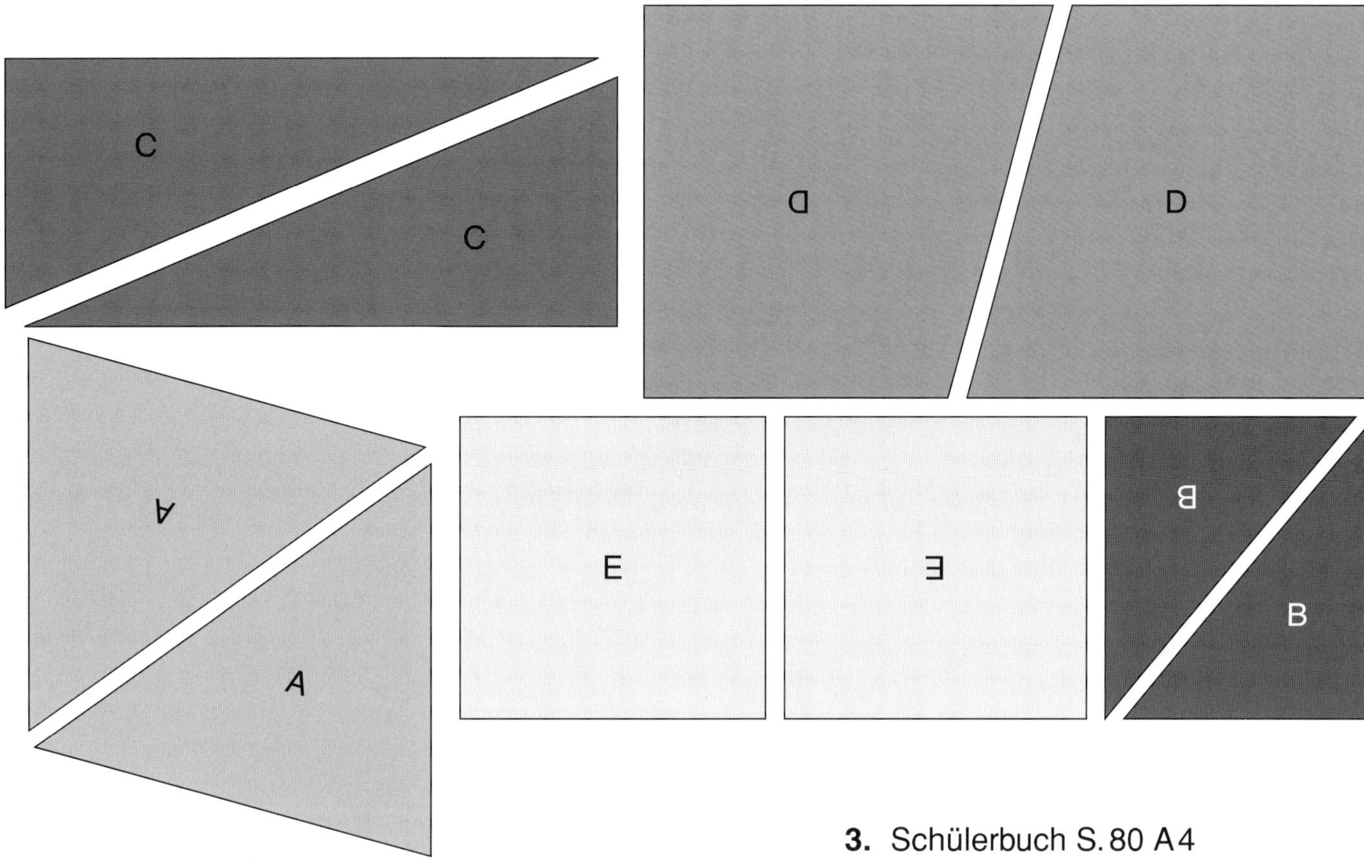

2. Schülerbuch S. 78 A18

x	x	x	x^2	y
(	)	•	•	•
+	+	−	−	2
2	3	4	5	6
8	9	12	$\frac{1}{2}$	$\frac{1}{4}$

Alle Plättchen ausschneiden

3. Schülerbuch S. 80 A4

Kasten 1

2	3	x	x^2
x^3	(	)	•
•	:	+	−

Kasten 2

2	6	8	x
x	x	(	)
•	•	+	−

Arbeitsblatt: Symmetrische Vierecke

Die Eckpunkte der gesuchten Vierecke sollen auf Gitterpunkten liegen.

1 Zeichne alle verschiedenen Quadrate, in deren Inneren vier Gitterpunkte liegen.

2 Zeichne alle verschiedenen Rechtecke, in denen zwei Gitterpunkte liegen.

3 Zeichne zwei Rauten, die keinen 90°-Winkel haben.

4 Zeichne ein symmetrisches Trapez mit einem Gitterpunkt im Inneren.

5 Zeichne alle verschiedenen Parallelogramme, in denen zwei Gitterpunkte liegen.

6 Zeichne alle verschiedenen Drachen, in denen nur ein Gitterpunkt liegt.

7 Zeichne alle verschiedenen Parallelogramme ohne Gitterpunkt im Inneren und ohne 90°-Winkel.

8 Zeichne einen Drachen mit vier Gitterpunkten im Inneren, der kein Quadrat ist.

9 Zeichne alle verschiedenen Parallelogramme, die keine Rechtecke sind und sechs Gitterpunkte auf ihrem Rand besitzen.

Arbeitsblatt: Symmetrische Vierecke

Die Eckpunkte der gesuchten Vierecke sollen auf Gitterpunkten liegen.

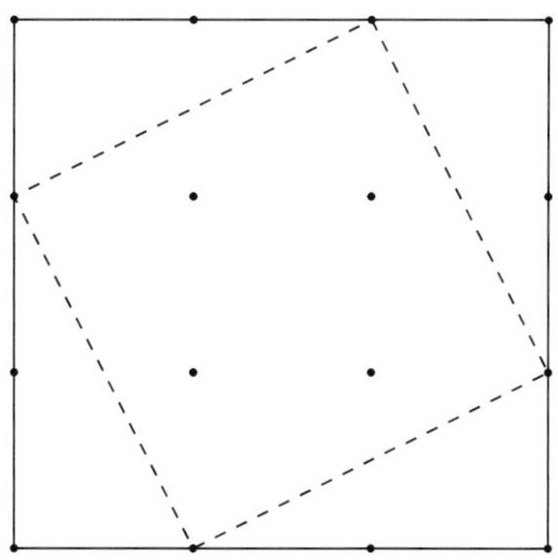

Aufgabe 1

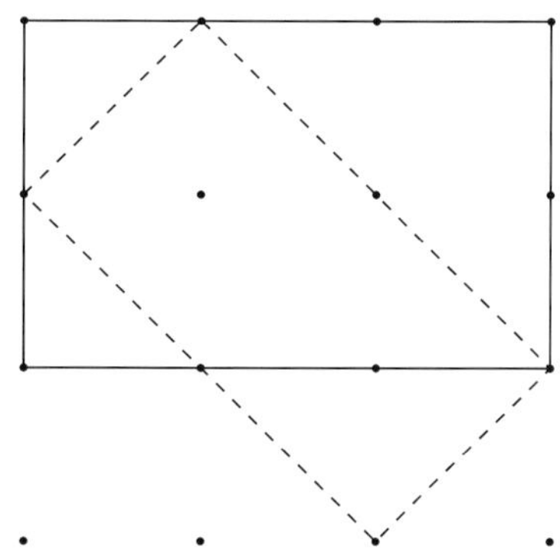

Aufgabe 2

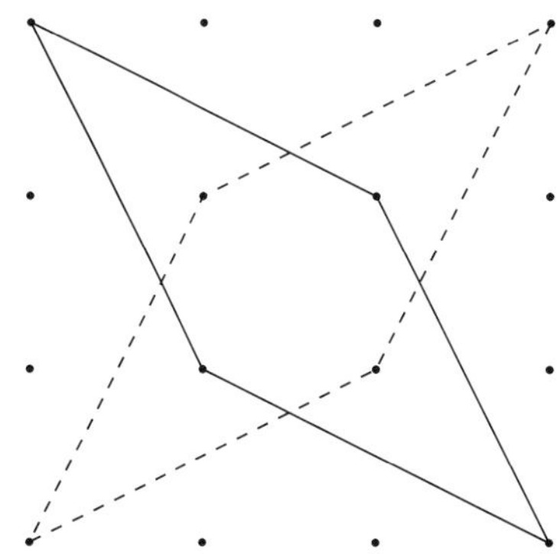

Aufgabe 3

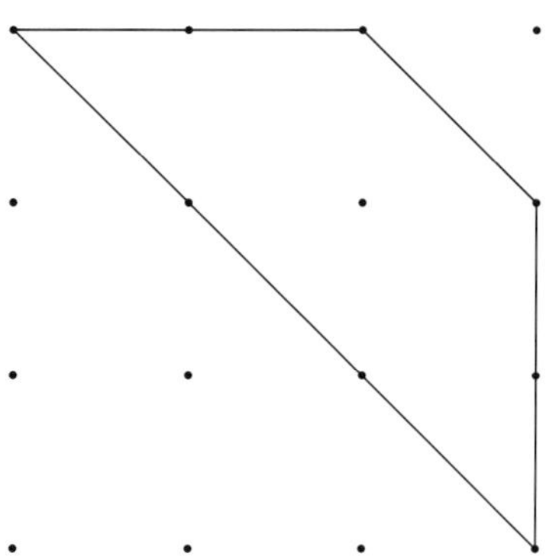

Aufgabe 4

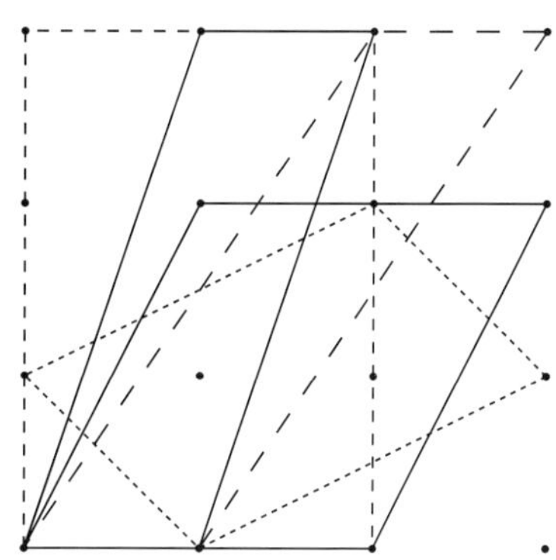

Aufgabe 5

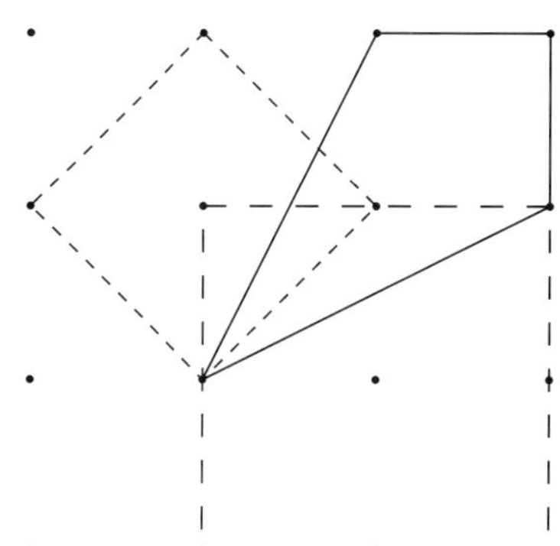

Aufgabe 6

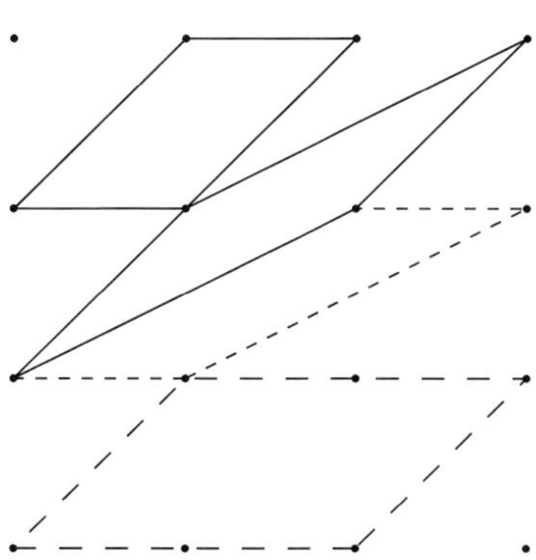

Aufgabe 7

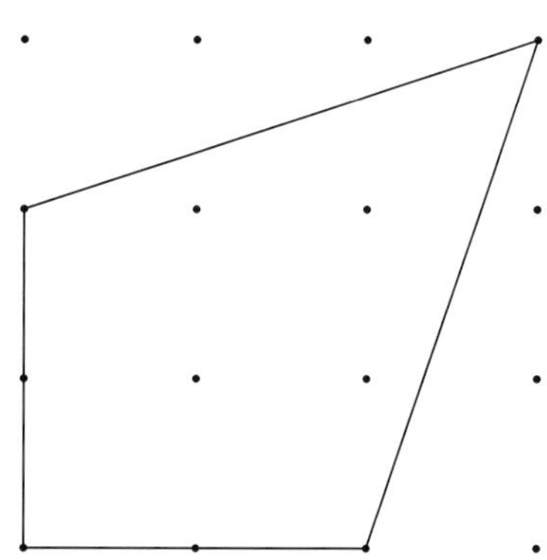

Aufgabe 8

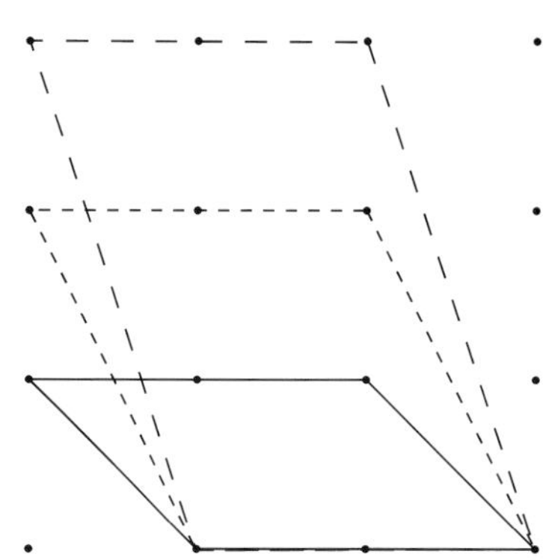

Aufgabe 9

Spiel für 2–4 Personen

Material: 1 Würfel

Spielanleitung:

Familie Viereck lädt zum Brunch und alle kommen ... Jeder will der erste am Buffet sein, doch es gelten folgende Spielregeln:
Der Wettlauf beginnt in der Eingangshalle und es wird reihum gewürfelt. Die gewürfelte Zahl gibt an, welche Eigenschaft das Viereck besitzen muss, auf das gerückt werden darf.
Es darf nur auf unmittelbar benachbarte Felder gezogen werden, jedoch in beliebiger Richtung.
Es dürfen mehrere Figuren auf einem Feld stehen.

Dabei bedeutet:

- ⚀ Rücke auf ein Feld mit einer Figur mit mindestens zwei parallelen Seiten.
- ⚁ Rücke auf ein Feld mit einer Figur mit mindestens zwei gleich langen Gegenseiten.
- ⚂ Rücke auf ein Feld mit einer Figur mit gleich langen Diagonalen.
- ⚃ Rücke auf ein Feld mit einer Figur mit senkrechten Diagonalen.
- ⚄ Rücke auf ein Feld mit einer punktsymmetrischen Figur.
- ⚅ Rücke auf ein Feld mit einer achsensymmetrischen Figur.

Auf los geht's los.
Möge der Hungrigste gewinnen!

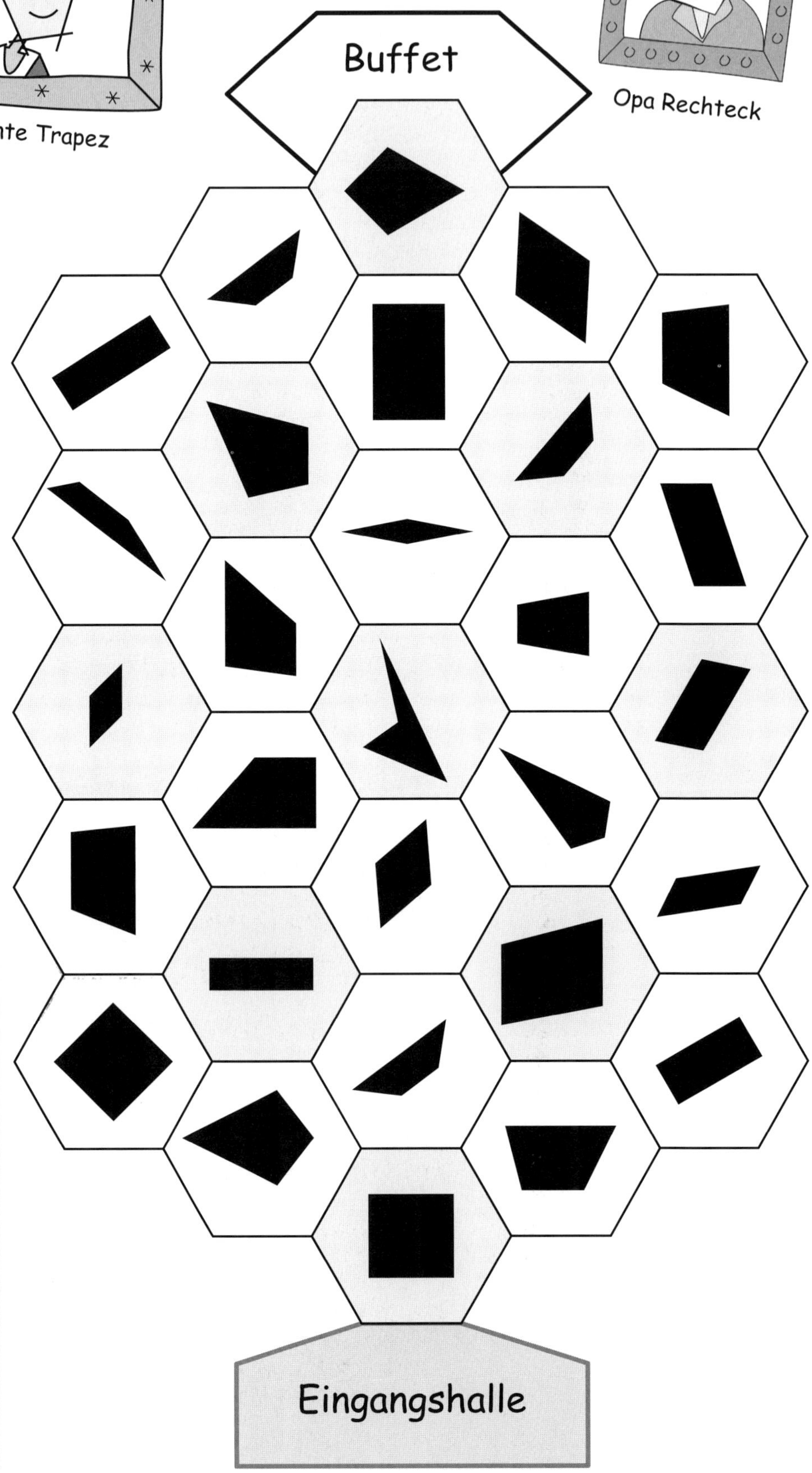

Geometrisches Kreuzworträtsel

Waagrecht:

2. Gleich große Winkel an einer Geradenkreuzung
6. Spiegelung, die bei Schafkopfkarten vorkommt
8. Der wichtigste Punkt bei einer Punktspiegelung
11. Anderes Wort für orthogonal
12. Überaus symmetrische Figur
16. Wann treffen sich zwei parallele Geraden?
17. Linie ohne Anfang und Ende
18. Achsensymmetrisches Viereck mit zwei Achsen
19. Benutzt man neben dem Lineal zum Konstruieren
23. Hieran wird gespiegelt
24. Fachbegriff für „senkrecht“
25. Hierin werden z. B. Punkte eingezeichnet

Lösungswort:

1	2	3	4	5	6	7	8	9	10	11	12

Senkrecht:

1. Achsensymmetrisches Viereck mit einer Achse
2. Naturobjekt, an dem Spiegelungen zu beobachten sind
3. Flächenmaß
4. Winkel, die sich zu 180° ergänzen
5. Wichtigstes Hilfsmittel im Geometrieunterricht
7. Punktsymmetrisches Viereck
9. Liegt im Dreieck einer Seite gegenüber
10. Viereck mit lauter rechten Winkeln
13. So sollte eine Mauer sein
14. So sollte der Fußboden sein
15. Die Hälfte des Kreisdurchmessers
20. Um die Größe einer Fläche anzugeben, benutzt man eine Maßeinheit und eine ...
21. Die Kreislinie ist der ... der Kreisfläche
22. Winkel misst man in ...

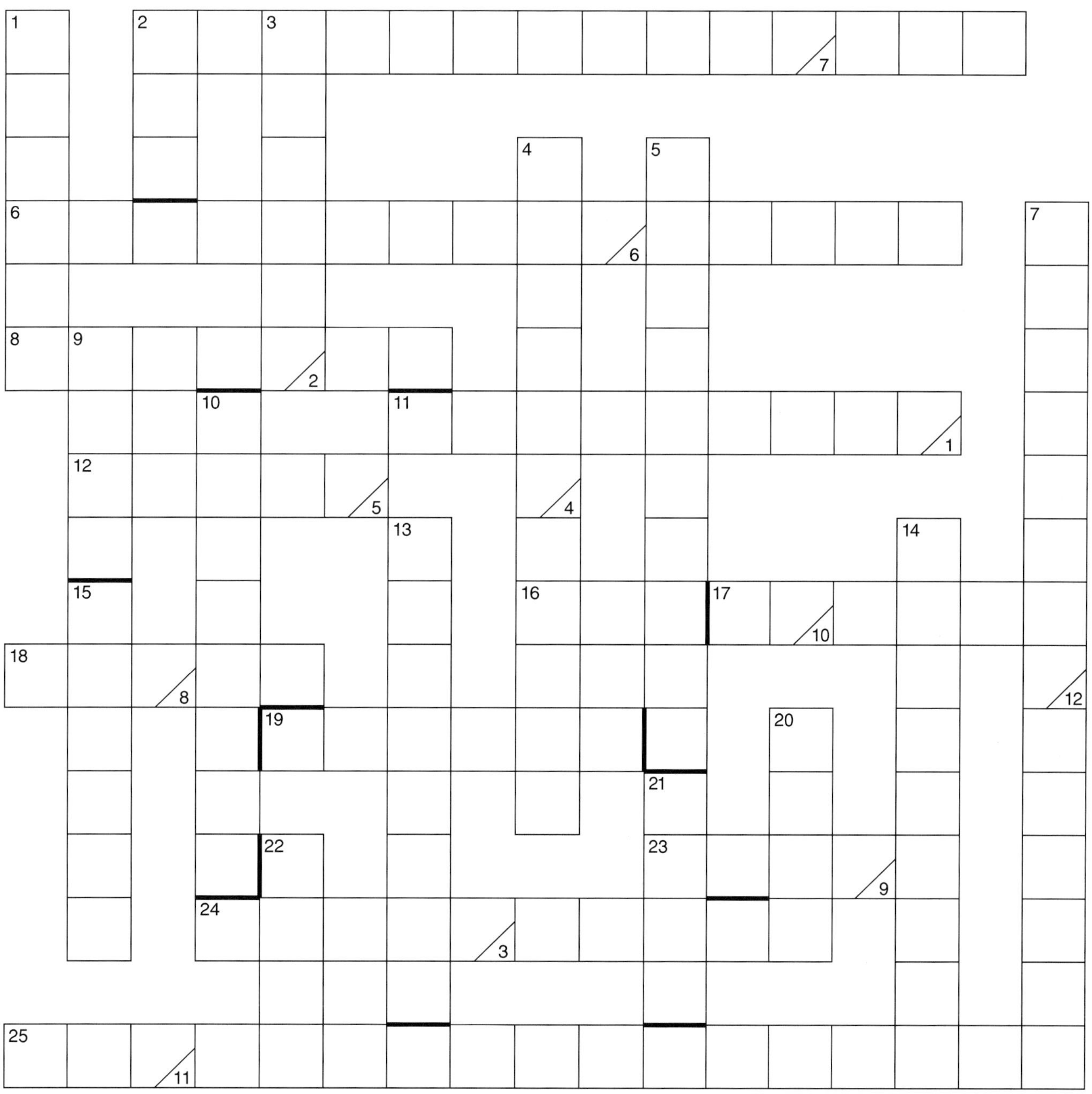

Trainingsblatt
Winkelberechnungen am Dreieck und an Geradenkreuzungen

1. Bestimme die Größe der eingezeichnete unbekannten Winkel.

a)

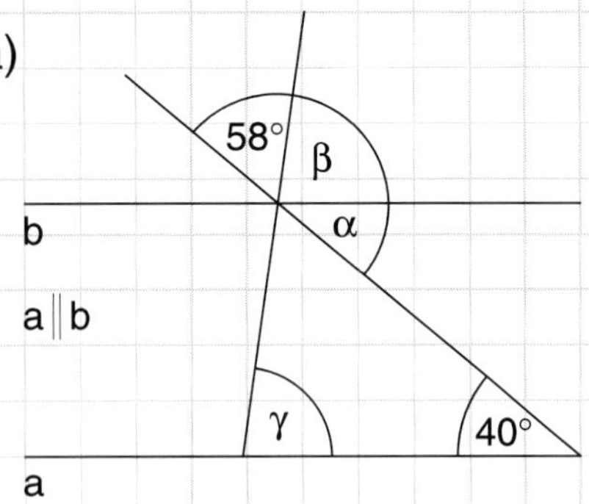

b)

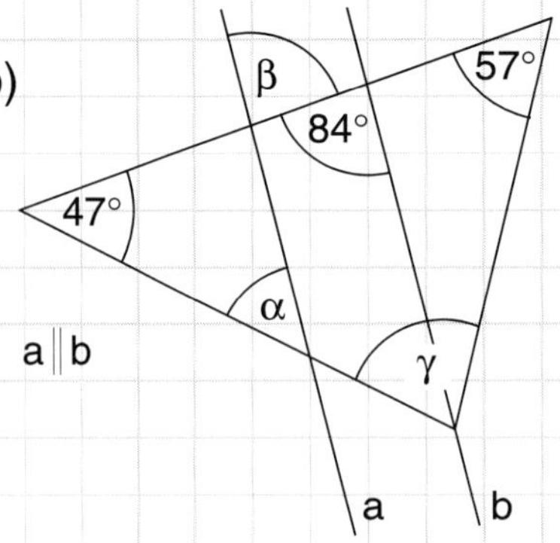

c)

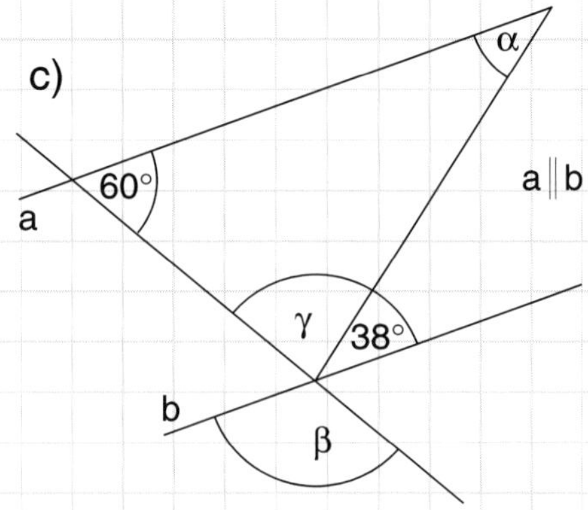

d)

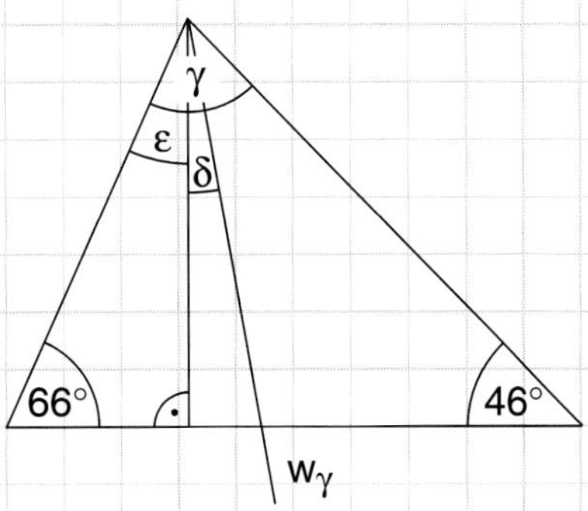

e)

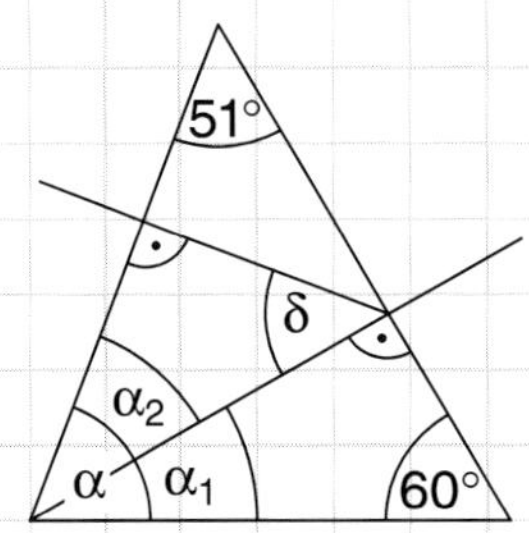

f)

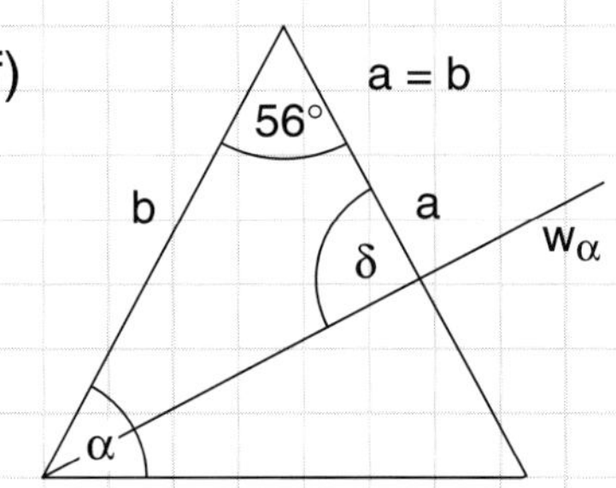

g)

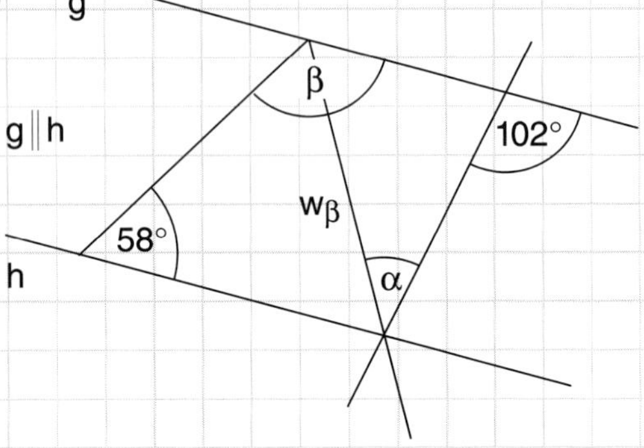

h)

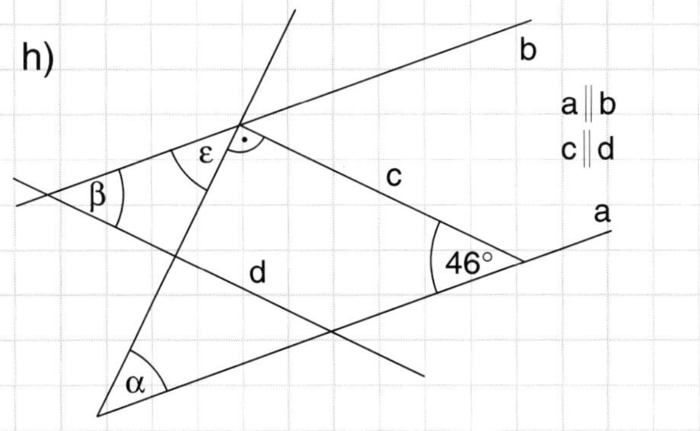

Trainingsblatt
Winkelberechnungen am Dreieck und an Geradenkreuzungen

LÖSUNG

1. Bestimme die Größe der eingezeichnete unbekannten Winkel.

a)

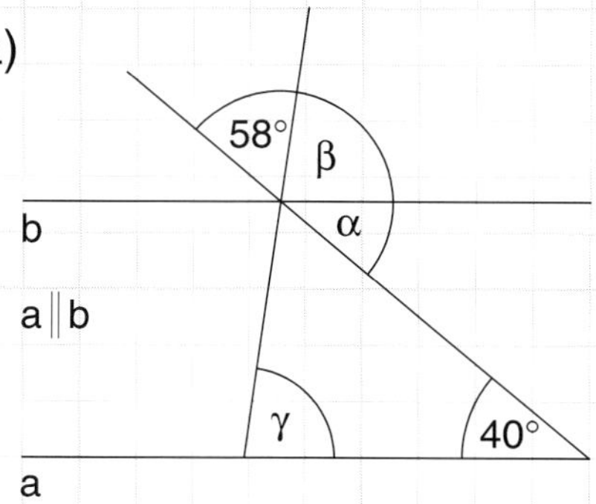

$\gamma = 180° - 40° - 58° = 82°$

$\alpha = 40°$

$\beta = \gamma = 82°$

b)

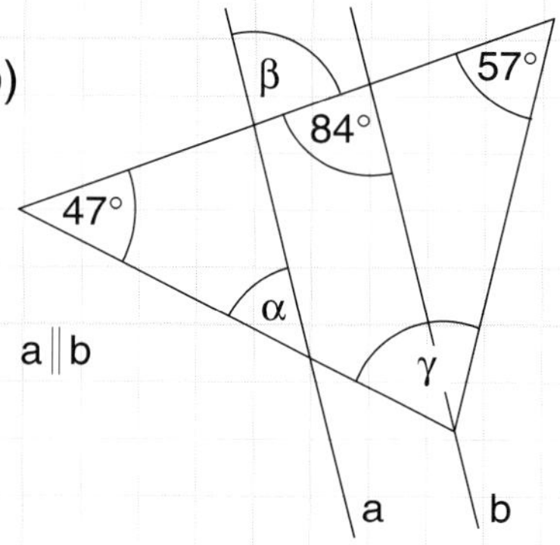

$\beta = 84°$

$\gamma = 180° - 47° - 57° = 76°$

$\alpha = 180° - 84° - 47° = 49°$

c)

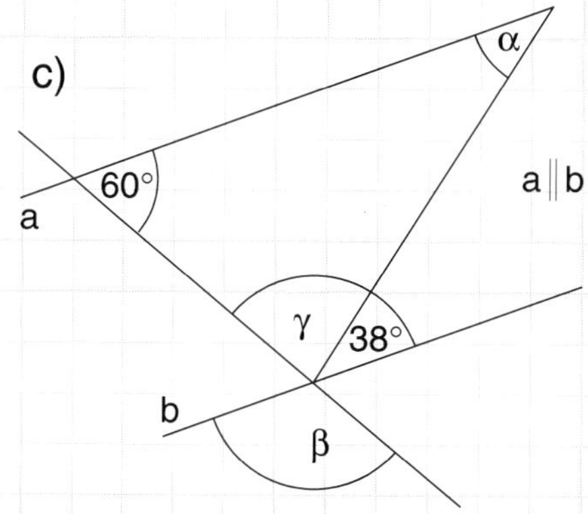

$\alpha = 38°$

$\beta = 180° - 60° = 120°$

$\gamma = 120° - 38° = 82°$

d)

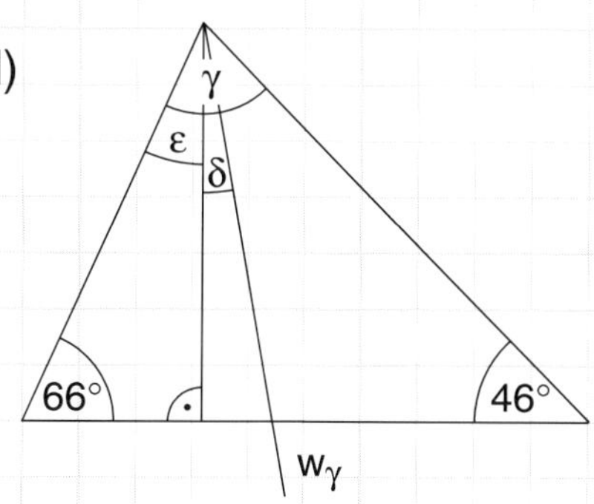

$\gamma = 180° - 66° - 46° = 68°$

$\varepsilon = 90° - 66° = 24°$

$\delta = \frac{\gamma}{2} - \varepsilon = 34° - 24° = 10°$

e)

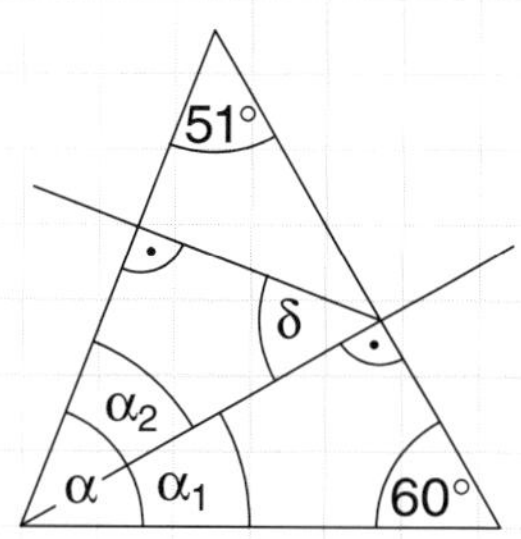

$\alpha = 180° - 60° - 51° = 69°$

$\alpha_1 = 90° - 60° = 30°$

$\alpha_2 = \alpha - \alpha_1 = 39°$

$\delta = 90° - 39° = 51°$

f)

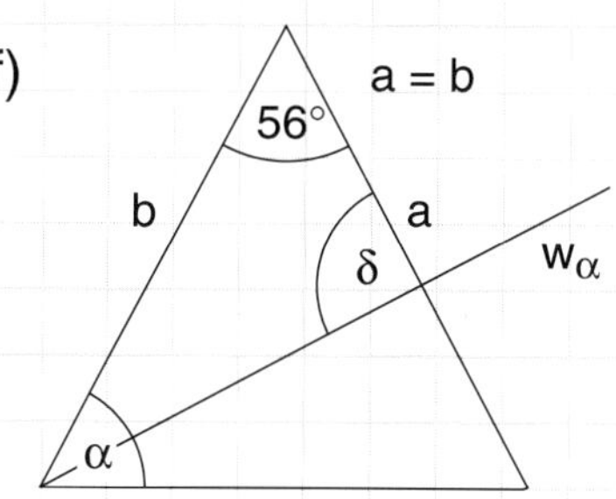

$\alpha = (180° - 56°) : 2 = 62°$

$\delta = 180° - 56° - \frac{\alpha}{2} = 93°$

g)

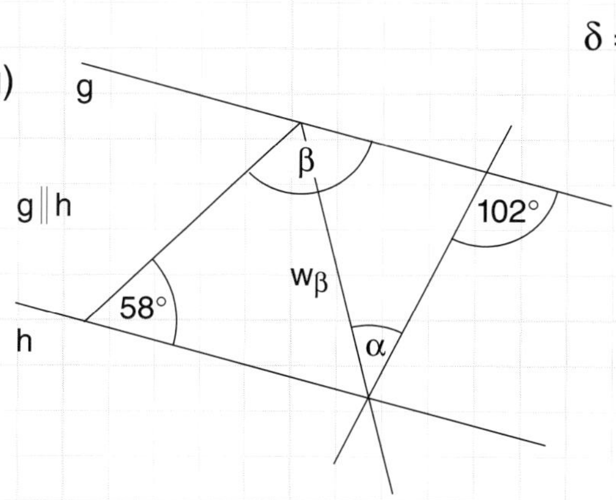

$\beta = 180° - 58° = 122°$

$\alpha = 180° - 78° - \frac{122}{2} = 41°$

h)

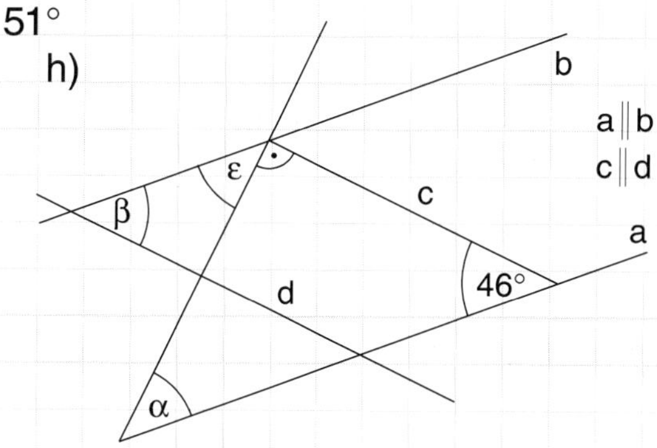

$\alpha = 90° - 46° = 44°$

$\varepsilon = \alpha = 44°$

$\beta = 180° - 90° - 44° = 46°$

Trainingsblatt
Winkelsumme im Dreieck und Viereck

1. Berechne die restlichen Innenwinkel des Dreiecks ABC.

a) $\alpha = 63°$; $\beta = 16°$; $\gamma =$ ____

b) $\beta = 93°$; $\gamma = 58°$; $\alpha =$ ____

c) $\alpha = 102°$; $\beta = \gamma$; $\beta =$ ____ ; $\gamma =$ ____

d) $\alpha = 20°$; $\beta = 3\gamma$; $\beta =$ ____ ; $\gamma =$ ____

2. Berechne die restlichen Innenwinkel des Vierecks ABCD.

a) $\alpha = 14°$; $\beta = 68°$; $\gamma = 102°$; $\delta =$ ____

b) $\beta = 93°$; $\gamma = 21°$; $\delta = 117°$; $\alpha =$ ____

c) $\delta = 51°$; $\alpha = \beta = \gamma$; $\alpha =$ ____ ; $\beta =$ ____ ; $\gamma =$ ____

3. Berechne die Größe der fehlenden Innenwinkel.

a)

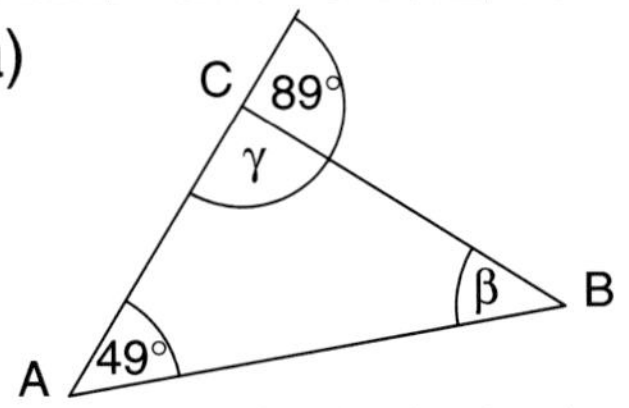

$\beta =$ ____

$\gamma =$ ____

b)

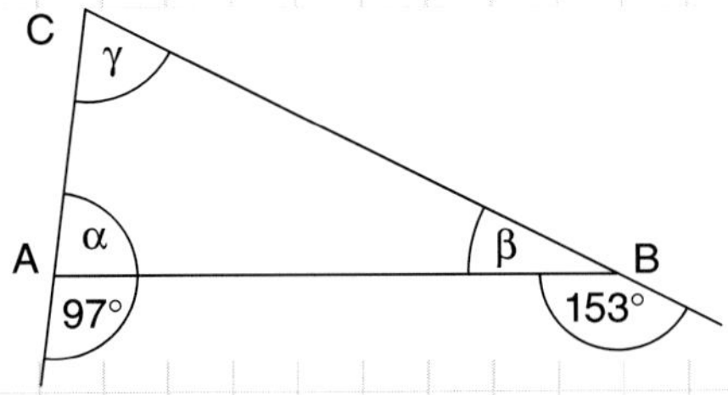

$\alpha =$ ____

$\beta =$ ____

$\gamma =$ ____

c)

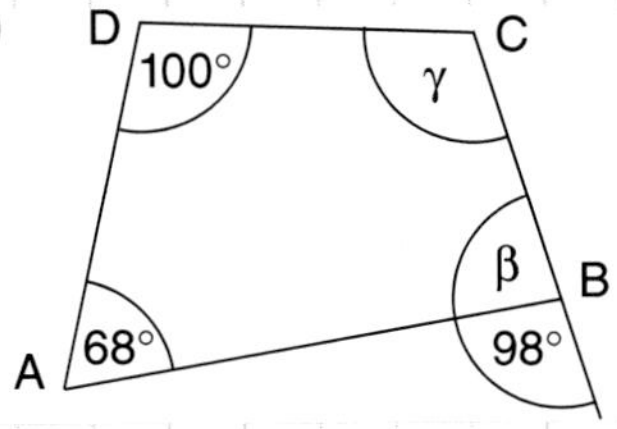

$\beta =$ ____

$\gamma =$ ____

d)

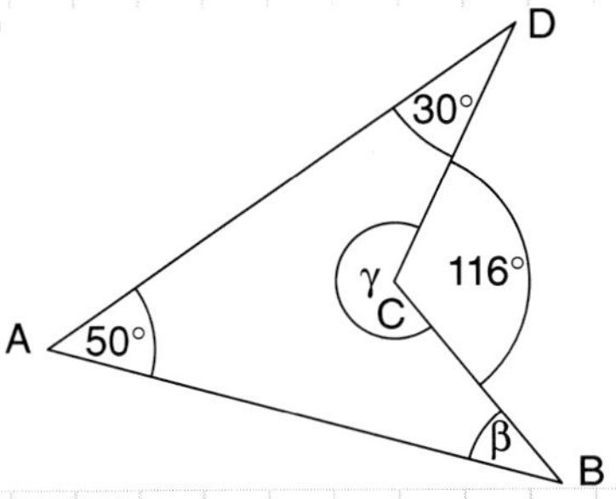

$\beta =$ ____

$\gamma =$ ____

4. Wie groß sind die Innenwinkel

a) eines rechtwinkligen Dreiecks, wenn α dreimal so groß ist wie β (2 Lösungen)?

____

b) einer Raute, wenn β um $\frac{1}{4}$ größer ist als γ?

____

5. Welche Aussagen sind wahr, welche falsch? Begründe.

a) Es gibt ein Dreieck mit zwei stumpfen Winkeln.

____

b) Es gibt ein Dreieck mit einem rechten und zwei gleich großen Winkeln.

____

Trainingsblatt
Winkelsumme im Dreieck und Viereck

1. Berechne die restlichen Innenwinkel des Dreiecks ABC.

a) $\alpha = 63°$; $\beta = 16°$; $\gamma = $ 101°

b) $\beta = 93°$; $\gamma = 58°$; $\alpha = $ 29°

c) $\alpha = 102°$; $\beta = \gamma$; $\beta = $ 39°; $\gamma = $ 39°

d) $\alpha = 20°$; $\beta = 3\gamma$; $\beta = $ 120°; $\gamma = $ 40°

2. Berechne die restlichen Innenwinkel des Vierecks ABCD.

a) $\alpha = 14°$; $\beta = 68°$; $\gamma = 102°$; $\delta = $ 176°

b) $\beta = 93°$; $\gamma = 21°$; $\delta = 117°$; $\alpha = $ 129°

c) $\delta = 51°$; $\alpha = \beta = \gamma$; $\alpha = $ 103°; $\beta = $ 103°; $\gamma = $ 103°

3. Berechne die Größe der fehlenden Innenwinkel.

a)

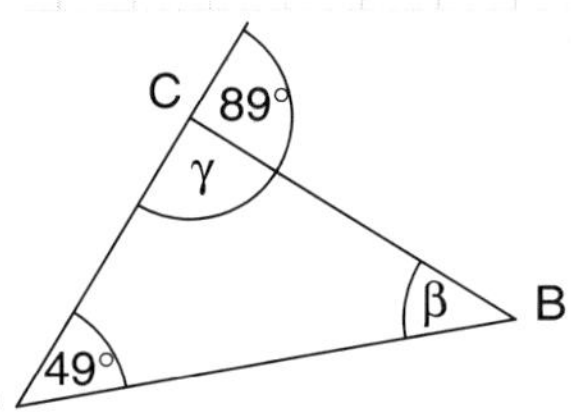

$\beta = $ 40°

$\gamma = $ 91°

b)

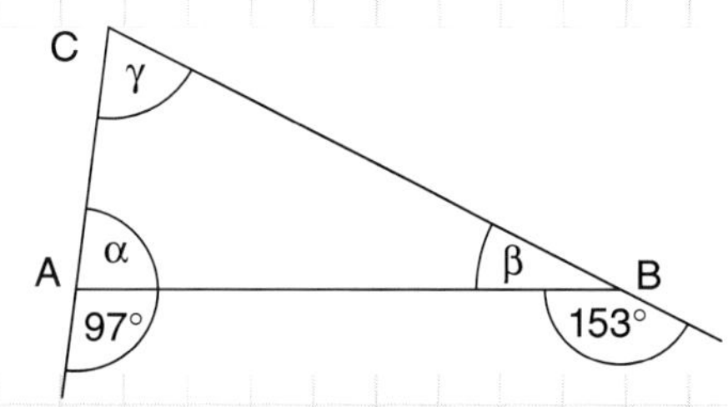

$\alpha = $ 83°

$\beta = $ 27°

$\gamma = $ 70°

c)

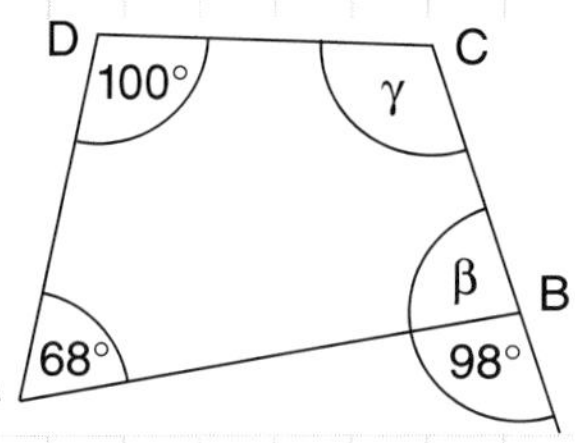

$\beta = $ 82°

$\gamma = $ 110°

d)

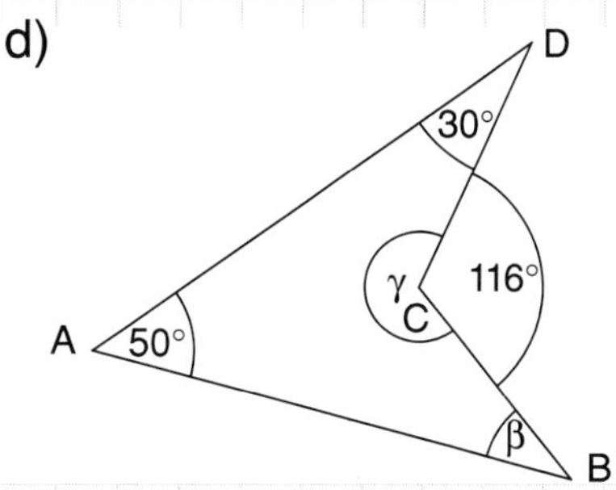

$\beta = $ 36°

$\gamma = $ 244°

4. Wie groß sind die Innenwinkel

a) eines rechtwinkligen Dreiecks, wenn α dreimal so groß ist wie β (2 Lösungen)?

$\alpha = 67{,}5°$; $\beta = 22{,}5°$; $\gamma = 90°$ oder $\alpha = 90°$; $\beta = 30°$; $\gamma = 60°$

b) einer Raute, wenn β um $\frac{1}{4}$ größer ist als γ?

$\alpha = \gamma = 80°$; $\beta = \delta = 100°$

5. Welche Aussagen sind wahr, welche falsch? Begründe.

a) Es gibt ein Dreieck mit zwei stumpfen Winkeln.

Falsch, weil die Winkelsumme von zwei stumpfen Winkeln bereits größer als 180° ist.

b) Es gibt ein Dreieck mit einem rechten und zwei gleich großen Winkeln.

Richtig; z. B. $\alpha = 90°$; $\beta = \gamma = 45°$

Spielanleitung

Spiel für 2 – 4 Personen

Jeder Spieler erhält 7 Karten, der Rest liegt verdeckt auf einem Stapel. Es müssen **Triplette** gebildet werden, auf denen jeweils der gleiche Winkel grau dargestellt ist.
Der erste Spieler nimmt eine Karte vom Stapel und gibt dann eine Karte an seinen linken Nachbarn. Der und alle anderen verfahren ebenso.
Für jedes abgelegte Triplett erhält der Spieler einen Punkt und 1 Karte vom Stapel.
Der Spieler, der die letzte Karte vom Stapel genommen hat, gibt eine Karte an den nächsten Spieler weiter.

GEOTETT

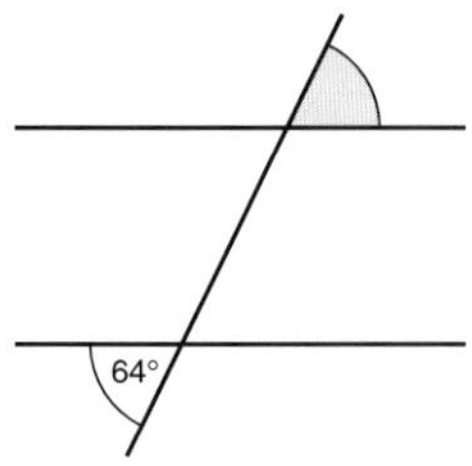

GEOTETT

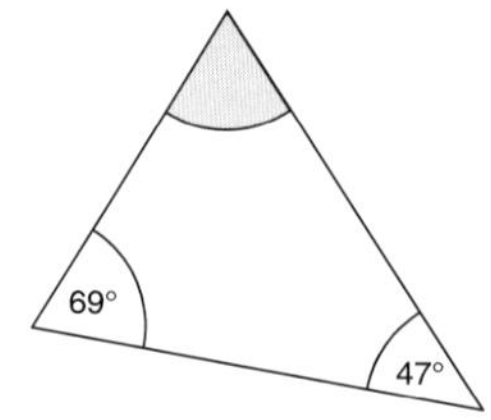

GEOTETT

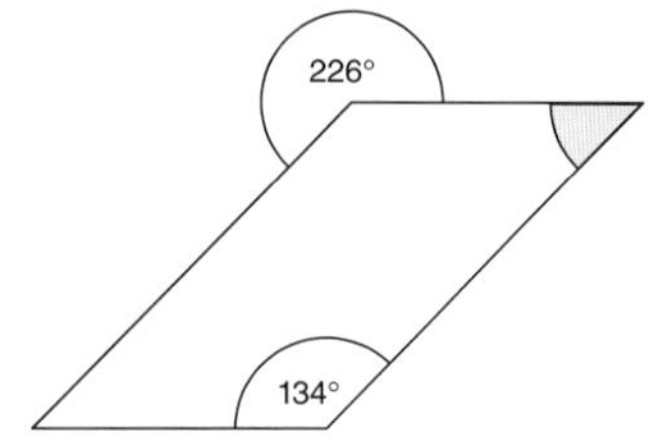

GEOTETT

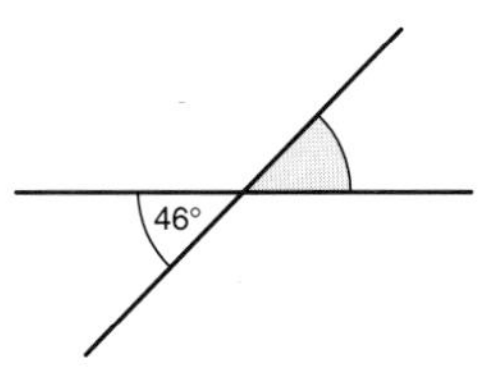

GEOTETT

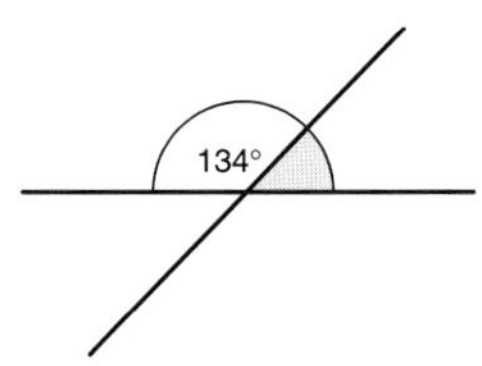

GEOTETT

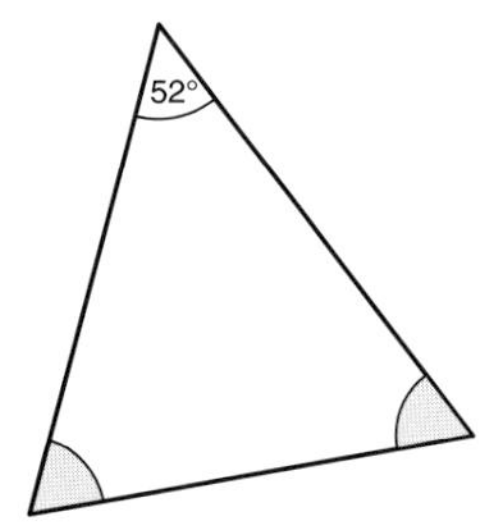

GEOTETT

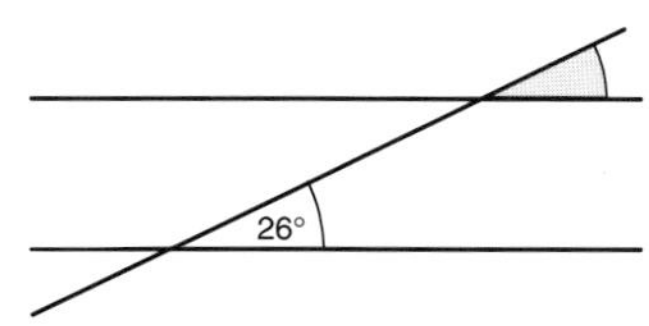

GEOTETT

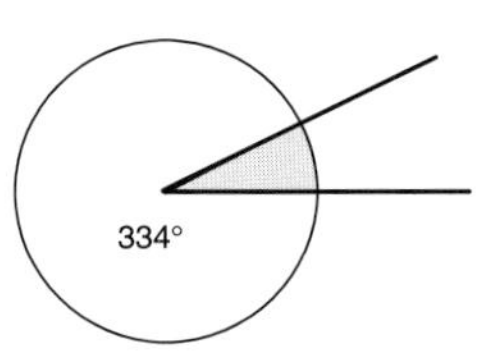

GEOTETT

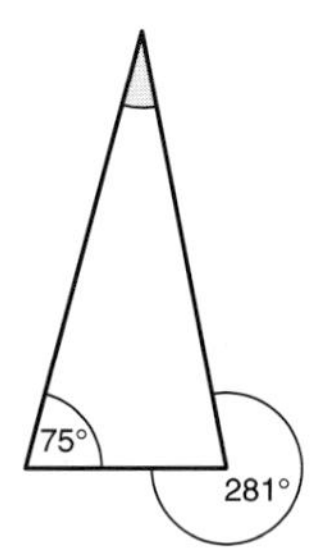

GEOTETT

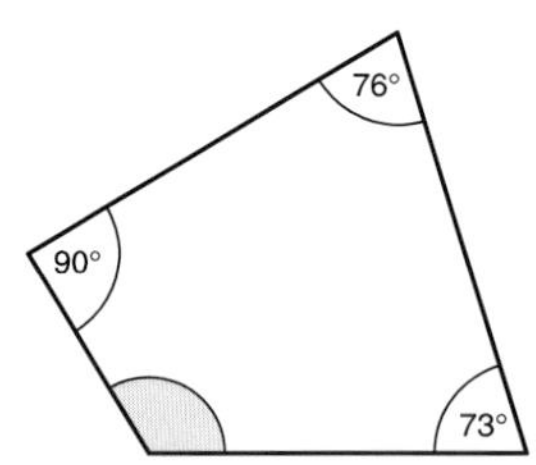

GEOTETT

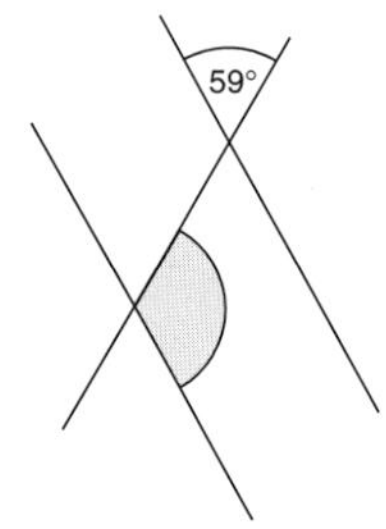

GEOTETT

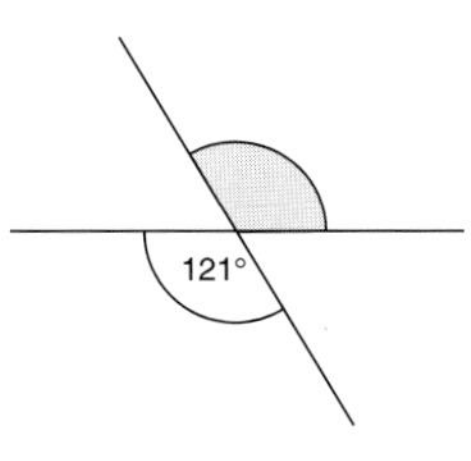

GEOTETT

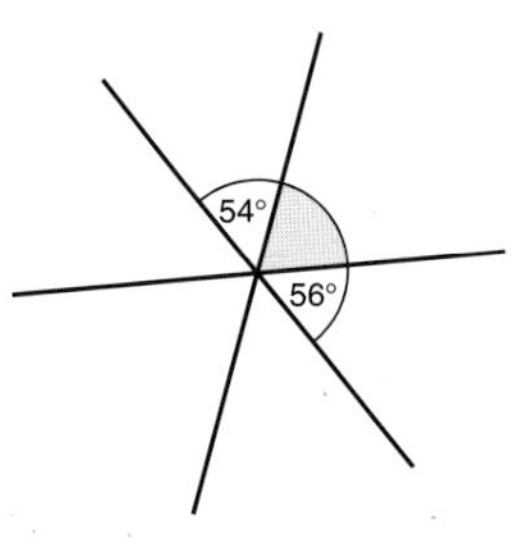

GEOTETT

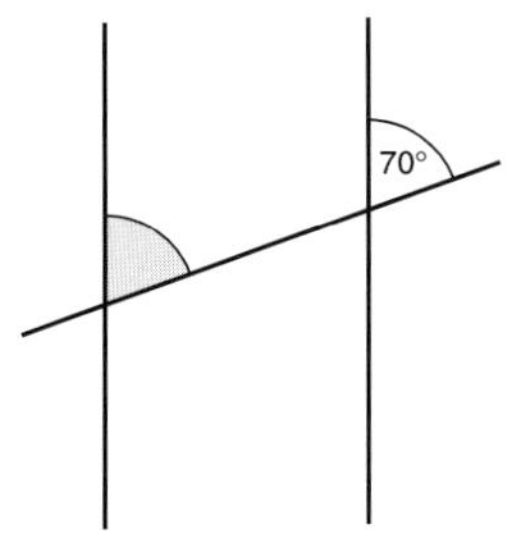

GEOTETT

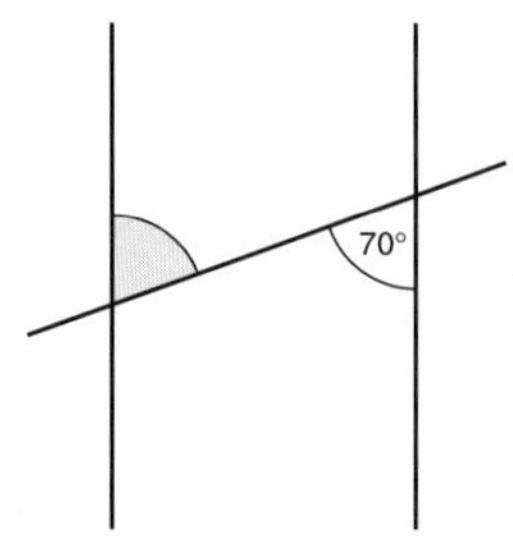

GEOTETT

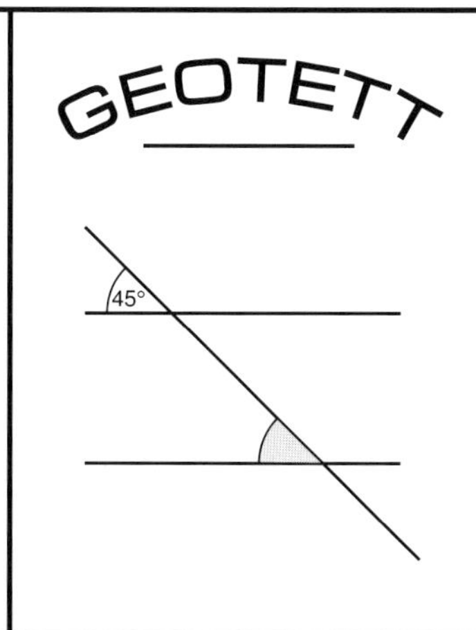
GEOTETT
45°

GEOTETT

GEOTETT
68°
68°

GEOTETT
136°

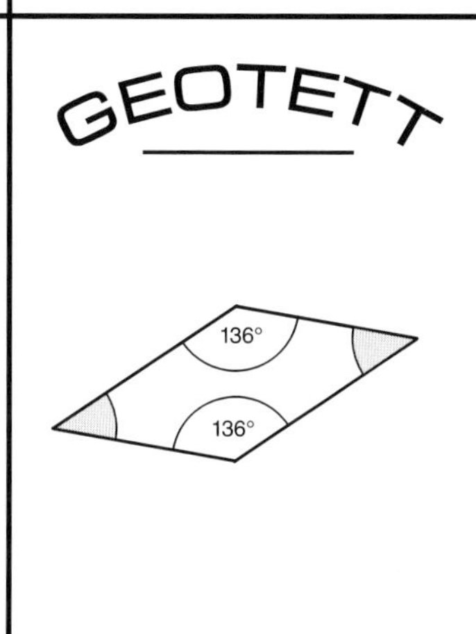
GEOTETT
136°
136°

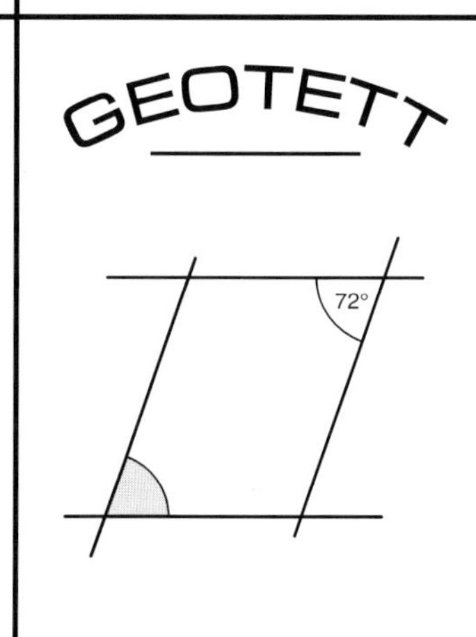
GEOTETT
72°

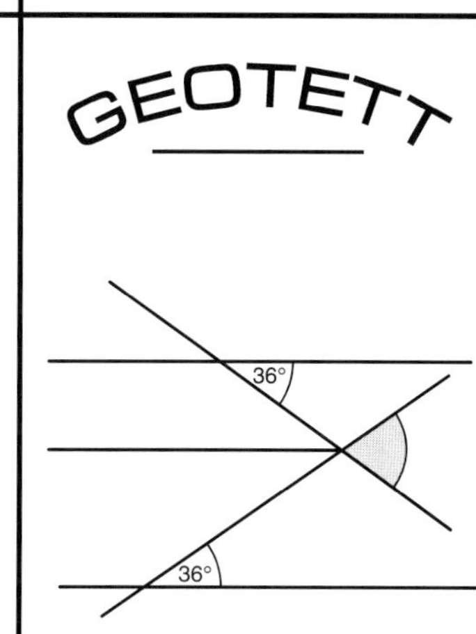
GEOTETT
36°
36°

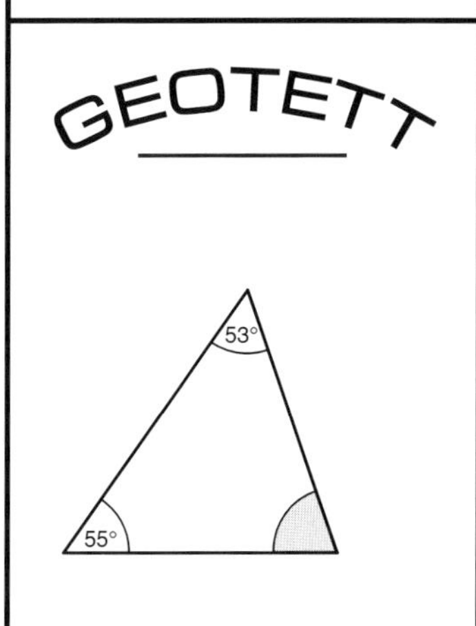
GEOTETT
53°
55°

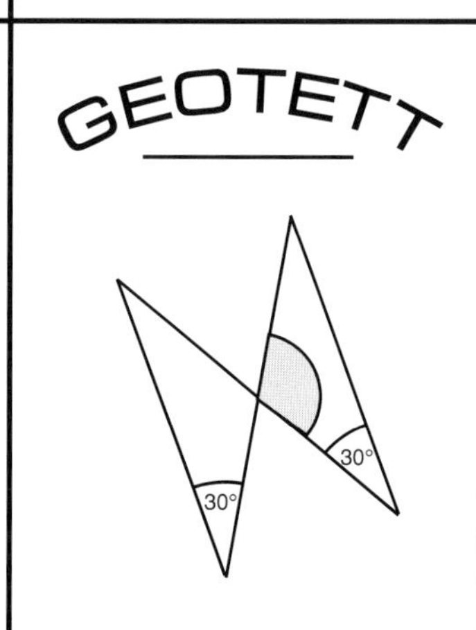
GEOTETT
30°
30°

GEOTETT
120°

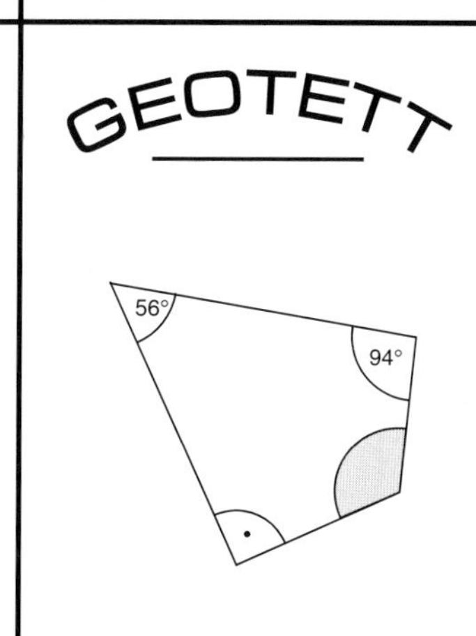
GEOTETT
56°
94°

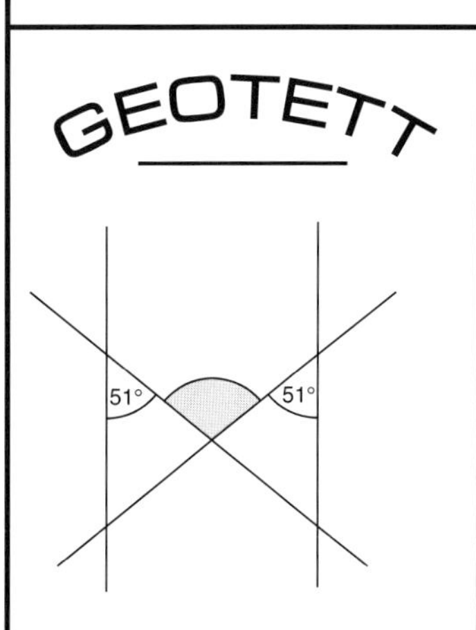
GEOTETT
51°
51°

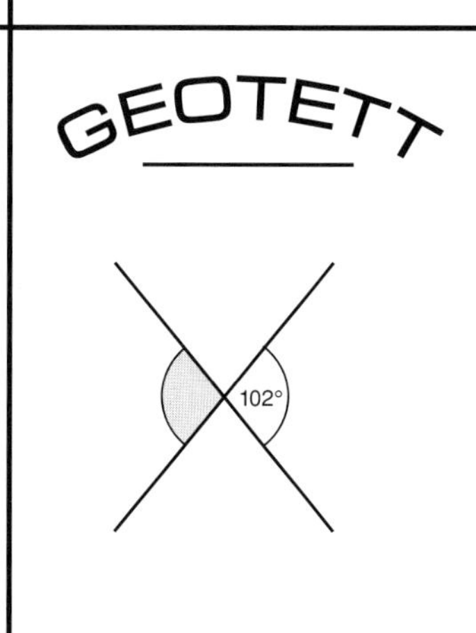
GEOTETT
102°

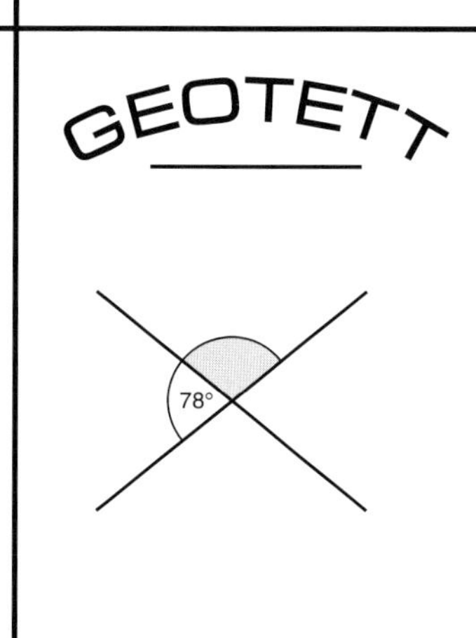
GEOTETT
78°

GEOTETT
103°

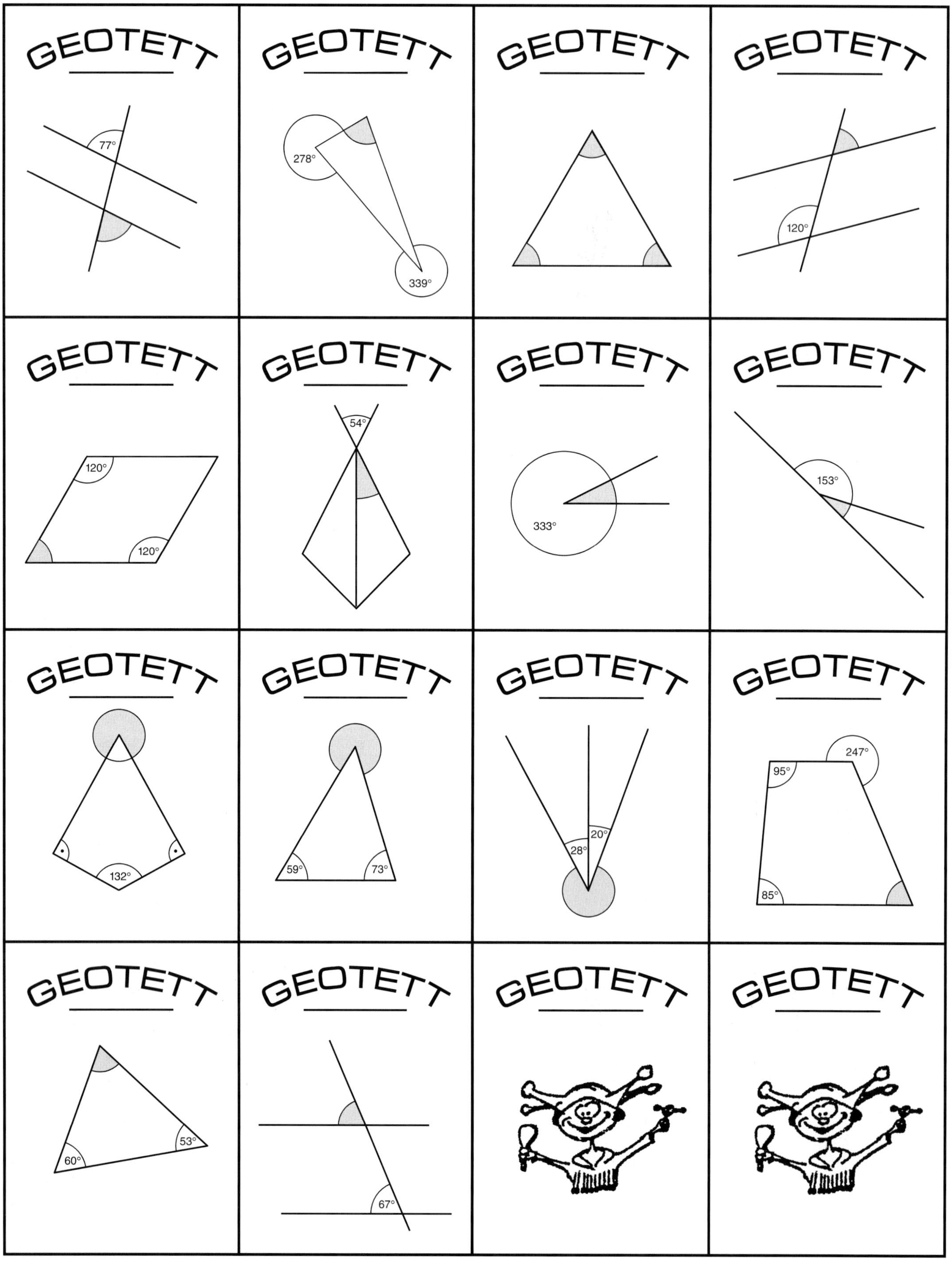
GEOTETT
77°
GEOTETT
278°
339°
GEOTETT
GEOTETT
120°
GEOTETT
120°
120°
GEOTETT
54°
GEOTETT
333°
GEOTETT
153°
GEOTETT
132°
GEOTETT
59°
73°
GEOTETT
28°
20°
GEOTETT
247°
95°
85°
GEOTETT
60°
53°
GEOTETT
67°
GEOTETT
GEOTETT

Kreuzzahlrätsel, Magische Quadrate, Terme auswerten

1. Kreuzzahlrätsel (S. 57 A 15)

Gegeben sind folgende Terme:

$A(z) = z(z + 4) + 2$ $B(z) = z^3 + 4$

$C(z) = z^3 - z^2$ $D(z) = \frac{z^2 - 25}{z - 5}$

$E(z) = z^2 - 2z + 9$

Trage folgende Termwerte in das Kreuzzahlrätsel ein:

waagrecht:
1) B(−2)
3) D(6,2)
5) D(4,1)
6) C(17)
7) D(40)

senkrecht:
1) A(−1,4)
2) B(0,5)
3) A(12)
4) E(15)

Beachte, dass das Komma und das Minuszeichen ein eigenes Kästchen beanspruchen.

	1	2	
3			4
5			
6			
	7		

2. Magische Quadrate (S. 62 A 21)

a) Denke dir eine beliebige ganze Zahl a. Übertrage das rechte Quadrat, jedoch a ersetzt durch deine Zahl ins linke Quadrat und fülle die leeren Felder so aus, dass ein magisches Quadrat entsteht. Welchen Wert hat die magische Zahl?

magische Zahl: ________

b) Setze jetzt in die leeren Felder Terme mit der Variablen a ein, so dass bei der Ersetzung der Variablen a durch ganze Zahlen ein magisches Quadrat entsteht.

c) Gib einen Term für die Berechnung der magischen Zahl an.
magische Zahl bei b): ________

a + 4		
	a	
a − 1		a − 4

3. Terme (S. 77 A 5)

a) Fülle die Tabelle aus.
b) Welche Terme sind äquivalent, welche nicht äquivalent? Begründe.

x	−2	0	2	10
$7x - 1 - 3 \cdot x$				
$-x + 6x - 1$				
$1 + 4 \cdot x - 2$				
$4x + 1$				

4. (S. 84 A 6) Ergänze die Tabelle.
Berechne jeweils den Termwert für r = −1 und s = 2.

+	$\frac{2}{3}rs + r^2s$	$\frac{1}{4}rs + \frac{1}{2}rs^2$	$\frac{1}{5}rs + \frac{2}{3}r^2s^2$
$\frac{1}{3}rs + r^2s^2$			
$\frac{1}{6}rs^2 + \frac{1}{2}r^2s$			
$\frac{2}{3}r^2s + \frac{1}{4}r^2s^2$			
$\frac{1}{8}rs^2 + \frac{4}{9}r^2s^2$			
Termwert für r = −1 und s = 2:			
+			

5. Kreuzzahlrätsel (S. 100 A 8)

Die Gleichungen haben nur eine Lösung. Jedes Minuszeichen benötigt ein eigenes Kästchen.

waagrecht:
1 $4 \cdot x = 56$
3 $101 - x = 2$
5 $51 = x : 20$
7 $-6 \cdot x = -288$
8 $x : 13 = -169$
9 $128 - x = 162$
11 $(-87) : x = -3$
12 $x : 33 = 34$
15 $8 = x : 92$
16 $9 = x : 9$
17 $13 + x = -86$

senkrecht:
1 $x + 90 = 200$
2 $2^3 \cdot 5 = x$
3 $x \cdot 8 = 720$
4 $229 + x = 146$
6 $79 + x = 312$
7 $458 = x : 9$
9 $(-3) \cdot x = 2793$
10 $-5 + x = 36$
11 $-192 + x = 86$
13 $27 \cdot 7 = x$
14 $(-1344) : x = -56$

1	2		3			4
5		6			7	
				8		
	9		10			
11			12	13		14
15						
16			17			

Berechne die Termwerte, indem du die Variablen durch die entsprechenden Zahlen aus dem Kreisinneren ersetzt. Zu jedem Termwert gehört ein Lösungsbuchstabe, den du in den äußersten Ring des Termrades einsetzt. Wie lautet das Lösungswort?

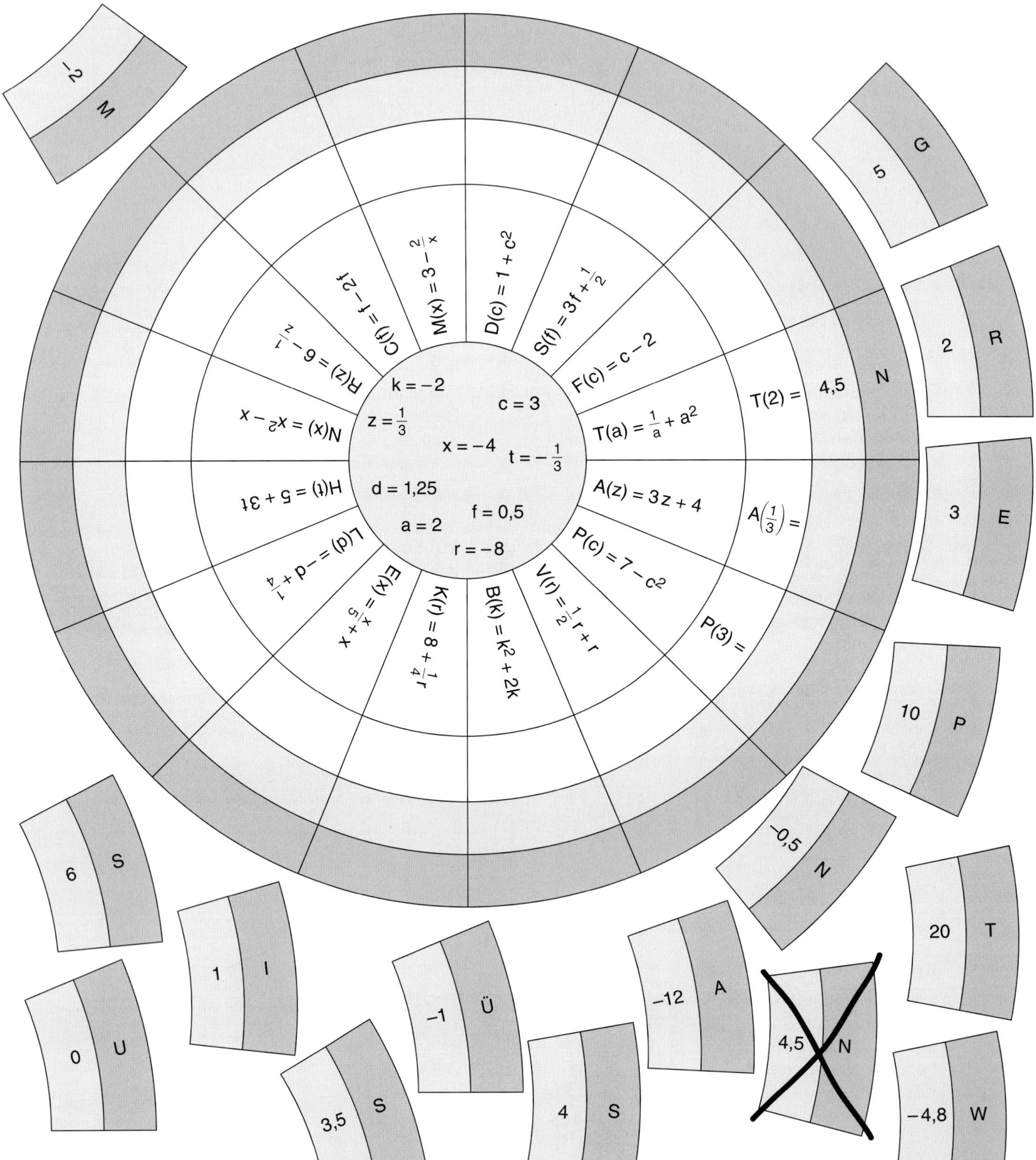

LÖSUNGSWORT

Termwettbewerbe

Die Spieler tragen ihre Namen ein. Der erste Spieler würfelt, wählt einen der Terme aus, setzt für die Variable x die gewürfelte Augenzahl ein, berechnet den Wert des Terms und trägt ihn in die entsprechende Spalte ein. Dann gibt er Spielvorlage, Würfel und Stift dem nächsten Spieler. Jedes Feld darf nur einmal ausgefüllt werden. Nach 8 Runden werden alle Ergebnisse addiert. Gewonnen hat, wer die höchste Summe erreicht hat.

Beim 3. Termwettbewerb wird mit zwei Würfeln gespielt. Nach jedem Würfeln kann der Spieler entscheiden, welcher Würfel den x-Wert und welcher den y-Wert liefert.

1. Spiel:

Name	x	$x-1$	$\frac{1}{2}x+1$	$x+3$	$2x$	$2x+2$	$3x-2$	$4x+\frac{1}{2}$	$5x$	Summe

2. Spiel:

Name	$\frac{1}{2}x$	$x-\frac{1}{2}$	$8-2x$	$5x-1$	$4-4x$	$6x-7$	$\frac{1}{2}x-3$	$3x+\frac{1}{2}$	$1-\frac{1}{2}x$	Summe

3. Spiel:

Name	$2x-y$	$x+y$	$\frac{1}{2}x+y$	$2y-x$	$3x-y$	$x+2y$	$x-y$	$y-3x$	$y+3x$	Summe

Spiel für 2–4 Spieler
Material: 1 Würfel, 1 Kopiervorlage pro Gruppe

Spielbeschreibung:
Die Spieler würfeln nacheinander und setzen die erwürfelte Zahl für die Variable x auf dem Feld ein, auf dem sie stehen. Das auf ganze Zahlen gerundete Ergebnis gibt die Anzahl der Felder an, die man vorziehen darf (bzw. bei einem negativen Ergebnis zurückziehen muss).
Sieger ist, wer in der vereinbarten Zeit die meisten Runden durchs Thermalbad absolviert hat. Diese können als Strichliste in der Tabelle in der Mitte eingetragen werden.

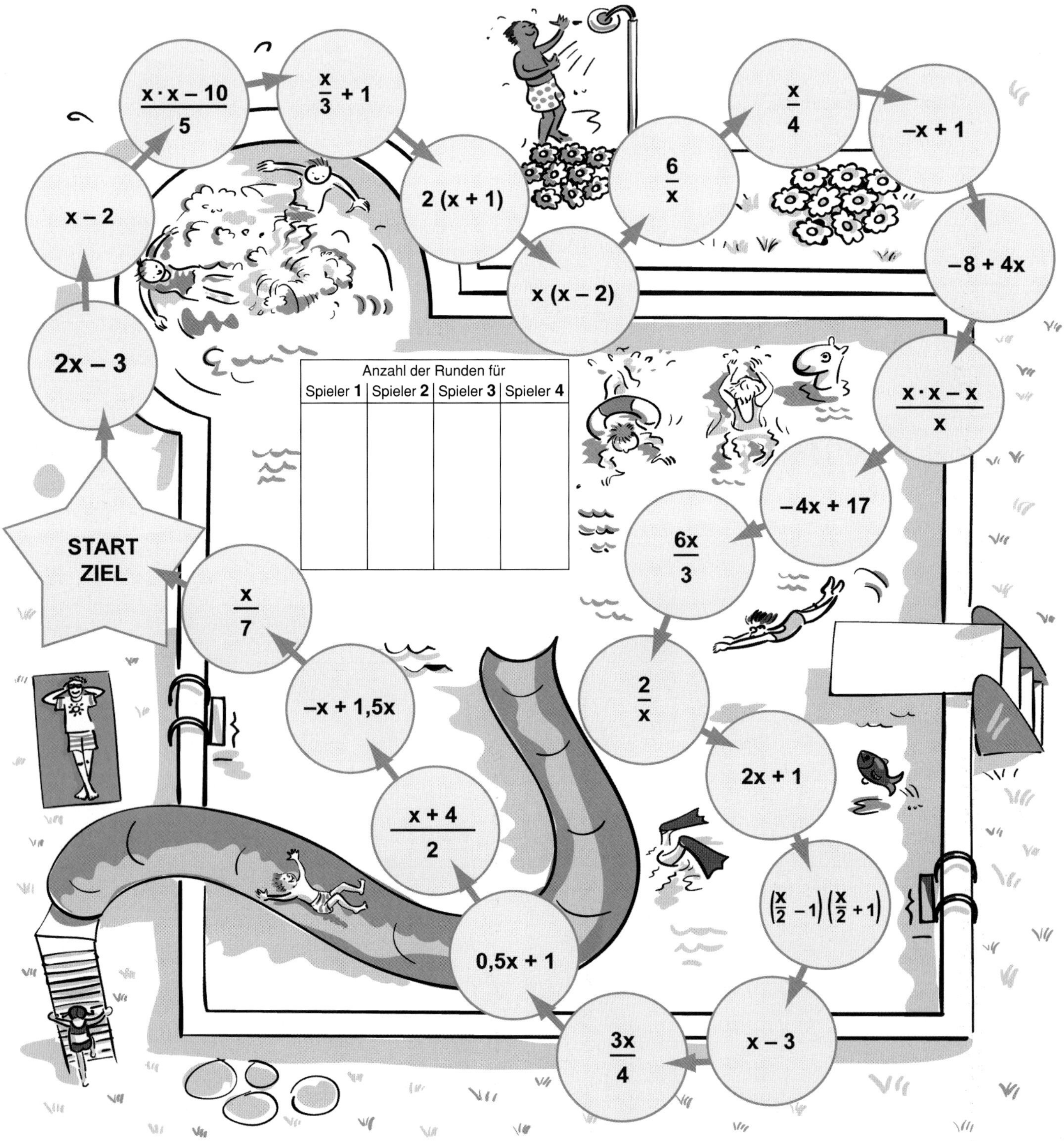

Anzahl der Runden für			
Spieler 1	Spieler 2	Spieler 3	Spieler 4

Trainingsblatt
Aufstellen und Interpretieren von Termen

1. Gib für die folgenden Rechenvorschriften Terme mit einer Variablen an.

a) Subtrahiere von einer Zahl 7 und multipliziere danach mit $\frac{1}{2}$. ____________________

b) Multipliziere eine Zahl mit −0,2 und subtrahiere 9,3. ____________________

c) Addiere zu −16 das Dreifache einer Zahl. ____________________

2. Wofür steht jeweils die Variable? Was gibt der Term bei b) und c) an?

a) Oberflächeninhalt O eines Würfels: $O(a) = 6 \cdot a \cdot a$ ____________________

b) Anna ist 2 Jahre älter als Michael: $T(s) = s - 2$ ____________________

c) Peter ist 1 Jahr jünger als Michael: $S(z) = z + 1$ ____________________

3. Fasse die folgenden Terme in Worte:

a) $(9 - x) \cdot 2$ ____________________

b) $(x + 3)^2$ ____________________

4. Ordne den folgenden Sätzen die richtigen Terme zu, indem du sie verbindest und schreibe die Bedeutung der jeweiligen Variablen auf.

		Bedeutung der Variablen:
Zwei Pizzen in je 6 gleiche Teile schneiden.	$2 \cdot a + 6$	
Vom doppelten Gewinn 6 € abziehen.	$\frac{1}{2} \cdot b + 6$	
Das Rad kostet 6 € mehr als das Doppelte des Vorjahrespreises.	$2c : 6$	
6 Minuten mehr als die Hälfte einer Musikstunde.	$2 \cdot d - 6$	
Er läuft heute 6 Sekunden schneller als gestern.	$e - 6$	

5. Stelle einen Term auf zur Berechnung des Umfangs.

a) 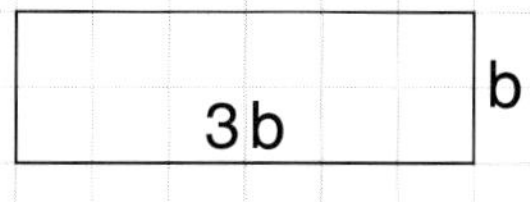

b) 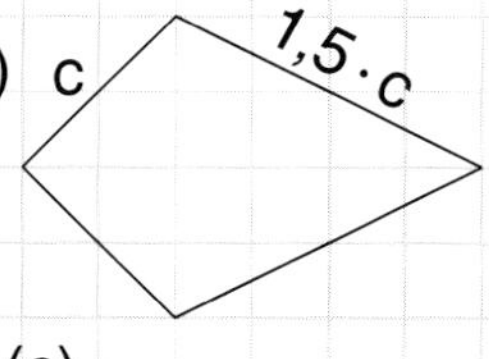

c) 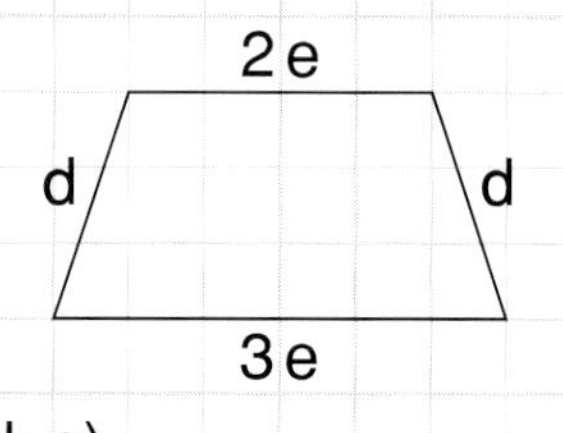

$U(b) =$ ____________ $U(c) =$ ____________ $U(d; e) =$ ____________

Trainingsblatt
Aufstellen und Interpretieren von Termen

1. Gib für die folgenden Rechenvorschriften Terme mit einer Variablen an.

a) Subtrahiere von einer Zahl 7 und multipliziere danach mit $\frac{1}{2}$. $(x - 7) \cdot \frac{1}{2}$

b) Multipliziere eine Zahl mit $-0{,}2$ und subtrahiere 9,3. $x \cdot (-0{,}2) - 9{,}3$

c) Addiere zu -16 das Dreifache einer Zahl. $-16 + 3x$

2. Wofür steht jeweils die Variable? Was gibt der Term bei b) und c) an?

a) Oberflächeninhalt O eines Würfels: $O(a) = 6 \cdot a \cdot a$ a: Kantenlänge des Würfels

b) Anna ist 2 Jahre älter als Michael: $T(s) = s - 2$ s: Alter von Anna: T(s): Alter von Michael

c) Peter ist 1 Jahr jünger als Michael: $S(z) = z + 1$ z: Alter von Peter; S(z): Alter von Michael

3. Fasse die folgenden Terme in Worte:

a) $(9 - x) \cdot 2$ Subtrahiere von 9 eine Zahl und multipliziere das Ergebnis mit 2.

b) $(x + 3)^2$ Addiere zu einer Zahl 3 und quadriere das Ergebnis.

4. Ordne den folgenden Sätzen die richtigen Terme zu, indem du sie verbindest und schreibe die Bedeutung der jeweiligen Variablen auf.

Satz	Term	Bedeutung der Variablen:
Zwei Pizzen in je 6 gleiche Teile schneiden.	$2 \cdot a + 6$	a: Vorjahrespreis
Vom doppelten Gewinn 6 € abziehen.	$\frac{1}{2} \cdot b + 6$	b: Dauer einer Musikstd.
Das Rad kostet 6 € mehr als das Doppelte des Vorjahrespreises.	$2c : 6$	c: Anzahl der Pizzen
6 Minuten mehr als die Hälfte einer Musikstunde.	$2 \cdot d - 6$	d: Gewinn
Er läuft heute 6 Sekunden schneller als gestern.	$e - 6$	e: gestrige Laufzeit

5. Stelle einen Term auf zur Berechnung des Umfangs.

a) 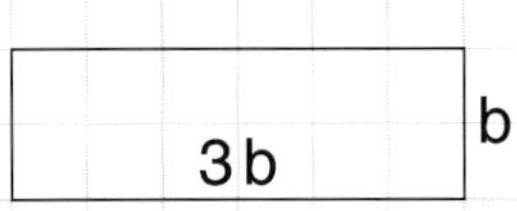

b) 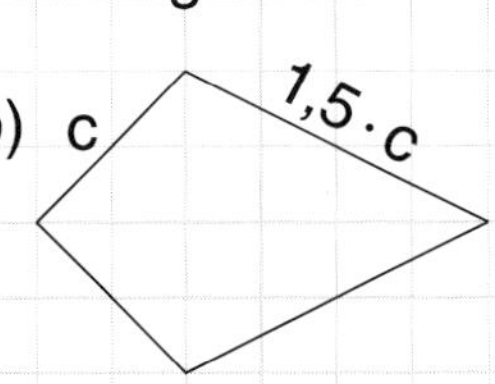

c) 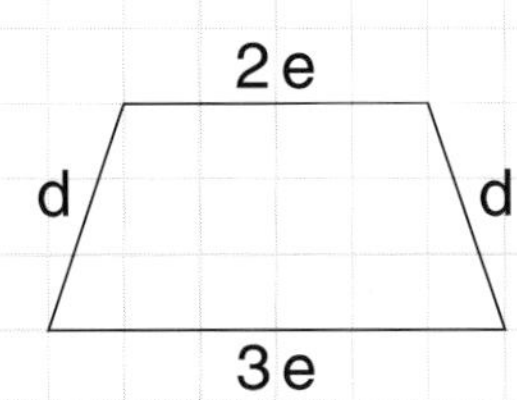

$U(b) = 2 \cdot (3b + b)$ [$= 8b$] $U(c) = 2 \cdot (c + 1{,}5c)$ [$= 5c$] $U(d; e) = 2d + 2e + 3e$ [$= 2d + 5e$]

Winnies Welt befindet sich einige Wurmlöcher von der Erde entfernt, hinten links in einer sonst unbewohnten und weitgehend unbeachteten Galaxie.
In Winnies Welt kommen drei verschiedene Lebewesen vor: Die Wurmarten Lumbricus gracilis, Lumbricus robustus und Lumbricus elegans. Man kann sie anhand ihrer unterschiedlichen äußeren Gestalt gut voneinander unterscheiden.
Winnie ist ein sehr junger Wurm im Alter von zwei Jahren. In einem Jahr wird er so aussehen, wie einer der drei Würmer auf der rechten Seite, die alle drei Jahre alt sind. Er wird in den darauf folgenden Jahren nach dem gleichen Prinzip weiter wachsen.

Winnie

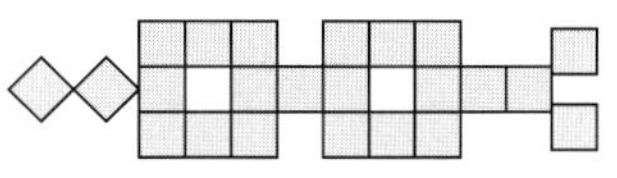

Lumbricus gracilis

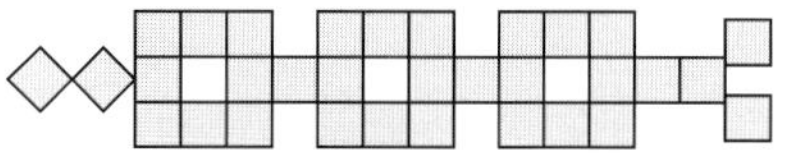

Lumbricus robustus

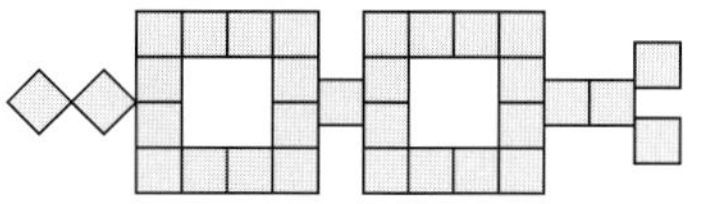

Lumbricus elegans

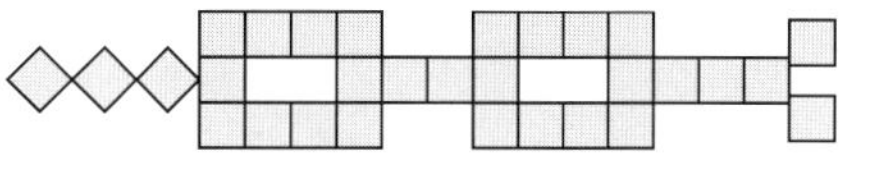

a) Zeichne Winnie im Alter von einem und von vier Jahren unter der Annahme, dass er ein Lumbricus gracilis ist. Zeichne auch entsprechend alte Würmer der anderen beiden Arten.

	1 Jahr alt:	4 Jahre alt:
Lumbricus gracilis:		
Lumbricus robustus:		
Lumbricus elegans:		

b) Fülle die Tabelle aus.

Alter	Anzahl der Quadrate eines Lumbricus gracilis	Lumbricus robustus	Lumbricus elegans
1 Jahr			
2 Jahre			
3 Jahre			
4 Jahre			
x Jahre			

c) Wie viele Quadrate besitzt jeweils ein hundertjähriger Wurm?

100 Jahre			

d) Winnie stellt fest, dass er und die gerade zur Welt gekommene Wiona in 18 Jahren aus gleich vielen Quadraten bestehen werden.

Zu welcher Wurmart gehört Winnie? ______________________

Arbeitsblatt: Terme aufstellen – Winnies Welt

Winnies Welt befindet sich einige Wurmlöcher von der Erde entfernt, hinten links in einer sonst unbewohnten und weitgehend unbeachteten Galaxie.
In Winnies Welt kommen drei verschiedene Lebewesen vor: Die Wurmarten Lumbricus gracilis, Lumbricus robustus und Lumbricus elegans. Man kann sie anhand ihrer unterschiedlichen äußeren Gestalt gut voneinander unterscheiden.
Winnie ist ein sehr junger Wurm im Alter von zwei Jahren. In einem Jahr wird er so aussehen, wie einer der drei Würmer auf der rechten Seite, die alle drei Jahre alt sind. Er wird in den darauf folgenden Jahren nach dem gleichen Prinzip weiter wachsen.

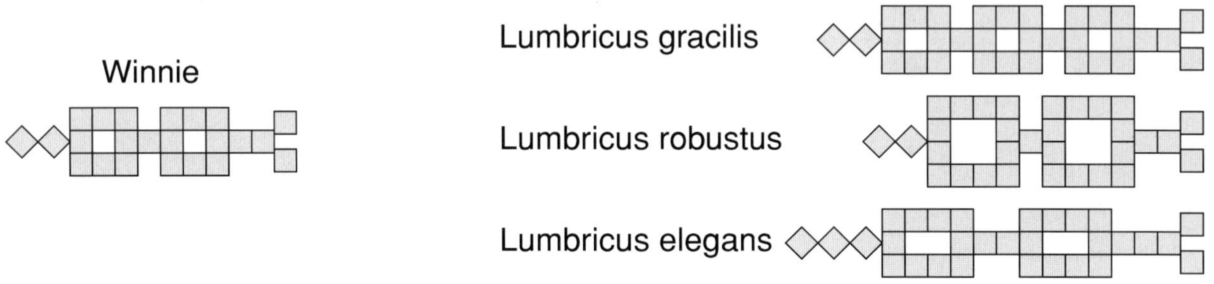

a) Zeichne Winnie im Alter von einem und von vier Jahren unter der Annahme, dass er ein Lumbricus gracilis ist. Zeichne auch entsprechend alte Würmer der anderen beiden Arten.

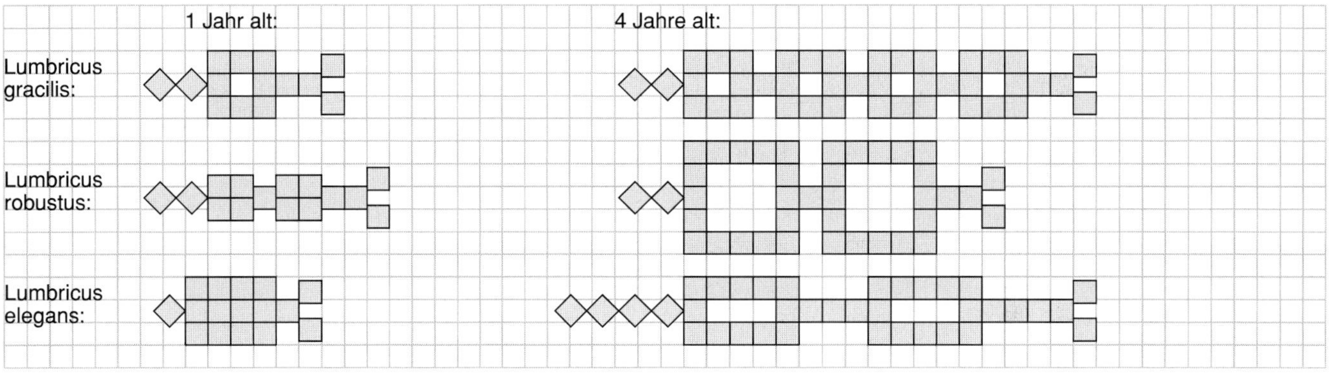

b) Fülle die Tabelle aus.

Alter	Anzahl der Quadrate eines Lumbricus gracilis	Lumbricus robustus	Lumbricus elegans
1 Jahr	14	15	16
2 Jahre	23	23	23
3 Jahre	32	31	30
4 Jahre	41	39	37
x Jahre	$5 + 9x$	$7 + 8x$	$9 + 7x$

c) Wie viele Quadrate besitzt jeweils ein hundertjähriger Wurm?

100 Jahre	905	807	709

d) Winnie stellt fest, dass er und die gerade zur Welt gekommene Wiona in 18 Jahren aus gleich vielen Quadraten bestehen werden.
Zu welcher Wurmart gehört Winnie? Lumbricus robustus
(Wiona: Lumbricus gracilis; sie haben je 167 Quadrate.)

Trainingsblatt
Terme auswerten und Graphen zeichnen

1. a) Gib einen Term an zur Berechnung der Entfernung E(t) des Blitzes, wenn der Zeitraum t zwischen Blitz und Donner bekannt ist.

t in s	1,5	6,0	6,9	10,5
E(t) in km	0,5	2,0	2,3	3,5

E(t) = ______

b) Zeichne den Graphen der Zuordnung *Zeitraum zwischen Blitz und Donner* ↦ *Entfernung des Blitzes* und lies am Graphen ab:

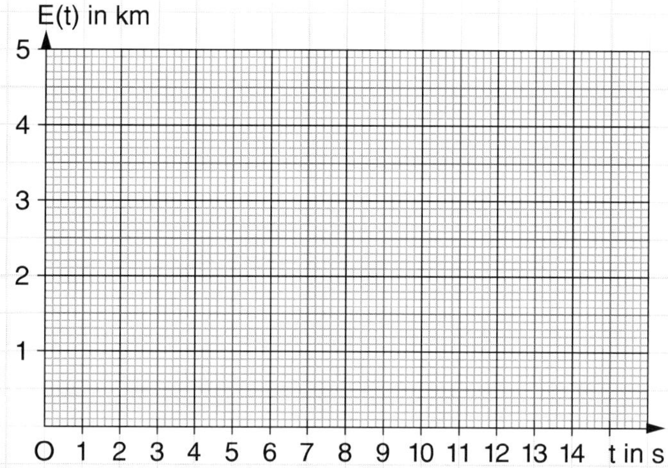

E(3) = ____ E(7,5) = ____ E(4,5) = ____

E(__) = 5 E(__) = 3 E(__) = 4

c) Wie weit ist der Blitz entfernt, wenn zwischen Blitz und Donner 13,5 Sekunden vergehen? ______

2. (1) In einem Rechteck ist eine Seite halb so lang wie die andere.
(2) In einem Dreieck ist eine Seite fünf mal so lang wie die zugehörige Höhe.
(3) In einem Drachenviereck ist eine Diagonale $\frac{1}{4}$ mal so lang wie die andere.

a) Gib jeweils einen Term an zur Berechnung der einzelnen Flächeninhalte. Verwende die Variable x so, wie jeweils angegeben.

(1) A(x) = ______ ; x ist die längere Seite des Rechtecks:

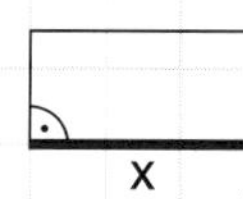

(2) A(x) = ______ ; x ist die angegebene Seite des Dreiecks:

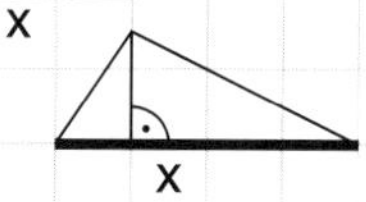

(3) A(x) = ______ ; x ist die längere Diagonale:

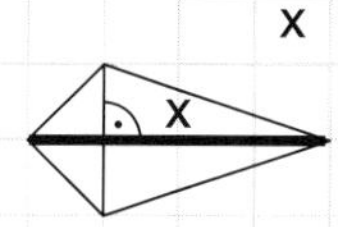

b) Erstelle jeweils eine Wertetabelle, in der dem Variablenwert x die Maßzahl des Flächeninhalts A(x) zugeordnet wird.

(1)

x						
A(x)						

(2)

x						
A(x)						

(3)

x						
A(x)						

Wähle selbst geeignete x-Werte.

c) Zeichne die Graphen der drei Zuordnungen in das rechte Koordinatensystem.

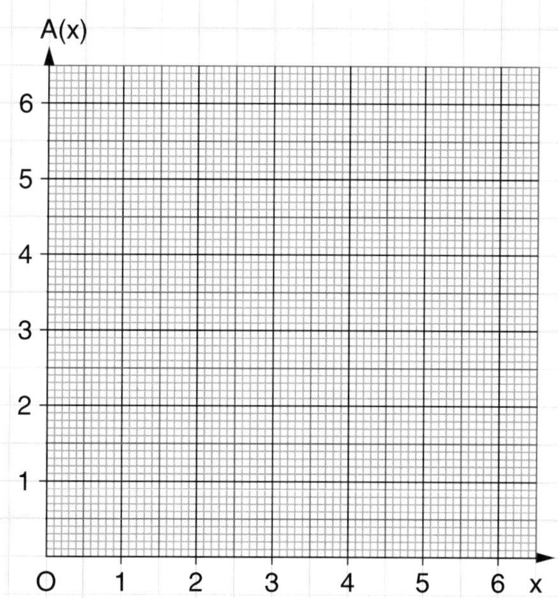

Trainingsblatt
Terme auswerten und Graphen zeichnen

1. a) Gib einen Term an zur Berechnung der Entfernung E(t) des Blitzes, wenn der Zeitraum t zwischen Blitz und Donner bekannt ist.

t in s	1,5	6,0	6,9	10,5
E(t) in km	0,5	2,0	2,3	3,5

$E(t) = \frac{1}{3}t$

b) Zeichne den Graphen der Zuordnung *Zeitraum zwischen Blitz und Donner* ↦ *Entfernung des Blitzes* und lies am Graphen ab:

E(3) = **1** E(7,5) = **2,5** E(4,5) = **1,5**

E(**15**) = 5 E(**9**) = 3 E(**12**) = 4

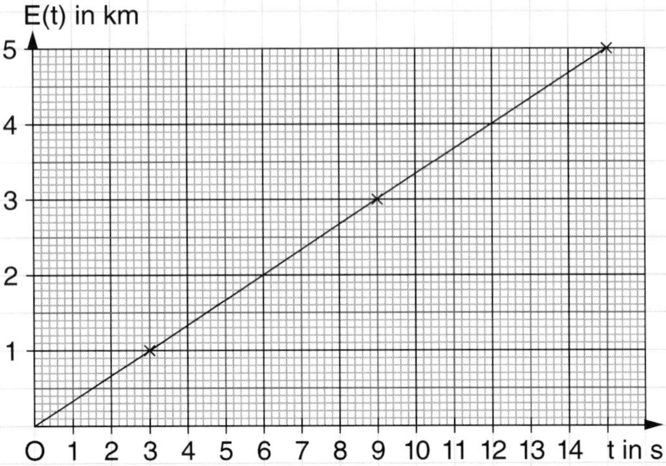

c) Wie weit ist der Blitz entfernt, wenn zwischen Blitz und Donner 13,5 Sekunden vergehen? **4,5 km**

2. (1) In einem Rechteck ist eine Seite halb so lang wie die andere.
(2) In einem Dreieck ist eine Seite fünf mal so lang wie die zugehörige Höhe.
(3) In einem Drachenviereck ist eine Diagonale $\frac{1}{4}$ mal so lang wie die andere.

a) Gib jeweils einen Term an zur Berechnung der einzelnen Flächeninhalte. Verwende die Variable x so, wie jeweils angegeben.

(1) $A(x) = \frac{1}{2}x^2$; x ist die längere Seite des Rechtecks:

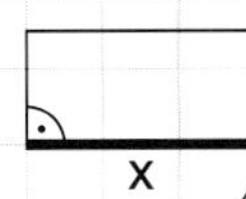

(2) $A(x) = \frac{1}{10}x^2$; x ist die angegebene Seite des Dreiecks:

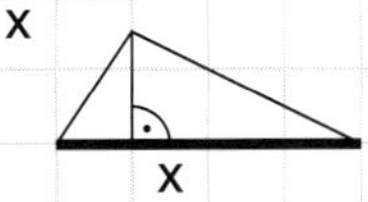

(3) $A(x) = \frac{1}{8}x^2$; x ist die längere Diagonale:

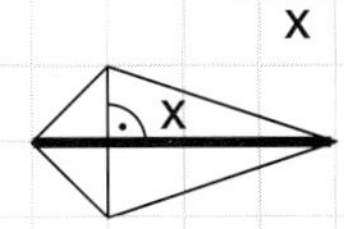

b) Erstelle jeweils eine Wertetabelle, in der dem Variablenwert x die Maßzahl des Flächeninhalts A(x) zugeordnet wird.

(1)

x	0	1	2	2,5	3	3,5
A(x)	0	0,5	2	3,125	4,5	6,125

(2)

x	0	1	2	3	5	6
A(x)	0	0,1	0,4	0,9	2,5	3,6

(3)

x	0	1	2	3	4	5
A(x)	0	0,125	0,5	1,125	2	3,125

Wähle selbst geeignete x-Werte.

c) Zeichne die Graphen der drei Zuordnungen in das rechte Koordinatensystem.

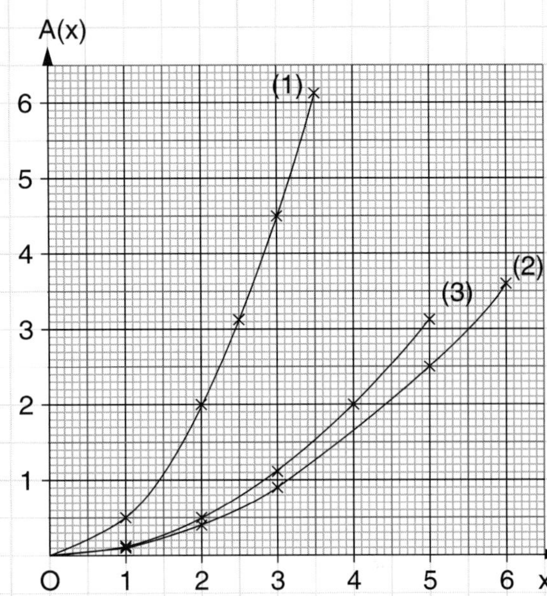

Mit dem Taschenrechner kannst du auch „schreiben“.
Die Lösung ergibt sich, wenn du die folgenden Rechnungen mit dem Taschenrechner durchführst und dann, nach Drehung des Rechners, die Antwort abliest.

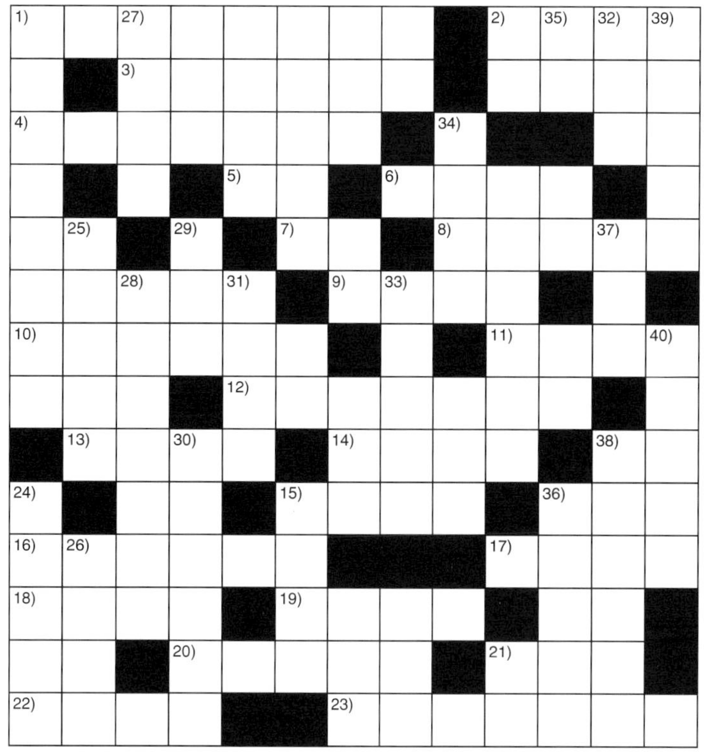

waagrecht:

1) Unterrichtsfach — $2458 \cdot 9815 + 2684 \cdot 2458 + 1\,184\,476$
2) wichtiger Bestandteil des Computer-ROMs — $22\,581 : 4{,}5$
3) Wohnort des Teufels — $(168 \cdot 345 + 217) \cdot 6{,}5 - 846{,}5$
4) anderer Begriff für Peitsche — $24^5 - 28^4 + 7171$
5) Nahrungsmittel — $57 \cdot 68 + 302 + 49 \cdot (-85)$
6) Kleidungsstück — $(-7)^4 + 11 \cdot 102 - 19$
7) Autokennzeichen von San Sebastián (Spanien) — $\frac{(43{,}31 + 1{,}42 \cdot 2{,}5) \cdot 0{,}5}{0{,}3 \cdot 1{,}42}$
8) nicht laut — $(38{,}2 + 117{,}3) \cdot (9{,}4 + 64{,}8) \cdot (4{,}52 + 5{,}48) : 3{,}5 + 2171$
9) Storchvogel — $\frac{8662\frac{1}{2} : 2\frac{1}{4} + 4\frac{83}{125}}{0{,}75 \cdot 1{,}2 - 0{,}3 \cdot 0{,}52}$
10) ledig — $\left(26\frac{1}{4} \cdot 28\frac{2}{5} + 34\frac{1}{2}\right)^2 - 317^2 - 23^2 - 39$
11) dt. Übersetzung für victory — $\left(25\frac{1}{3} \cdot \frac{3}{4} - 4\right) \cdot (1044 - 147) \cdot \frac{9}{13}$
12) stacheliges Lebewesen im Meer — $(4150 \cdot 117 + 12\,400 : 0{,}02) \cdot 7 - 347\,515$
13) deutscher Fluss — $\frac{13\,795 + 112 \cdot 87{,}5}{5{,}5} - 417$
14) Insektenfresser — $(851\,549 - 24 \cdot 66) : 115$
15) Paarhufer — $8803 \cdot 8 - 63\,071$
16) Bestandteil des Eies — $\frac{13}{16} \cdot 302\,032 + 6547 \cdot (100{,}3 - 4{,}3)$
17) Endpunkt des Laufwettbewerbs — $\frac{17{,}3 \cdot 8{,}4}{0{,}1211} \cdot 6 + 8 \cdot 14$
18) Metall — $4 \cdot 344{,}5$
19) Windstoß — $206\frac{3}{4} \cdot \left(4\frac{1}{5} + 19\frac{2}{3} \cdot \frac{3}{5}\right)$
20) deutscher Schriftsteller — $\frac{95{,}2 \cdot 151{,}2}{0{,}54 \cdot 0{,}34} - 1092$
21) seemännischer Ausdruck — zweitgrößter Teiler von 4381
22) anderer Begriff für die Ernte von Trauben — $(49\,676 - 158) : 14$
23) biologischer Ausdruck — $17 \cdot (17 + 18) \cdot (17 + 36) \cdot (17 + 58) \cdot 1{,}6 - 10\,987$

senkrecht:

1) deutsches Gewässer — $580\,691 \cdot 5 + 4195 \cdot 7185 - 542 \cdot (-914)$
2) Autokennzeichen von Bochum — $\frac{1}{8} \cdot \frac{3}{5} + 0{,}725$
24) Werkzeug — $71\,433 + 7^4$
25) olymp. deutscher Skilangläufer (1984) — $(45 \cdot 108{,}4 + 54 \cdot 104{,}5) \cdot 3{,}5 + 614{,}5$
26) weibl. Vorname — $(314\,749 + 17\,354) : 93$
27) amerik. Bundesstaat — Runde auf 3 Dezimalen: $4{,}5 \cdot 0{,}7 - 3\frac{1}{99}$
28) Berufsbezeichnung für einen Erdforscher — $\left[(256\,720{,}25 + 97{,}05) \cdot \left(2\frac{1}{2} + 3\frac{1}{5}\right) + 194{,}3 \cdot 509{,}3\right] \cdot 2{,}5$ (bei 8-stelliger Anzeige: Runde auf Ganze)
29) Hilfsmittel zum „Hairstyling“ — $55{,}425 : 0{,}075$
30) Unterkunft — $\left(1800 \cdot 15\frac{1}{3} + 65\frac{8}{9}\right)\left(4\frac{1}{2} + 3\frac{1}{3} + 1\frac{1}{6}\right) + 415 \cdot 319$
31) nicht fest — $3 \cdot [8{,}7 \cdot (1{,}8 - 0{,}7) + 15{,}43] \cdot [6{,}2 \cdot (7{,}2 + 0{,}36) + 0{,}336] - 33{,}6$
32) span. Ausruf — $35{,}6 \cdot \left(5{,}6 \cdot \frac{3{,}2}{0{,}8} + 0{,}4\right) + 26{,}32 - 468$
33) Farbe — $95\,412 : 0{,}24 - 4480{,}15 \cdot 80$
34) Spiel eines einzelnen Instruments (Plural) — $\left(1409{,}55 - \frac{3}{5} \cdot 21\right) : \frac{3}{4} - 157\frac{3}{5}$
35) engl. ist — $19 \cdot 17 - 17 \cdot 14 + 2 \cdot (-17)$
36) heiliges Buch — $77\,508{,}9 : 1{,}5 : 0{,}7$
37) Gewässer — $\left(15\frac{10}{11} \cdot 4\frac{2}{5} + 1\frac{81}{484} \cdot 4\frac{2}{5}\right) \cdot 4\frac{2}{5} + 4\frac{2}{5}$
38) Teil des Hauses — $\left(11\,503 + \frac{0{,}5 \cdot 7{,}2}{7{,}5 + 2{,}5 \cdot 4{,}2} + 89\frac{3}{5}\right) \cdot 30 + 25^4 - 90$
39) Zugabe zu einem Braten — $2 \cdot (124 + 24^2) \cdot 25 + 5 \cdot 101$
40) russ. Schriftsteller des 19. Jh. — $(29^4 - 28^4) : 1{,}5 + 61{,}06 \cdot 150$

1. Prüfe, welche Terme äquivalent sind. Färbe die Kästen mit gleichwertigen Termen mit demselben Farbstift.

$3 \cdot (2 - x) + x$	$6 - 2x$	$4 \cdot x \cdot x - 2 \cdot x + x$	$7x$	
$-2(x - 4) - 8$	$6x + 2x - x$	$x + 6 - 3 \cdot x$	$8x - 10x$	$4x^2 - x$
$2 \cdot x \cdot 2 + 3x$	$-2x$	$5x^2 + x - 2x - x^2$		

2. Fasse so weit wie möglich zusammen.

a) $v \cdot 3{,}2 - \frac{1}{2} + 4{,}2v =$

b) $4(3y - 6b + y) =$

c) $\frac{1}{9}s^2 - \frac{1}{9}s + s^2 \cdot \frac{1}{3} =$

d) $8p - 2n - 3p \cdot 2 =$

e) $3rs + \frac{1}{2}rt - r \cdot s =$

f) $2(a - b) + 2b =$

g) $\frac{1}{3} \cdot c \cdot \frac{1}{2} - 2cd + c =$

h) $7 - 8e + 8 =$

i) $h \cdot 0{,}3 - h^2 \cdot 0{,}3 + h =$

k) $1{,}3x^2 + x - 2 \cdot x \cdot x =$

l) $10t + 0{,}1t^2 - 10t =$

m) $5(2 - z) - 10z =$

n) $2{,}3v - \frac{3}{5}v - vx + \frac{1}{2}vx =$

o) $25xy - 3yx + 2xy =$

p) $\frac{3}{7}ab - \frac{1}{7}b \cdot a + a =$

q) $0{,}1d^2 + 0{,}1d - d \cdot 0{,}2 =$

r) $2gh + \frac{1}{2}hg - \frac{1}{2}hb =$

s) $\frac{3}{4}k + \frac{1}{4}k^2 - 1{,}25k =$

3. Hans braucht noch Hilfe. Korrigiere seine Ergebnisse.

a) $3b - b = 3$

b) $2x - 2 = x$

c) $-5t + t = 4$

4. Die Terme in nebeneinanderliegenden Kästen werden nach oben hin addiert.

$4z^2$	$2z$	$-2z^2$	$-z$

$a + 1{,}5b$			
$\frac{1}{3}a$			
	$\frac{1}{2}b$		
$\frac{1}{3}a$			

LÖSUNG

1. Prüfe, welche Terme äquivalent sind. Färbe die Kästen mit gleichwertigen Termen mit demselben Farbstift.

$3 \cdot (2 - x) + x$ | $6 - 2x$ | $4 \cdot x \cdot x - 2 \cdot x + x$ | $7x$ | $-2(x-4) - 8$ | $8x - 10x$ | $6x + 2x - x$ | $x + 6 - 3 \cdot x$ | $4x^2 - x$ | $2 \cdot x \cdot 2 + 3x$ | $-2x$ | $5x^2 + x - 2x - x^2$

2. Fasse so weit wie möglich zusammen.

a) $v \cdot 3{,}2 - \frac{1}{2} + 4{,}2v = 7{,}4v - \frac{1}{2}$

b) $4(3y - 6b + y) = 16y - 24b$

c) $\frac{1}{9}s^2 - \frac{1}{9}s + s^2 \cdot \frac{1}{3} = \frac{4}{9}s^2 - \frac{1}{9}s$

d) $8p - 2n - 3p \cdot 2 = 2p - 2n$

e) $3rs + \frac{1}{3}rt - r \cdot s = 2rs + \frac{1}{2}rt$

f) $2(a - b) + 2b = 2a$

g) $\frac{1}{3} \cdot c \cdot \frac{1}{2} - 2cd + c = \frac{7}{6}c - 2cd$

h) $7 - 8e + 8 = 15 - 8e$

i) $h \cdot 0{,}3 - h^2 \cdot 0{,}3 + h = 1{,}3h - 0{,}3h^2$

k) $1{,}3x^2 + x - 2 \cdot x \cdot x = x - 0{,}7x^2$

l) $10t + 0{,}1t^2 - 10t = 0{,}1t^2$

m) $5(2 - z) - 10z = 10 - 15z$

n) $2{,}3v - \frac{3}{5}v - vx + \frac{1}{2}vx = 1{,}7v - \frac{1}{2}vx$

o) $25xy - 3yx + 2xy = 24xy$

p) $\frac{3}{7}ab - \frac{1}{7}b \cdot a + a = \frac{2}{7}ab + a$

q) $0{,}1d^2 + 0{,}1d - d \cdot 0{,}2 = 0{,}1d^2 - 0{,}1d$

r) $2gh + \frac{1}{2}hg - \frac{1}{2}bh = 2\frac{1}{2}gh - \frac{1}{2}bh$

s) $\frac{3}{4}k + \frac{1}{4}k^2 - 1{,}25k = \frac{1}{4}k^2 - 0{,}5k$

3. Hans braucht noch Hilfe. Korrigiere seine Ergebnisse.

a) $3b - b =$ ~~3~~ $2b$

b) $2x - 2 =$ ~~x~~ $2x - 2$

c) $-5t + t =$ ~~4~~ $-4t$

4. Die Terme in nebeneinanderliegenden Kästen werden nach oben hin addiert.

$5z - 2z^2$			
$4z + 2z^2$	$z - 4z^2$		
$2z + 4z^2$	$2z - 2z^2$	$-z - 2z^2$	
$4z^2$	$2z$	$-2z^2$	$-z$

$a + 1{,}5b$			
$\frac{1}{3}a$	$\frac{2}{3}a + \frac{3}{2}b$		
$\frac{1}{3}a - \frac{1}{2}b$	$\frac{1}{2}b$	$\frac{2}{3}a + b$	
$\frac{1}{3}a$	$-\frac{1}{2}b$	b	$\frac{2}{3}a$

Malen nach Zahlen: Umformen von Termen in Summen und Produkten

Fasse so weit wie möglich zusammen. Suche die Ergebnisse im untenstehenden Bild und färbe die entsprechenden Flächen.
Was hat sich im Zahlengewirr versteckt?

a) $\frac{1}{11} r \cdot 2r^2 \cdot 121 t^2 =$

b) $(5c \cdot 4c) : \frac{1}{2} =$

c) $-x-(-a-x) =$

d) $-1{,}5\,am - a \cdot \frac{1}{2} m =$

e) $y^5 : 3y^2 =$

f) $4 \cdot (c^2 + c) - 3c^2 =$

g) $e^5 : e^2 - e^2 \cdot 2e =$

h) $0{,}2x \cdot y^2 + 4xy^2 =$

i) $5rt^2 + 2rt^2 - 3r^2t =$

j) $8p^2 \cdot \left(-\frac{1}{4}s\right) \cdot 5 =$

k) $(27z^3 \cdot z^2) : 9z =$

l) $h \cdot \frac{1}{3}s - \frac{7}{3}sh =$

m) $9 - 3ts + (1{,}5ts + \frac{3}{2}ts) =$

n) $(2p^2 : p) \cdot (3q^2 : p) =$

o) $(3y)^2 \cdot 0{,}1 \cdot 8y \cdot 10x =$

p) $7mn^2 \cdot (-n^2m) \cdot \frac{1}{7}n =$

q) $8a \cdot 3b \cdot \frac{1}{2}a \cdot \left(-\frac{1}{2}b\right) =$

r) $d^2e - \left(\frac{1}{2}ed^2 + d^2e\right) =$

s) $(3{,}4d \cdot 0{,}2e^2) : 1{,}7d =$

t) $6{,}5c - \left(\frac{1}{2}c + c \cdot c^2\right) =$

u) $5 \cdot (r \cdot 3) - r =$

v) $2(4 - uv) - 8 =$

w) $(28a^3 : a^2) \cdot cd =$

x) $\frac{1}{2}p \cdot \frac{1}{2}q + \frac{3}{4}pq =$

y) $4b - (b + c) + c =$

z) $(y - y) \cdot \left(\frac{1}{3}r \cdot \frac{1}{7}t\right) =$

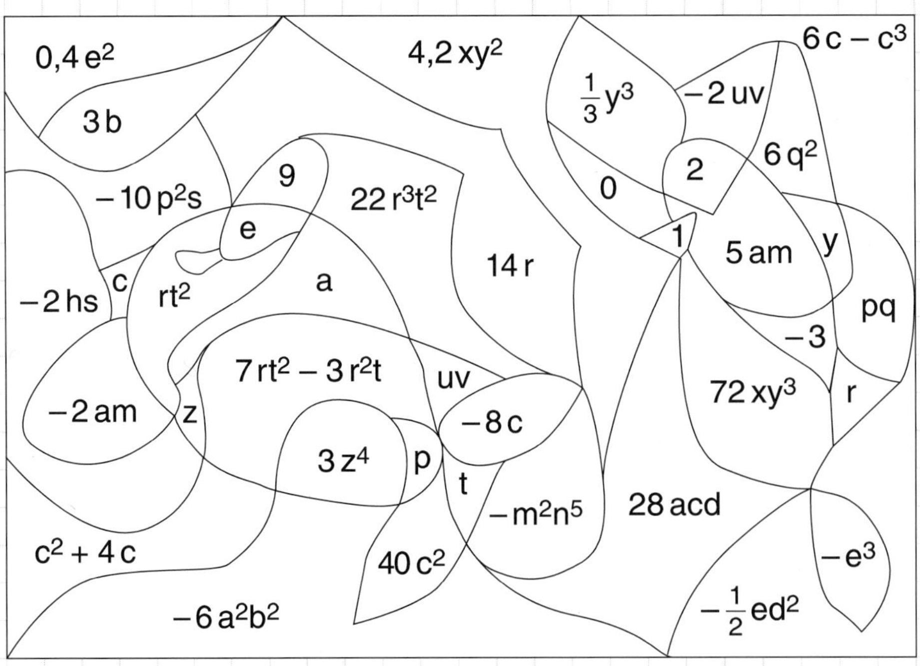

Trainingsblatt
Malen nach Zahlen: Umformen von Termen in Summen und Produkten

Fasse so weit wie möglich zusammen. Suche die Ergebnisse im untenstehenden Bild und färbe die entsprechenden Flächen.
Was hat sich im Zahlengewirr versteckt?

a) $\frac{1}{11}r \cdot 2r^2 \cdot 121t^2 = 22r^3t^2$

b) $(5c \cdot 4c) : \frac{1}{2} = 40c^2$

c) $-x - (-a - x) = a$

d) $-1{,}5am - a \cdot \frac{1}{2}m = -2am$

e) $y^5 : 3y^2 = \frac{1}{3}y^3$

f) $4 \cdot (c^2 + c) - 3c^2 = c^2 + 4c$

g) $e^5 : e^2 - e^2 \cdot 2e = -e^3$

h) $0{,}2x \cdot y^2 + 4xy^2 = 4{,}2xy^2$

i) $5rt^2 + 2rt^2 - 3r^2t = 7rt^2 + 3r^2t$

j) $8p^2 \cdot \left(-\frac{1}{4}s\right) \cdot 5 = -10p^2s$

k) $(27z^3 \cdot z^2) : 9z = 3z^4$

l) $h \cdot \frac{1}{3}s - \frac{7}{3}sh = -2hs$

m) $9 - 3ts + (1{,}5ts + \frac{3}{2}ts) = 9$

n) $(2p^2 : p) \cdot (3q^2 : p) = 6q^2$

o) $(3y)^2 \cdot 0{,}1 \cdot 8y \cdot 10x = 72xy^3$

p) $7mn^2 \cdot (-n^2m) \cdot \frac{1}{7}n = -m^2n^5$

q) $8a \cdot 3b \cdot \frac{1}{2}a \cdot \left(-\frac{1}{2}b\right) = -6a^2b^2$

r) $d^2e - \left(\frac{1}{2}ed^2 + d^2e\right) = -\frac{1}{2}ed^2$

s) $(3{,}4d \cdot 0{,}2e^2) : 1{,}7d = 0{,}4e^2$

t) $6{,}5c - \left(\frac{1}{2}c + c \cdot c^2\right) = 6c - c^3$

u) $5 \cdot (r \cdot 3) - r = 14r$

v) $2(4 - uv) - 8 = -2uv$

w) $(28a^3 : a^2) \cdot cd = 28acd$

x) $\frac{1}{2}p \cdot \frac{1}{2}q + \frac{3}{4}pq = pq$

y) $4b - (b + c) + c = 3b$

z) $(y - y) \cdot \left(\frac{1}{3}r \cdot \frac{1}{7}t\right) = 0$

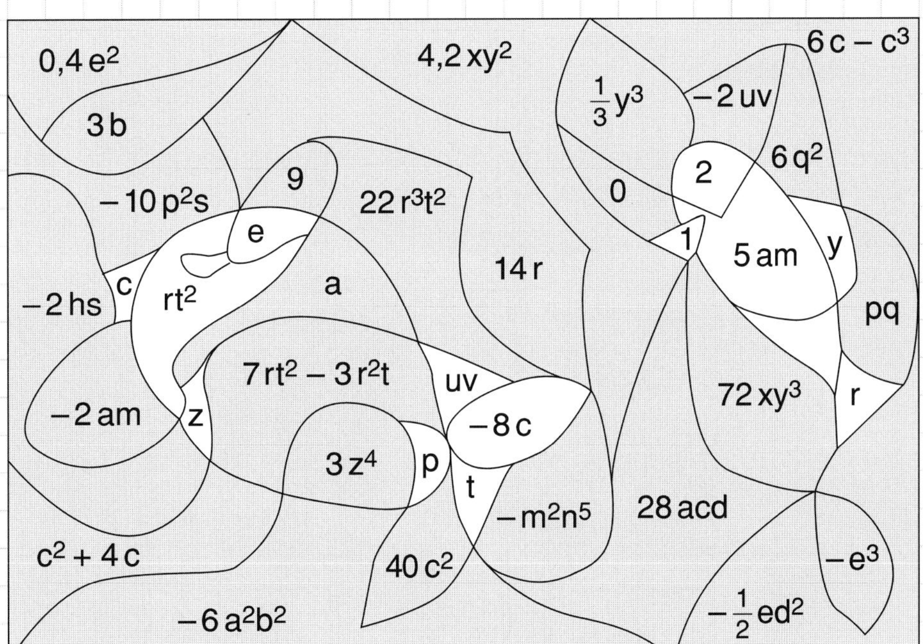

Der Zauberer gibt einem Schüler eine gefüllte Streichholzschachtel und dreht sich weg. Der Schüler soll nun nebeneinander drei gleich große Stapel mit je mindestens vier Hölzern legen, wobei nicht alle Streichhölzer verwendet werden müssen. Dann bittet der Zauberer den Schüler, ihm eine natürliche Zahl zwischen 1 und 12 zu nennen.

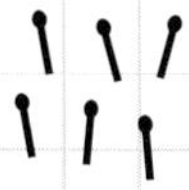

Der Zauberer behauptet jetzt, dass er, ohne Kenntnis der Anzahl der gestapelten Zündhölzer, dem Schüler solche Anweisungen zum Umschichten der Hölzer geben kann, dass am Ende die Anzahl der Hölzer im mittleren Stapel der zuvor genannten Zahl entspricht.

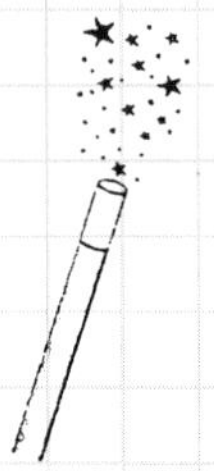

Anweisungen des Zauberers:

1. Lege zunächst von dem rechten und linken Stapel jeweils drei Streichhölzer auf den mittleren Stapel.

2. Lege genau so viele Hölzer vom mittleren auf den rechten Stapel wie sich noch im linken Stapel befinden.

3. Und jetzt lege …
(Die dritte Anweisung variiert – sie ist abhängig von der genannten Zahl.)

1. Um dem Trick auf die Spur zu kommen, ist es hilfreich, die folgende Tabelle fertig auszufüllen. Dabei steht die Variable z für die Anzahl der Streichhölzer in jedem Stapel in der Anfangssituation.

	linker Stapel	mittlerer Stapel	rechter Stapel
Anfangssituation	z	z	z
nach der 1. Anweisung	z – 3		
nach der 2. Anweisung			

2. Warum kann der Zauberer immer die richtige 3. Anweisung geben, ohne die ursprüngliche Anzahl der Hölzer in den Stapeln zu kennen?

____

____

3. Wie könnte die 3. Anweisung lauten, wenn der Schüler die Zahl 7 genannt hat?

____

____

Trainingsblatt:
Termumformungen – Das Schlangenhaus

Rechne in den Schlangen. Suche jedes Ergebnis in der unteren Übersicht und setze den entsprechenden Buchstaben in die kleinen Kästchen in den Schlangen ein.

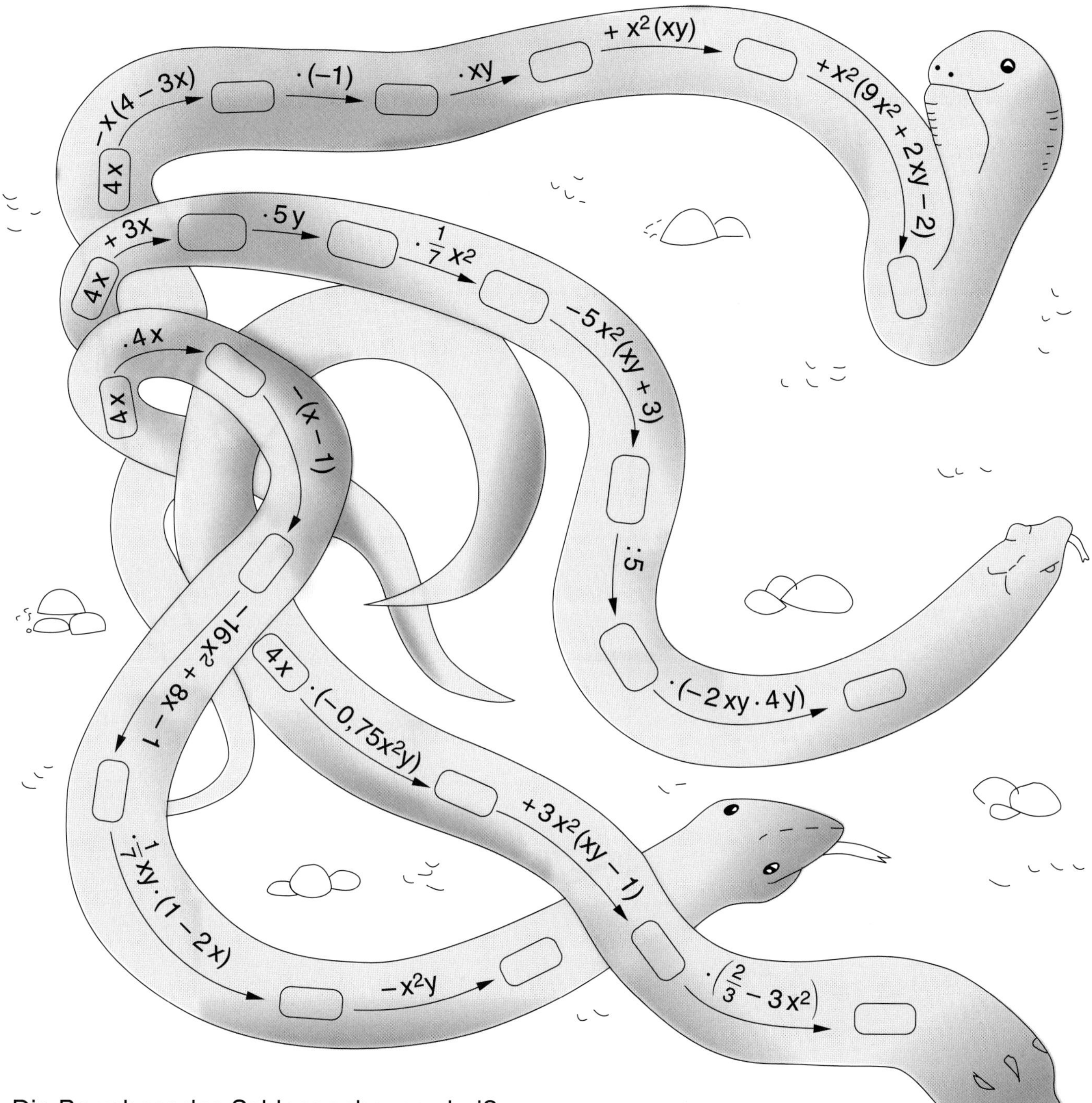

Die Bewohner des Schlangenhauses heißen

☐☐☐☐☐, ☐☐☐☐☐☐, ☐☐☐☐☐, ☐☐☐

$9x^4 - 2x^2$ A	$-3x^3y$ B	$16x^2 - 1$ C	$7x^2 + 3$ D	$x^2y - 2x^3y$ E	$x - x^3$ F	$12x^2$ G	$-15x^2$ H	$16x^2 - x + 1$ I
$3x^3y$ J	$3x^2$ K	$15x$ L	$5x^3$ M	$24x^3y^2$ N	$-3x^2$ O	$7x$ P	$3x^2y$ Q	$-2x^3y$ R
$-2xy^3$ S	$5x^3y$ T	$9x^4 + 2x^2$ U	$16x^2$ V	$18x$ W	$8y$ X	$35xy$ Y	$16x^2 + 1$ Z	

Verwandle die Terme auf der 2. Seite so in Produkte, dass die unten abgebildeten Kärtchen die einzelnen Faktoren bilden. Schreibe die gefundene Zerlegung unter jeden Term und streiche die verwendeten Kärtchen durch. Es darf am Ende kein Kärtchen übrigbleiben.

Alternative: Die Kopiervorlage kann auch als Spiel für die ganze Klasse eingesetzt werden. (Spielanleitung S. 66)

2	3	-3	-4	5
7	11	-11	13	17
23	ab	z	$-a$	x
$-y$	b^2	x^2	z^3	k^2
a^3	$-b^2$	kz^2	y^3z	bx
x^4k	kz^4	$k + x$	$-k - y$	$k - ab$
$a + 1$	$a - b + z$	$z + 1$	$-4 + z$	$a - b$
$x + y$	$b^2 - a^2$	$a - 2$	$k^2 + b^2 - y$	$xz - y + 3$
$b^2x - yz^2$	$2 - k$	$k + 2$	$ab - x$	$yz^3 + k$

Arbeitsblatt: Termprodukte produzieren – Teil 2

$5a - 5b =$	$22 - 11k =$	$-ky - xy =$
$-4bx + bxz =$	$2a^4 - 4a^3 =$	$13k^2 + 13b^2 - 13y =$
$-7a^2b + 7ax =$	$abkz - a^2b^2z =$	$y^3z^2 + y^3z =$
$b^2xz^3 - yz^5 =$	$4b^2k + 4b^2y =$	$3k^2x + 3k^2y =$
$k^3x^4z^4 + 2k^2x^4z^4 =$	$17ax^2 - 17bx^2 + 17x^2z =$	$-b^2yz^3 - b^2k =$
$23kxz^3 - 23kyz^2 + 69kz^2 =$	$-11a - 11 =$	$-3a^2x - 3b^2x =$

Der Zauberer holt einen Schüler an die Tafel, kehrt der Tafel den Rücken zu und gibt folgende Anweisungen:

Anweisungen des Zauberers:
Suche dir zwei beliebige einstellige Zahlen und schreibe sie untereinander an die Tafel. Addiere diese beide Zahlen und schreibe die Summe als dritte Zahl darunter. Die vierte Zahl erhältst du als Summe der zweiten und dritten Zahl, die fünfte Zahl ist die Summe aus der dritten und vierten Zahl, usw. Fahre so fort, bis 10 Zahlen untereinander stehen.

Der Zauberer wirft einen flüchtigen Blick auf die Tafel und nennt, scheinbar ohne zu rechnen, die Summe dieser zehn Zahlen.

1. a) Führe die Anweisungen des Zauberers mit den Anfangszahlen 3 und 5 durch. Addiere die 10 Zahlen.

3

5

8

13

21

______

______

______

______

______ Summe: ______

b) Bezeichne die erste Zahl mit a und die zweite Zahl mit b. Drücke alle weiteren Zahlen mit a und b aus und vereinfache so weit wie möglich.

a

b

$a + b$

$b + (a + b) = a + 2b$

$(a + b) + (a + 2b) = 2a + 3b$

______

______

______

______

______

2. a) Gib einen möglichst einfachen Term für die Summe der zehn Zahlen an.

______

b) Was stellst du fest, wenn du diesen Term mit dem Term für den 7. Summanden vergleichst? Erkläre, wie der Trick funktioniert.

______

______

Zaubertrick: Blitzrechnung

Der Zauberer holt einen Schüler an die Tafel, kehrt der Tafel den Rücken zu und gibt folgende Anweisungen:

Anweisungen des Zauberers:
Suche dir zwei beliebige einstellige Zahlen und schreibe sie untereinander an die Tafel. Addiere diese beide Zahlen und schreibe die Summe als dritte Zahl darunter. Die vierte Zahl erhältst du als Summe der zweiten und dritten Zahl, die fünfte Zahl ist die Summe aus der dritten und vierten Zahl, usw. Fahre so fort, bis 10 Zahlen untereinander stehen.

Der Zauberer wirft einen flüchtigen Blick auf die Tafel und nennt, scheinbar ohne zu rechnen, die Summe dieser zehn Zahlen.

1. a) Führe die Anweisungen des Zauberers mit den Anfangszahlen 3 und 5 durch. Addiere die 10 Zahlen.

b) Bezeichne die erste Zahl mit a und die zweite Zahl mit b. Drücke alle weiteren Zahlen mit a und b aus und vereinfache so weit wie möglich.

a)		b)
3		a
5		b
8		$a + b$
13		$b + (a + b) = a + 2b$
21		$(a + b) + (a + 2b) = 2a + 3b$
34		$(a + 2b) + (2a + 3b) = 3a + 5b$
55		$(2a + 3b) + (3a + 5b) = 5a + 8b$
89		$(3a + 5b) + (5a + 8b) = 8a + 13b$
144		$(5a + 8b) + (8a + 13b) = 13a + 21b$
233	Summe: 605	$(8a + 13b) + (13a + 21b) = 21a + 34b$

2. a) Gib einen möglichst einfachen Term für die Summe der zehn Zahlen an.

$a + b + a + b + a + 2b + 2a + 3b + 3a + 5b + 5a + 8b + 8a + 13b + 13a + 21b + 21a + 34b = 55a + 88b$

b) Was stellst du fest, wenn du diesen Term mit dem Term für den 7. Summanden vergleichst? Erkläre, wie der Trick funktioniert.

$55a + 88b = 11 \cdot (5a + 8b)$; man wirft einen Blick auf den 7. Summanden und multipliziert ihn mit 11; hier: $55 \cdot 11 = 605$

Die Dominokarten entlang der dicken Linien so ausschneiden, dass auf jedem Kärtchen ein Term in ausgeklammerter und ein Term in ausmultiplizierter Form dargestellt ist.

$3\cdot(x-2)$	$3k-24$	$3(k-8)$	$7s-7t$	$7\cdot(s-t)$	$2x+xk$
$x(2+k)$	$6x+3$	$\left(x+\frac{1}{2}\right)\cdot 6$	$\frac{x}{3}-2$	$(x-6)\cdot\frac{1}{3}$	$-0{,}5u-2$
$0{,}5\cdot(-u-4)$	$-st-2s$	$-s\cdot(t+2)$	$rt-st$	$(r-s)\cdot t$	$\frac{x}{6}+\frac{1}{2}$
$(x+3)\cdot\frac{1}{6}$	$-2x+6$	$-2\cdot(x-3)$	$2x+\frac{1}{2}$	$\left(x+\frac{1}{4}\right)\cdot 2$	$-3u-21$
$3\cdot(-u-7)$	$6x-12$	$6(x-2)$	$\frac{1}{2}u-2$	$\frac{1}{2}\cdot(u-4)$	$-7t+7v$
$-7\cdot(t-v)$	$xl-3x$	$x\cdot(l-3)$	$sr-tr$	$(s-t)\cdot r$	$\frac{1}{2}u+3$
$-\frac{1}{2}\cdot(-u-6)$	$xk+3x$	$x\cdot(k+3)$	$-6+3x$	$-3\cdot(2-x)$	$-ts+rs$
$(t-r)\cdot(-s)$	$-2x-\frac{1}{2}$	$\left(x+\frac{1}{4}\right)\cdot(-2)$	$\frac{x}{6}-\frac{1}{2}$	$(x-3)\cdot\frac{1}{6}$	$-4u+8$
$-4\cdot(u-2)$	$14-2u$	$(7-u)\cdot 2$	$7t-7s$	$(t-s)\cdot 7$	$0{,}2k-0{,}4$
$0{,}2(k-2)$	$5x-\frac{1}{2}r$	$\left(x-\frac{1}{10}r\right)\cdot 5$	$2us-su^2$	$su(2-u)$	$3x-6$

Äquivalenzquartett

Schneide die Kärtchen auseinander und ordne die äquivalenten Terme in Quartette.

$3x$	$x + x + x$	$\frac{3x^2}{x}$	$\frac{y(3x - z) + zy}{y}$
$x - y$	$\frac{x^2}{x} - \frac{yz}{z}$	$(x^2 - xy) : x$	$\frac{1}{3}x - y + \frac{2}{3}x$
x^2y^2	$(xy)^2$	$xyyx$	$\frac{xyzxyz}{z^2}$
$2x \cdot x^2 \cdot y^2$	$2 \cdot y \cdot x^3 \cdot y$	$y^2x^3 + x^3y^2$	$4x^3y^2 \cdot 0{,}5$
$(-x) \cdot (-y)$	xy	$\frac{\frac{2 \cdot x}{2}}{y}$	$\frac{x}{z} : \frac{1}{y \cdot z}$
$x + xy$	$x \cdot (1 + y)$	$\frac{x}{y}(y + y^2)$	$3x + xy - 2x$

1. Welche Terme sind äquivalent? Begründe durch Rechnung.

a) $6c \cdot \left(7a - \frac{1}{2}\right) =$

$(14ac - c) \cdot 3 =$

b) $(-x - 4) \cdot (2 + x) =$

$-8(1 - x) - x(x - 2) =$

c) $km \cdot (2 - m) =$

$\frac{1}{4}(8km - m^2) =$

d) $(s - t)(s + t) =$

$2s^2 - t^2 - s^2 =$

2. Erstelle jeweils eine Formel für die Oberfläche und für das Volumen und vereinfache so weit wie möglich.

a)

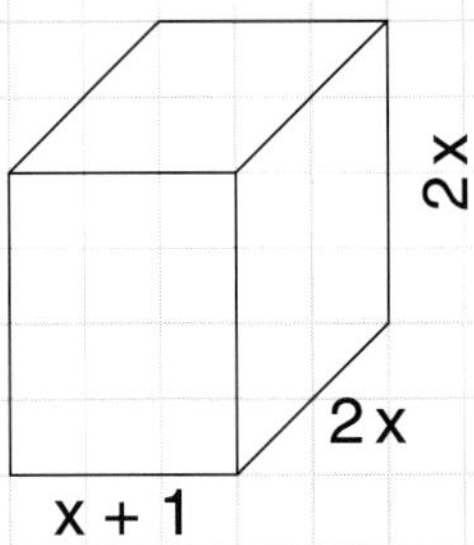

O =

V =

b)

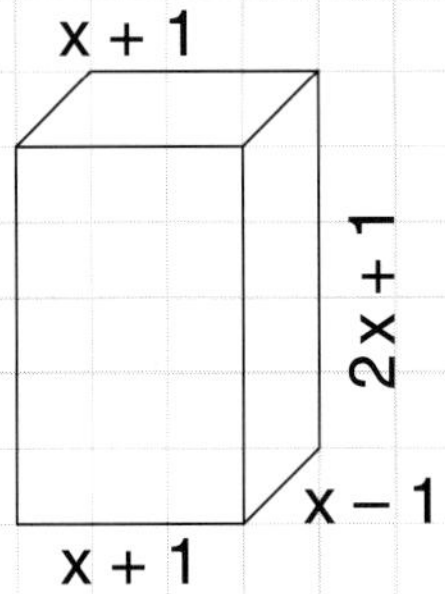

O =

V =

3. Fasse so weit wie möglich zusammen. Das Ergebnis zeigt dir, wohin du die Lösungsbuchstaben übertragen musst.

$(2a - b)(a + 3b) + 2(b^2 - a^2) =$

$(6ab^2 + 3ab) \cdot b - (ab + 3a) \cdot b^2 =$

$(a^2 - b)(a - b) - (a^3 - ab) =$

$4(3a - b) - 2(5b - 2a) =$

$-(2a^2 - 3b) + 5a^2b - (5a^2 + 3) \cdot b =$

$1{,}2ab^2 - (5 - 3a) + 3a(b^2 - 1) =$

$\frac{1}{3}a(27ab - 3) + (16b + 4a) : 4 =$

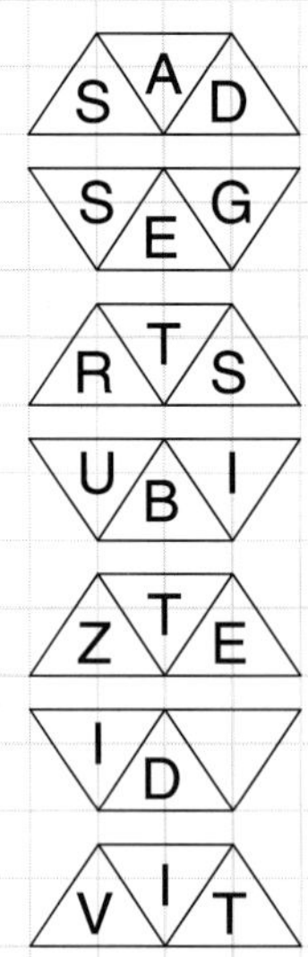

Lösung:

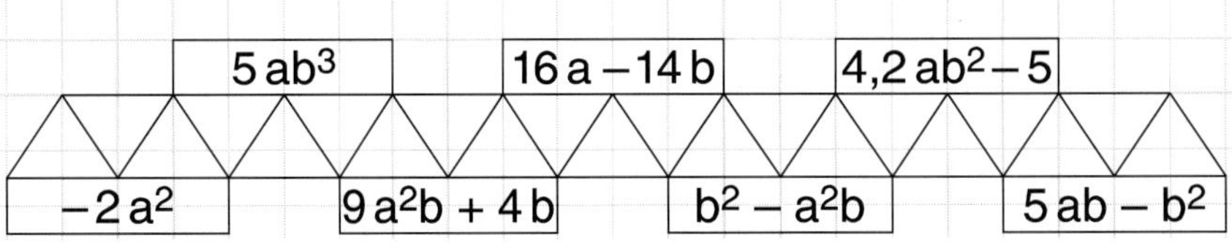

Trainingsblatt
Multiplizieren von Summen, Distributivgesetz

1. Welche Terme sind äquivalent? Begründe durch Rechnung.

a) $6c \cdot \left(7a - \frac{1}{2}\right) = 42ac - 3c$
$(14ac - c) \cdot 3 = 42ac - 3c$
äquivalent

b) $(-x - 4) \cdot (2 + x) = -x^2 - 6x - 8$
$-8(1 - x) - x(x - 2) = -x^2 + 10x - 8$
nicht äquivalent

c) $km \cdot (2 - m) = 2km - km^2$
$\frac{1}{4}(8km - m^2) = 2km - \frac{1}{4}m^2$
nicht äquivalent

d) $(s - t)(s + t) = s^2 - t^2$
$2s^2 - t^2 - s^2 = s^2 - t^2$
äquivalent

2. Erstelle jeweils eine Formel für die Oberfläche und für das Volumen und vereinfache so weit wie möglich.

a)

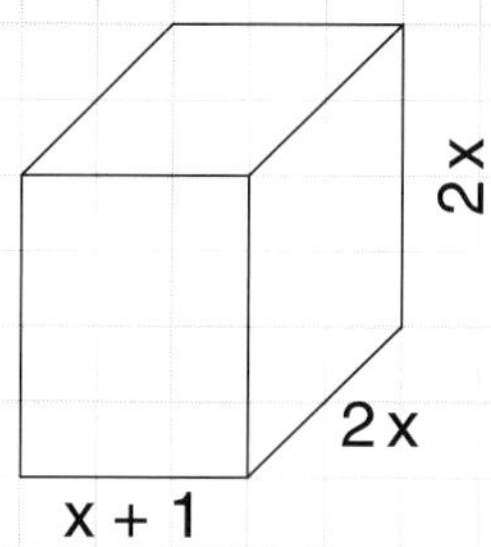

$O = 2x(x + 1) \cdot 4 + 2x \cdot 2x \cdot 2 = (2x^2 + 2x) \cdot 4 + 8x^2 =$

$= 8x^2 + 8x + 8x^2 = 16x^2 + 8x$

$V = (x + 1) \cdot 2x \cdot 2x = (x + 1) \cdot 4x^2 = 4x^3 + 4x^2$

b)

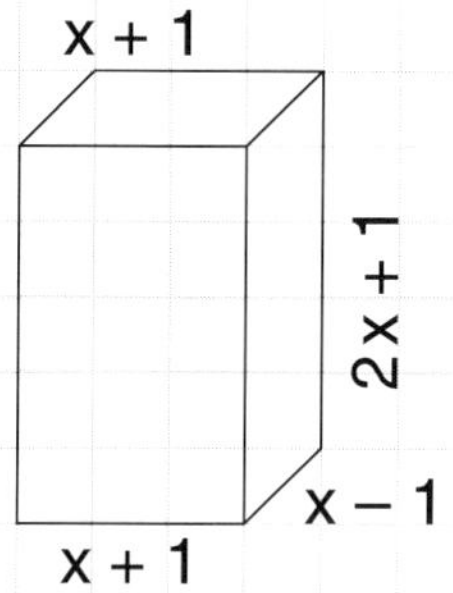

$O = [(x + 1)(x - 1) + (x - 1)(2x + 1) + (x + 1)(2x + 1)] \cdot 2 =$

$= [x^2 - x + x - 1 + 2x^2 + x - 2x - 1 + 2x^2 + x + 2x + 1] \cdot 2 =$

$= 10x^2 + 4x - 2$

$V = (x + 1)(x - 1)(2x + 1) = (x^2 - 1)(2x + 1) = 2x^3 + x^2 - 2x - 1$

3. Fasse so weit wie möglich zusammen. Das Ergebnis zeigt dir, wohin du die Lösungsbuchstaben übertragen musst.

$(2a - b)(a + 3b) + 2(b^2 - a^2) = 2a^2 + 6ab - ab - 3b^2 + 2b^2 - 2a^2 = 5ab - b^2$ — S A D

$(6ab^2 + 3ab) \cdot b - (ab + 3a) \cdot b^2 = 6ab^3 + 3ab^2 - ab^3 - 3ab^2 = 5ab^3$ — S E G

$(a^2 - b)(a - b) - (a^3 - ab) = a^3 - a^2b - ab + b^2 - a^3 + ab = b^2 - a^2b$ — R T S

$4(3a - b) - 2(5b - 2a) = 12a - 4b - 10b + 4a = 16a - 14b$ — U B I

$-(2a^2 - 3b) + 5a^2b - (5a^2 + 3) \cdot b = -2a^2 + 3b + 5a^2b - 5a^2b - 3b = -2a^2$ — Z T E

$1{,}2ab^2 - (5 - 3a) + 3a(b^2 - 1) = 1{,}2ab^2 - 5 + 3a + 3ab^2 - 3a = 4{,}2ab^2 - 5$ — I D

$\frac{1}{3}a(27ab - 3) + (16b + 4a) : 4 = 9a^2b - a + 4b + a = 9a^2b + 4b$ — V I T

Lösung:

$-2a^2$	$5ab^3$	$9a^2b + 4b$	$16a - 14b$	$b^2 - a^2b$	$4{,}2ab^2 - 5$	$5ab - b^2$
Z T E	S E G	V I T	U B I	R T S	I D	S A D

Z T E S E G V I T U B I R T S I D S A D (von hinten zu lesen)

$(-a+2)$
$-(c+a)$
$(-c-b)$
$-(4-3b)$
$(2a+5c)$
$-(-a-b)$
$(-3a+4b)$
$(4b-2c)$

Spielbeschreibung:

Jede Zweiergruppe erhält die acht ausgeschnittenen Karten mit Klammerausdrücken.

Die Karten werden verdeckt aufgelegt. Jeder Spieler zieht zwei Karten, multipliziert die beiden Klammerausdrücke von diesen Karten und sucht den erhaltenen Term auf der Punkteliste.
Die neben diesem Term stehende Punktezahl verbucht der Spieler für sich. Wurde falsch gerechnet, gibt es keinen Punkt.

Danach nimmt sich jeder Spieler wieder zwei Karten und geht genauso vor.

Sind die acht Karten bearbeitet und ist somit der Kartenvorrat zu Ende, wird neu gemischt und eine neue Runde beginnt. Zieht man zufällig ein Kartenpaar ein weiteres Mal, dürfen die Punkte wiederum gutgeschrieben werden.

Wer zuerst 30 Punkte hat, hat gewonnen.

Punkteliste:

Term	Punkte
$a^2 + ac - 2a - 2c$	2
$ab + ac - 2b - 2c$	2
$-3ab + 4a + 6b - 8$	3
$-2a^2 - 5ac + 4a + 10c$	2
$-a^2 - ab + 2a + 2b$	2
$3a^2 - 4ab - 6a + 8b$	2
$-4ab + 2ac + 8b - 4c$	2
$c^2 + ab + ac + bc$	2
$4a + 4c - 3ab - 3bc$	3
$-2a^2 - 5c^2 - 7ac$	3
$-a^2 - ab - ac - bc$	3
$3a^2 + 3ac - 4ab - 4bc$	2
$2c^2 - 4ab + 2ac - 4bc$	2
$-3b^2 - 3bc + 4b + 4c$	3
$-5c^2 - 2ab - 2ac - 5bc$	2
$-b^2 - ab - ac - bc$	3
$-4b^2 + 3ab + 3ac - 4bc$	2
$-4b^2 + 2c^2 - 2bc$	3
$6ab + 15bc - 8a - 20c$	4
$3b^2 + 3ab - 4a - 4b$	3
$12b^2 - 9ab + 12a - 16b$	5
$12b^2 - 6bc - 16b + 8c$	4
$2a^2 + 2ab + 5ac + 5bc$	4
$-6a^2 + 8ab - 15ac + 20bc$	5
$-10c^2 + 8ab - 4ac + 20bc$	3
$-3a^2 + 4b^2 + ab$	4
$4b^2 + 4ab - 2ac - 2bc$	3
$16b^2 - 12ab + 6ac - 8bc$	4

DREI GEWINNT

Wer gewinnt?

	1	2	3	4	5	6	7
A	$9x = 91 + 2x$	$z - 19 = -\frac{19}{2}$	JOKER	$\frac{1}{8}x = 0 + \frac{1}{4}x$	$\frac{3}{7} = y - \frac{1}{14}$	$2\frac{4}{5} = a - \frac{3}{5}$	JOKER
B	$y + \frac{5}{12} = \frac{1}{6}$	$20\,\% \cdot y = \frac{2}{11}$	$\frac{2}{5} + d = \frac{1}{10}$	$4{,}2z = 9 - \frac{3}{10}z$	$n + \frac{3}{4} = -\frac{9}{8}$	$\frac{5}{6}y = 24 + \frac{1}{2}y$	$\frac{3}{2} + x = \frac{41}{3}$
C	JOKER	$-8 + \frac{x}{3} = 13$	$1{,}6x = 8 - 2{,}4x$	$y + 1{,}3 = 9\frac{1}{5}$	$-8x = 121 + 3x$	$x + \frac{5}{9} = 1\frac{3}{9}$	$-19z = \frac{1}{19}$
D	$2{,}4a + 3 = 9$	$1{,}5b = 4 - \frac{5}{2}b$	JOKER	$\frac{1}{14} + x = -3$	$\frac{21}{5} = 7 \cdot z$	$87a = -3$	$\frac{8}{11} + b = 3$
E	$-\frac{9}{2}x = 189$	$z + \frac{1}{7} = \frac{5}{14}$	$x - \frac{31}{4} = -\frac{11}{2}$	$-\frac{3}{4}k = -9$	$\frac{1}{5}x = 16 + x$	JOKER	$7{,}4 = 2x - 5$

Punkte für Gruppe 1

Punkte für Gruppe 2

Systematisches Lösen linearer Gleichungen

Löse die linearen Gleichungen und finde das Lösungswort.

a) $27 - 4y = 18 + 11y$

b) $2x - 13 = 98 - x$

c) $5(2z - 0{,}47) = (9z - 6) \cdot \frac{1}{3}$

d) $(28x - 84) : (-7) = 64\left(\frac{1}{8} - \frac{3}{16}x\right)$

e) $-1{,}7 - 0{,}1(2z + 1) = \frac{1}{5}(z - 3)$

f) $0{,}25y + (-3)\left(8 - 8\frac{1}{3}y\right) = \frac{1}{4}(y + 5)$

g) $(-2)\left(\frac{1}{8}x + 7\right) = (x - 2) : 2 + 1{,}25$

h) $(26 - 3x) : \frac{1}{3} = 7(14 - x)$

−37	1,01	−0,6	−10	0,6	0,5	−19	0,05	5	−0,5	−15	−3	19	37
E	**R**	**K**	**V**	**E**	**M**	**A**	**B**	**S**	**A**	**R**	**I**	**O**	**L**

a)	b)	c)	d)	e)	f)	g)	h)

Lösungswort: ____________________

Gleichungspflaster

Spiel für 2–4 Personen

Material: 1 Würfel, pro Person 1 Spielfigur und 1 Farbstift

Spielregel: Stellt eure Spielfiguren auf das Startfeld. Wer an der Reihe ist, würfelt, setzt seine Spielfigur entsprechend der gewürfelten Augenzahl vor und löst die Gleichung. Die Mitspieler kontrollieren das Ergebnis. Ist es richtig, darf der Spieler das Feld mit seiner Farbe ausmalen. Ist es falsch, muss der Spieler mit seiner Figur zwei Felder vorrücken und der nächste Spieler ist an der Reihe.
Kommt die Figur auf ein Feld, das schon gefärbt ist, muss der Spieler auf die nächste Runde warten. Das Spiel endet, wenn alle Spieler das Ziel erreicht haben. Sieger ist, wer zum Schluss die meisten Felder mit seiner Farbe gefärbt hat.

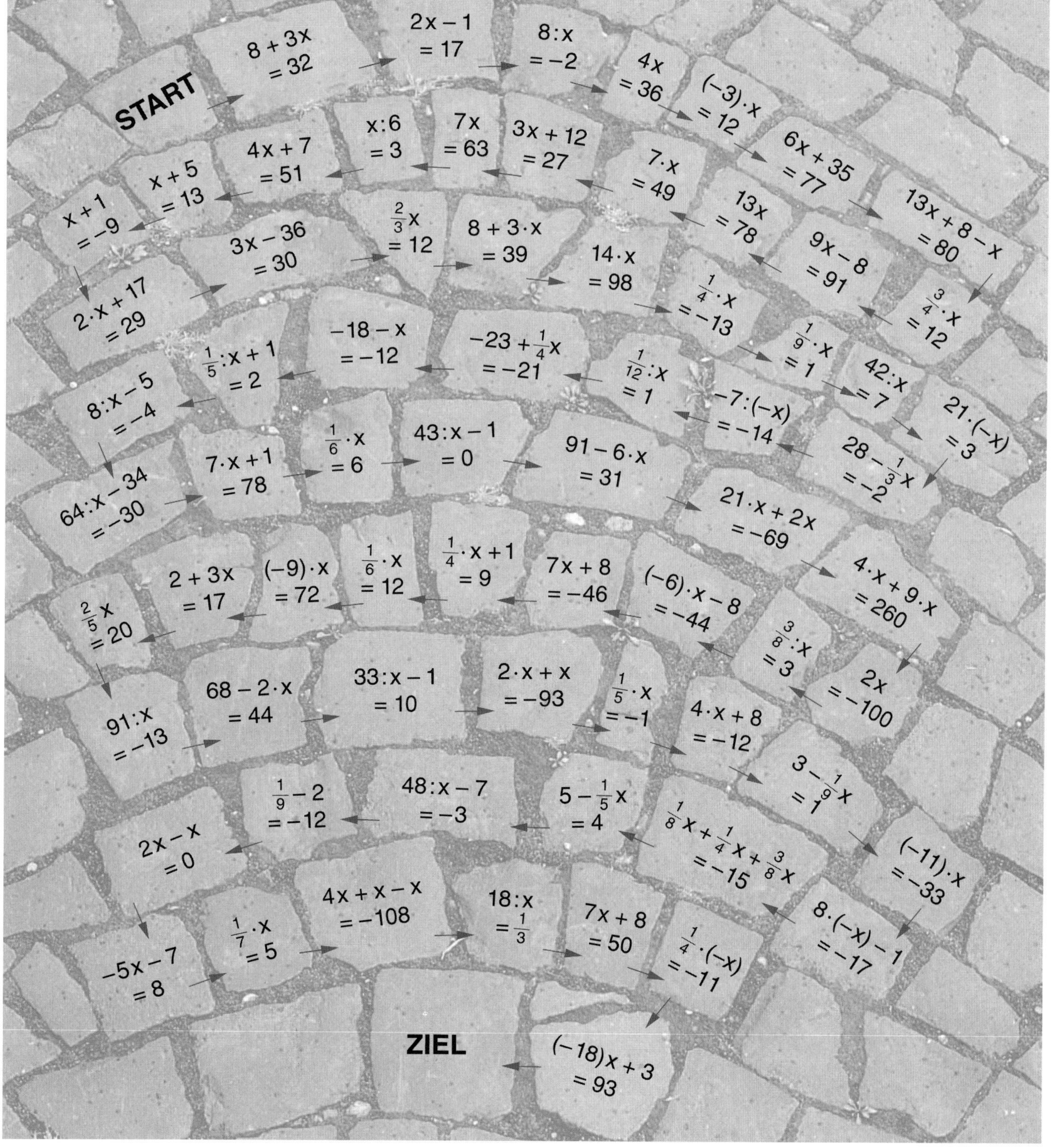

Trainingsblatt
Aufstellen linearer Gleichungen

Löse alle Aufgaben, indem du zunächst eine lineare Gleichung aufstellst.

1. a) Multipliziert man eine Zahl mit –11 und subtrahiert 15, so erhält man –147.

b) Vermindert man die Hälfte einer Zahl um 91, so erhält man dasselbe wie das 4fache der Zahl.

2. a) Bei einem Rechteck mit dem Umfang 41 cm ist eine Seite viermal so lang wie die andere. Wie lang sind die Rechtecksseiten?

b) Verlängert man die Seite eines Quadrats um 4 dm, so verfünffacht sich der Umfang des Quadrats. Wie lang ist eine Quadratseite? Fertige zunächst eine Skizze an.

3. a) Sebastian ist 3 Jahre älter als Alexander und 7 Jahre älter als Dominik. Zusammen sind sie 29 Jahre alt. Wie alt ist Sebastian?

b) Ein Vater ist 44 Jahre, seine Tochter 12 Jahre alt. In wie vielen Jahren wird der Vater 3-mal so alt sein wie seine Tochter?

Löse alle Aufgaben, indem du zunächst eine lineare Gleichung aufstellst.

1. a) Multipliziert man eine Zahl mit −11 und subtrahiert 15, so erhält man −147.

$$x \cdot (-11) - 15 = -147 \quad |+15$$

$$-11x = -132 \quad |:(-11)$$

$$x = 12$$

Die Zahl heißt 12.

b) Vermindert man die Hälfte einer Zahl um 91, so erhält man dasselbe wie das 4fache der Zahl.

$$\frac{1}{2} \cdot x - 91 = 4x \quad |+91-4x$$

$$-3{,}5x = 91 \quad |:(-3{,}5)$$

$$x = -26$$

Die Zahl heißt −26.

2. a) Bei einem Rechteck mit dem Umfang 41 cm ist eine Seite viermal so lang wie die andere. Wie lang sind die Rechtecksseiten?

$$(x + 4x) \cdot 2 = 41$$

$$10x = 41 \quad |:10$$

$$x = 4{,}1$$

Die Rechtecksseiten sind 4,1 cm und 16,4 cm lang.

b) Verlängert man die Seite eines Quadrats um 4 dm, so verfünffacht sich der Umfang des Quadrats. Wie lang ist eine Quadratseite? Fertige zunächst eine Skizze an.

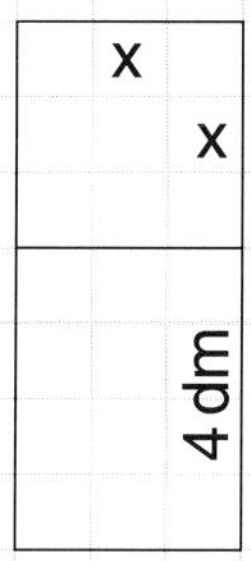

$$(x + x + 4) \cdot 2 = 5 \cdot 4x$$

$$4x + 8 = 20x \quad |-20x-8$$

$$-16x = -8 \quad |:(-16)$$

$$x = 0{,}5$$

Die Quadratseite ist 0,5 dm lang.

3. a) Sebastian ist 3 Jahre älter als Alexander und 7 Jahre älter als Dominik. Zusammen sind sie 29 Jahre alt. Wie alt ist Sebastian?

Dominik: x Jahre
Alexander: $x + 4$ Jahre
Sebastian: $x + 7$ Jahre

$$x + x + 4 + x + 7 = 29$$

$$3x + 11 = 29 \quad |-11$$

$$3x = 18 \quad |:3$$

$$x = 6$$

Sebastian ist 13 Jahre alt.

b) Ein Vater ist 44 Jahre, seine Tochter 12 Jahre alt. In wie vielen Jahren wird der Vater 3-mal so alt sein wie seine Tochter?

$$44 + x = 3 \cdot (12 + x)$$

$$44 + x = 36 + 3x \quad |-x-36$$

$$8 = 2x$$

$$4 = x$$

In 4 Jahren ist er 3-mal so alt.

1. Die sprechenden Erbsen von Magier Klaus

Anweisungen des Zauberers:

a) Finde heraus, wie der Zaubertrick funktioniert, indem du eine Gleichung aufstellst.

b) Teste den Zaubertrick mit deinem Nachbarn. Du kannst statt Erbsen auch Münzen nehmen und statt der Becher deine Hände.

2. Zauberin Kristine zeigt zwei ihrer Zahlenzaubertricks. Sie gibt jeweils folgende Anweisungen:

Anweisungen der Zauberin:

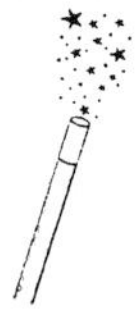

a) Denke dir eine Zahl, addiere 5, vervierfache diese Summe und vermindere das Ergebnis nun um 20. Nenne das Ergebnis.

b) Denke dir eine Zahl. Bilde dann die Summe dieser Zahl und der vier folgenden Zahlen. Dividiere die Summe durch 5, addiere 6 und nenne das Ergebnis.

Nach der Nennung des Ergebnisses greift die Zauberin nach ihrem Zauberstab, spricht einen Zauberspruch und nennt die anfangs gedachte Zahl.

Erkläre den Zaubertrick, indem du einen Term aufstellst.

a)

b)

Zaubertricks: Zahlenzauber

1. Die sprechenden Erbsen von Magier Klaus

Anweisungen des Zauberers:

a) Finde heraus, wie der Zaubertrick funktioniert, indem du eine Gleichung aufstellst.

Anzahl der Erbsen im roten Becher: x
Anzahl der Erbsen im blauen Becher: 13 – x

Gleichung: $6x + 5 \cdot (13 - x) = 67$

$6x + 65 - 5x = 67$

$x + 65 = 67 \quad |-65$

$x = 2$

Wenn man von der genannten Zahl **65** subtrahiert, weiß man, wie viele Erbsen im roten Becher sind.

b) Teste den Zaubertrick mit deinem Nachbarn. Du kannst statt Erbsen auch Münzen nehmen und statt der Becher deine Hände.

2. Zauberin Kristine zeigt zwei ihrer Zahlenzaubertricks. Sie gibt jeweils folgende Anweisungen:

Anweisungen der Zauberin:

a) Denke dir eine Zahl, addiere 5, vervierfache diese Summe und vermindere das Ergebnis nun um 20. Nenne das Ergebnis.

b) Denke dir eine Zahl. Bilde dann die Summe dieser Zahl und der vier folgenden Zahlen. Dividiere die Summe durch 5, addiere 6 und nenne das Ergebnis.

Nach der Nennung des Ergebnisses greift die Zauberin nach ihrem Zauberstab, spricht einen Zauberspruch und nennt die anfangs gedachte Zahl.

Erkläre den Zaubertrick, indem du einen Term aufstellst.

a) $(z + 5) \cdot 4 - 20 =$

$4z + 20 - 20 = 4z$

Um die gedachte Zahl zu erhalten, muss man das Ergebnis durch 4 dividieren.

b) $[(z + (z + 1) + (z + 2) + (z + 3) + (z + 4)] : 5 + 6 =$

$(5z + 10) : 5 + 6 = z + 2 + 6 = z + 8.$

Um die gedachte Zahl zu erhalten, muss man vom Ergebnis 8 subtrahieren.

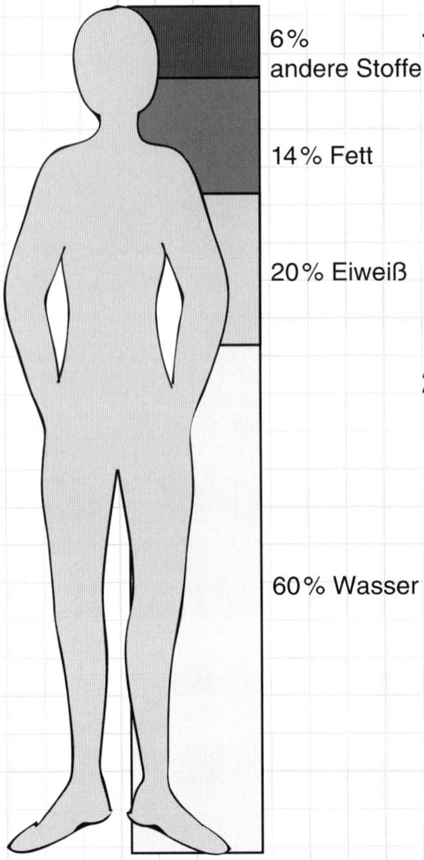

1. Stelle die chemische Zusammensetzung des Menschen im Kreisdiagramm dar. Bestimme zuerst die Mittelpunktswinkel und trage sie in die Tabelle ein.

6%	14%	20%	60%

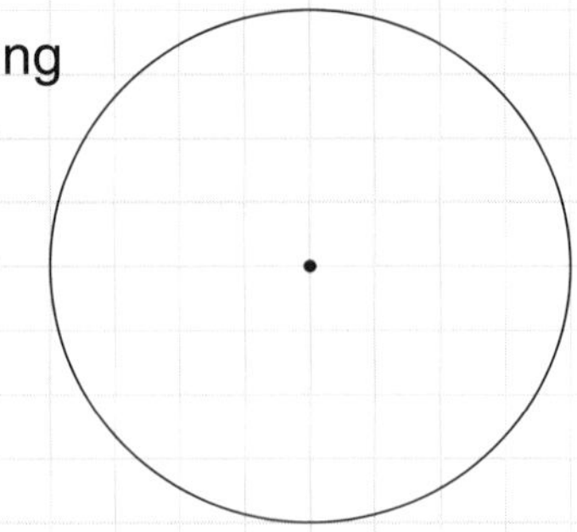

2. Ein Erwachsener hat 215 Knochen. Die unten stehende Tabelle zeigt, wie sie sich zusammensetzen. Vervollständige dazu das Balkendiagramm.

Körperteil	Schädel	Wirbelsäule	Schultergürtel	Becken	Brustkorb	Arme	Hände	Beine	Füße
Anzahl der Knochen	25	35	4	6	25	6	54	8	52

3.

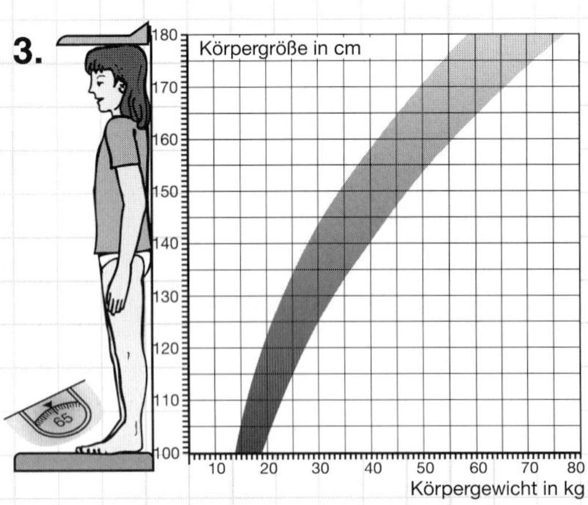

Das Diagramm zeigt das Normalgewicht für die jeweilige Körpergröße bei Kindern und Jugendlichen.
Ergänze die untenstehende Tabelle.

Körpergröße	105 cm	150 cm	165 cm
Normalgewicht	___ kg – ___ kg	___ kg – ___ kg	___ kg – ___ kg

4.

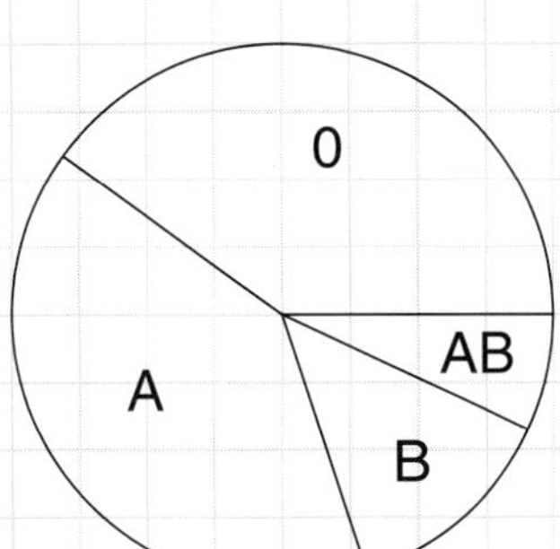

Bei den Blutgruppen unterscheidet man zwischen den Hauptgruppen 0, A, B und AB.
Wie viel Prozent entfallen auf die einzelnen Blutgruppen?

Blutgruppe 0: ___ %	Blutgruppe B: ___ %
Blutgruppe A: ___ %	Blutgruppe AB: ___ %

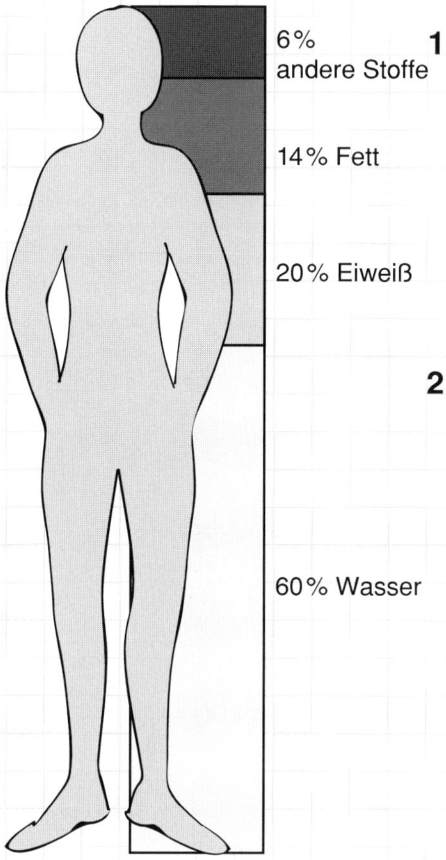

1. Stelle die chemische Zusammensetzung des Menschen im Kreisdiagramm dar. Bestimme zuerst die Mittelpunktswinkel und trage sie in die Tabelle ein.

6%	14%	20%	60%
21,6°	50,4°	72°	216°

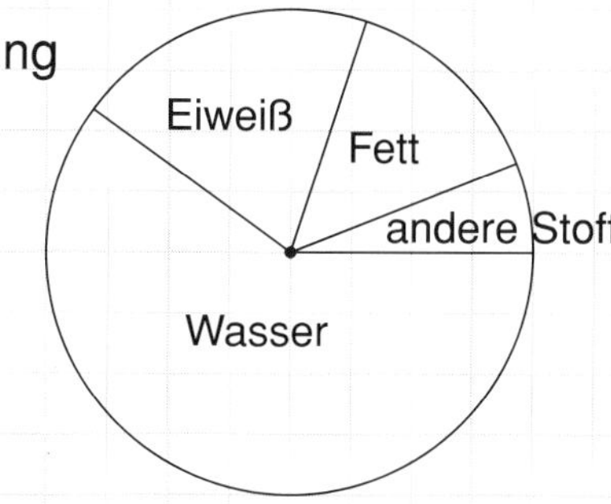

2. Ein Erwachsener hat 215 Knochen. Die unten stehende Tabelle zeigt, wie sie sich zusammensetzen. Vervollständige dazu das Balkendiagramm.

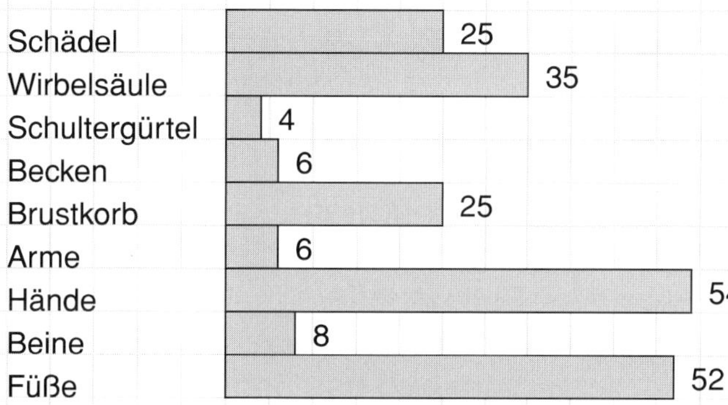

Körperteil	Schädel	Wirbelsäule	Schultergürtel	Becken	Brustkorb	Arme	Hände	Beine	Füße
Anzahl der Knochen	25	35	4	6	25	6	54	8	52

3.

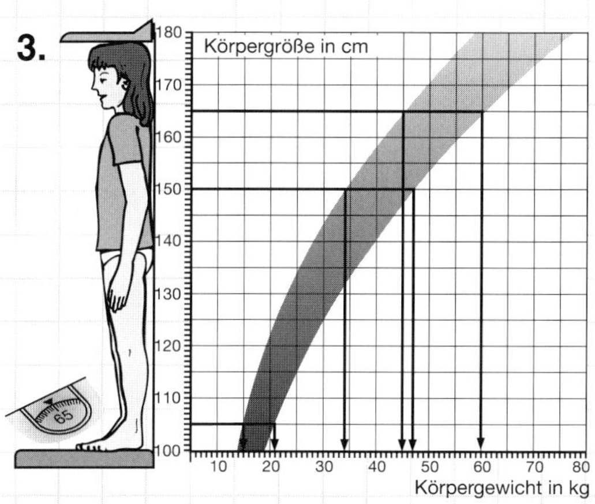

Das Diagramm zeigt das Normalgewicht für die jeweilige Körpergröße bei Kindern und Jugendlichen. Ergänze die untenstehende Tabelle.

Körpergröße	105 cm	150 cm	165 cm
Normalgewicht	15 kg – 21 kg	34 kg – 47 kg	45 kg – 60 kg

4.

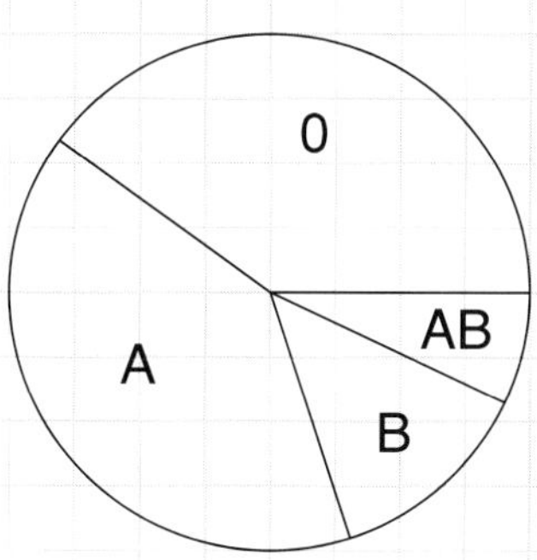

Bei den Blutgruppen unterscheidet man zwischen den Hauptgruppen 0, A, B und AB. Wie viel Prozent entfallen auf die einzelnen Blutgruppen?

Blutgruppe 0: 40%	Blutgruppe B: 13%
Blutgruppe A: 40%	Blutgruppe AB: 7%

Trainingsblatt
Prozentrechnung und Mittelwert

1. Vervollständige die Tabelle. Für Nebenrechnungen benutze die Rückseite.

Grundwert		240 t	80 min	1278 hl		5000 kg
Prozentsatz	1,9 %	12 %			32,5 %	42,5 %
Prozentwert	9,9		$10\frac{1}{2}$ min	2576 hl	25 ha	

2. Berechne die Anteile an Nähr- und Ballaststoffen in Prozent und vergleiche.

Tomate (50 g)

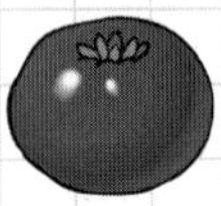

0,7 g Eiweiß
0 g Fett
2 g Kohlenhydrate
0,8 g Ballaststoffe

Gurke (375 g)

0 g Eiweiß
0 g Fett
11,4 g Kohlenhydrate
3,3 g Ballaststoffe

Zwiebel (50 g)

0,5 g Eiweiß
0 g Fett
4,5 g Kohlenhydrate
0,7 g Ballaststoffe

Möhre (75 g)

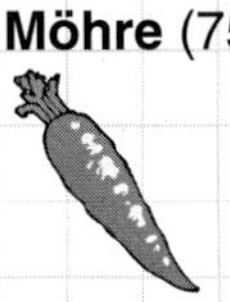

0,9 g Eiweiß
0 g Fett
4,5 g Kohlenhydrate
2,1 g Ballaststoffe

	Tomate	Gurke	Zwiebel	Möhre
Eiweiß				
Fett				
Kohlenhydrate				
Ballaststoffe				

Vergleich der Gemüsesorten: ______________________

____

____

____

____

3. Beim Räuchern verliert eine Rohwurst etwa 6 % ihres Ausgangsgewichtes an Wasser.

a) Wie schwer war eine Rohwurst, die durch Räuchern 60 g (150 g) Wasser verloren hat?

____

b) Nach dem Räuchern wiegt eine Wurst 1880 g (1128 g). Wie viel wog sie ursprünglich?

____

4. Alles um 55% reduziert!

(I) jetzt nur **150,– €**

(II) jetzt nur **249,75 €**

(III) jetzt nur **148,50 €**

(IV) jetzt nur **89,– €**

(V) jetzt nur **247,05 €**

(VI) jetzt nur **319,– €**

a) Berechne die ursprünglichen Preise vor der Preisreduzierung:

(I) ________ (II) ________ (III) ________ (IV) ________ (V) ________ (VI) ________

b) Berechne den mittleren Originalpreis, den mittleren Rabatt und den jetzigen mittleren Preis:

ø Originalpreis: ________ ø Rabatt: ________ ø Preis jetzt: ________

Trainingsblatt
Prozentrechnung und Mittelwert

1. Vervollständige die Tabelle. Für Nebenrechnungen benutze die Rückseite.

Grundwert	≈ **521**	240 t	80 min	1278 hl	≈ **76,9 ha**	5000 kg
Prozentsatz	1,9 %	12 %	≈ **13,1 %**	≈ **201,6 %**	32,5 %	42,5 %
Prozentwert	9,9	**28,8 t**	$10\frac{1}{2}$ min	2576 hl	25 ha	**2125 kg**

2. Berechne die Anteile an Nähr- und Ballaststoffen in Prozent und vergleiche.

Tomate (50 g)

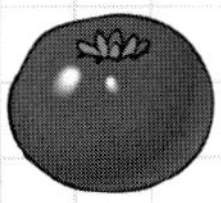

0,7 g Eiweiß
0 g Fett
2 g Kohlenhydrate
0,8 g Ballaststoffe

Gurke (375 g)

0 g Eiweiß
0 g Fett
11,4 g Kohlenhydrate
3,3 g Ballaststoffe

Zwiebel (50 g)

0,5 g Eiweiß
0 g Fett
4,5 g Kohlenhydrate
0,7 g Ballaststoffe

Möhre (75 g)

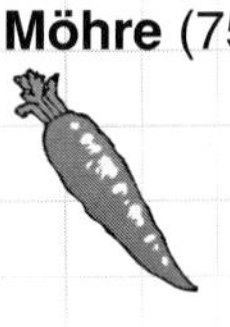

0,9 g Eiweiß
0 g Fett
4,5 g Kohlenhydrate
2,1 g Ballaststoffe

	Tomate	Gurke	Zwiebel	Möhre
Eiweiß	1,4 %	–	1 %	1,2 %
Fett	–	–	–	–
Kohlenhydrate	4 %	3,04 %	9 %	6 %
Ballaststoffe	1,6 %	0,88 %	1,4 %	2,8 %

Vergleich der Gemüsesorten:
Alle Sorten enthalten kein Fett, die Gurke auch kein Eiweiß, die anderen Sorten enthalten nur etwa 1% Eiweiß. Die Zwiebel enthält 3-mal so viel Kohlenhydrate wie die Gurke und etwa doppelt so viel wie die anderen Gemüsesorten. Die Möhre hat 3-mal so viel Ballaststoffe wie die Gurke und etwa doppelt so viel wie die übrigen Sorten.

3. Beim Räuchern verliert eine Rohwurst etwa 6 % ihres Ausgangsgewichtes an Wasser.

a) Wie schwer war eine Rohwurst, die durch Räuchern 60 g (150 g) Wasser verloren hat?

Sie wog 1 kg (2,5 kg).

b) Nach dem Räuchern wiegt eine Wurst 1880 g (1128 g). Wie viel wog sie ursprünglich?

Sie wog ursprünglich 2 kg (1,2 kg).

4. Alles um 55% reduziert!

(I) jetzt nur **150,– €**
(II) jetzt nur **249,75 €**
(III) jetzt nur **148,50 €**
(IV) jetzt nur **89,– €**
(V) jetzt nur **247,05 €**
(VI) jetzt nur **319,– €**

a) Berechne die ursprünglichen Preise vor der Preisreduzierung:

(I) 333,33 € (II) 555,00 € (III) 330,00 € (IV) 197,78 € (V) 549,00 € (VI) 708,89 €

b) Berechne den mittleren Originalpreis, den mittleren Rabatt und den jetzigen mittleren Preis:

ø Originalpreis: 445,67 € ø Rabatt: 245,12 € ø Preis jetzt: 200,55 €

Löse die Aufgaben mit einem Taschenrechner. Es genügt dazu ein einfaches Modell. Berechne das Ergebnis, drehe den Taschenrechner um und du siehst ein Wort (Kommas werden weggelassen). Trage dieses Lösungswort in das unten stehende Raster ein.

Arbeite mit der Grundgleichung der Prozentrechnung und löse nach der gesuchten Größe auf.

Prozentsatz · Grundwert = Prozentwert

Waagerecht:

2 5% von 14 710 700 (bequeme Sitzgelegenheit)
4 17% von … t sind 562,36 t (Windstoß)
6 25% mehr als 5912,8 km (Stacheltier)
7 Drei Viertel sind 29 354,25 (Streichinstrument)
8 Wie viel % sind 62,73 von 123? (engl.: ist)
9 2% von 4525 kg (Strömung hinter einem Fahrzeug)
11 60% weniger als 1775 (engl.: Öl)
16 5569,50 sind 150% von … (Hast, Hetze)
19 75% von 5084 m (Baumart)
20 92 417,5 vermindert um 20% (Philosoph)
22 16,9% von 300 (Schicksal)
24 Wie viel % sind 375,05 von 50 000 auf 3 Dezimalen gerundet? (Hauptstadt Norwegens)
25 Von 249 € auf 199,20 € reduziert! Gib in % an. (Fluss in Sibirien)
26 Um wie viel % wurde von 4050 auf 4374 erhöht? (Autokennzeichen von Berlin)
27 370,7 von 110 sind … % (seemännischer Ausdruck)
28 18% von 410 100 t (heilige Schrift)
30 99% sind 499,95 m von … m (Notruf)
31 $66\frac{2}{3}$% von 2601 (...kopter)
32 150% sind 572 067 von … (Unterkunft)
33 Wie viel % sind 43,8 min von 1 h? (span. Artikel)
34 1122,50 abzüglich 20% (Abkürzung für Bürgerliches Gesetzbuch)
36 80% sind 5914,40 von … (Saugwurm)
37 500% von 6 381 403,6 (Unterrichtsfach)

Senkrecht:

1 64,125 kg sind 12,5% von … kg (gefrorenes Wasser)
2 120% von 61 612,5 (liegt meist voll im Wind)
3 40% von … sind 14 054,80 (nicht laut)
4 Wie viel % beträgt das Gewicht, wenn es von 80 kg auf 110,4 kg erhöht wird? (Verhältniswort)
5 32 300 reduziert um 89% (Schornstein)
10 Gib in % an: 1,61 von 23 (Autokennzeichen von Leipzig)
12 125% von 268 (Gewässer)
13 Gib in % an: 1,15 t von 23 t (Autokennzeichen von Stuttgart)
14 64% sind 201,6 m von … m (Anredeform)
15 0,2% von 19 157 500 (Küchengeräte)
17 das 3-fache von 17% als Dezimalbruch (griech. Vorsilbe für gleich)
18 2700 erhöht um 31% (Traubenernte)
20 8% von … sind 5904,32 (Werkzeug)
21 $33\frac{1}{3}$% von 5427 (Wüste)
22 153 268 vermindert um 75% (Gefühl)
23 Wie viel % sind 113,55 von 757? (span.: ja)
29 429,77 sind 11% von … (Theaterplatz)
30 50,05 von 7000 sind … % (Getreidespeicher)
34 16% von 3737,5 (Abkürzung für Bundesgrenzschutz)
35 50 erhöht um 98% (Abkürzung für Grundgesetz)
36 Wie viel % sind 15,6 sek von 2 min (rundes Objekt)

Löse die Aufgaben mit einem Taschenrechner. Es genügt dazu ein einfaches Modell. Berechne das Ergebnis, drehe den Taschenrechner um und du siehst ein Wort (Kommas werden weggelassen). Trage dieses Lösungswort in das unten stehende Raster ein.

Arbeite mit der Grundgleichung der Prozentrechnung und löse nach der gesuchten Größe auf.

Prozentsatz · Grundwert = Prozentwert

Waagerecht:

2 5 % von 14 710 700 (bequeme Sitzgelegenheit)
4 17 % von … t sind 562,36 t (Windstoß)
6 25 % mehr als 5912,8 km (Stacheltier)
7 Drei Viertel sind 29 354,25 (Streichinstrument)
8 Wie viel % sind 62,73 von 123? (engl.: ist)
9 2 % von 4525 kg (Strömung hinter einem Fahrzeug)
11 60 % weniger als 1775 (engl.: Öl)
16 5569,50 sind 150% von … (Hast, Hetze)
19 75 % von 5084 m (Baumart)
20 92 417,5 vermindert um 20 % (Philosoph)
22 16,9% von 300 (Schicksal)
24 Wie viel % sind 375,05 von 50 000 auf 3 Dezimalen gerundet? (Hauptstadt Norwegens)
25 Von 249 € auf 199,20 € reduziert! Gib in % an. (Fluss in Sibirien)
26 Um wie viel % wurde von 4050 auf 4374 erhöht? (Autokennzeichen von Berlin)
27 370,7 von 110 sind … % (seemännischer Ausdruck)
28 18 % von 410 100 t (heilige Schrift)
30 99 % sind 499,95 m von … m (Notruf)
31 $66\frac{2}{3}$ % von 2601 (...kopter)
32 150 % sind 572 067 von … (Unterkunft)
33 Wie viel % sind 43,8 min von 1 h? (span. Artikel)
34 1122,50 abzüglich 20 % (Abkürzung für Bürgerliches Gesetzbuch)
36 80 % sind 5914,40 von … (Saugwurm)
37 500 % von 6 381 403,6 (Unterrichtsfach)

Senkrecht:

1 64,125 kg sind 12,5 % von … kg (gefrorenes Wasser)
2 120 % von 61 612,5 (liegt meist voll im Wind)
3 40 % von … sind 14 054,80 (nicht laut)
4 Wie viel % beträgt das Gewicht, wenn es von 80 kg auf 110,4 kg erhöht wird? (Verhältniswort)
5 32 300 reduziert um 89 % (Schornstein)
10 Gib in % an: 1,61 von 23 (Autokennzeichen von Leipzig)
12 125 % von 268 (Gewässer)
13 Gib in % an: 1,15 t von 23 t (Autokennzeichen von Stuttgart)
14 64 % sind 201,6 m von … m (Anredeform)
15 0,2 % von 19 157 500 (Küchengeräte)
17 das 3-fache von 17 % als Dezimalbruch (griech. Vorsilbe für gleich)
18 2700 erhöht um 31 % (Traubenernte)
20 8 % von … sind 5904,32 (Werkzeug)
21 $33\frac{1}{3}$ % von 5427 (Wüste)
22 153 268 vermindert um 75 % (Gefühl)
23 Wie viel % sind 113,55 von 757? (span.: ja)
29 429,77 sind 11 % von … (Theaterplatz)
30 50,05 von 7000 sind … % (Getreidespeicher)
34 16 % von 3737,5 (Abkürzung für Bundesgrenzschutz)
35 50 erhöht um 98 % (Abkürzung für Grundgesetz)
36 Wie viel % sind 15,6 sek von 2 min (rundes Objekt)

1 E	■	2 S	E	S	S	E	3 L	■	■	4 B	O	E	5 E
6 I	G	E	L	■	■	7 G	E	I	G	E	■	8 I	S
9 S	O	G	■	10 L	■	11 O	I	L	■	I	■	■	S
■	■	E	12 S	■	13 S	■	S	■	14 S	■	15 S	■	E
16 E	17 I	L	E	■	■	18 L	E	■	I	■	I	■	■
■	S	■	19 E	I	B	E	■	20 H	E	21 G	E	L	■
22 L	O	23 S	■	■	24 O	S	L	O	■	25 O	B	■	26 B
I	■	I	■	27 L	E	E	■	28 B	I	B	E	29 L	■
E	■	■	30 S	O	S	■	31 H	E	L	I	■	O	■
32 B	L	E	I	B	E	■	33 E	L	■	■	34 B	G	B
E	■	■	L	■	■	35 G	■	■	■	36 E	G	E	L
■	37 B	I	O	L	O	G	I	E	■	I	S	■	■

Material: Schere, Klebstoff

Anleitung:
Welche Karten kannst du jeweils wie im Beispiel legen? Schneide die Karten aus und probiere. Wenn du die richtigen Varianten gefunden hast, klebe sie in dein Heft und schreibe dazu wie im Beispiel.

3 % *von* 505 *sind* 15,15

Zwei Karten bleiben übrig. Bestimme die passende Zahl und ergänze im Heft.
Wie viele verschiedene Möglichkeiten gibt es für diese Ergänzung?

0,5 %	1 %	5 %	10 %	12,5 %
15 %	20 %	25 %	30 %	$33\frac{1}{3}$ %
40 %	50 %	60 %	$66\frac{2}{3}$ %	75 %
80 %	0,87	1	2,1	4,3
7	11,25	12	13	17,2
50	57	66	69	77
77,7	80	87	88	95
104	116	145	150	192,5
200	222	225	277,5	333
345	405	450	555	777

Prozent-Puzzle

p	G	W
0,5 %	200	1
1 %	87	0,87
5 %	225	11,25
10 %	777	77,7
12,5 %	104	13
15 %	80	12
20 %	345	69
25 %	17,2	4,3

p	G	W
30 %	7	2,1
$33\frac{1}{3}$ %	150	50
40 %	192,5	77
50 %	555	277,5
60 %	95	57
$66\frac{2}{3}$ %	333	222
75 %	88	66
80 %	145	116

Mögliche Ergänzungen: 90 % von 450 sind 405
oder
$111\frac{1}{9}$ % von 405 sind 450

Erstelle selbst ein kleines Prozent-Puzzle.

Finde dazu 5 Aufgaben wie im Spiel „Prozent-Puzzle" und schreibe die Zahlen und Prozentsätze in die leeren Kärtchen. Achte darauf, dass dabei bei den fünf Prozentsätzen und den zehn Zahlenwerten keine gleichen Zahlen vorkommen (damit die Aufgaben eindeutig sind). Schneide die Kärtchen aus und lass deinen Banknachbarn das Puzzle zusammensetzen.

Wenn dein Nachbar auch so ein Puzzle erfunden hat, könnt ihr euere Kärtchen zusammenlegen und die beiden Schüler einer anderen Bank „puzzeln" lassen.

Schon im antiken Ägypten findet man Ansätze einer Prozentrechnung. So kommen schon Ausdrücke wie „ihr 5 von 100" vor, in der Sprache von heute also 5 %. Im Mittelalter begannen die Kaufleute erst in Italien (pro cento (ital.): für hundert), dann auch in Deutschland, immer häufiger den Prozentbegriff zu benutzen. Das Zeichen % für Prozent enstand aber erst später aus der Abkürzung p c⁰ für pro cento. Aus dem handschriftlichen ℘ für c⁰ wurde im Laufe der Jahrhunderte %.
Im Mittelalter wurden die Preise für Waren oft für einen Zentner (= 100 Pfund) der Ware angegeben. Auf 100 Pfund bezogen wurden dann z.B. Gewinne und Verluste oder der Verpackungsanteil (= Tara) berechnet.
Die älteste Form der Prozentrechnung ist jedoch die „Fusti"-Rechnung. Das italienische „fusto" bedeutet so viel wie „Stengel, Stiel, Halm, Stamm". Man verstand unter „Fusti" das Unreine, Minderwertige einer Ware.

Aus dem **Bamberger Rechenbuch** von 1483:

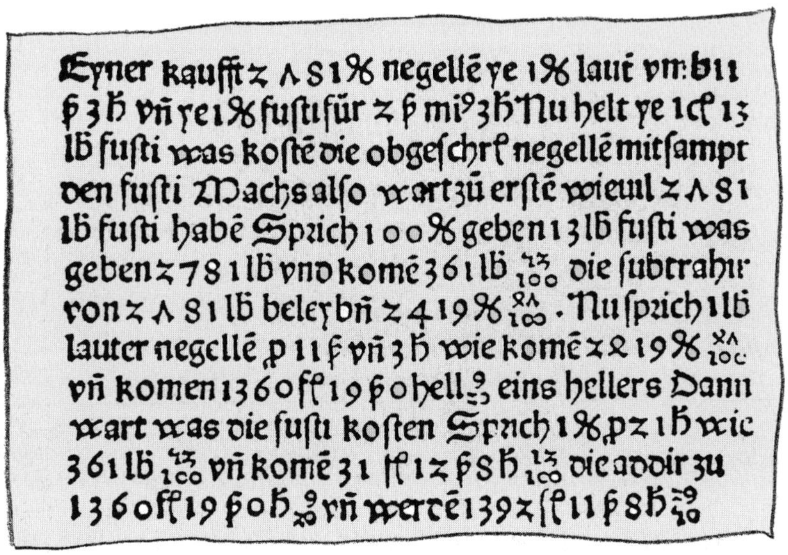
Eyner kaufft 2781 ℔ negellē ye 1 ℔ lautē vm̄ 11
ß 3 h vñ ye 1 ℔ fusti für 2 ß mi⁹ 3 h Nu helt ye 1 cẛ 13
lb fusti was kostē die obgeschrī negellē mitsampt
den fusti Machs also wart zū erstē wieuil 2781
lb fusti habē Sprich 100 ℔ geben 13 lb fusti was
geben 2781 lb vnd komē 361 lb $\frac{53}{100}$ die subtrahir
von 2781 lb beleybñ 2419 ℔ $\frac{47}{100}$ · Nu sprich 1 lb
lauter negellē ꝑ 11 ß vñ 3 h wie komē 2419 ℔ $\frac{47}{100}$
vñ komen 1360 fl 19 ß 0 hell $\frac{9}{25}$ eins hellers Dann
wart was die fusti kosten Sprich 1 ℔ ꝑ 2 ß 1 h wie
361 lb $\frac{53}{100}$ vñ komē 31 fl 12 ß 8 h $\frac{13}{100}$ die addir zu
1360 fl 19 ß 0 h $\frac{9}{25}$ vñ werdē 1392 fl 11 ß 8 h $\frac{49}{100}$

Der Text in der heutigen Sprache:

Einer kauft (Gewürz-)Nelken, je 1 Pfund reine (= lauter) Nelken für 11 Schilling und 3 Heller und je 1 Pfund Fusti für 2 Schilling minus 3 Heller.

Nun enthält je 1 Zentner 13 Pfund Fusti. Was kosten die oben geschriebenen Nelken mitsamt den Fusti?

Mache es so: Prüfe zuerst, wie viel Fusti 2781 Pfund haben. Sprich: 100 Pfund ergeben 13 Pfund Fusti, was ergeben 2781 Pfund? Heraus kommen $361\frac{53}{100}$ Pfund.

Es folgt die Berechnung der Kosten.

Der Fusti-Anteil wird mit 13 % angegeben, nämlich je 1 Zentner 13 Pfund. Entsprechend ist 13 % von 2871 Pfund zu berechnen. Als Ergebnis wird $361\frac{53}{100}$ Pfund genannt.
Rechne nach.

Als nächstes eine Aufgabe aus dem **Rechenbuch von Adam Ries** von 1550:

137. Ein Centner wachs / so da hat 100 pfunt / kost
15 fl 1 ort / wie komet 1 pfunt / so man 10 fl am 100 ge=
winnen wil / facit 3 schil. 4 hlr. vnd $\frac{13}{50}$ teil / Rechen
zum ersten / wie jn 1 pfunt ankompt /

Ein Zentner Wachs, das 100 Pfund hat, kostet 15 Gulden 1 Ort. Wie (teuer) kommt 1 Pfund, so man 10 Gulden an 100 gewinnen will.

1 fl = 1 Florin oder Gulden

1 Gulden
= 4 Ort (Viertel)
= 20 Schilling
= 240 Heller

Der Gewinn ist hier mit „10 Gulden an 100" angegeben, also 10%.
Als Lösung soll dann zuerst der Einkaufspreis von 1 Pfund berechnet werden, also der hunderste Teil von 15 Gulden 1 Ort, das sind 3 Schilling $\frac{3}{5}$ Heller (rechne nach!). Der vorgesehende Gewinn soll 10 % betragen, also $3\frac{33}{50}$ Heller (rechne ebenfalls nach).
Damit ergibt sich als „facit" der Preis für ein Pfund Wachs:
3 Schilling $4\frac{13}{50}$ Heller.

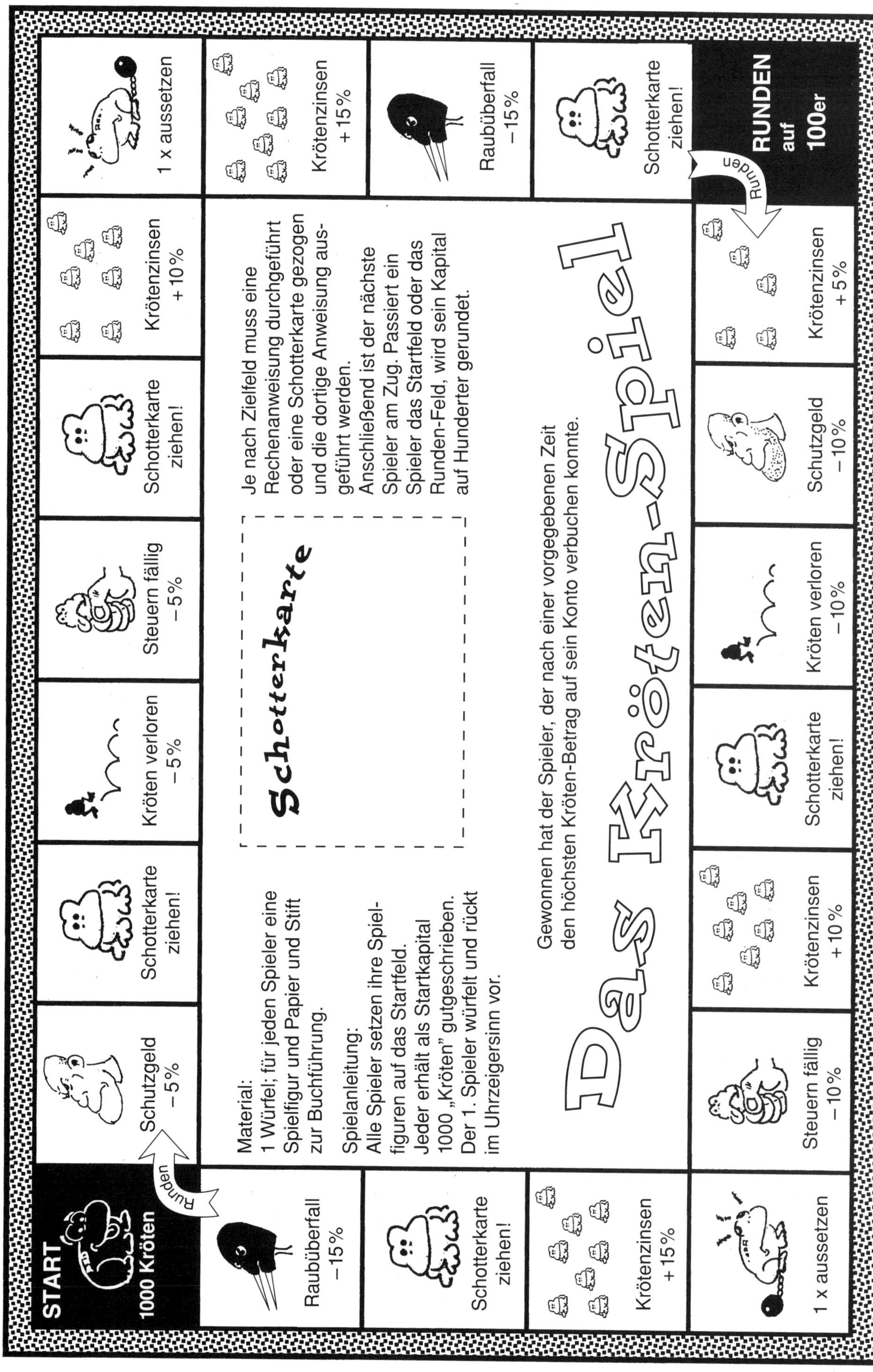
START
1000 Kröten
Runden
Schutzgeld
−5%
Schotterkarte ziehen!
Kröten verloren
−5%
Steuern fällig
−5%
Schotterkarte ziehen!
Krötenzinsen
+10%
1 x aussetzen
Krötenzinsen
+15%
Raubüberfall
−15%
Schotterkarte ziehen!
RUNDEN auf 100er
Runden
Krötenzinsen
+5%
Schutzgeld
−10%
Kröten verloren
−10%
Schotterkarte ziehen!
Krötenzinsen
+10%
Steuern fällig
−10%
1 x aussetzen
Krötenzinsen
+15%
Schotterkarte ziehen!
Raubüberfall
−15%
Material:
1 Würfel; für jeden Spieler eine Spielfigur und Papier und Stift zur Buchführung.
Spielanleitung:
Alle Spieler setzen ihre Spielfiguren auf das Startfeld. Jeder erhält als Startkapital 1000 „Kröten" gutgeschrieben. Der 1. Spieler würfelt und rückt im Uhrzeigersinn vor.
Schotterkarte
Je nach Zielfeld muss eine Rechenanweisung durchgeführt oder eine Schotterkarte gezogen und die dortige Anweisung ausgeführt werden. Anschließend ist der nächste Spieler am Zug. Passiert ein Spieler das Startfeld oder das Runden-Feld, wird sein Kapital auf Hunderter gerundet.
Gewonnen hat der Spieler, der nach einer vorgegebenen Zeit den höchsten Kröten-Betrag auf sein Konto verbuchen konnte.
Das Kröten-Spiel

Schotterkarte

Leichter Raubüberfall

Welch ein Unglück! Leider wurdest du überfallen. Die Räuber stehlen 4 % deines Vermögens.

Schotterkarte

Schwerer Raubüberfall

Welch ein Unglück! Leider wurdest du überfallen. Die Räuber stehlen 16 % deines Vermögens.

Schotterkarte

Kleine Erbschaft

Welch ein Glück!
Von einer guten Verwandten erbst du 100 Kröten.

Schotterkarte

Geringe Steuer

Tja, die Steuern sind fällig!
6 % deines Vermögens müssen leider abgegeben werden.

Schotterkarte

Hohe Steuer

Tja, die Steuern sind fällig!
12 % deines Vermögens müssen leider abgegeben werden.

Schotterkarte

Große Erbschaft

Welch ein Glück!
Von einem entfernten Verwandten erbst du 200 Kröten.

Schotterkarte

Kleine Renovierung

Es ist wieder soweit! Dein Haus muss renoviert werden.
Dafür sind allerdings 3% deines Vermögens fällig!

Schotterkarte

Renovierung

Es ist wieder soweit! Dein Haus muss gründlich renoviert werden.
Dafür sind allerdings 7% deines Vermögens fällig!

Schotterkarte

Zinsen

Deine Bank zahlt dir 11 % als Zinsen auf dein Vermögen.
Herzlichen Glückwunsch!

Schotterkarte

Geringe Zinsen

Deine Bank meldet sich bei dir mit ein paar Forderungen. Leider sind 6 % deines Vermögens fällig!

Schotterkarte

Hohe Zinsen

Deine Bank meldet sich bei dir mit ein paar Forderungen. Leider sind 18 % deines Vermögens fällig!

Schotterkarte

Hohe Zinsen

Deine Bank meldet sich bei dir mit ein paar Forderungen. Leider sind 17 % deines Vermögens fällig!

Schotterkarte

Geschenke für Bekannte

Welch eine Freude! Mehrere deiner Bekannten haben Geburtstag. Für Geschenke sind 2 % deines Vermögens fällig.

Schotterkarte

Geschenke für Freunde

Welch eine Freude! Mehrere deiner Freunde haben Geburtstag.
Für Geschenke sind 4 % deines Vermögens fällig.

Schotterkarte

Gewinn im Lotto

Welch unerwartetes Glück!
Dank vier Richtiger im Lotto gewinnst du 1000 Kröten.

Schotterkarte

Schulgeld

Damit du auch weiterhin gut ausgebildet wirst, musst du 3 % deines Guthabens als Schulgeld abgeben.

Schotterkarte

Börsen-Crash

Leider verlierst du bei einem katastrophalen Börsen-Crash 50 % deines Vermögens.

Schotterkarte

Börsen-Gewinn

Aufgrund glücklicher Kursgewinne deiner Aktien erhältst du 250 Kröten auf dein Vermögen.

Arbeitsblatt: Knobeleien mit kongruenten Figuren

1. Zerlege die folgende Figur in

a) vier kongruente Sechsecke

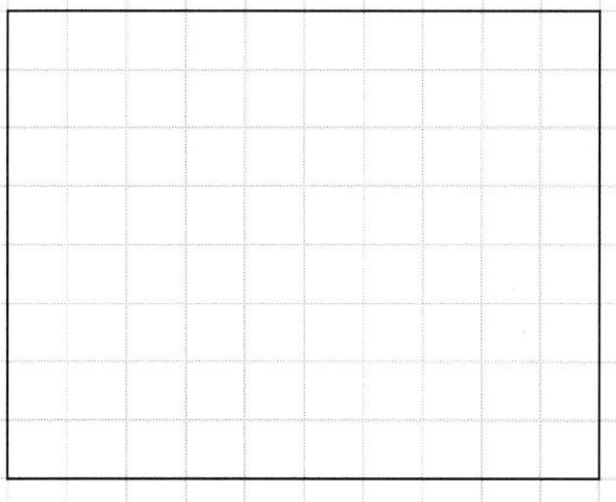

b) vier kongruente Figuren

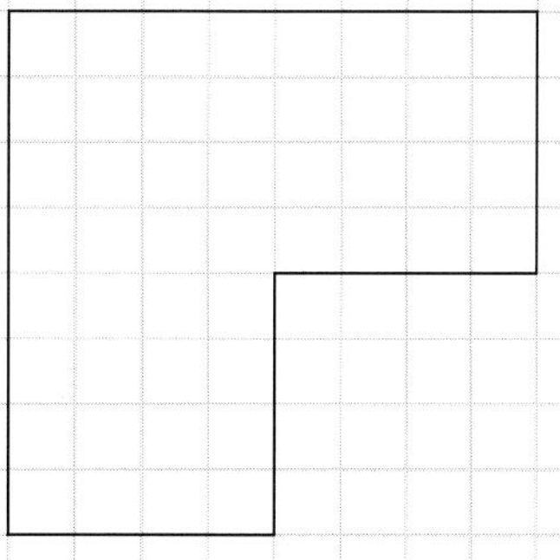

c) vier kongruente Vierecke, die keine Trapeze sind.

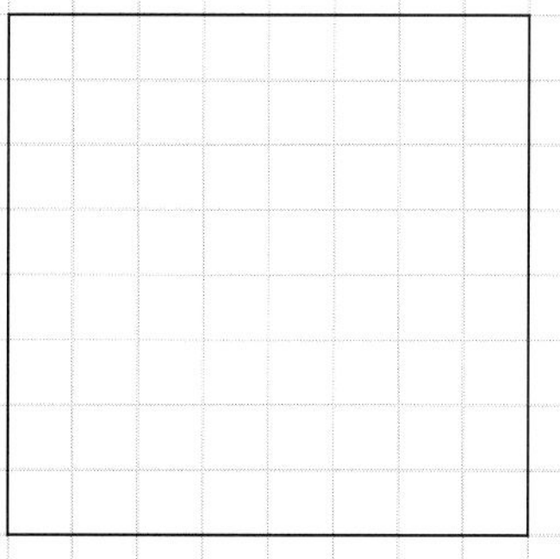

2. Zerlege das Rechteck so in zwei kongruente Teile, dass daraus ein Quadrat gebildet werden kann.

a)

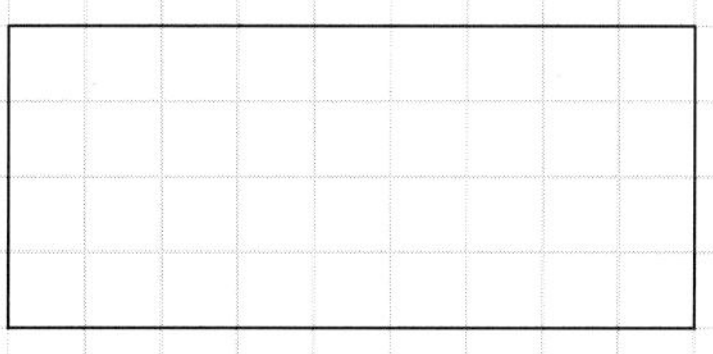

b)

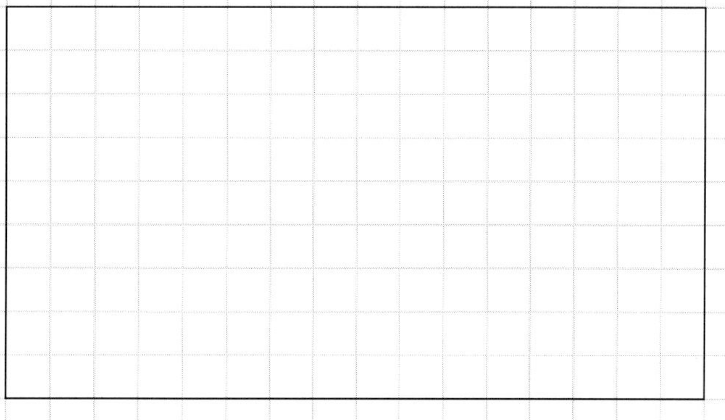

3. Zerlege die Figur so in vier kongruente Teile, dass die Summe jedes Teiles 50 ergibt.

	12	14	13			
5	8	11	3	2	7	17
15	10	9	8	18	19	6
			4	16	3	

4. Wie kann diese Fischblase durch eine einzige Linie in zwei kongruente Teile zerlegt werden?

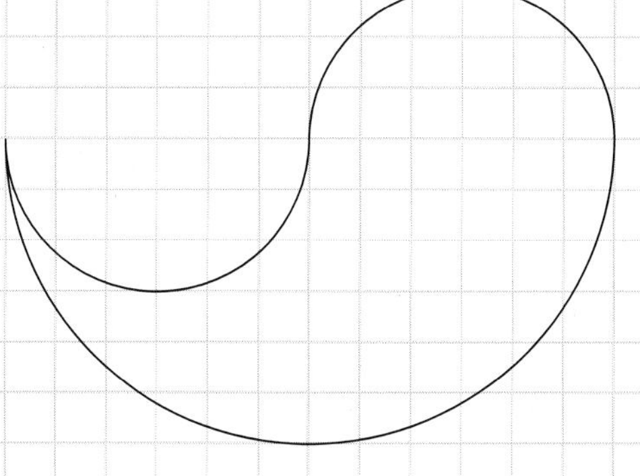

5. Wie kann man aus diesen fünf kongruenten rechtwinkligen Dreiecken ein Quadrat zusammensetzen? Ein Dreieck muss dabei zerschnitten werden.

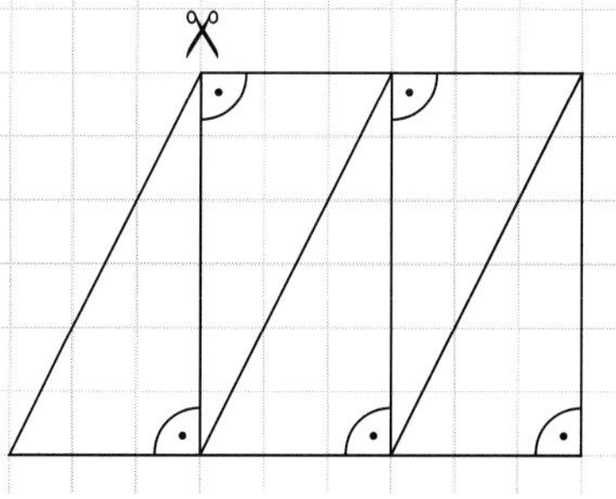

Arbeitsblatt: Knobeleien mit kongruenten Figuren

1. Zerlege die folgende Figur in

a) vier kongruente Sechsecke

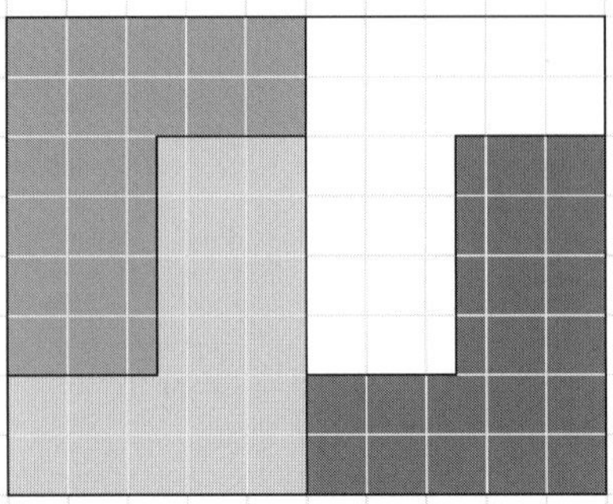

mehrere Lösungen möglich

b) vier kongruente Figuren

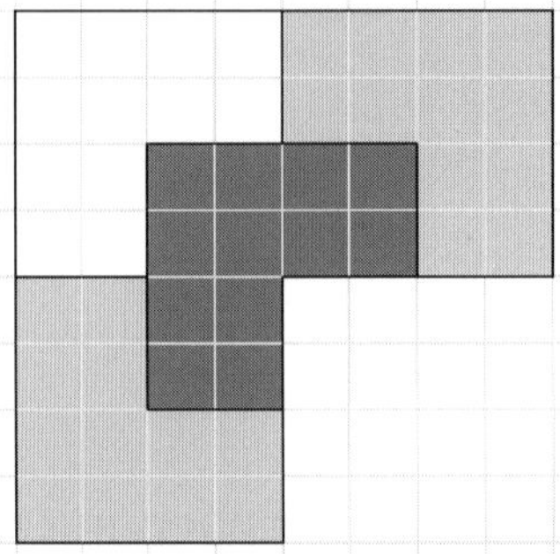

c) vier kongruente Vierecke, die keine Trapeze sind.

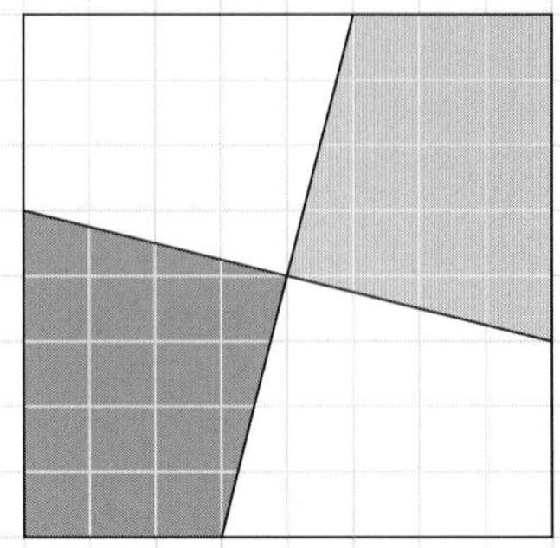

2. Zerlege das Rechteck so in zwei kongruente Teile, dass daraus ein Quadrat gebildet werden kann.

a)

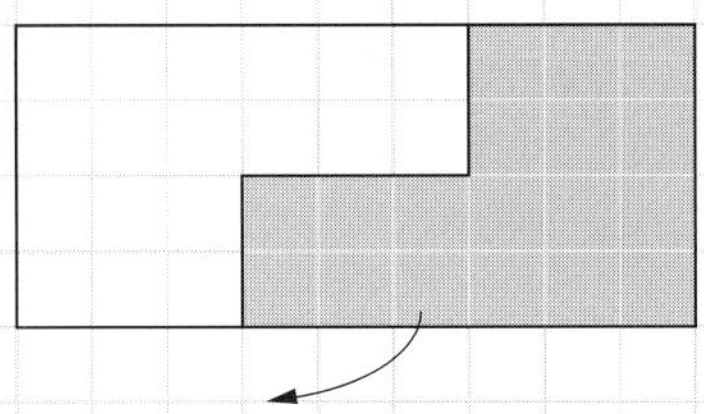

b)

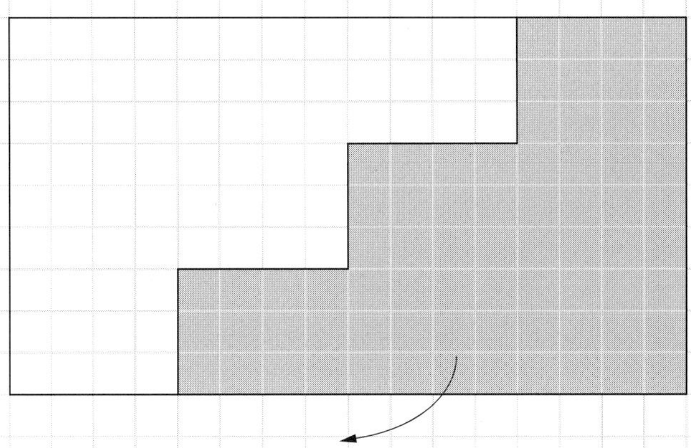

3. Zerlege die Figur so in vier kongruente Teile, dass die Summe jedes Teiles 50 ergibt.

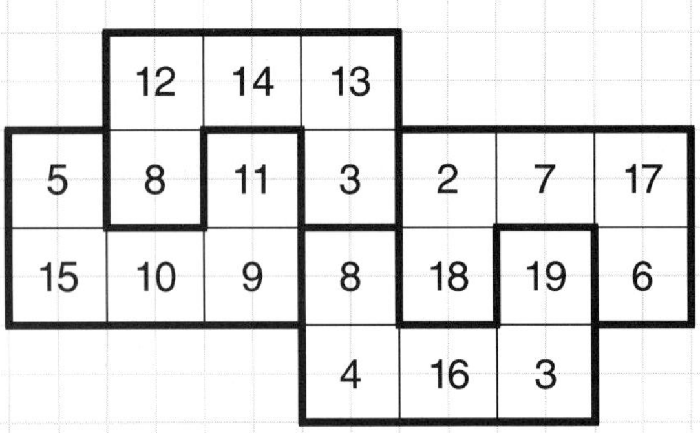

4. Wie kann diese Fischblase durch eine einzige Linie in zwei kongruente Teile zerlegt werden?

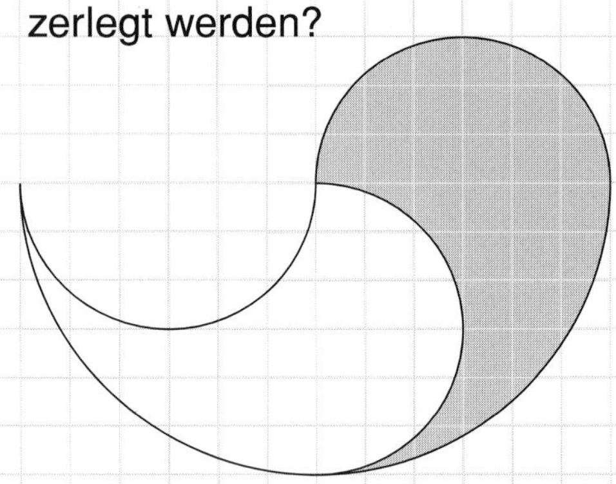

5. Wie kann man aus diesen fünf kongruenten rechtwinkligen Dreiecken ein Quadrat zusammensetzen? Ein Dreieck muss dabei zerschnitten werden.

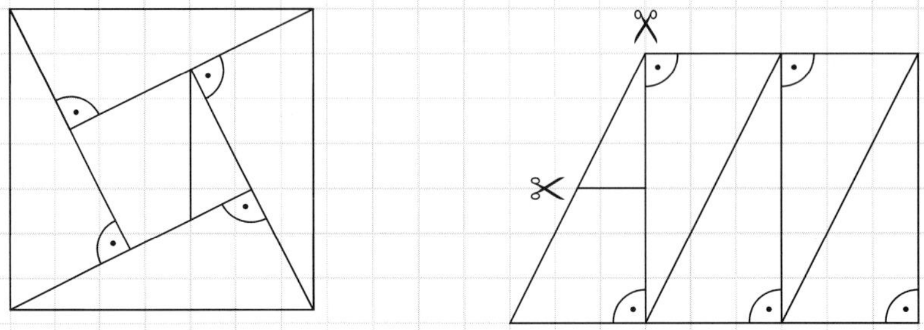

Zaubertrick: Kongruente Bögen

Material: Zwei verschiedenfarbige Bögen Tonpapier, Schere, Klebstoff

Herstellen der Zauberbögen: Beide Schablonen ausschneiden. Aus hellerem Tonpapier zweimal Schablone 1 und aus dunklerem Tonpapier zweimal Schablone 2 ausschneiden.
Jeweils Schablone 2 auf Schablone 1 kleben.

Der Zauberer legt die beiden Zauberbögen aufeinander und zeigt, dass sie deckungsgleich, also kongruent sind. Dann behauptet er, dass er mit seinen magischen Händen einen Bogen verkürzen und einen verlängern kann.

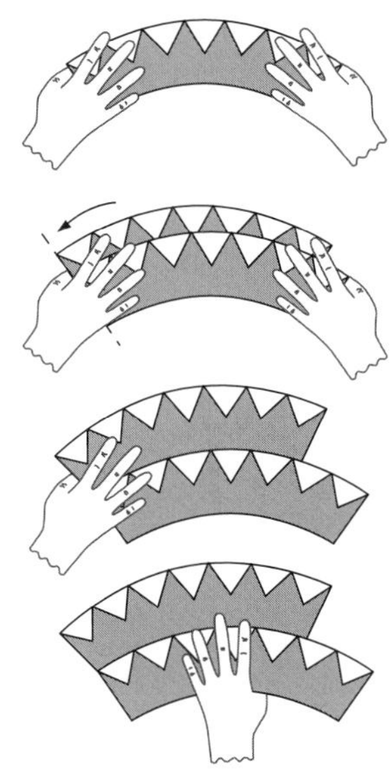

(1) Der Zauberer zeigt den Zuschauern die aufeinanderliegenden Bögen. Er hält die Enden mit je einer Hand. Die Finger verdecken dabei die Enden der Bögen.

(2) Während er den hinteren Bogen nach oben schiebt, verschiebt er ihn unauffällig auch nach rechts, so dass die rechten Kanten eine Linie bilden.

(3) Erst wenn der hintere Bogen ganz herausgeschoben ist, nimmt der Zauberer die linke Hand weg und hält die beiden Bögen nur mit der rechten Hand am Rand oder in der Mitte.
Tatsächlich erscheint der obere Bogen kürzer.

Erklärung des Zaubertricks:
Die Bögen sind kongruent und damit gleich groß. Also muss es sich um eine optische Täuschung handeln.

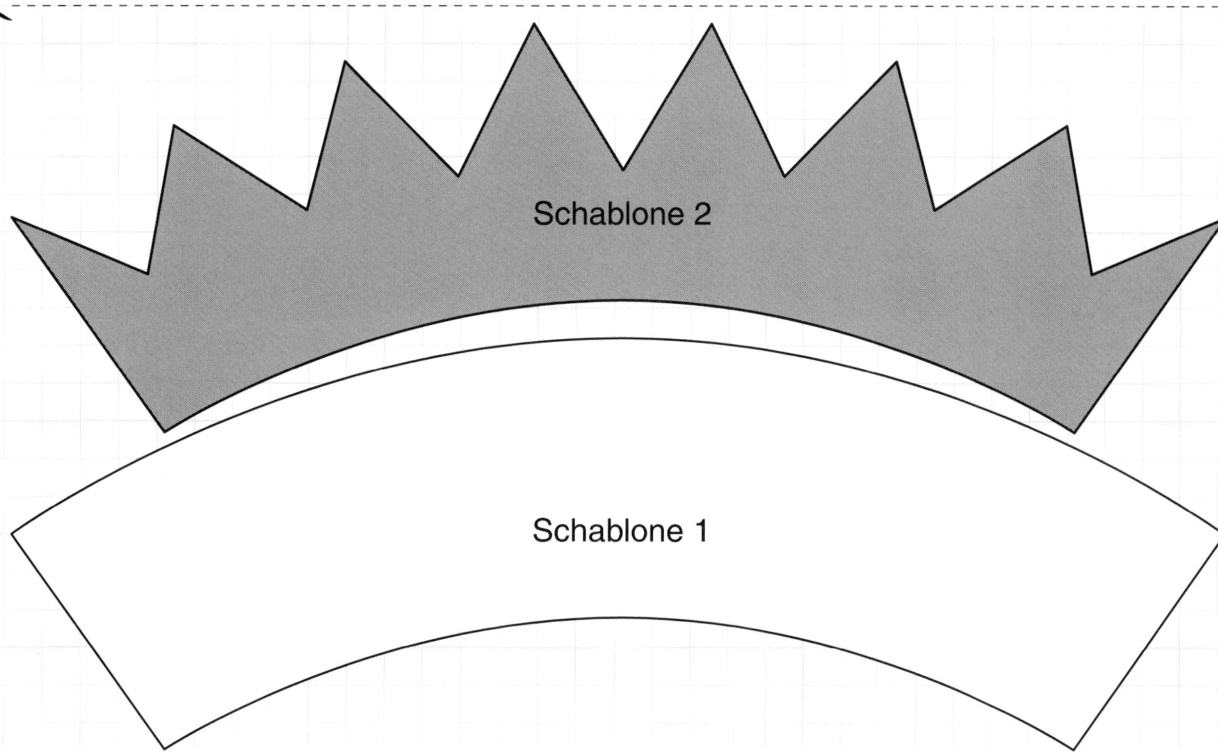

Trainingsblatt
Winkel- und Streckenübertragung

Nimm jeweils drei der fünf gegebenen Stücke und konstruiere durch Winkel- und Streckenübertragung neun verschiedene (d. h. nicht zueinander kongruente) Dreiecke.

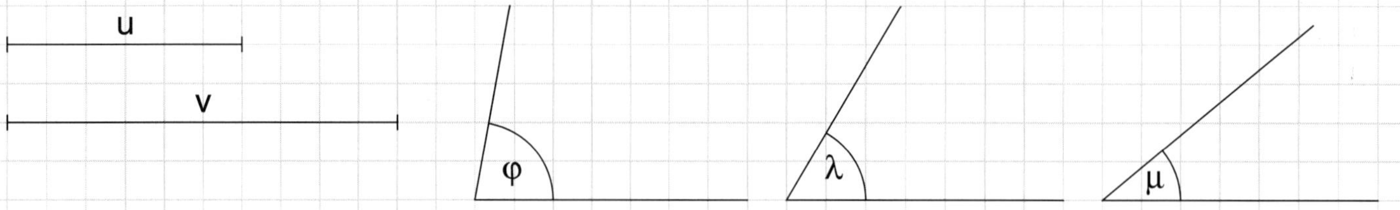

(1) (2) (3)

(4) (5) (6)

(7) (8) (9)

LÖSUNG

Nimm jeweils drei der fünf gegebenen Stücke und konstruiere durch Winkel- und Streckenübertragung neun verschiedene (d. h. nicht zueinander kongruente) Dreiecke.

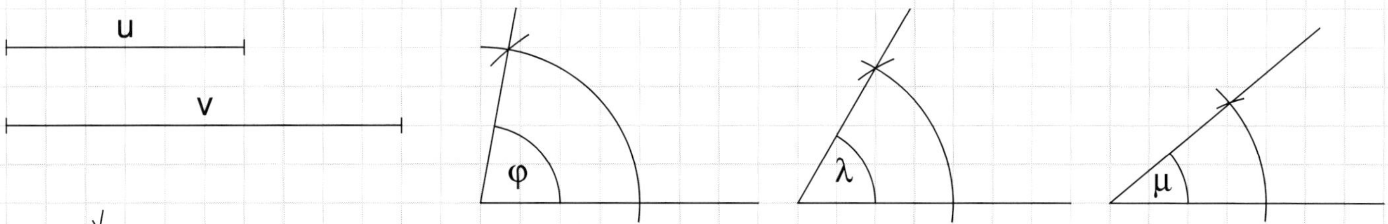

(1)

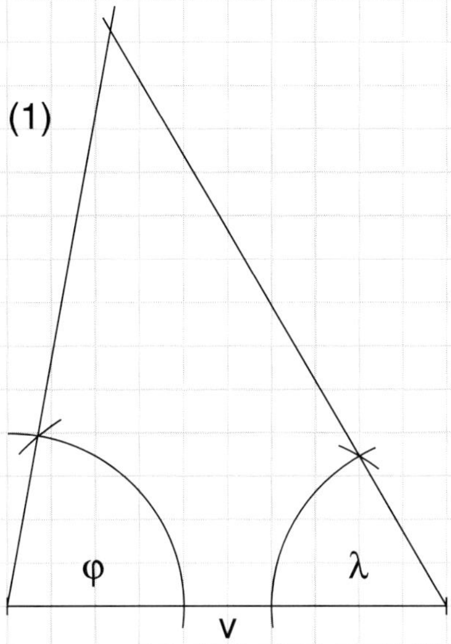

(2)

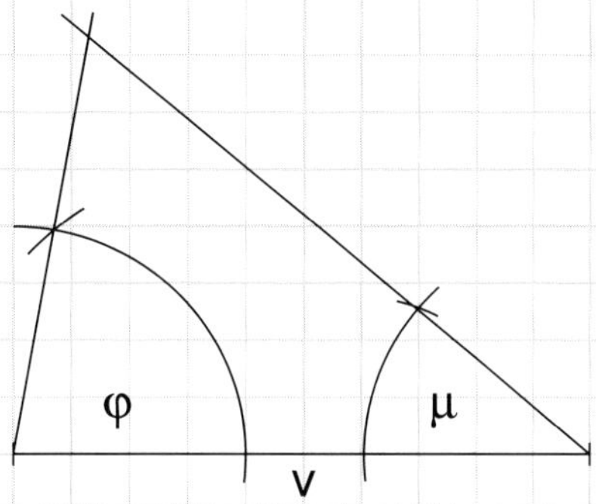

(3)

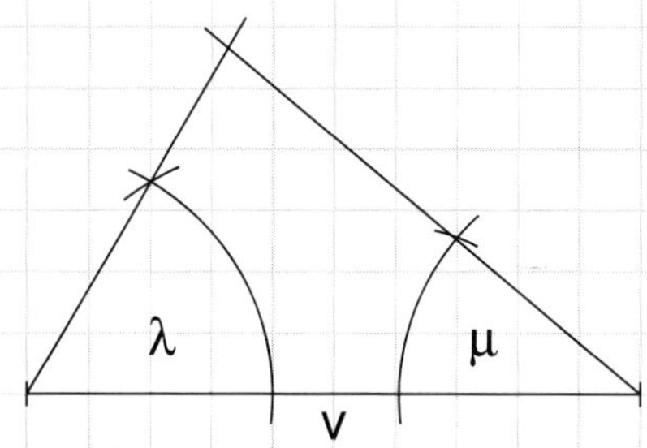

(4)

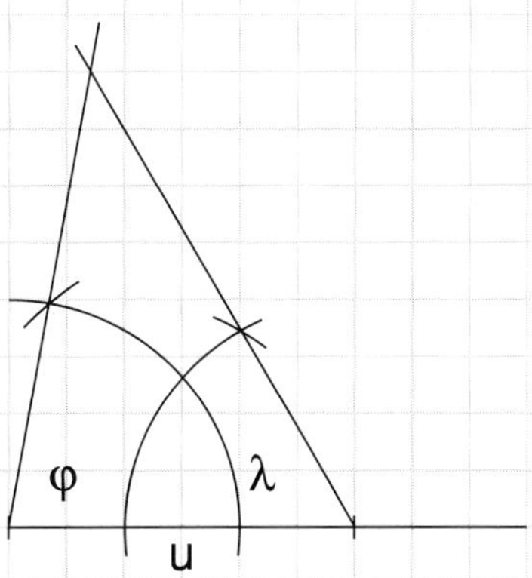

(5)

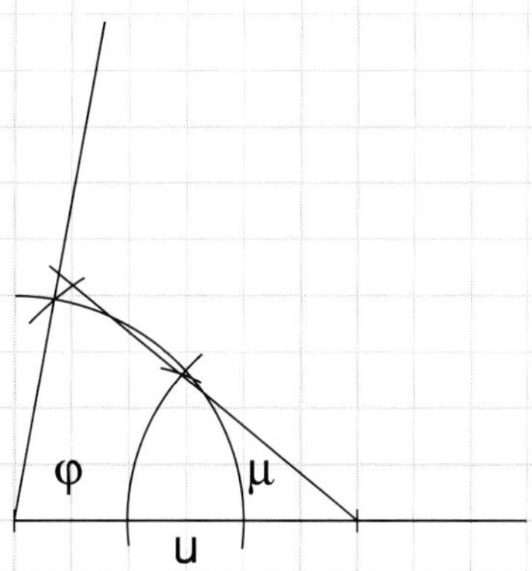

(6)

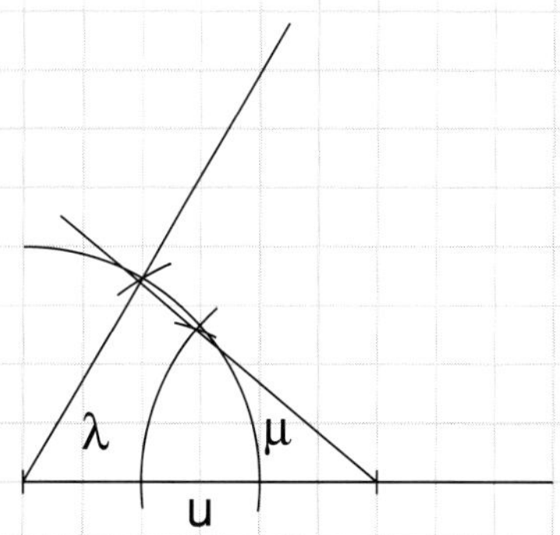

(7)

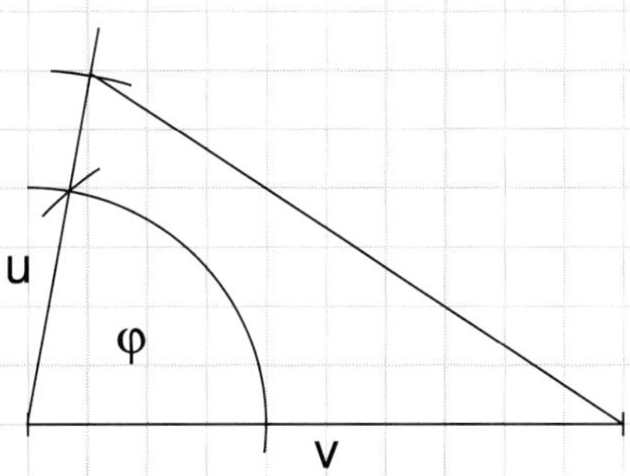

(8)

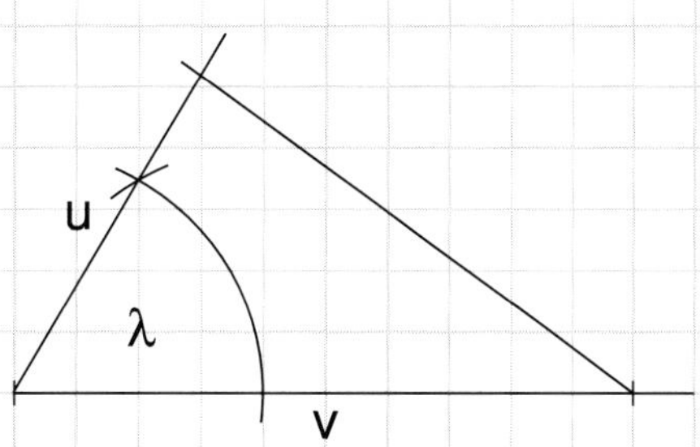

(9)

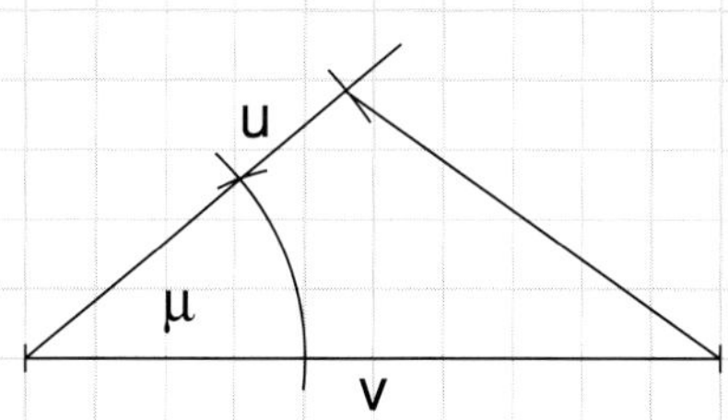

Es gibt mehr als diese neun nicht kongruenten Dreiecke.

1. Konstruiere ein Dreieck ABC aus den angegebenen Stücken.
Welcher Kongruenzsatz garantiert eine eindeutige Lösung?

a) $c = 5\,cm$; $\alpha = 30°$; $\beta = 87°$
Kongruenzsatz: ____________

b) $a = 8\,cm$; $b = 3\,cm$; $\alpha = 134°$
Kongruenzsatz: ____________

c) $a = 5\,cm$; $b = 3{,}5\,cm$; $c = 6\,cm$
Kongruenzsatz: ____________

d) $b = 4{,}5\,cm$; $\alpha = 49°$; $\gamma = 93°$
Kongruenzsatz: ____________

e) $a = 7\,cm$; $\alpha = 125°$; $\gamma = 24°$
Kongruenzsatz: ____________

f) $b = 4{,}5\,cm$; $c = 7\,cm$; $\gamma = 115°$
Kongruenzsatz: ____________

2. Suche zueinander kongruente Dreiecke und färbe sie mit derselben Farbe.

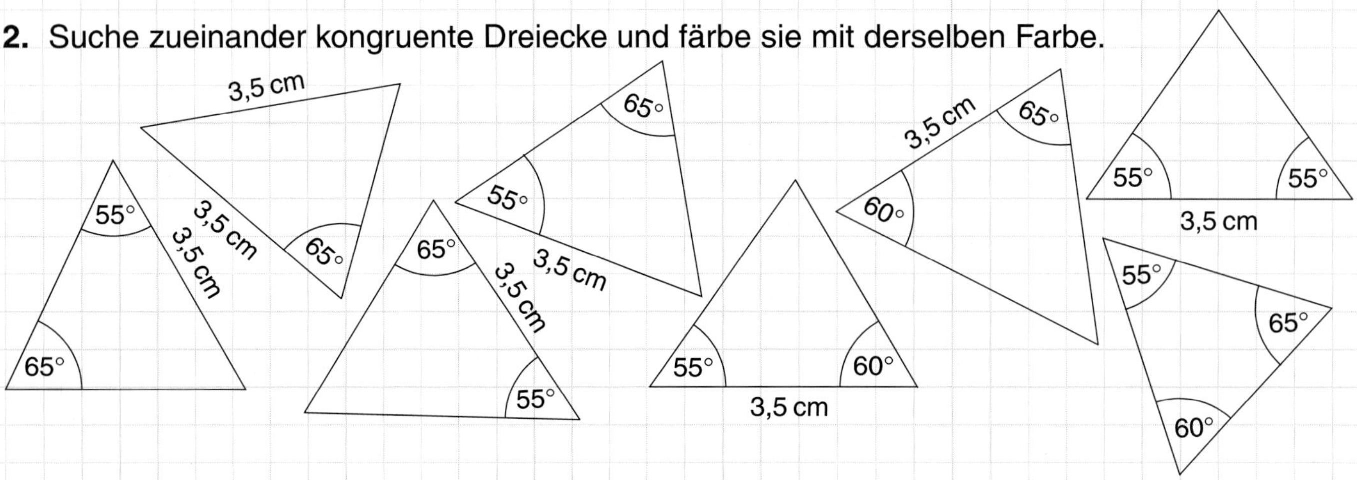

Trainingsblatt
Dreieckskonstruktionen und Kongruenzsätze

1. Konstruiere ein Dreieck ABC aus den angegebenen Stücken.
Welcher Kongruenzsatz garantiert eine eindeutige Lösung?

a) c = 5 cm; $\alpha = 30°$; $\beta = 87°$
Kongruenzsatz: WSW

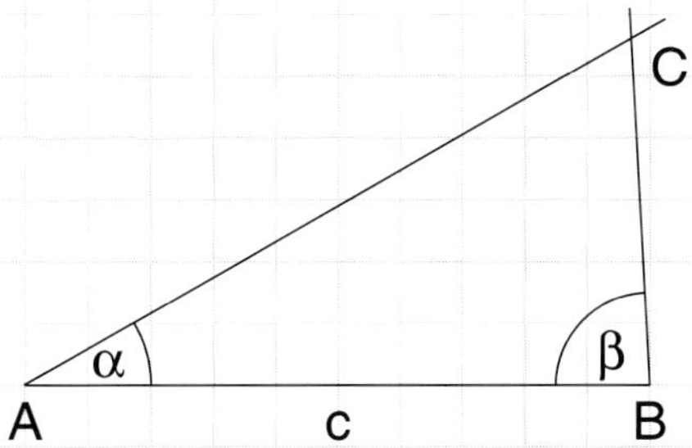

b) a = 8 cm; b = 3 cm; $\alpha = 134°$
Kongruenzsatz: SsW

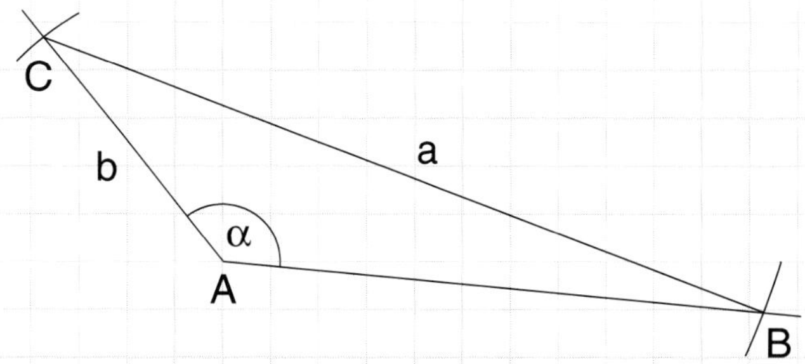

c) a = 5 cm; b = 3,5 cm; c = 6 cm
Kongruenzsatz: SSS

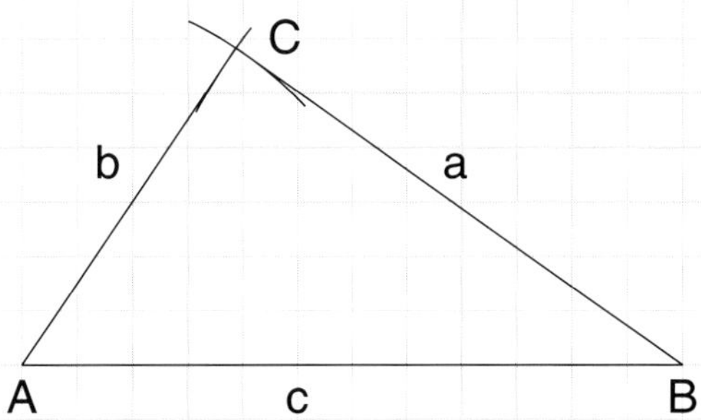

d) b = 4,5 cm; $\alpha = 49°$; $\gamma = 93°$
Kongruenzsatz: WSW

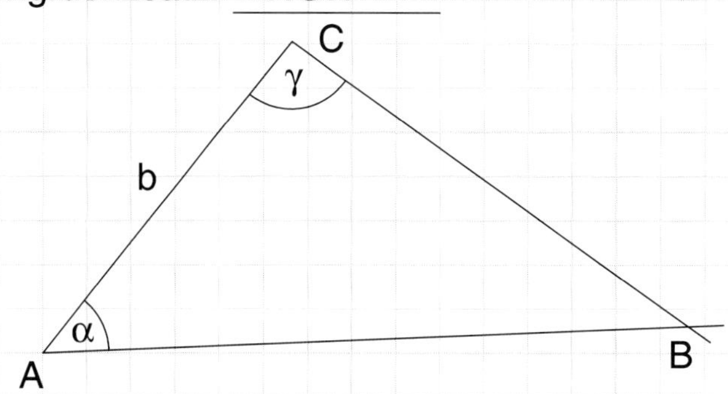

e) a = 7 cm; $\alpha = 125°$; $\gamma = 24°$
Kongruenzsatz: SWW

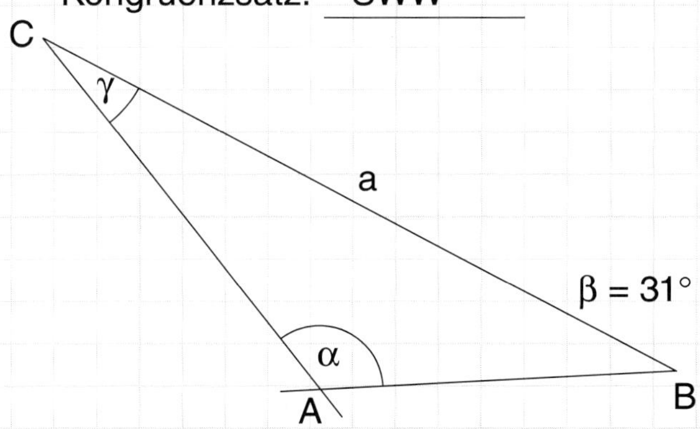

f) b = 4,5 cm; c = 7 cm; $\gamma = 115°$
Kongruenzsatz: SsW

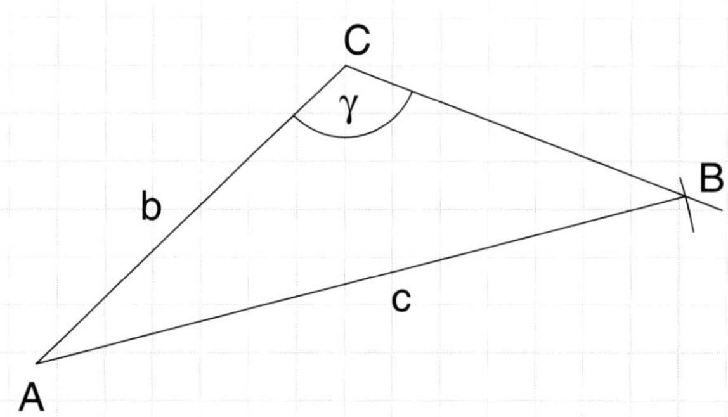

2. Suche zueinander kongruente Dreiecke und färbe sie mit derselben Farbe.

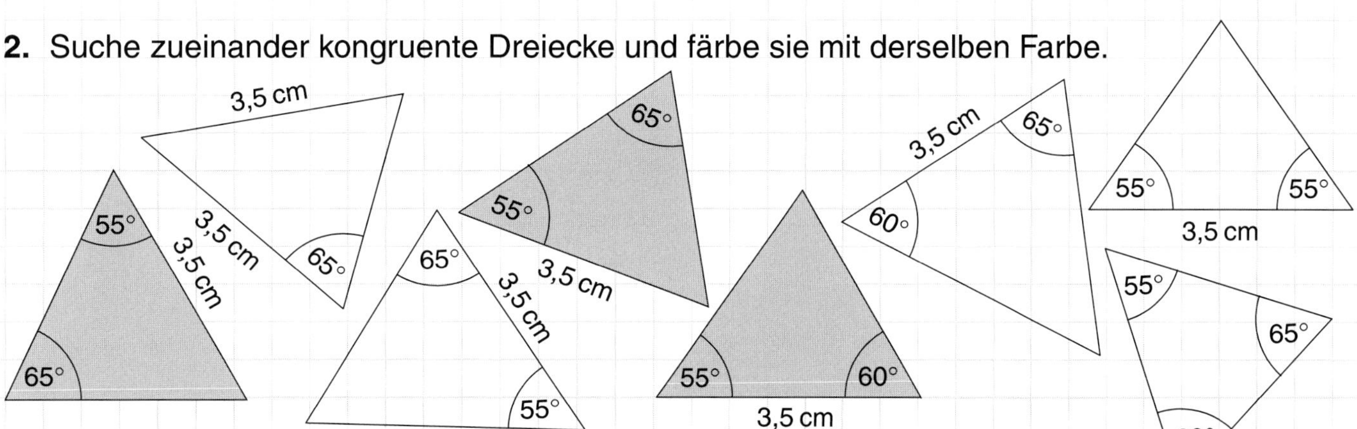

Nur die drei dunkel gefärbten Dreiecke sind kongruent.

Kongruenz-Kniffel

Spiel für 2 – 3 Spieler

Material:
Für jede Spielgruppe 3 Würfel mit den Seitenbeschriftungen α, β, γ, a, b und c; eine Kopiervorlage.

Spielregel:
Der erste Spieler würfelt mit allen 3 Würfeln. Lässt sich mit den gewürfelten Angaben eindeutig ein Dreieck konstruieren, so trägt der Spieler diese Kombination in die entsprechende Zeile seiner Tabelle ein.
Zeigt der Würfel eine Kombination, die keinem Kongruenzsatz entspricht oder eine Kombination, die schon in der Tabelle eingetragen ist, darf der Spieler mit allen oder einem Teil der Würfel neu würfeln. Er darf höchstens dreimal würfeln, dann ist der nächste Spieler an der Reihe.

Spielende:
Gewonnen hat derjenige, der zuerst alle Felder ausgefüllt hat.

Kongruenzsatz SSS			
Kongruenzsatz SsW			
Kongruenzsatz SWS			
Kongruenzsatz WSW			
Kongruenzsatz SWW			

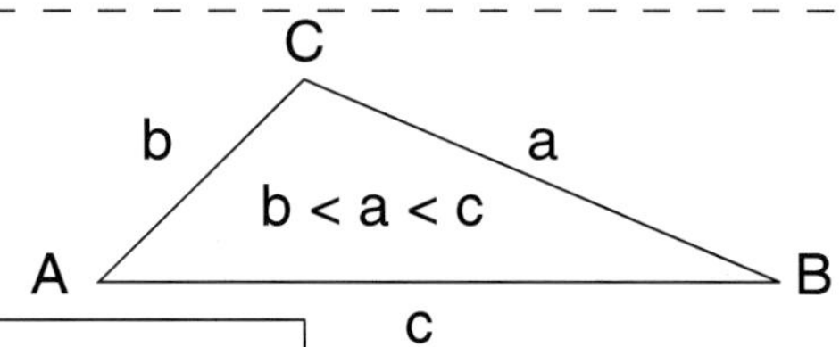

Name

Kongruenzsatz SSS			
Kongruenzsatz SsW			
Kongruenzsatz SWS			
Kongruenzsatz WSW			
Kongruenzsatz SWW			

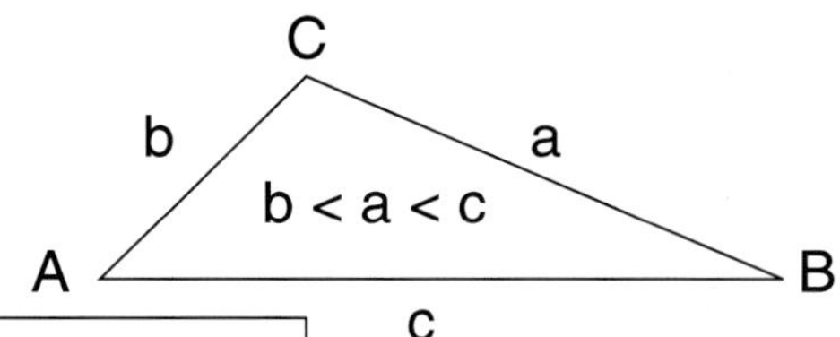

Name

Kongruenzsatz SSS			
Kongruenzsatz SsW			
Kongruenzsatz SWS			
Kongruenzsatz WSW			
Kongruenzsatz SWW			

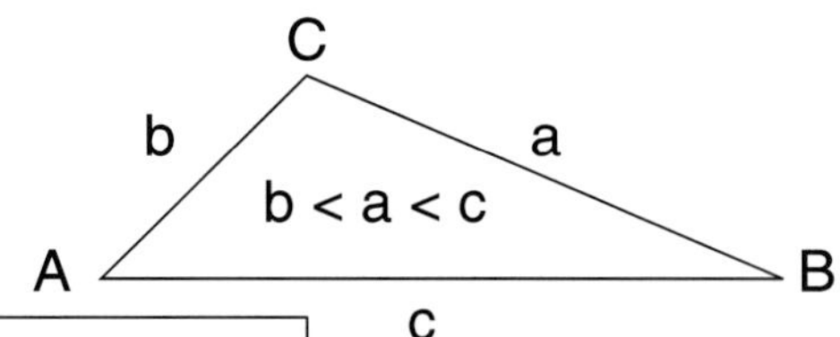

Name

Arbeitsblatt: Knobeleien mit gleichschenkligen Dreiecken

1. Zerlege das Dreieck durch zwei Strecken in ein gleichseitiges Dreieck und zwei gleichschenklige Dreiecke. Es gibt zwei Lösungen.

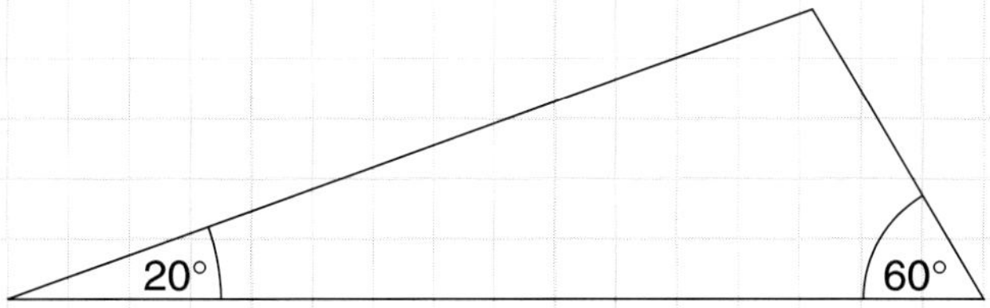

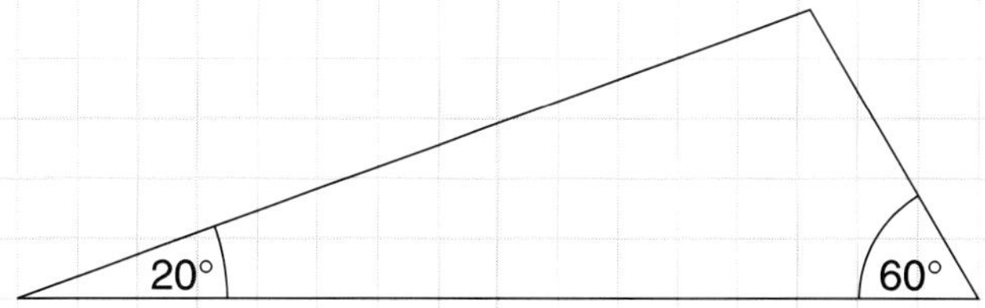

2. Zerlege die Dreiecke durch mindestens zwei Strecken in drei gleichschenklige Dreiecke. Es gibt jeweils zwei Lösungen.

a)

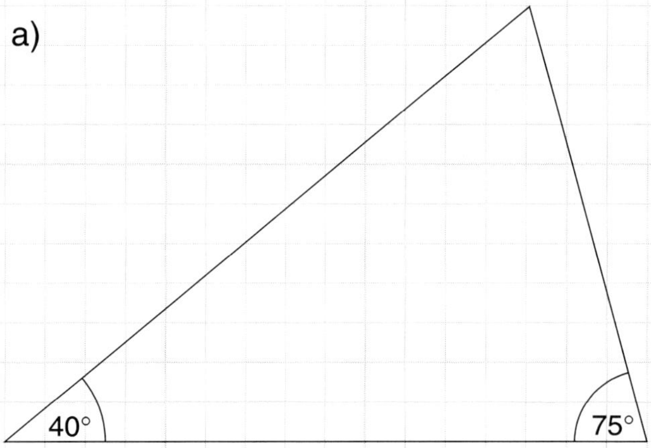

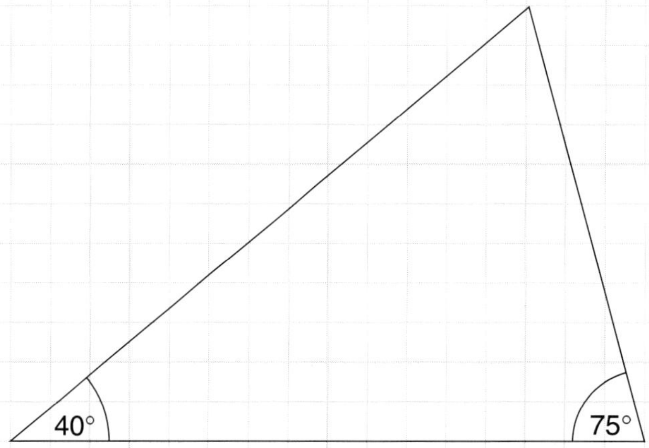

b)

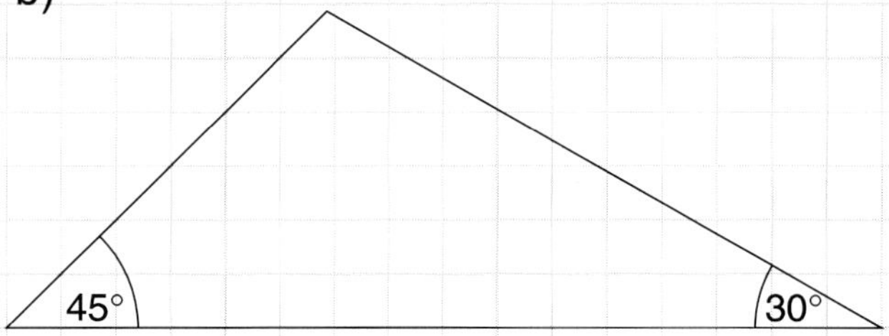

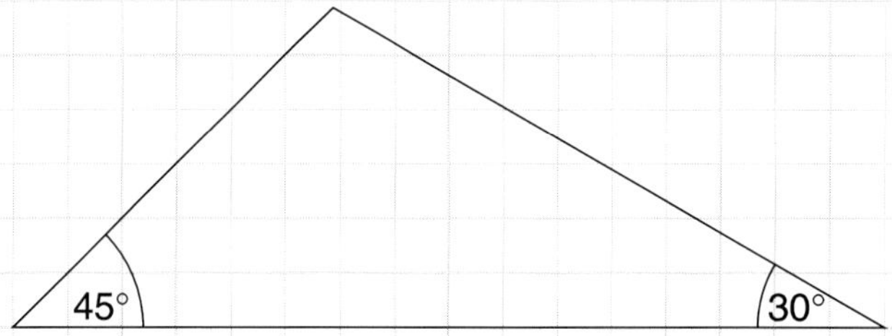

3. In einem gleichschenkligen Dreieck ist ein Winkel viermal so groß wie ein anderer. Wie groß ist ein Basiswinkel? (2 Lösungen).

Arbeitsblatt: Knobeleien mit gleichschenkligen Dreiecken

1. Zerlege das Dreieck durch zwei Strecken in ein gleichseitiges Dreieck und zwei gleichschenklige Dreiecke. Es gibt zwei Lösungen.

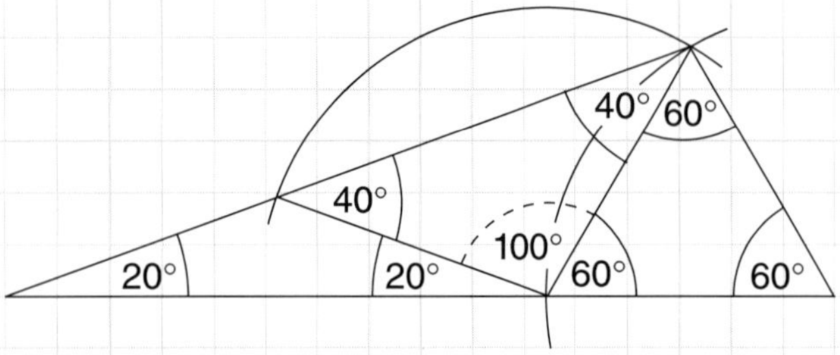

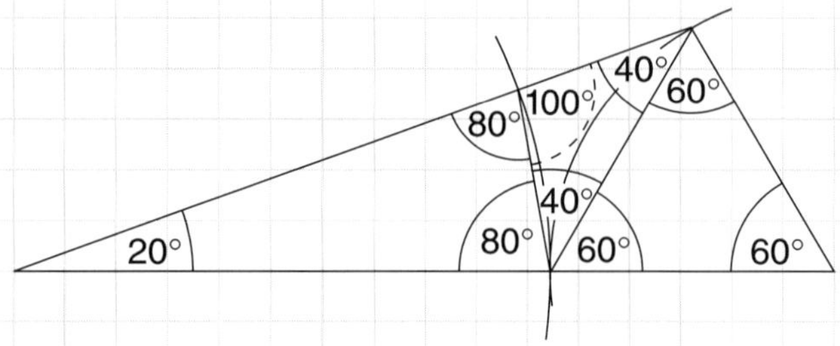

2. Zerlege die Dreiecke durch mindestens zwei Strecken in drei gleichschenklige Dreiecke. Es gibt jeweils zwei Lösungen.

a)

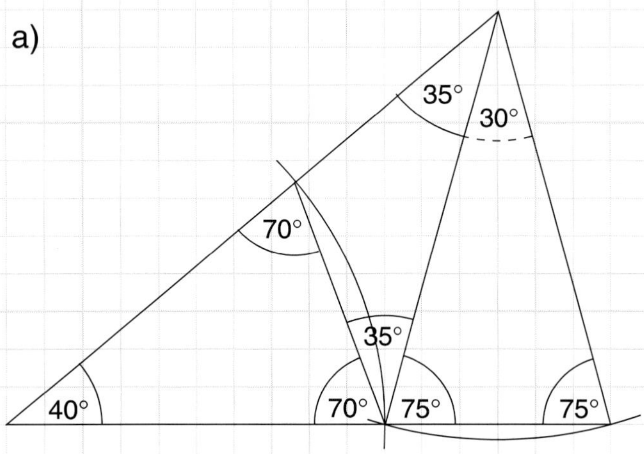

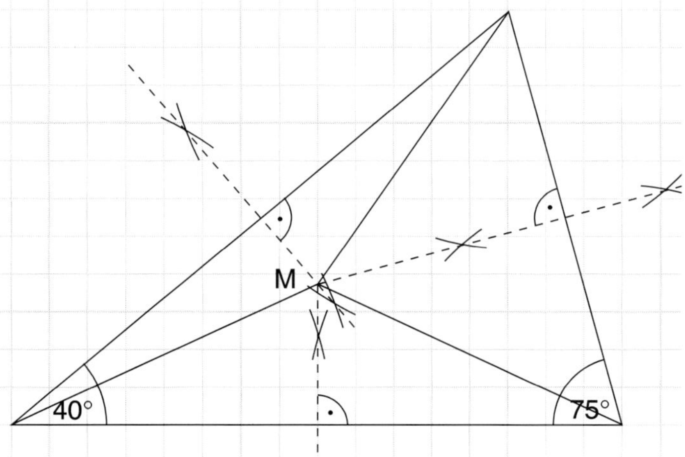

M ist Schnittpunkt der Mittelsenkrechten der Dreiecksseiten.

b)

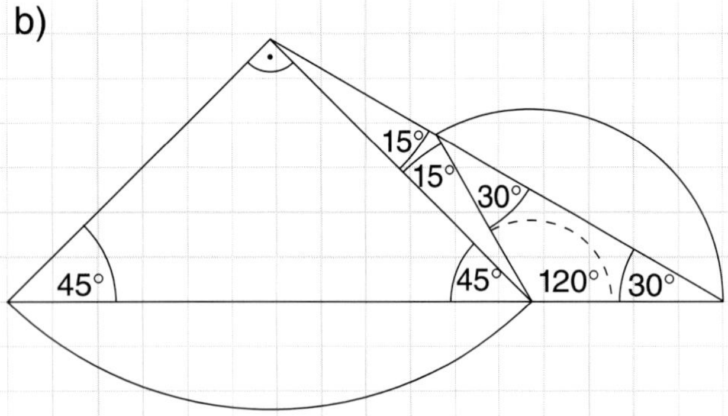

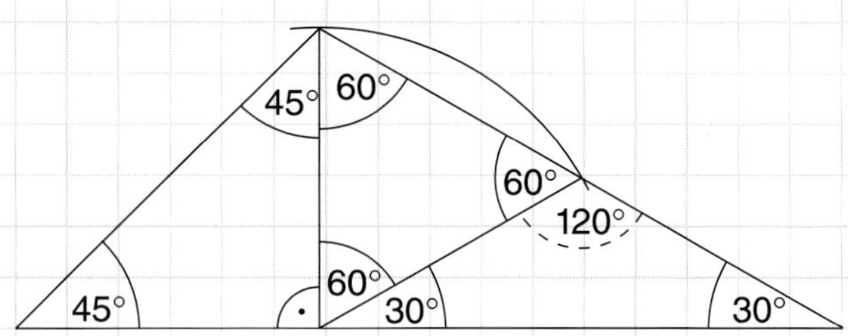

3. In einem gleichschenkligen Dreieck ist ein Winkel viermal so groß wie ein anderer. Wie groß ist ein Basiswinkel? (2 Lösungen).

1. Möglichkeit: x Basiswinkel

$x + x + 4x = 180°$

$6x = 180°$

$x = 30°$

2. Möglichkeit: x Winkel an der Spitze

$x + 4x + 4x = 180°$ $\quad 4x = 80°$

$9x = 180°$

$x = 20°$

Der Basiswinkel ist entweder 30° oder 80° groß.

Konstruktionen zum Thaleskreis und zum gleichseitigen Dreieck

1. Konstruiere die beiden Tangenten, die durch den Punkt P gehen.

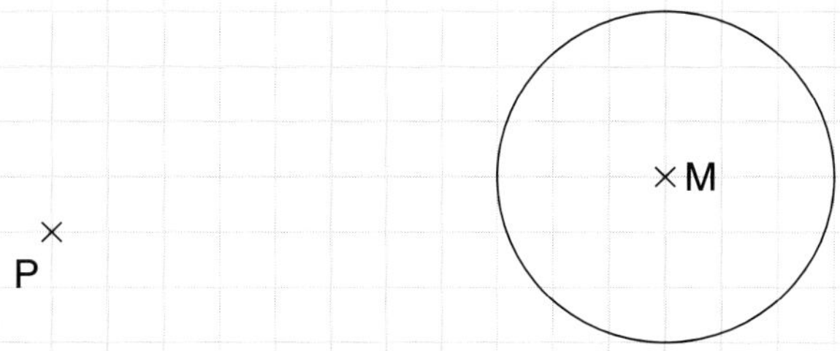

2. Konstruiere einen Winkel der Größe 60° mit dem Scheitel S.

3. Konstruiere einen Kreis, der die Geraden g und h als Tangenten hat und dessen Mittelpunkt vom Punkt S 6 cm entfernt ist. Arbeite mit dem Thaleskreis.

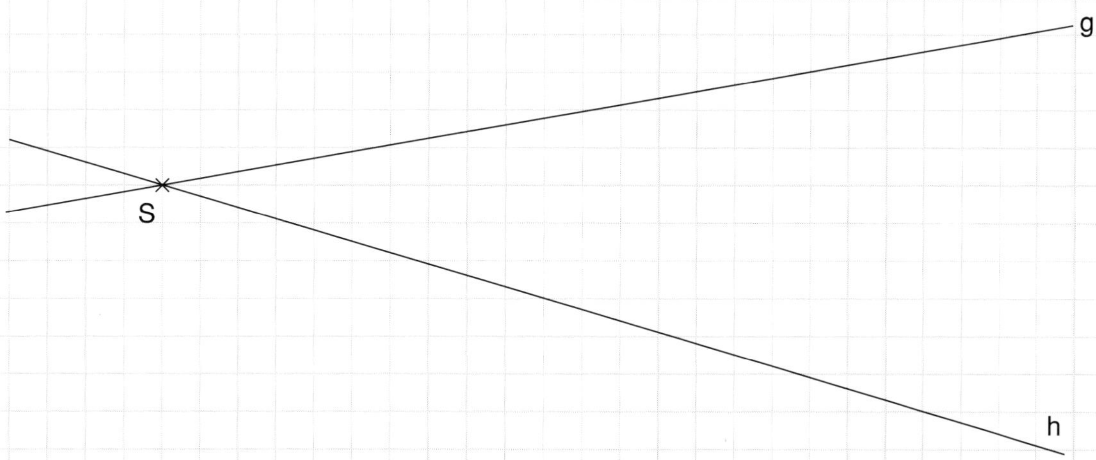

4. Konstruiere aus folgenden Stücken ein Dreieck ABC.

a) $a = 7\,\text{cm};\ b = 5\,\text{cm};\ \alpha = 90°$

b) $\alpha = \beta = 60°;\ b = 5\,\text{cm}$

Trainingsblatt
Konstruktionen zum Thaleskreis und zum gleichseitigen Dreieck

1. Konstruiere die beiden Tangenten, die durch den Punkt P gehen.

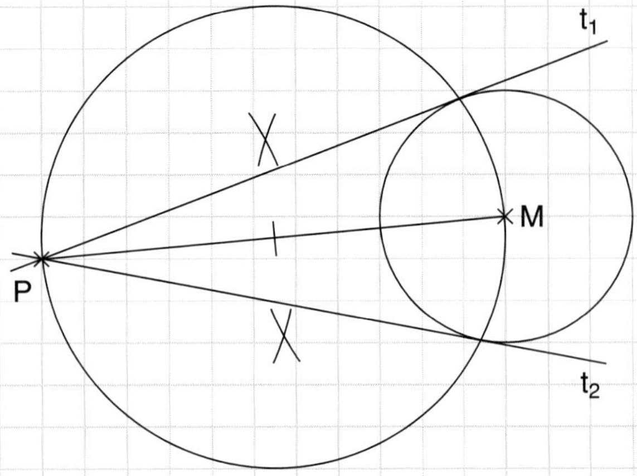

2. Konstruiere einen Winkel der Größe 60° mit dem Scheitel S.

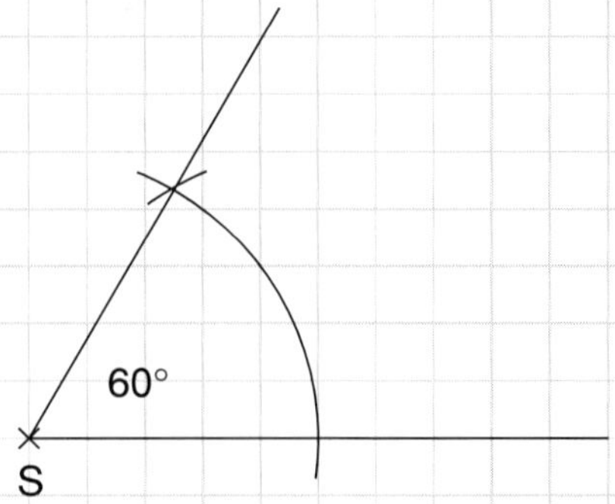

3. Konstruiere einen Kreis, der die Geraden g und h als Tangenten hat und dessen Mittelpunkt vom Punkt S 6 cm entfernt ist. Arbeite mit dem Thaleskreis.

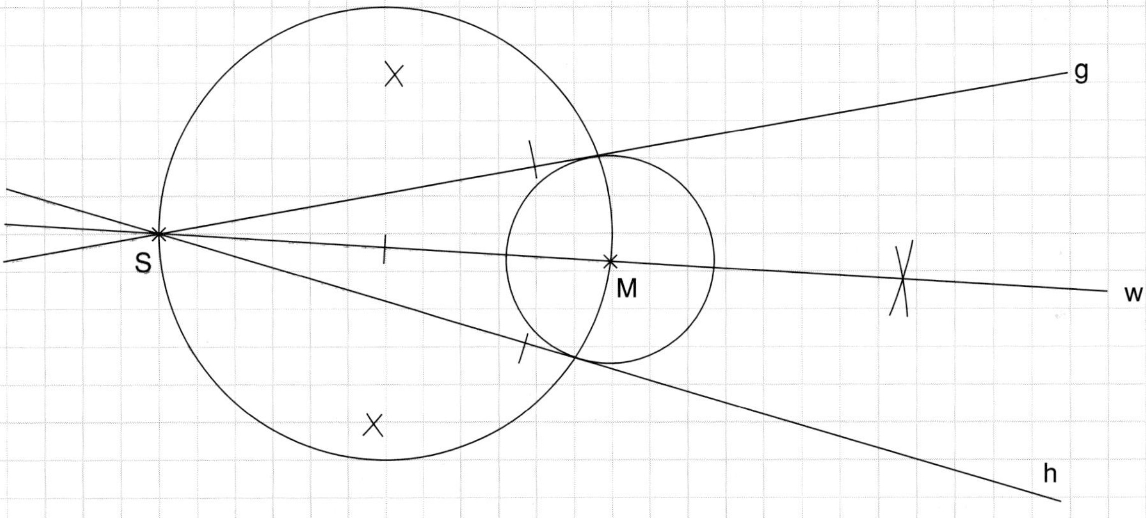

4. Konstruiere aus folgenden Stücken ein Dreieck ABC.

a) a = 7 cm; b = 5 cm; $\alpha = 90°$

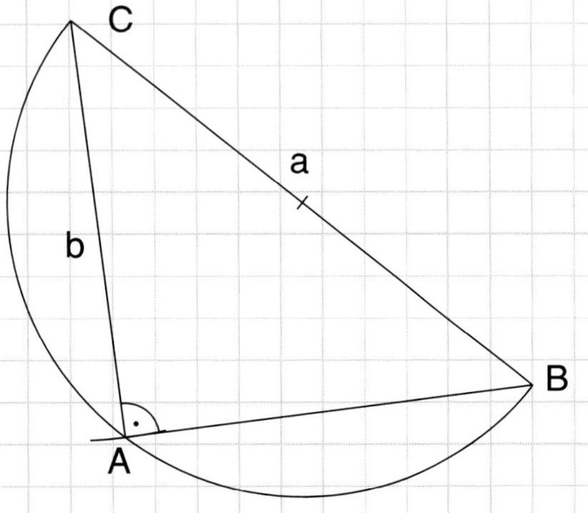

b) $\alpha = \beta = 60°$; b = 5 cm

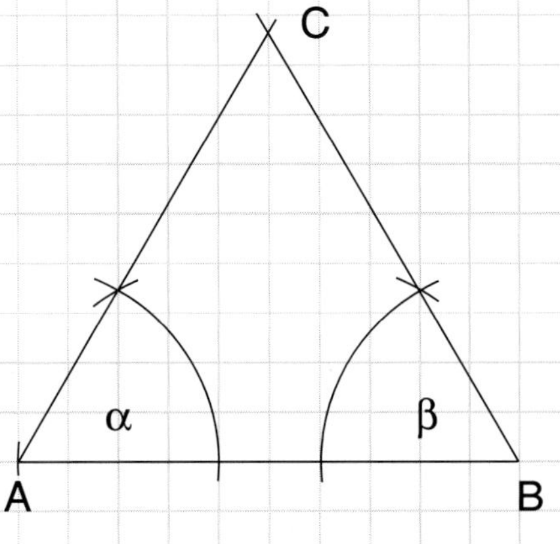

Spiel für 2 – 5 Personen

Spielmaterial: Ein Spielfeld und 6 Würfel pro Spielgruppe
Für jeden Spieler eine Kopie des Schnittmusterbogens, eine Spielfigur, Stift

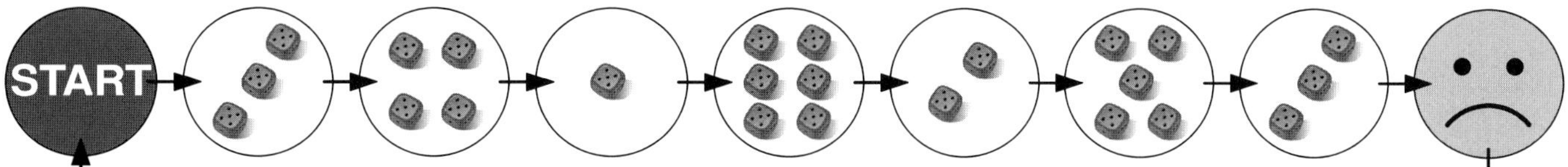

Spielregel: Es wird in Runden gespielt. Das Spiel endet erst dann, wenn der letzte Spieler einer Runde seinen Zug ausgeführt und die entsprechenden Winkel beschriftet hat.
Zu Beginn stehen alle Spielfiguren auf dem Startfeld.

- Der erste Spieler würfelt mit einem Würfel und zieht seine Figur entsprechend. Die Spielfelder haben folgende Bedeutung:
  - Würfeln mit 1 Würfel
  - Würfeln mit 2 Würfeln
  - ⋮ ⋮
  - Würfeln mit 6 Würfeln
  - Pech gehabt – aussetzen
  - Würfeln mit beliebig vielen Würfeln
- Nun multipliziert der Spieler die gewürfelte Augensumme mit 5. Die erhaltene Zahl steht für eine Winkelgröße. Falls möglich, beschriftet er nun einen passend großen Winkel in seinem Schnittmusterbogen mit dieser Winkelgröße. Alle weiteren Winkel, die daraufhin bestimmbar sind, trägt er ebenfalls ein und gibt dafür jeweils eine Begründung an (z. B. Stufenwinkel; Winkelsumme im Dreieck; Thaleskreis ...). Die Mitspieler überprüfen seine Argumentation.
- Für jede Eintragung mit korrekter Begründung, darf der Spieler ein Punktekästchen auf seinem Schnittmusterbogen ankreuzen.
- Kann der Spieler keine weiteren Winkel bestimmen oder hat er einen Fehler gemacht (falsche Winkelgröße oder falsche Begründung), so ist der nächste Spieler an der Reihe.

Spielende: Das Spiel endet am Ende der Runde, in der ein Spieler alle Winkel auf seinem Schnittmusterbogen bestimmt hat oder nach vereinbarter Zeit. Sieger ist der Spieler mit den meisten Punkten.

Kürzere Spielvariante: Alle Spieler tragen die Winkel auf demselben Schnittmusterbogen mit verschiedenen Farben ein.

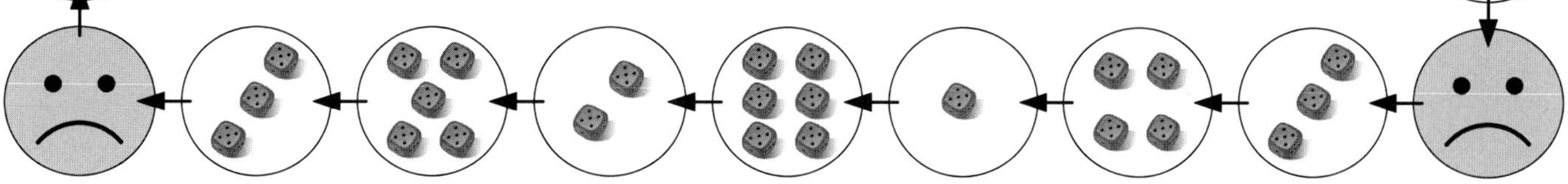

Der verwinkelte Schnittmusterbogen

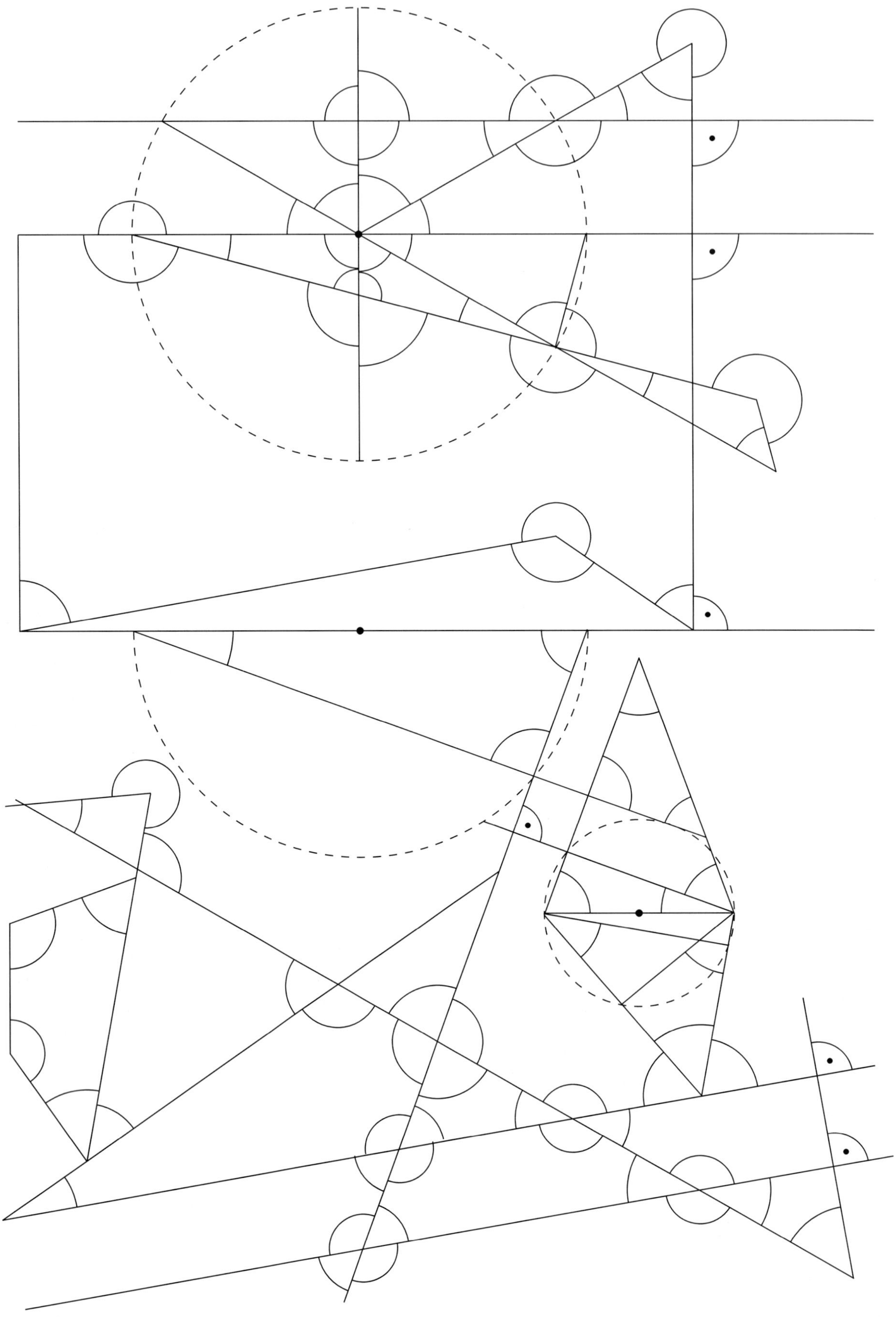

Name: ____________________ Punkte

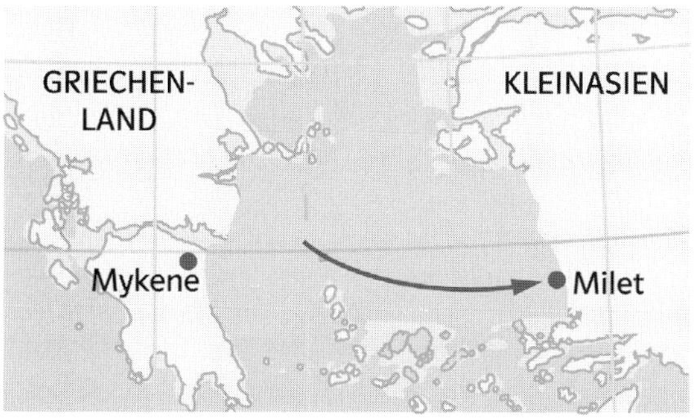

In Griechenland hatten Eindringlinge aus dem Norden Mykene zerstört und die Bevölkerung großenteils in die Küstenregion abgedrängt. Dort wurde die Versorgung im Laufe der Zeit immer schwieriger.

So wanderten denn viele aus (dorische Wanderung), von Insel zu Insel bis an die Westküste von Kleinasien (der heutigen Türkei). Dort siedelten sie meist in der Nähe von Flussmündungen, denn hier war der Boden fruchtbar.
Die Stadt Milet an der Mündung des Flusses Maiandros (unser Wort „Mäander" geht auf die eigenartigen Windungen dieses Flusses zurück) entwickelte sich im 7. Jahrhundert v. Chr. zu einem wichtigen Umschlagplatz im Handel zwischen Ost und West.

Hier in Milet war Thales (625 – 545 v. Chr.) als Kaufmann, Philosoph und Mathematiker tätig.
Zu den großen Verdiensten von Thales gehört, dass er die Vorgänge in der Natur nicht mehr dem Wirken der Götter zuschrieb, sondern die Ursachen in den Dingen selbst und ihren Zusammenhängen suchte. Die Chaldäer in Mesopotamien hielten die Gestirne für göttliche Wesen. Thales von Milet dagegen lehrte ganz respektlos, dass es sich einfach um glühende Erdklumpen handle. Für die Ägypter war es Chnum, ein göttliches Wesen in Gestalt eines Widders, der die segensreiche jährliche Nilüberschwemmung verursachte. Thales, der auch in Ägypten war, meinte dagegen, dass die aus der Ägäis kommenden Nordwinde das Nilwasser zeitweilig am Fließen hindern. Das stimmte zwar nicht (und sein Schüler Anaximander hielt denn auch zutreffend die Schneeschmelze für die Ursache), aber es zeigt doch, dass man an der kleinasiatischen Küste die Dinge mit anderen Augen sah.

Unvorstellbares Ereignis – ganz unmöglich,
wunderbar ist hinfort nichts mehr auf Erden,
seit der Göttervater Zeus
Mittagszeit in Nacht verwandelt
und der hellen Sonne Licht
sich verbergen ließ.
Die Menschen spürten plötzlich kalte Angst,
und seither ist nichts verlässlich:
glaubwürdig den Menschen scheint
alles jetzt...

Archilochos,
anlässlich der Sonnenfinsternis
vom 6. April 648 v. Chr.

Ganz besondere Aufregung verursachten zu allen Zeiten ungewöhnliche Himmelserscheinungen. Das Gedicht von Archilochos, der zwei Generationen vor Thales gelebt hat, vermittelt einen Eindruck, wie eine Sonnenfinsternis die Menschen vor Thales bewegte.
Ganz anders Thales, von ihm heißt es:
„Thales sagte als erster, dass die Sonne durch den Mond verfinstert wird, indem dieser zwischen Sonne und Erde tritt."
Er ging sogar so weit, für die nahe Zukunft eine Sonnenfinsternis vorauszusagen. Und er behielt Recht, am 28. Mai 585 v. Chr. verfinsterte sich die Sonne. Kein Wunder, dass Thales danach als größter der sieben Weltweisen galt.

Der folgende Satz ist nach Thales benannt. Er war schon den Babyloniern bekannt. Thales hat den Sachverhalt jedoch als Erster mit den symmetrischen Eigenschaften von Figuren begründet.

Satz des Thales
Ein Dreieck ABC hat genau dann bei C einen rechten Winkel, wenn die Ecke C auf dem Halbkreis über [AB] liegt.

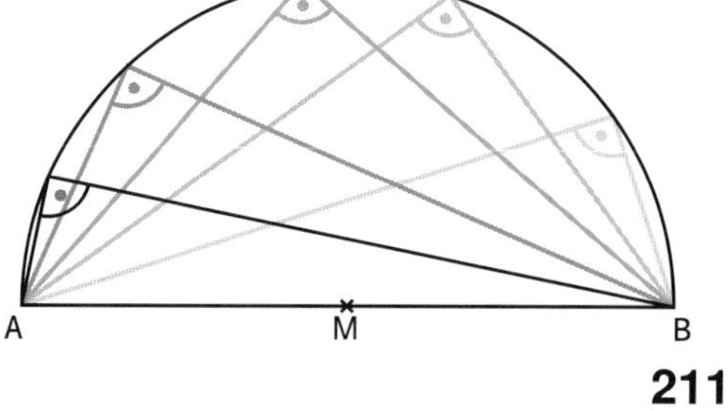

Arbeitsblatt: Mobilfunkmasten

Für die Versorgung der eingezeichneten Orte sollen neue Mobilfunkmasten aufgestellt werden. Es sollen 3 Unterverteilmasten und 1 neuer Hauptverteilmast, der die Unterverteilungen speist, gebaut werden. Dabei sollen die Masten so positioniert werden, dass die Leistung, mit der sie betrieben werden müssen, möglichst gering ist. Die Reichweite eines Unterverteilmastes kann höchstens 12 km betragen. Konstruiere!

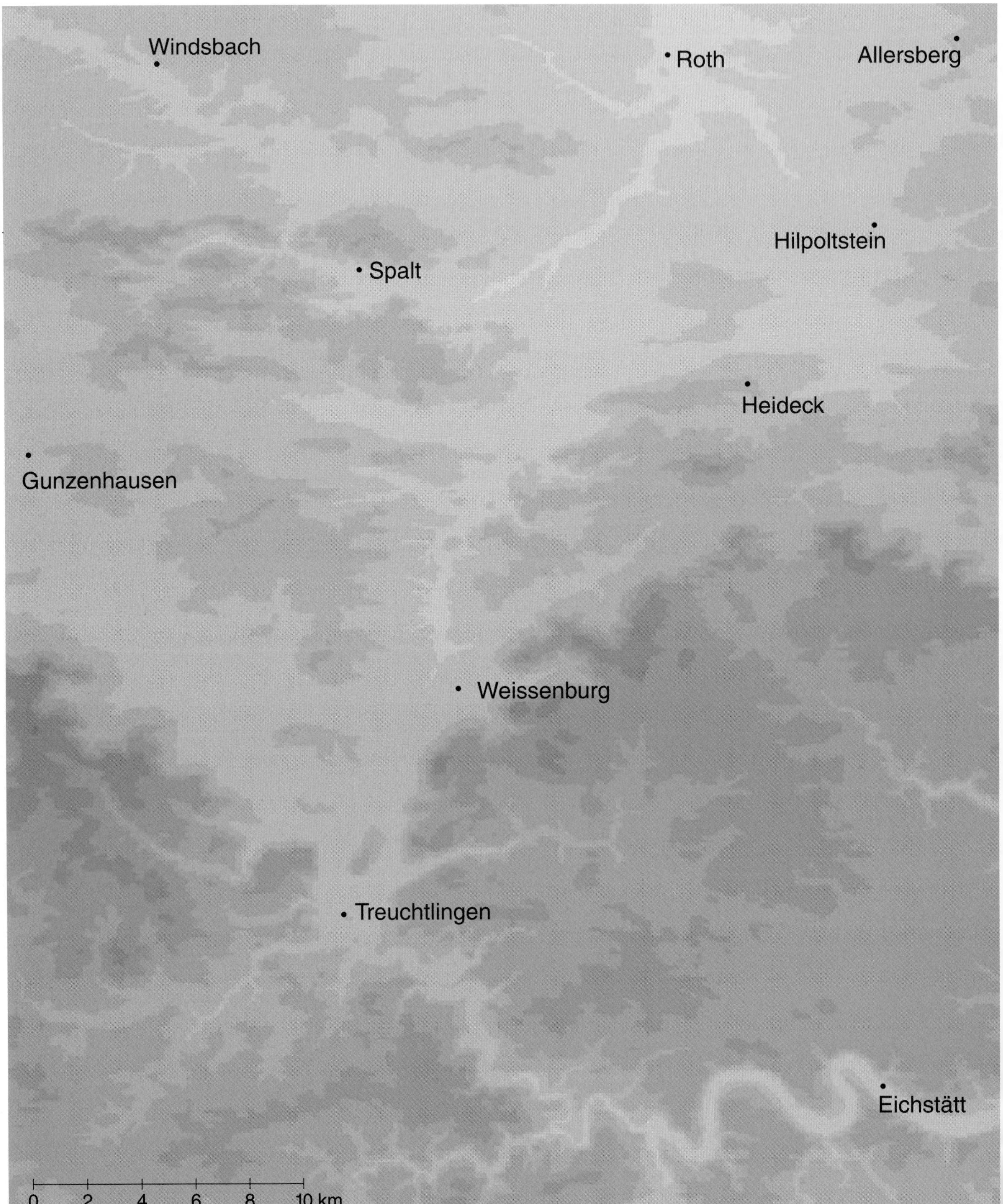

Arbeitsblatt: Mobilfunkmasten

Für die Versorgung der eingezeichneten Orte sollen neue Mobilfunkmasten aufgestellt werden. Es sollen 3 Unterverteilmasten und 1 neuer Hauptverteilmast, der die Unterverteilungen speist, gebaut werden. Dabei sollen die Masten so positioniert werden, dass die Leistung, mit der sie betrieben werden müssen, möglichst gering ist. Die Reichweite eines Unterverteilmastes kann höchstens 12 km betragen. Konstruiere!

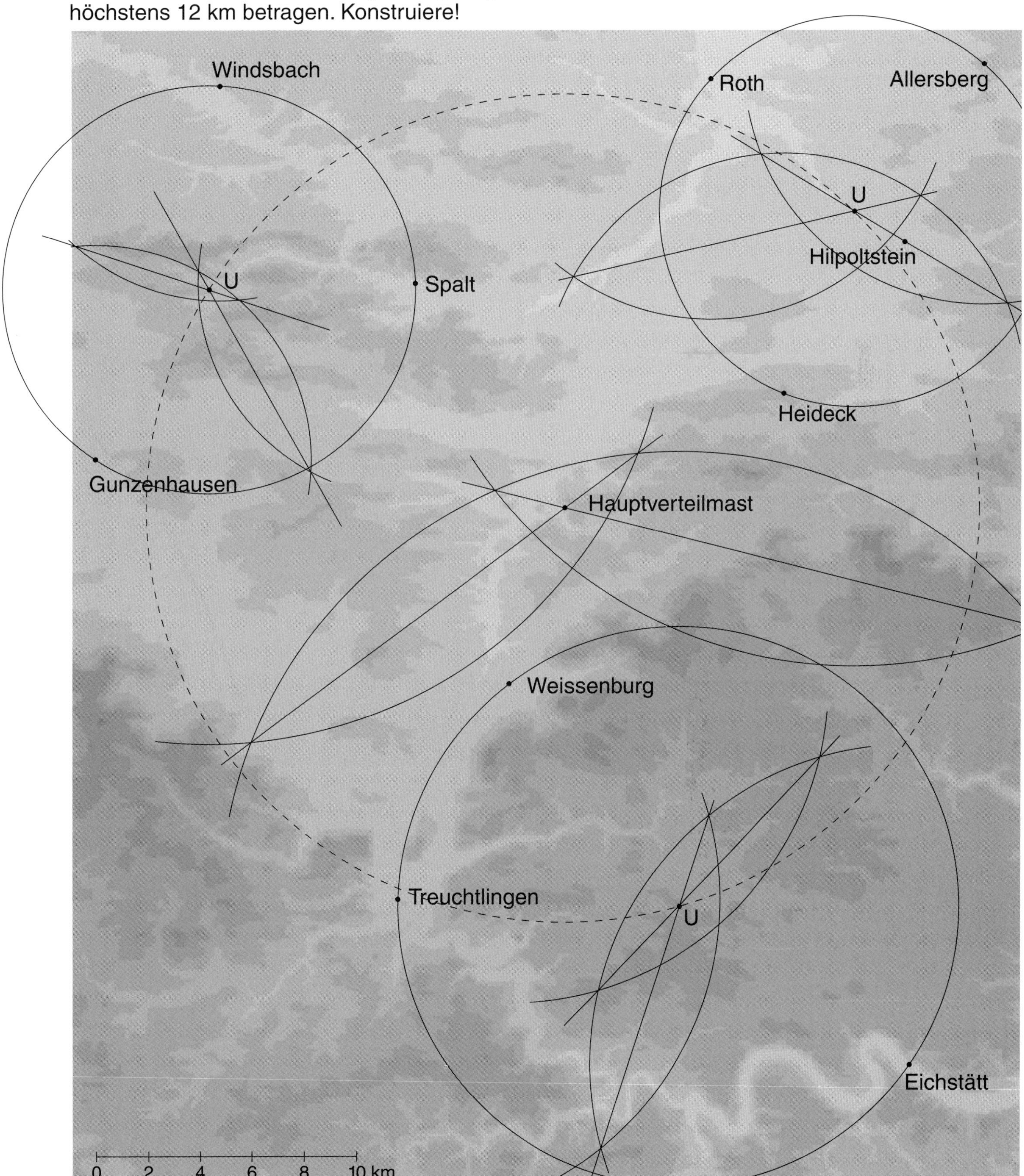

Arbeitsblatt: Schatzsuche

Der greise Geometer Zirkulix vergrub sein zu vererbendes Vermögen an einer Stelle, die nur derjenige finden sollte, der mit ihm die Leidenschaft zur Geometrie teilt.
Er hinterließ diese Zeichnung mit den folgenden Anweisungen:

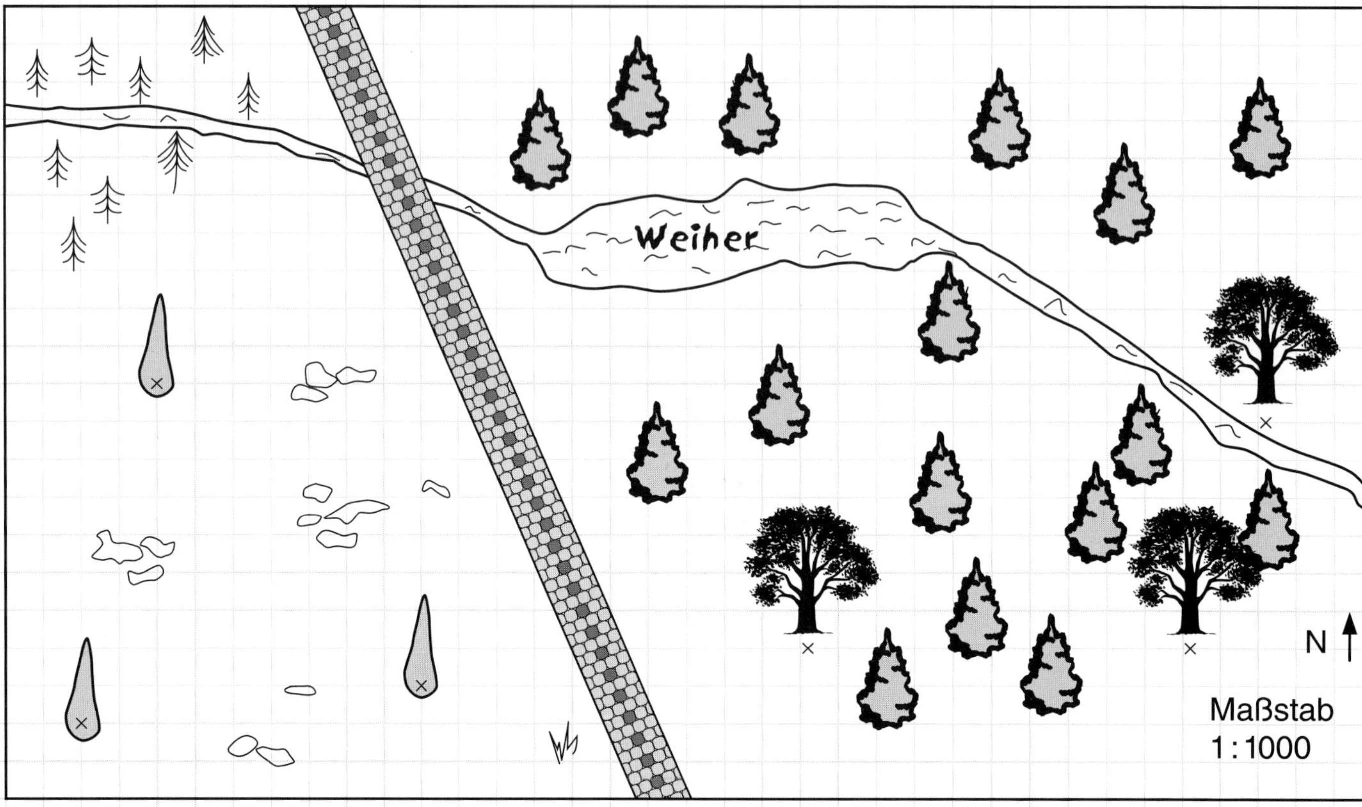

1. Suche die Stelle, die von den drei Eichen gleich weit entfernt ist und bezeichne sie mit E.

2. Die drei Hinkelsteine bilden ein Dreieck. Zeichne die Winkelhalbierende ein, die in nordöstlicher Richtung verläuft. Bezeichne die Stelle, an der die Winkelhalbierende den westlichen Rand der Römerstraße schneidet, mit W.

3. Gehe von der Mitte der Strecke [WE] 12 m nach Norden und bezeichne den Punkt mit N.

4. Suche den Punkt, der bezüglich der Römerstraße zum Punkt N achsensymmetrisch ist und bezeichne ihn mit S.

5. Der Schatz ist nördlich des Weihers vergraben, vom Punkt N genau 30 m und vom Punkt S genau 70 m entfernt.

Good luck!

a) Konstruiere im Dreieck ABC die Winkelhalbierenden und die Mittelsenkrechten, im Dreieck DEF die Mittelsenkrechten und die Höhen und im Dreieck RST die Höhen und die Winkelhalbierenden.

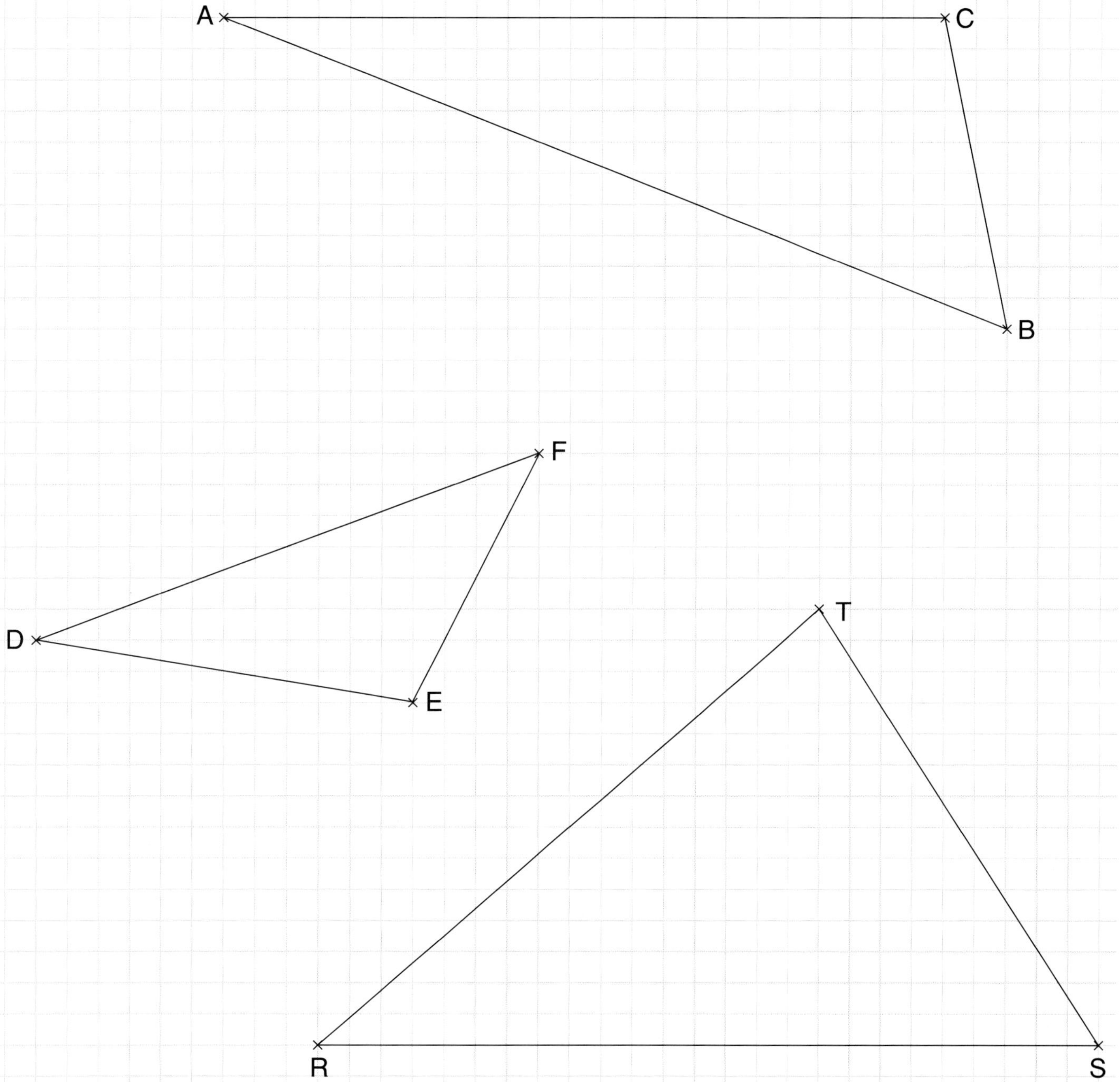

b) Wie kannst du feststellen, ob du genau gezeichnet hast?

____

____

c) Zeichne im Dreieck DEF den Umkreis ein.

Trainingsblatt
Besondere Linien im Dreieck

a) Konstruiere im Dreieck ABC die Winkelhalbierenden und die Mittelsenkrechten, im Dreieck DEF die Mittelsenkrechten und die Höhen und im Dreieck RST die Höhen und die Winkelhalbierenden.

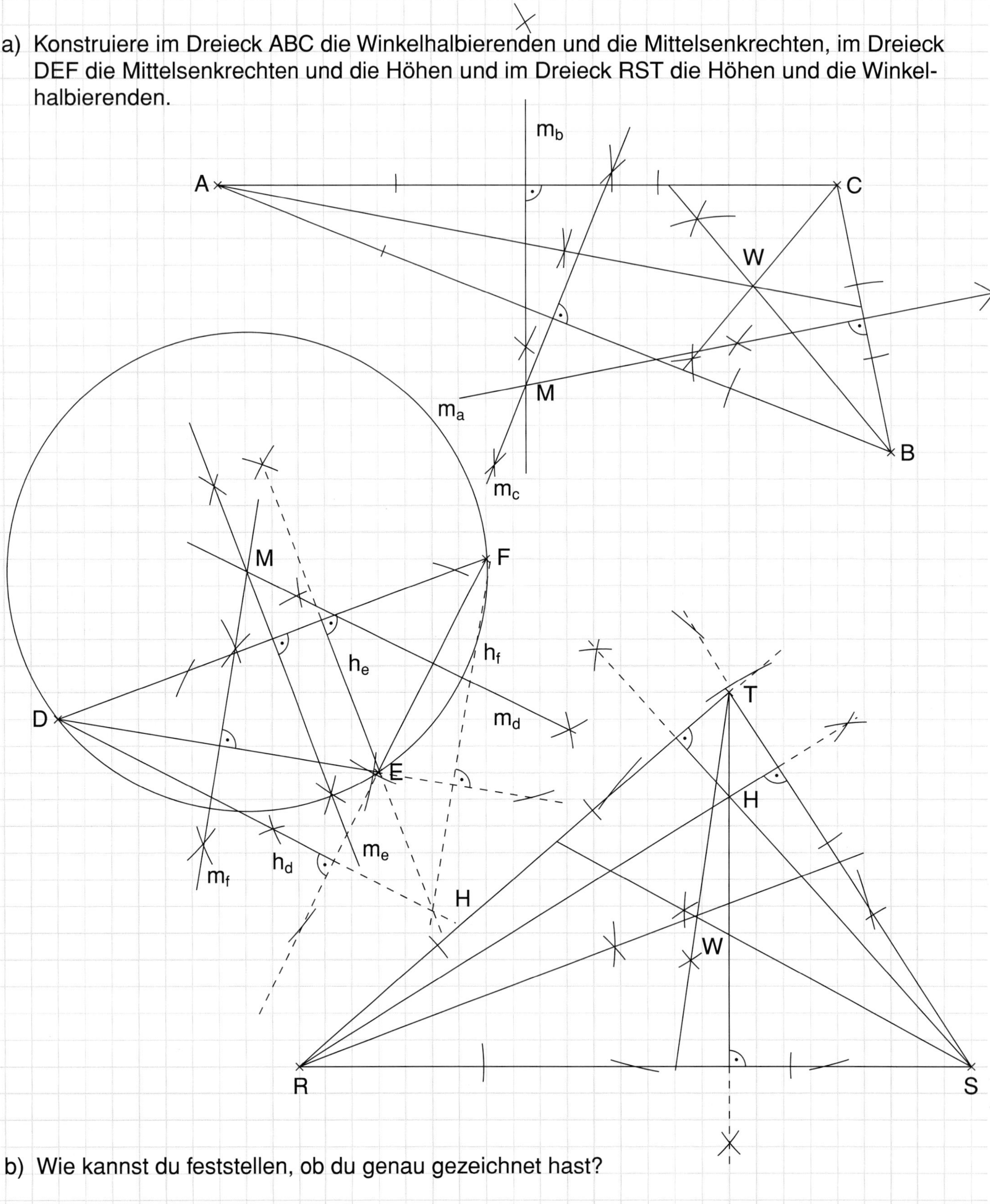

b) Wie kannst du feststellen, ob du genau gezeichnet hast?

Die Zeichnung ist genau, wenn sich die Winkelhalbierenden bzw. die Mittelsenkrechten bzw. die Höhen in einem Punkt schneiden.

c) Zeichne im Dreieck DEF den Umkreis ein.

Trainingsblatt
Besondere Dreieckskonstruktionen

Aus den folgenden Bestimmungsstücken können Dreiecke konstruiert werden (r ist der Umkreisradius).

(A)	(B)	(C)	(D)	(E)
$\alpha = 55°$	$a = 6\,cm$	$c = 7\,cm$	$\alpha = 55°$	$a = 6\,cm$
$h_c = 5{,}5\,cm$	$c = 5{,}5\,cm$	$\alpha = 55°$	$b = 6{,}5\,cm$	$\gamma = 50°$
$r = 3{,}5\,cm$	$h_c = 5{,}5\,cm$	$w_\alpha = 5\,cm$	$r = 3{,}5\,cm$	$w_\gamma = 5{,}5\,cm$

1. Erstelle jeweils eine Planfigur.
(A) Planfigur: (B) Planfigur: (C) Planfigur: (D) Planfigur: (E) Planfigur:

2. Zu welchen Aufgabenstellungen (A) – (E) gehören die Konstruktionspläne I, II, III bzw. die Konstruktionen IV, V, VI? Trage in die Tabelle ein. In den Konstruktionsbeschreibungen sind 3 Fehler versteckt. Finde und verbessere sie.

I	II	III	IV	V	VI

I (1) A und B sind durch $c = \overline{AB}$ gegeben
(2) W liegt: 1. auf w_α
2. auf dem Kreis $k(A; w_\alpha)$
(3) C liegt: 1. auf dem freien Schenkel von α
2. auf der Halbgeraden [AC

II (1) F und C sind durch $h_c = \overline{FC}$ gegeben
(2) A liegt: 1. auf der Senkrechten zu h_c durch F
2. auf dem freien Schenkel von $\gamma_1 = 90° - \alpha$ in C an [CF] angetragen
(3) U liegt: 1. auf Kreis k (A; r)
2. auf Kreis k (C; r)
(4) B liegt: 1. auf [AF
2. auf Kreis k (C; r)

III (1) A und C sind durch $b = \overline{AB}$ gegeben
(2) U liegt: 1. auf dem Kreis k (A; r)
2. auf dem Kreis k (C; r)
(3) B liegt: 1. auf dem freien Schenkel von α
2. auf dem Kreis k (U; r)

IV

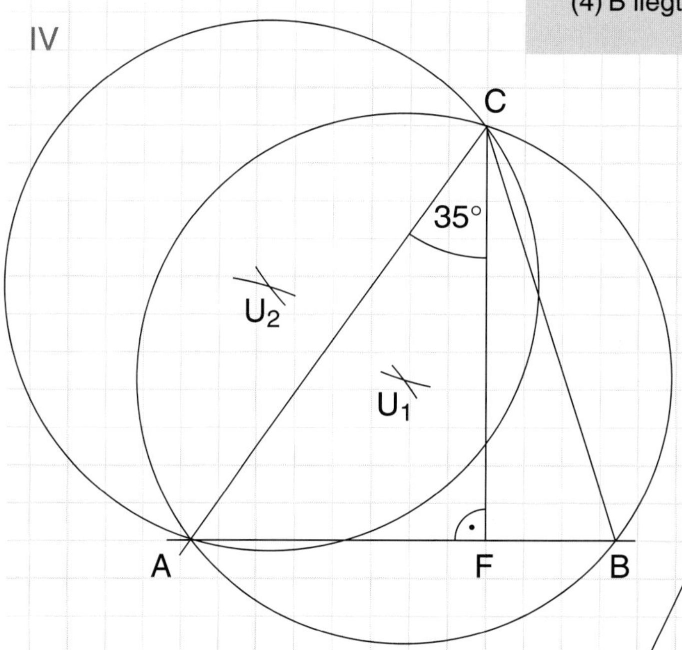

V

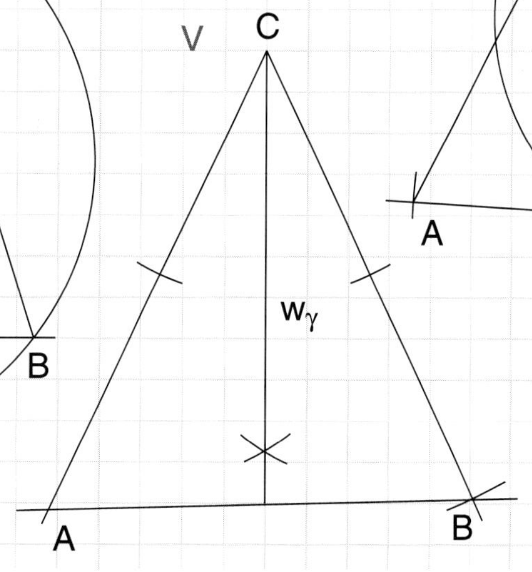

VI

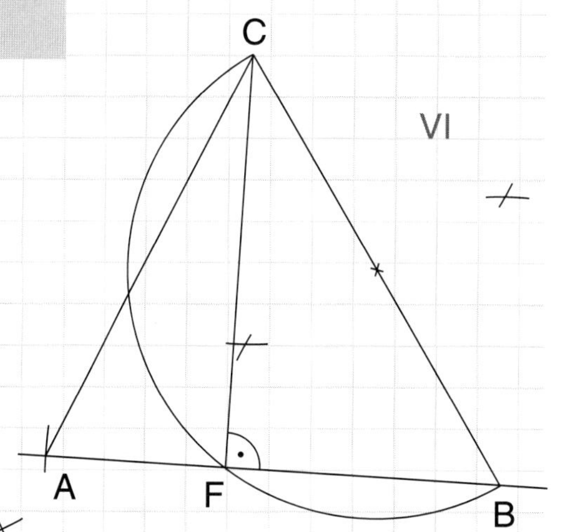

LÖSUNG

Aus den folgenden Bestimmungsstücken können Dreiecke konstruiert werden (r ist der Umkreisradius).

(A)	(B)	(C)	(D)	(E)
$\alpha = 55°$	$a = 6\,cm$	$c = 7\,cm$	$\alpha = 55°$	$a = 6\,cm$
$h_c = 5{,}5\,cm$	$c = 5{,}5\,cm$	$\alpha = 55°$	$b = 6{,}5\,cm$	$\gamma = 50°$
$r = 3{,}5\,cm$	$h_c = 5{,}5\,cm$	$w_\alpha = 5\,cm$	$r = 3{,}5\,cm$	$w_\gamma = 5{,}5\,cm$

1. Erstelle jeweils eine Planfigur.

(A) Planfigur:

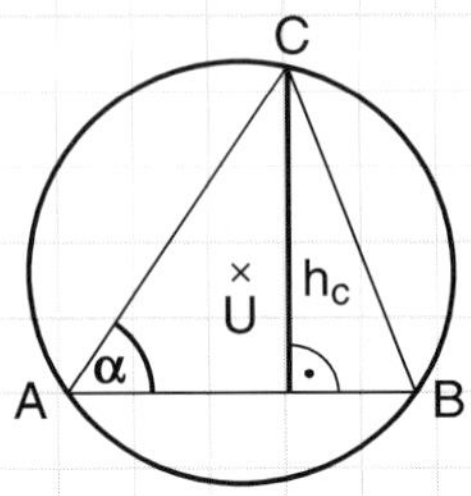

(B) Planfigur:

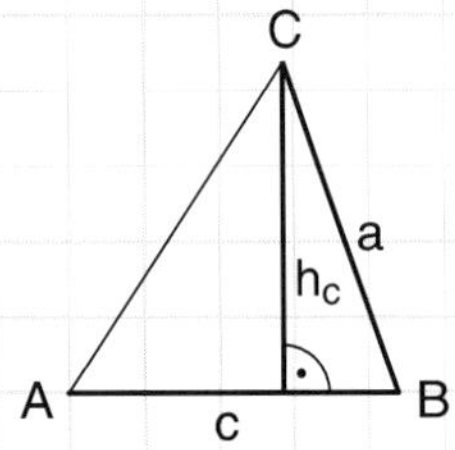

(C) Planfigur:

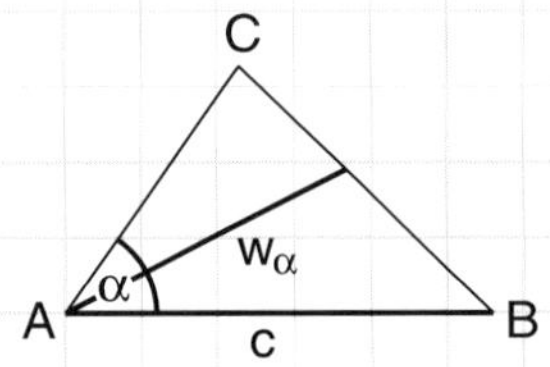

(D) Planfigur:

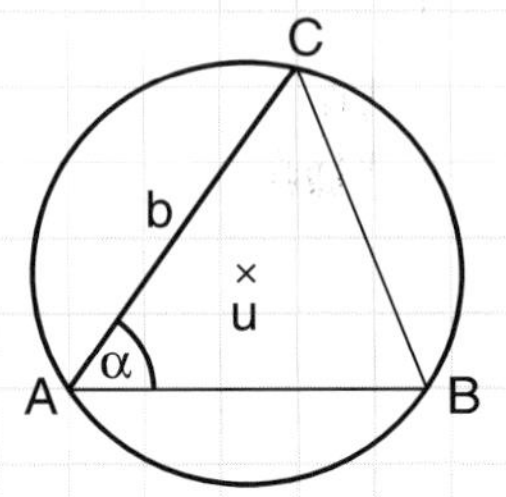

(E) Planfigur:

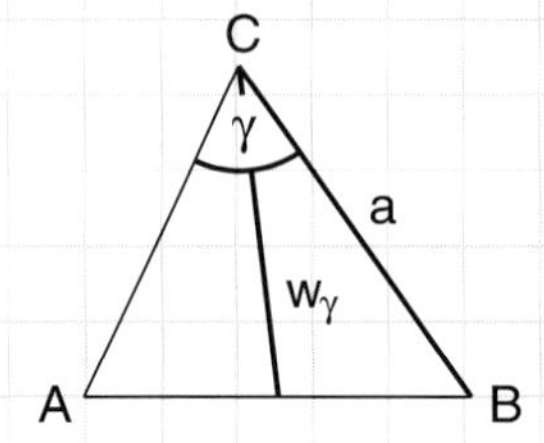

2. Zu welchen Aufgabenstellungen (A) – (E) gehören die Konstruktionspläne I, II, III bzw. die Konstruktionen IV, V, VI? Trage in die Tabelle ein. In den Konstruktionsbeschreibungen sind 3 Fehler versteckt. Finde und verbessere sie.

I	II	III	IV	V	VI
C	A	D	A	E	B

I (1) A und B sind durch $c = \overline{AB}$ gegeben
(2) W liegt: 1. auf w_α
2. auf dem Kreis $k(A; w_\alpha)$
(3) C liegt: 1. auf dem freien Schenkel von α
2. auf der Halbgeraden [**B**C

II (1) F und C sind durch $h_c = \overline{FC}$ gegeben
(2) A liegt: 1. auf der Senkrechten zu h_c durch F
2. auf dem freien Schenkel von $\gamma_1 = 90° - \alpha$ in C an [CF] angetragen
(3) U liegt: 1. auf Kreis k(A; r)
2. auf Kreis k(C; r)
(4) B liegt: 1. auf [AF
2. auf Kreis k(**U**; r)

III (1) A und C sind durch $b = \overline{A\mathbf{C}}$ gegeben
(2) U liegt: 1. auf dem Kreis k(A; r)
2. auf dem Kreis k(C; r)
(3) B liegt: 1. auf dem freien Schenkel von α
2. auf dem Kreis k(U; r)

IV

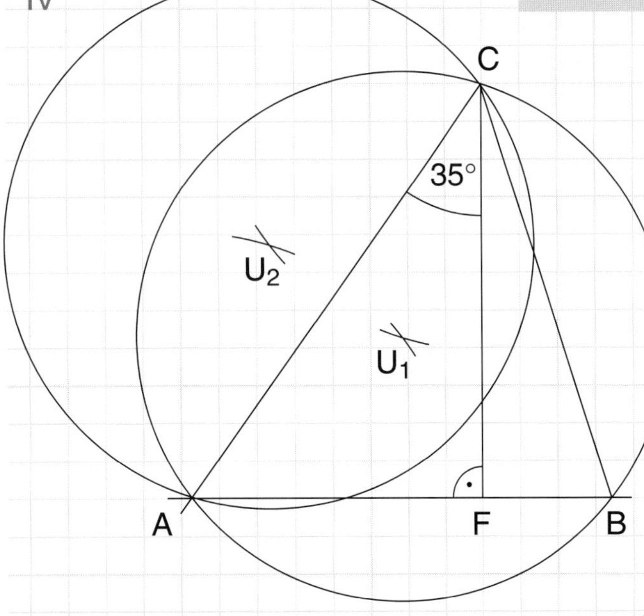

V

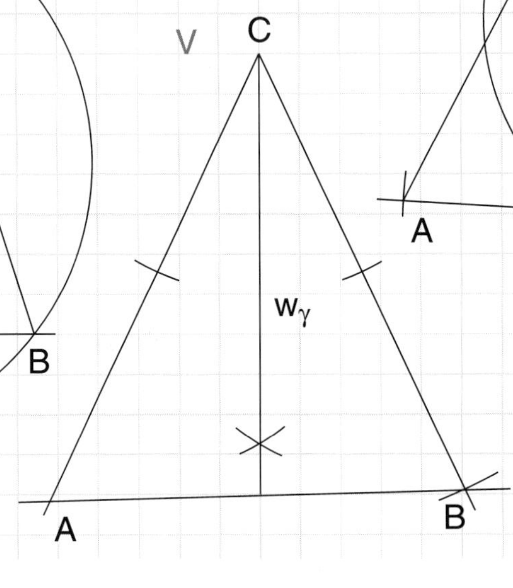

VI

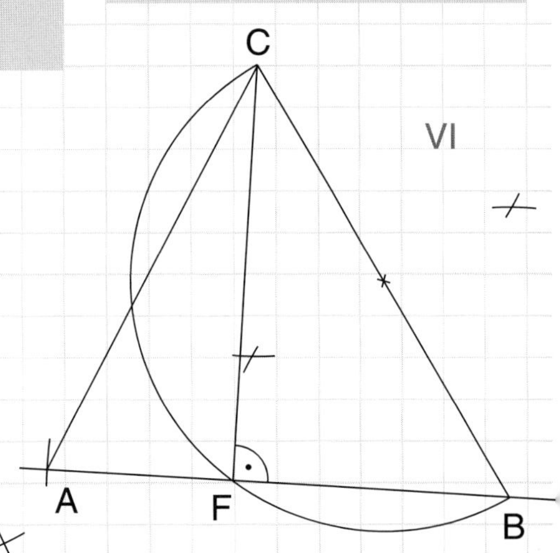

Dreiecke kombinieren

Spiel für 2 – 5 Personen **Spielregeln:** Die Karten liegen verdeckt auf einem Stapel. Reihum darf jeder eine Karte abheben. Sobald ein Spieler drei Karten hat, mit deren Angaben er ein Dreieck konstruieren kann, legt er diese Karten vor sich ab und erklärt gegebenenfalls mit einer Skizze, wie damit ein Dreieck konstruiert werden kann. Ist die Erklärung falsch, kommen die Karten wieder unten in den Stapel. Gewonnen hat der Spieler, der die meisten Dreiecke konstruieren konnte.			a	a	a
b	b	b	c	c	c
α	α	α	β	β	β
γ	γ	γ	h_a	h_a	h_a
h_b	h_b	h_b	h_c	h_c	h_c
w_α	w_α	w_α	w_β	w_β	w_β
w_γ	w_γ	w_γ	Umkreisradius r	Umkreisradius r	Umkreisradius r

Die Strategiekarten auf festes, eventuell farbiges Papier kopieren oder auf dünne Pappe kleben. Zum Aufbewahren ist ein Karteikasten DIN A6 geeignet. Die Aufgabenkarten sind hinter die jeweils passende Strategiekarte einzusortieren.

Strategie: Aufstellen und Lösen einer Gleichung

Überlege, welche Größe als Variable zu wählen ist und stelle eine geeignete Gleichung auf.
Das Lösen der Gleichung führt dann zu einer Lösung des Problems.

Aufgabe:
Ich denke mir eine Zahl, zu der ich 17 addiere. Das Ergebnis dividiere ich durch 5 und subtrahiere davon den dritten Teil der gedachten Zahl. Wenn ich nun 5 addiere, erhalte ich die Zahl 0. Welche Zahl habe ich mir gedacht?

Lösung: Aufstellen und Lösen einer Gleichung

$(x + 17) : 5 - \frac{1}{3}x + 5 = 0$ Die gesuchte Zahl heißt x.

$\frac{1}{5}x + \frac{17}{5} - \frac{1}{3}x + 5 = 0$

$\frac{3}{15}x - \frac{5}{15}x + \frac{17}{5} + \frac{25}{5} = 0$

$-\frac{2}{15}x + \frac{42}{5} = 0$

$-\frac{2}{15}x = -\frac{42}{5}$

$x = 63$ Antwort: Die gedachte Zahl lautet 63.

Der Karteikasten kann mit selbst gestalteten Aufgabenkarten ergänzt werden, die hinter die entsprechende Strategiekarte einsortiert werden. Auch aus dem Buch z.B. S. 13, 16, 43, 58, 99, 109, 113, 127, 157, 188ff. können Aufgaben übernommen werden.

Strategie: Zurückführen auf etwas Bekanntes

Manche neuartige Aufgabenstellung kannst du auf bekannte Zusammenhänge zurückführen.

Aufgabe:
Wie groß ist die Innenwinkelsumme eines Fünfecks?

Lösung durch Zurückführen auf etwas Bekanntes.

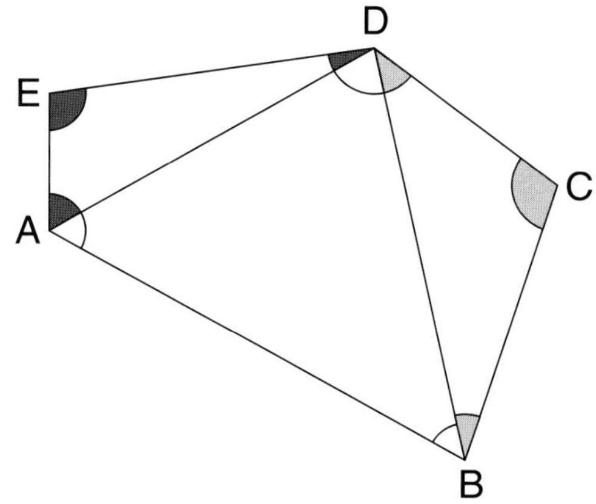

Man zerlegt ein Fünfeck in drei Dreiecke.
Von Dreiecken kennt man die Innenwinkelsumme.

Also rechnet man

$3 \cdot 180° = 540°$

Antwort: Die Innenwinkelsumme eines Fünfecks ist 540°.

Die Strategiekarten werden in den Folgebänden weiter ergänzt.

Strategie: Fermi-Abschätzung

Problemstellungen, für deren Lösung Informationen fehlen, kannst du oft durch sinnvolle Annahmen und Abschätzungen lösen.

Aufgabe:
Wie viel Zeit seines Lebens verbringt ein Gymnasiast während der 12jährigen Schullaufbahn mit der Erledigung seiner Hausaufgaben?

Lösung mit Fermi-Abschätzung

Man könnte so abschätzen:

1. Dauer der Hausaufgaben pro Schultag: In der 1. Klasse wird man sicher am wenigsten, in der 12. Klasse am meisten Hausaufgaben haben. In Klasse 7 liegen die Hausaufgaben mit etwa 2 h/Schultag wohl im Durchschnitt.
2. Anzahl der Schultage: 52 Wochen – 13 Ferienwochen = 39 Schulwochen $39 \cdot 5$ Tage – 5 Feiertage = 190 Schultage (in einem Jahr)
3. Gesamtdauer: $2\,\text{h} \cdot 190 \cdot 12 = 4560\,\text{h} = 190$ Tage ≈ 6 Monate

Antwort: Ein Gymnasiast ist während seiner Schullaufbahn 6–7 Monate (Tag und Nacht) mit Hausaufgaben beschäftigt.

Schnitzeljagd durch Nürnberg

Startpunkt ist direkt unterhalb der Nürnberger Burg, der Platz „Beim Tiergärtnertor“.

Zielpunkte A und B
Der Eckpunkt A des Dreiecks ASB liegt in einer Entfernung von 680 m östlich vom Startpunkt S. Der Eckpunkt B ist 840 m von A und 190 m von S entfernt.

Zielpunkt C
Der nächste Zielpunkt C lässt sich mit Hilfe des gleichschenkligen Dreiecks ABC ermitteln, dessen Innenwinkel γ an der Spitze C dreimal so groß ist wie ein Basiswinkel.

Zielpunkt D
Genau südlich vom Punkt A liegt der neue Zielpunkt D. Steht man auf diesem, so sieht man die Strecke [AC] unter einem Winkel von 71°.

Zielpunkt E:
Vom Punkt E aus, der nur halb so weit vom Punkt C entfernt liegt wie der Punkt B, sieht man die beiden Eckpunkte B und C des Dreiecks BEC unter einem rechten Winkel.

Zielpunkt F
Um den Zielpunkt F zu erhalten, muss man die Strecke [CE] so weit über den Punkt E hinaus geradlinig verlängern,bis das Dreieck EBF eine Fläche vom Inhalt 14,85 ha überdeckt.

Zielpunkt G
Der nächste Zielpunkt G hat von den Punkten D und E die gleiche Entfernung. Außerdem hat das Dreieck CGD einen Flächeninhalt von 5,6 ha.

Zielpunkt H
Das Dreieck FHG, das den Zielpunkt H festlegt, ergibt sich durch Spiegelung des Punktes E an der Achse FG.

Zielpunkt I
Der Zielpunkt I liegt auf der geradlinigen Verlängerung der Strecke [FH] über H hinaus. Dreht man sich im Punkt I aus der Richtung von H kommend um 90° nach links, blickt man genau zum Zielpunkt D.

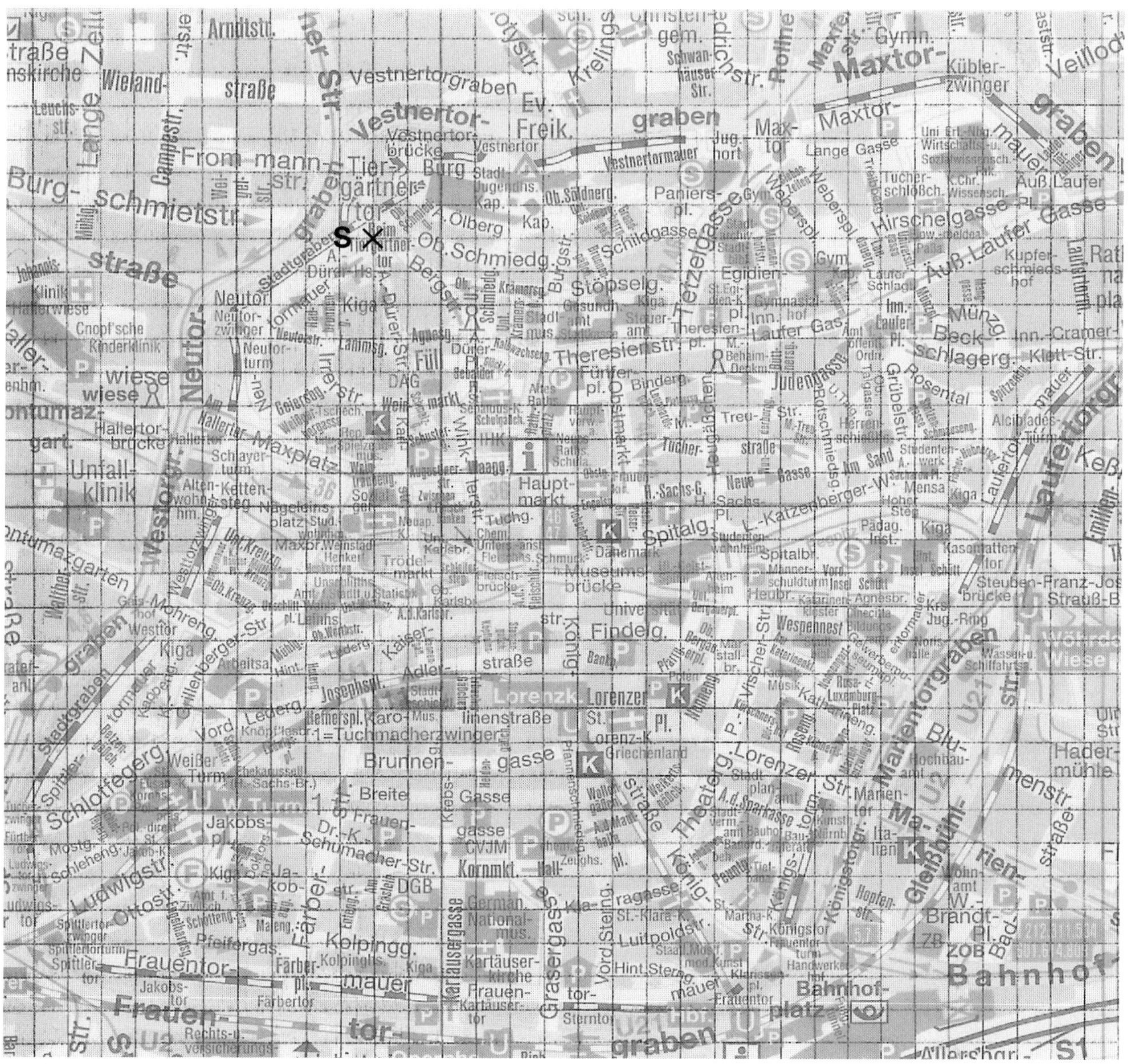

Schnitzeljagd durch Nürnberg

Ergänzender Hinweis:
Eine Schnitzeljagd in ähnlicher Form könnte real auch an einem Wandertag durchgeführt werden.
Das Entwerfen einer solchen Schnitzeljagd ist jedoch sehr aufwendig.

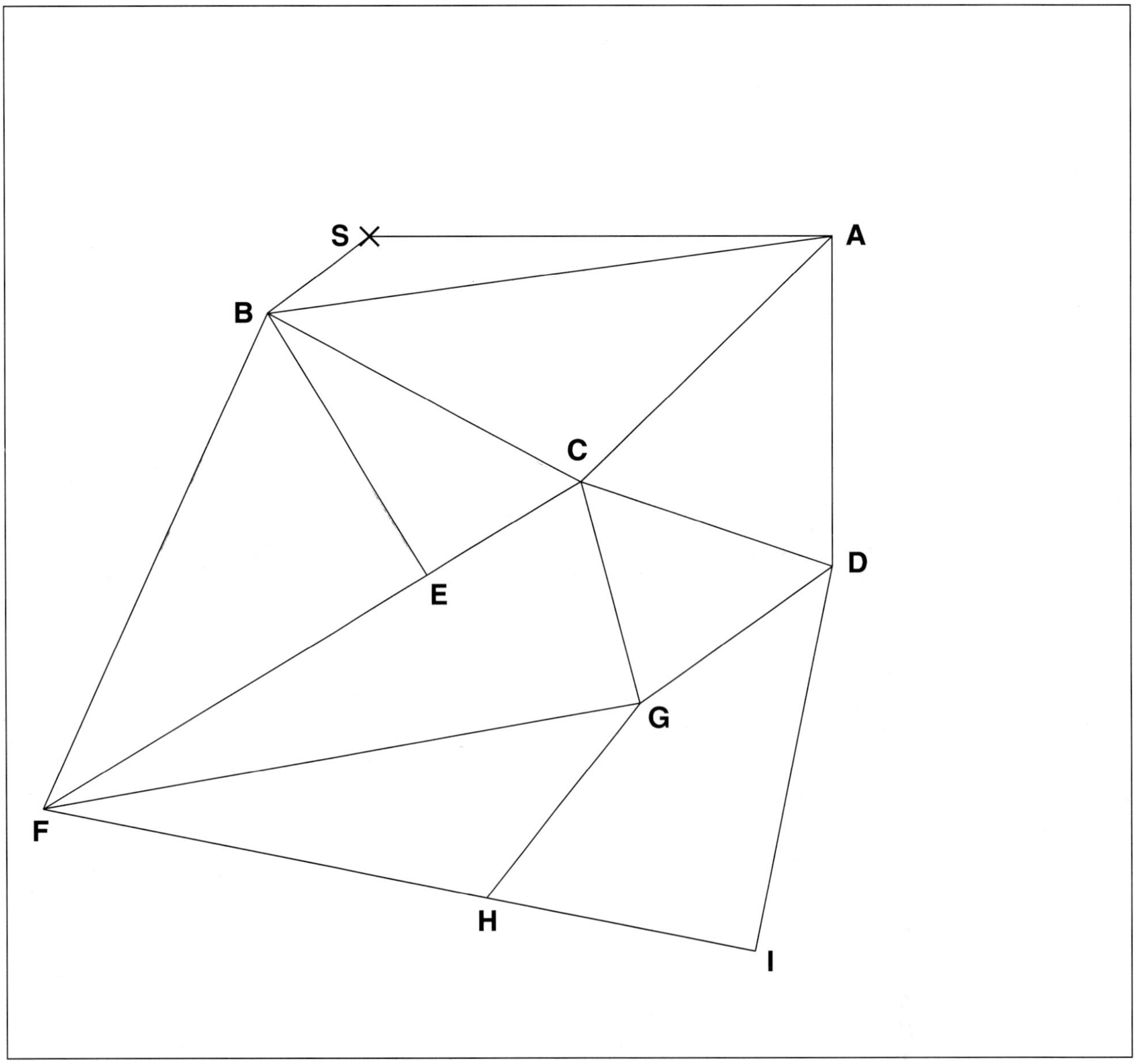